高等学校土建类专业信息化系列教材

建筑装饰制图

主　编　彭　成

副主编　何学燕　高丽彬　陈　程
　　　　石菊香

参　编　姜卫军　张金琴　王　雲
　　　　潘德猛　何　琳　游　蓉
　　　　潘　奇　冯　霞　张红梅

西安电子科技大学出版社

内 容 简 介

本书以一个典型室内装饰工程项目任务为载体，以国家专业教学标准、国家规范标准、行业标准、企业用人要求为依据，以企业施工图设计师等技术岗位的典型任务为驱动，按照实际工作流程明确学习任务。全书共分为 4 个项目，包括施工说明目录图表、室内装饰平面施工图、室内装饰立面施工图和室内装饰剖面详图，共 22 个学习任务。本书配套资源包含全书实例的源文件、素材文件、视频教学文件。

本书可作为高职高专院校建筑室内设计、建筑装饰工程技术等专业的教材，也可作为 1＋X 室内设计职业技能等级证书培训和考试的参考资料以及全国和世界职业院校技能大赛建筑装饰数字化施工赛项辅导用书。

图书在版编目（CIP）数据

建筑装饰制图 / 彭成主编. -- 西安 ：西安电子科技大学出版社, 2024. 12. -- ISBN 978-7- 5606-7537-4

Ⅰ. TM571.2；TM571.61

中国国家版本馆 CIP 数据核字第 202467F7Q9 号

策　　划　李鹏飞　刘统军
责任编辑　郭　静
出版发行　西安电子科技大学出版社（西安市太白南路 2 号）
电　　话　（029）88202421　88201467　　　邮　　编　710071
网　　址　www.xduph.com　　　　　　　　电子邮箱　xdupfxb001@163.com
经　　销　新华书店
印刷单位　陕西天意印务有限责任公司
版　　次　2024 年 12 月第 1 版　2024 年 12 月第 1 次印刷
开　　本　787 毫米×1092 毫米　1/16　印 张 16.5
字　　数　392 千字
定　　价　48.00 元

ISBN 978-7-5606-7537-4

XDUP 7838001-1

*** 如有印装问题可调换 ***

前　言

PREFACE

“建筑装饰制图”主要介绍建筑室内设计制图与识图、建筑室内施工图深化设计的相关知识，是高职高专建筑室内设计专业的一门必修课程，本书是针对该课程编写的教材。本书从“岗课赛证”四个维度对传统教学内容进行改革创新，以企业项目为载体，对职业院校技能大赛竞赛规程、1+X室内设计职业技能等级证书的要求、企业施工图设计师岗位的工作内容进行了研究，并对相关内容进行了整合序化。

本书以一个典型室内装饰工程项目任务为载体，按照由易到难的顺序，从施工图的封面绘制开始，依次对施工图的目录、设计说明、主要材料表进行简单介绍，并对室内装饰平面施工图、室内装饰立面施工图、室内装饰剖面详图等典型工作任务进行了详细讲解，让读者在完成具体工程绘图工作的同时学习相关知识，提高绘图能力，增长室内装饰施工图知识。

本书的主要特色体现在以下几个方面。

1. 内容对接国家职业技能标准

根据室内装饰设计师国家职业技能标准要求，高级室内装饰设计师应具备施工图设计的能力，能够进行设计分析并与规范对标，能够进行施工图绘制与汇编，能够编写施工工艺指导书，能够编制物料手册，能够参与施工图的设计成果交付。从业者需要掌握建筑测绘、房屋建筑室内装饰装修制图标准、民用建筑工程室内施工图设计深度图样等知识。建筑装饰制图是室内装饰设计师的重要技能，本书内容紧密对接职业标准中的施工图设计能力要求。

2. 内容对接1+X室内设计职业技能等级证书标准

1+X室内设计职业技能等级证书由中国室内装饰协会颁发，教育部职业技能等级证书信息管理服务平台提供管理和查询服务。室内设计职业技能等级证书(中级)考试主要面向室内设计相关领域从事设计工作的考生，作业流程包括设计方案洽商、装饰方案设计、设计方案表现、深化设计、施工图绘制、设计实施、设计服务等环节。建筑装饰制图是1+X室内设计职业技能等级证书考试必须掌握的内容，本书内容紧密对接1+X室内设计职业技能等级证书标准中的施工图绘制模块。

3. 内容对接全国职业院校技能大赛建筑装饰数字化施工赛项模块

全国职业院校技能大赛建筑装饰数字化施工赛项是一个典型建筑装饰工程项目，以国家专业教学标准、现行国家规范标准、行业标准、企业用人要求为依据，以企业施工图设计师、深化设计师、施工员等技术工作岗位的典型任务为驱动。该赛项按照实际工作流程(领取任务、获取空间信息→方案设计→三维建模和渲染→施工图深化设计→清单算量→工料分析→施工项目管理)的完整序列设置三个竞赛模块，即模块一建筑装饰方案设计、模块二建筑装饰施工图深化设计、模块三施工项目管理，三个模块之间既递进关联，又相对独立、自成一体。

本书由黔南民族职业技术学院彭成担任主编，何学燕、高丽彬、陈程、石菊香担任副主编，姜卫军、张金琴、王雲、潘德猛、何琳、游蓉、潘奇、冯霞、张红梅担任参编。在本书的编写过程中，黔南州装饰建材行业商会孟达、贵州云端意派装饰(集团)有限公司李玉菊、贵州蒲公英设计装饰工程有限公司王功羊以及黔南民族职业技术学院建筑室内设计专业学生杨蒙、唐强聪、马丽、潘吉林等人员提供了帮助，在此表示衷心感谢。

由于水平有限，书中难免有不足之处，还望读者批评指正。

编　者

2024年6月

目　录

CONTENTS

项目一 施工说明目录图表

任务 1-1 认识建筑装饰制图

一、建筑装饰制图的基本制图标准

建筑装饰制图技术规范按照现行国家规范标准和行业标准等执行，主要包括以下标准：

《房屋建筑制图统一标准》GB/T 50001-2017

《房屋建筑室内装饰装修制图标准》JGJ/T 244-2011

《建筑装饰装修工程质量验收标准》GB 50210-2018

《建筑地面工程施工质量验收规范》GB 50209-2021

《住宅室内装饰装修工程质量验收规范》JGJ/T 304-2013

《建筑内部装修防火施工及验收规范》GB 50354-2005

《民用建筑工程室内环境污染控制规范》GB 50325-2013

《建筑装饰装修工程成品保护技术标准》JGJ/T 427-2018

《住宅室内装饰装修设计规范》JGJ 367-2015

《建筑内部装修设计防火规范》GB 50222-2017

《建设工程工程量清单计价规范》GB 50500-2013

《房屋建筑与装饰工程工程量计算规范》GB 50854-2013

《房屋建筑与装饰工程消耗量定额》TY 01-31-2015

《建设工程项目管理规范》GB/T 50326-2017

《建筑施工组织设计规范》GB/T 50502-2009

《施工企业安全生产管理规范》GB 50656-2011

二、建筑装饰施工图的组成

建筑装饰施工图是用于表达建筑物室内外装饰美化要求的图纸。它以透视效果图为主要依据，采用正投影等投影法反映建筑的装饰结构、装饰造型、饰面处理，以及家具、陈设、绿化等布置内容。

建筑装饰施工图的主要内容一般包括：封面、目录、施工图设计说明、平面布置图、地面铺装图、顶棚布置图、立面图、剖面图、节点大样图等。

三、CAD 常用命令

CAD 软件是建筑装饰制图的载体，为了更好地运用软件操作，提升绘图技能，需要熟记以下命令。

1. 绘图命令

常用的绘图命令有直线、构造线、多段线、多边形、矩形、圆弧、圆、样条曲线、椭圆、创建块、插入块、填充、文字、多行文字等。具体绘图命令及其快捷方式如表 1-1-1 所示。

表 1-1-1 常用绘图命令

命令	直线	构造线	多段线	多边形	矩形	圆弧	圆	样条曲线
快捷方式	L	XL	PL	POL	REC	A	C	SPL
命令	椭圆	创建块	插入块	填充	文字	多行文字	边界创建	点
快捷方式	EL	B	I	H	T	MT	BO	PO

2. 修改命令

常用的修改命令有删除、复制、镜像、偏移、阵列、移动、旋转、缩放、拉伸、修剪、延伸、分解、倒圆角、倒直角等。具体修改命令及其快捷方式如表 1-1-2 所示。

表 1-1-2 常用修改命令

命令	删除	复制	镜像	偏移	阵列	移动	旋转	缩放
快捷方式	E	CO	MI	O	AR	M	RO	SC
命令	拉伸	修剪	延伸	分解	倒圆角	倒直角	对齐	特性匹配
快捷方式	S	TR	EX	X	F	CHA	AL	MA

3. 编辑命令

常用的编辑命令有保存、打开、新建、单位设置、标注设置、图层、特性、线性标注、对齐标注、半径标注、直径标注、角度标注、正交、对象捕捉开关、栅格、捕捉开关、草图设置、引线标注、特性匹配、撤销、退出等。具体编辑命令及其快捷方式如表 1-1-3 所示。

表 1-1-3 常用编辑命令

命令	保存	打开	新建	特性	撤销	退出	编辑多段线	对象捕捉开关
快捷方式	Ctrl+S	Ctrl+O	Ctrl+N	Ctrl+1	Ctrl+Z	ESC	PE	F3
命令	栅格	正交	捕捉开关	单位设置	标注设置	文字设置	草图设置	图层设置
快捷方式	F7	F8	F9	UN	D	ST	DS	LA
命令	线性标注	对齐标注	半径标注	直径标注	角度标注	连续标注	点样式	定数等分
快捷方式	DLI	DAL	DAR	DDI	DAN	DCO	PTY	DIV

任务 1-2　认识图纸幅面规格

室内设计的图纸幅面规格宜为 A0、A1、A2、A3、A4。房屋建筑室内装饰装修的图纸封面规格应符合现行国家标准《房屋建筑制图统一标准》GB/T 50001-2017 的规定。图纸幅面都应遵守标准规定的尺寸，所有图纸的幅面尺寸如表 1-2-1 所示，采用横式幅面的具体效果如图 1-2-1 所示，采用立式幅面的具体效果如图 1-2-2 所示。

表 1-2-1　图 纸 幅 面

单位：mm

尺寸幅面	A0	A1	A2	A3	A4
$b \times L$	841×1189	597×841	420×594	297×420	210×297
c	10			5	
a	25				

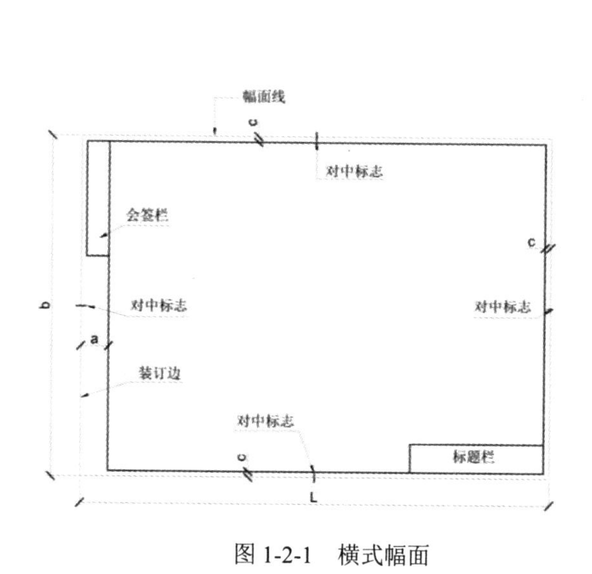

图 1-2-1　横式幅面

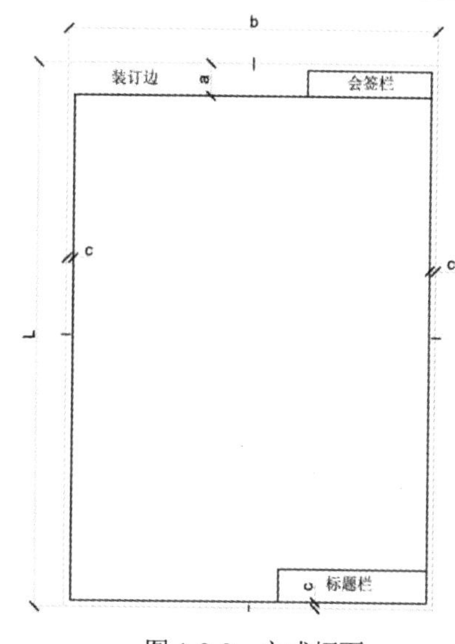

图 1-2-2　立式幅面

任务 1-3　绘 制 封 面

一、认识封面

图纸封面是整套图纸的门面，要能简洁明了地表明图纸的主题，让人一目了然地了解图纸的基本内容。

图纸封面一般包括项目名称、公司名称、日期等信息。国标中未对封面作出明确的规定。常见的封面设计效果如图 1-3-1、图 1-3-2、图 1-3-3 所示。

***样板房现代风格施工图

施工图设计图册

**装饰设计有限公司
日期：2022.12

图 1-3-1　封面设计 1

***样板房现代风格施工图

施工图设计图册

**装饰设计有限公司
日期：2022.12

图 1-3-2　封面设计 2

***样板房现代风格施工图

施工图设计图册

**装饰设计有限公司
日期：2022.12

图 1-3-3　封面设计 3

二、绘制封面步骤

视频任务 1-3 绘制封面

绘制封面的具体步骤如下：

(1) 打开 CAD 软件，按下 Ctrl+N(新建文件)命令键，在弹出的样板界面中选择“acadiso.dwt”文件，效果如图 1-3-4 所示。

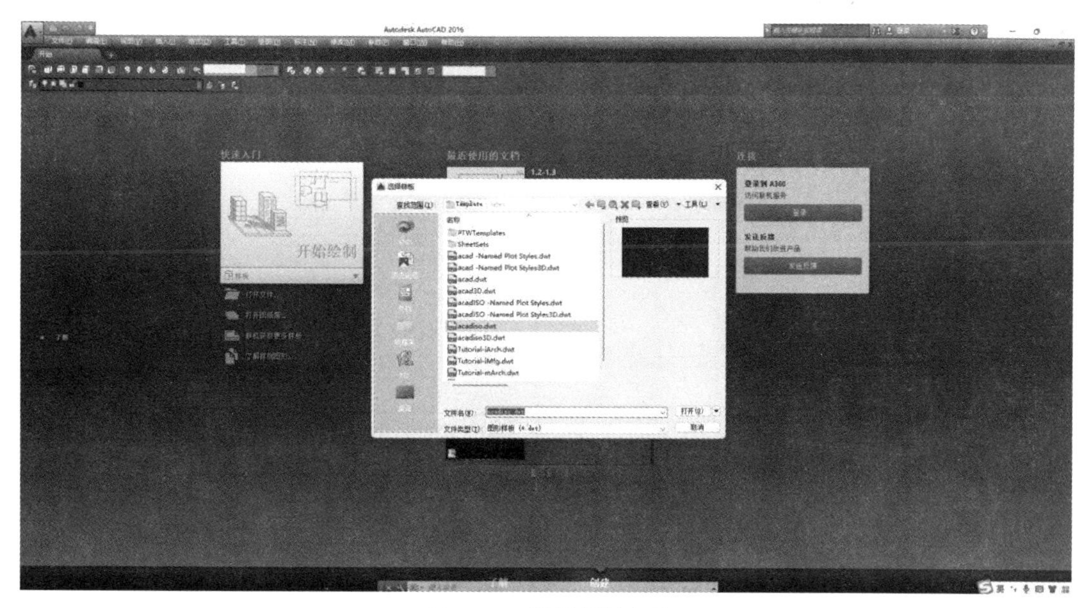

图 1-3-4　选择样板文件

(2) 点击“打开”按钮，打开样板文件，按下 Ctrl+S 键将文件保存，将其命名为“建筑装饰制图.dwg”，效果如图 1-3-5 所示。这里需要注意的是，高版本的 CAD 软件可以打开低版本软件保存的文件，而低版本的 CAD 软件无法打开高版本软件保存的文件(或者需要使用 CAD 版本转换器才能打开)，因此，在存储文件时，建议将文件保存为较低版本软件对应的文件类型。

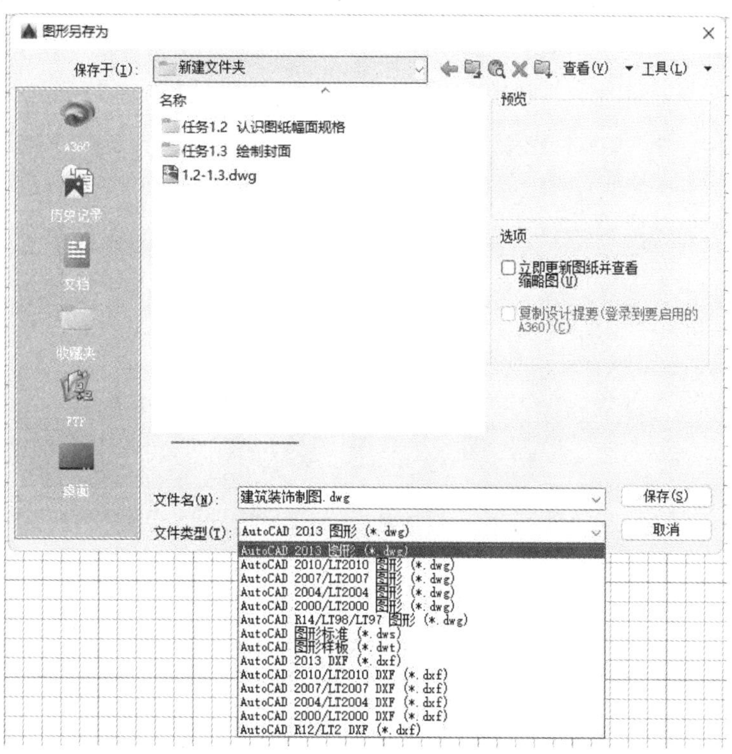

图 1-3-5　文件存储

(3) 设置单位。使用UN(单位)命令→单击空格键→打开“图形单位”对话框，设置长度类型为“小数”，精度为“0.0”，单位为“毫米”，效果如图1-3-6所示。

注意：本书中未注明的长度尺寸单位均为mm。

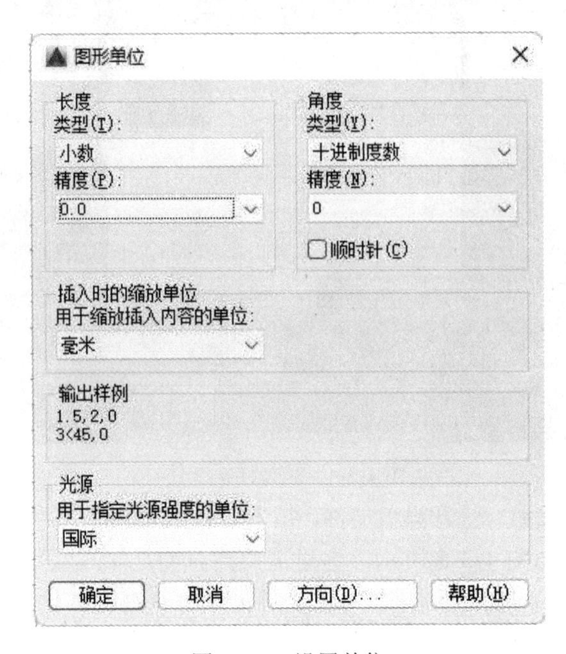

图1-3-6 设置单位

(4) 新建图层。使用LA(图层设置)命令→单击空格键→打开图层特性管理器→单击新建图层(或使用Alt+N快捷键)，将其命名为“封面”，颜色设置为“140蓝色”，其他参数均为默认，双击封面图层，将其设置为当前图层，效果如图1-3-7所示。

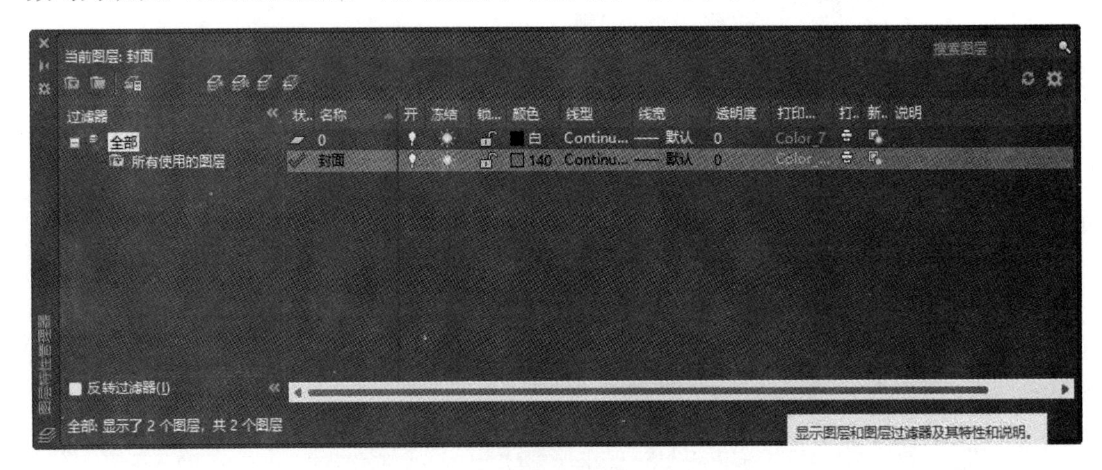

图1-3-7 新建图层

(5) 绘制封面。绘制一个A3尺寸(297 mm×420 mm)的矩形。使用REC(矩形)命令→单击空格键→指定第一个角点为(0，0)→单击空格键→指定另一个角点为(420，297)→单击空格键。滑动滚轮，可放大或缩小矩形；按住中间滚轮，可平移视图，效果如图1-3-8所示。

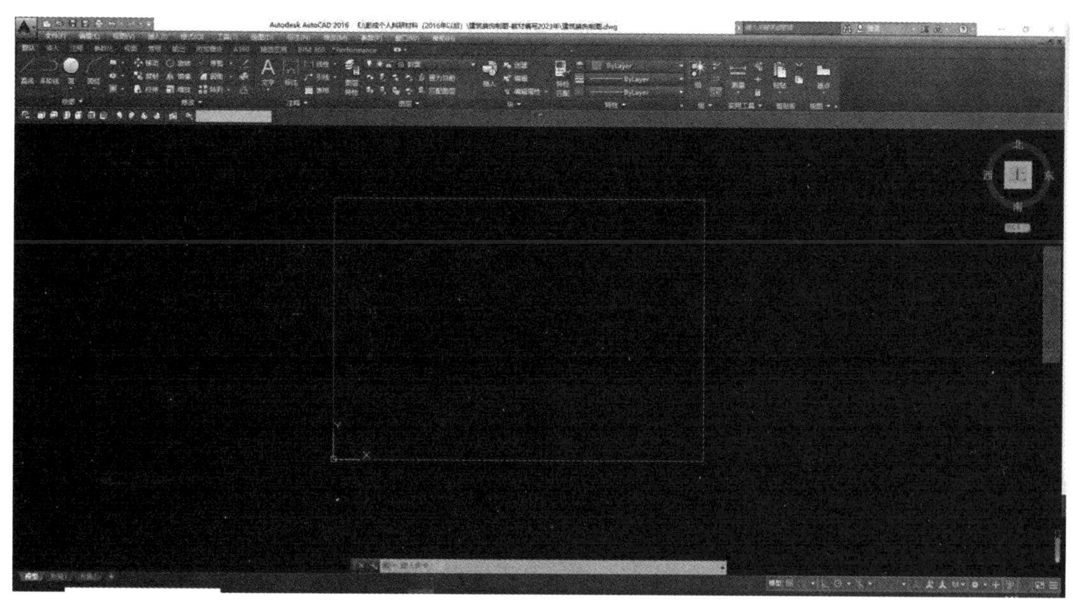

图 1-3-8　绘制封面

(6) 编辑封面文字。使用 T(文字)命令→单击空格键→按住鼠标左键拉出文本框的位置，按照图 1-3-9 所示完成文字的编辑，使用 M(移动)命令，将文本框移动到相应位置，按下 Ctrl+S 键保存绘制好的文件，文件名为“封面”。

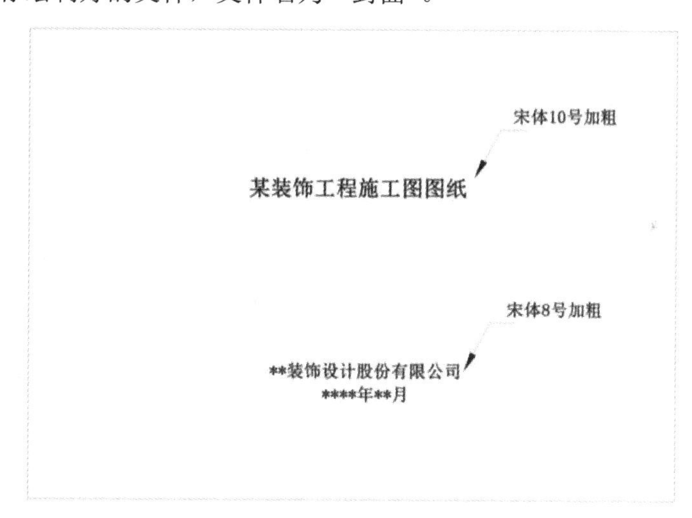

图 1-3-9　编辑封面文字

任务 1-4　绘制图框

一、图框构成

图框一般包括标题栏、会签栏。常用的建筑装饰制图的图框为横式幅面，效果如图

1-4-1 所示。

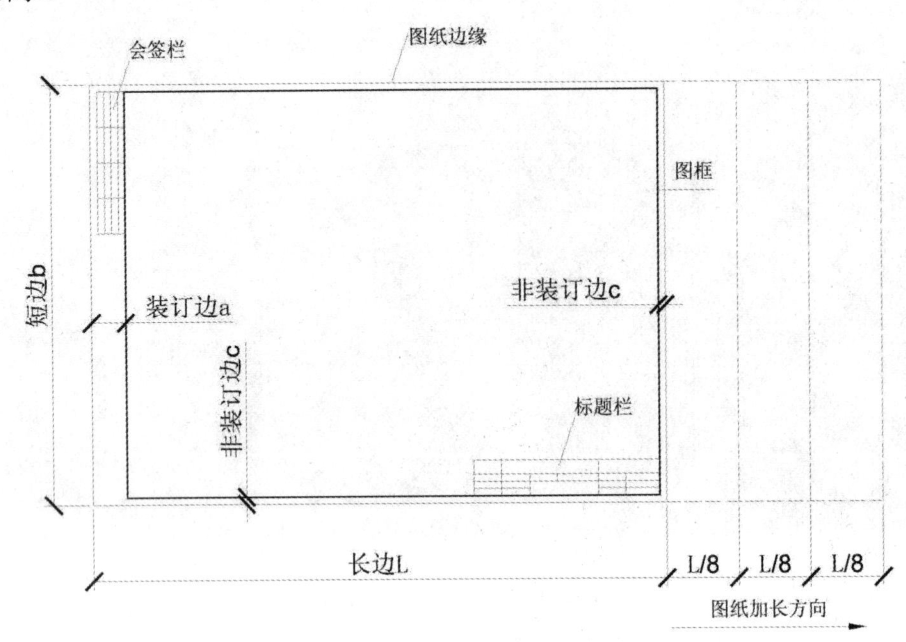

图 1-4-1 图框构成

目前建筑室内装饰公司绘制的建筑装饰图纸中的图框除了采用国标规定的尺寸和内容外，还会根据公司的特点对标题栏、会签栏等进行修改，在图框中添加图纸的相关说明以及公司的 LOGO 等信息，效果如图 1-4-2、图 1-4-3 所示。

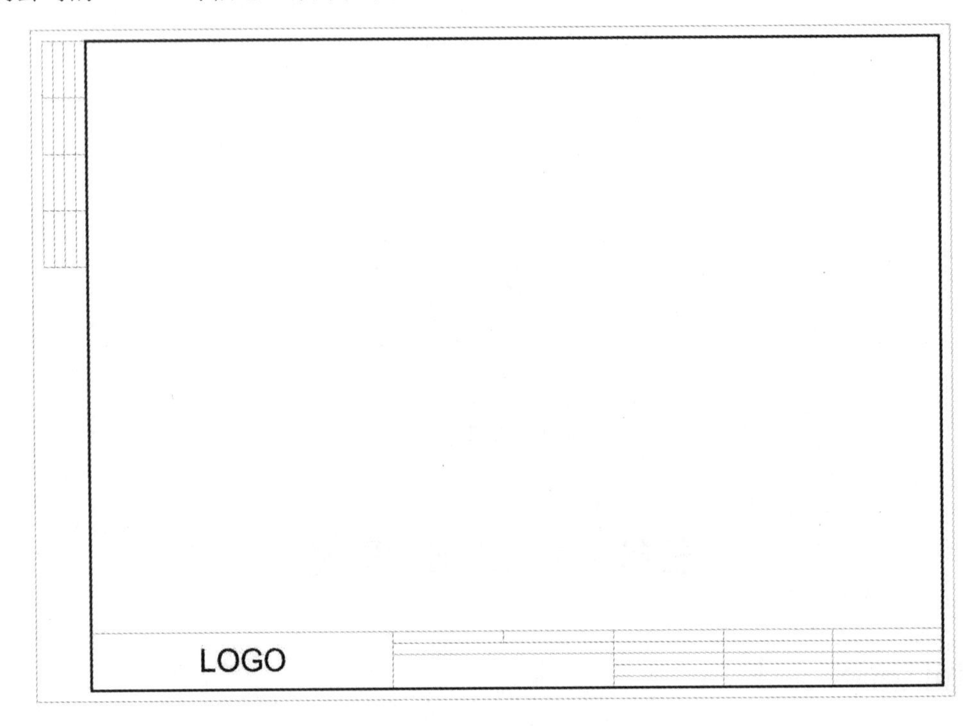

图 1-4-2 图框样例 1

图 1-4-3　图框样例 2

二、绘制图框步骤

视频任务 1-4 绘制图框

具体绘制图框的相关步骤如下：

(1) 打开“封面.dwg”文件。输入 LA(图层设置)命令→单击空格键→打开图层特性管理器→单击 新建图层，将其命名为“图框”，颜色设置为“140 蓝色”，其他参数均为默认，双击图框图层，将其设置为当前图层，效果如图 1-4-4 所示。

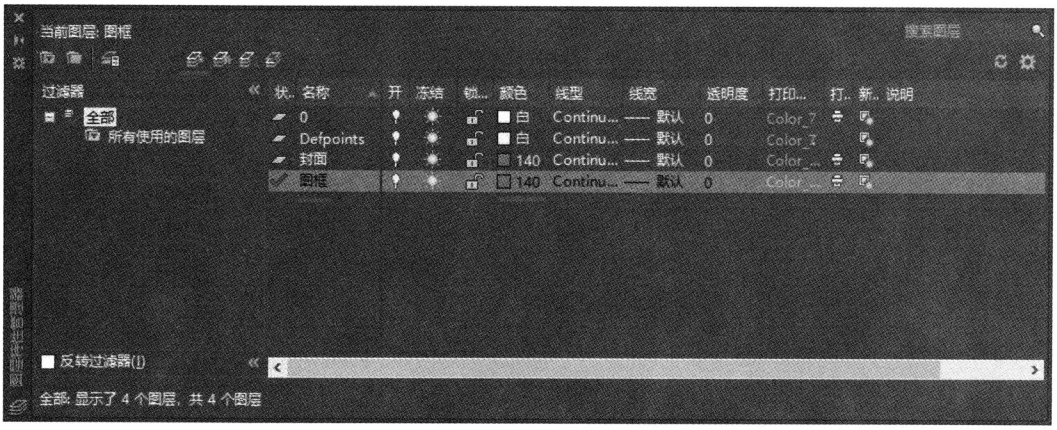

图 1-4-4　新建图框图层

(2) 在封面框右下角绘制一条长度为 10 mm 的直线(见图 1-4-5 右下角)。输入 L(直线)命令→单击空格键→按下 F8 正交键→输入“10”→单击空格键，此短线用于控制图框间距，效果如图 1-4-5 所示。

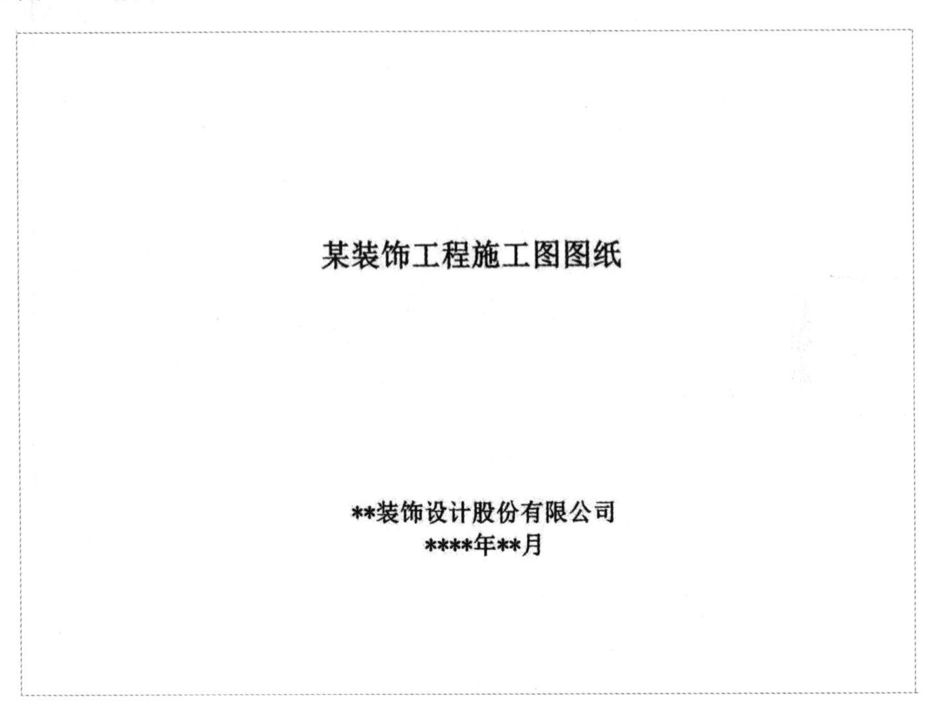

图 1-4-5　绘制直线

(3) 设置捕捉和栅格。输入 DS(草图设置)命令→单击空格键(打开“草图设置”对话框)→选择“捕捉和栅格”选项卡，取消框选“启用捕捉”，效果如图 1-4-6 所示。

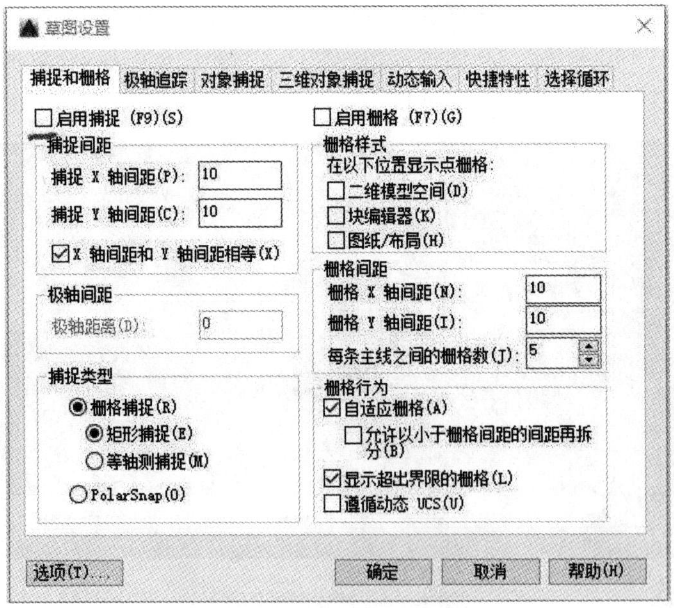

图 1-4-6　设置捕捉和栅格

(4) 设置对象捕捉。选择“对象捕捉”选项卡，点击“全部选择”按钮，效果如图 1-4-7 所示。再点击“确定”按钮可退出草图设置。

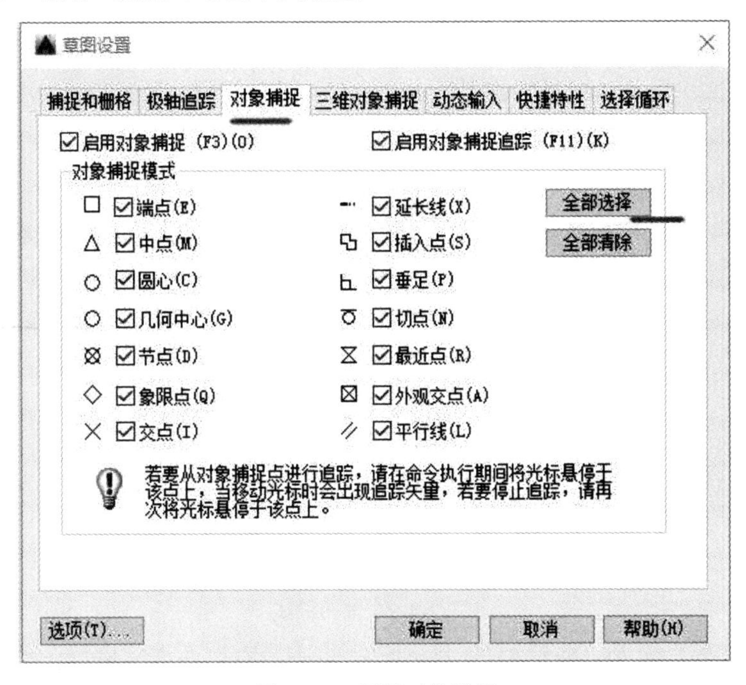

图 1-4-7　设置对象捕捉

(5) 复制封面外框。输入 CO(复制)命令→单击空格键→选中封面外框→单击空格键→指定基点(选择左下角点)→将图框复制到直线的右侧端点，效果如图 1-4-8 所示。

图 1-4-8　复制封面外框

(6) 分解矩形。输入 X(分解)命令→单击空格键→选中矩形→单击空格键，分解矩形。

(7) 偏移复制图形。输入 O(偏移)命令→单击空格键→输入数值“5”→单击空格键→选择矩形上面的侧边→在下方空白处点击左键，上边的线将会向下偏移 5 mm→单击空格键，完成偏移复制图形操作。使用同样的方法将矩形的下侧边、右侧边分别向上、向左偏移 5 mm，将左侧边向右偏移 25 mm，效果如图 1-4-9 所示。

注意：再次按空格键可以重复上一次命令。

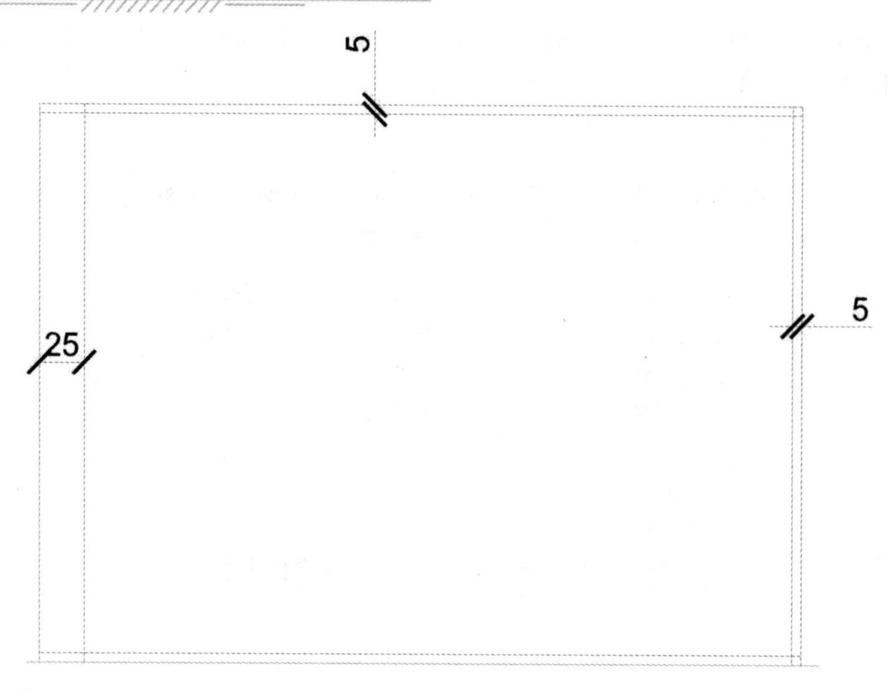

图 1-4-9 偏移框线

(8) 修剪图形。输入 TR(修剪)命令→按两次空格键(按两次空格键表示全选图形)→选择需要修剪的线条→按空格键，退出命令，完成图形修剪，效果如图 1-4-10 所示。

图 1-4-10 修剪图形

(9) 标注图框尺寸。使用同样的方法，对图形进行偏移和修剪，绘制标题栏、会签栏，并标注具体尺寸，效果如图 1-4-11 所示。

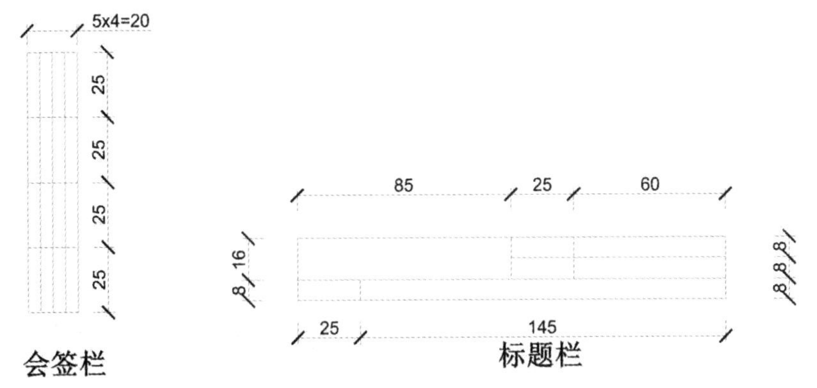

图 1-4-11　标注图框尺寸

(10) 编辑会签栏、标题栏文字。根据 GB/T 50001-2017 中的文字要求，图纸中的说明文字优先采用宋体字，采用矢量字体时应为长仿宋字。设置文字样式时，输入 ST(文字样式)命令，打开“文字样式”对话框，点击“新建”按钮，新建文字样式，将样式名命名为“汉字”，效果如图 1-4-12 所示；继续新建文字样式，将样式名命名为“数字”，效果如图 1-4-13 所示。

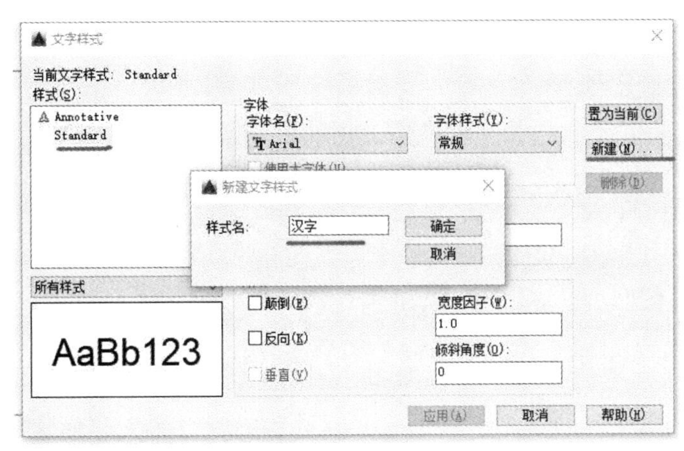

图 1-4-12　新建文字样式

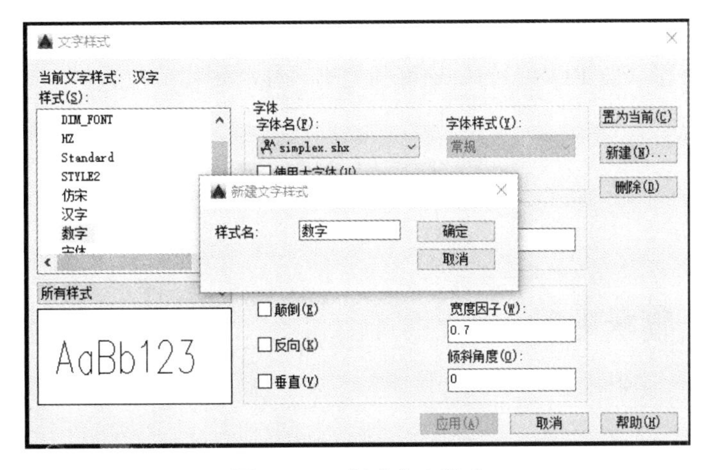

图 1-4-13　新建文字样式

(11) 根据 GB/T 50001-2017 规定，设置字体名为“仿宋”，宽度因子为“0.7”，设置完成后点击“置为当前”按钮，效果如图 1-4-14 所示；继续修改文字样式，设置字体名为“simplex.shx”，宽度因子为“0.7”，标注文字样式选择“数字”，效果如图 1-4-15 所示。

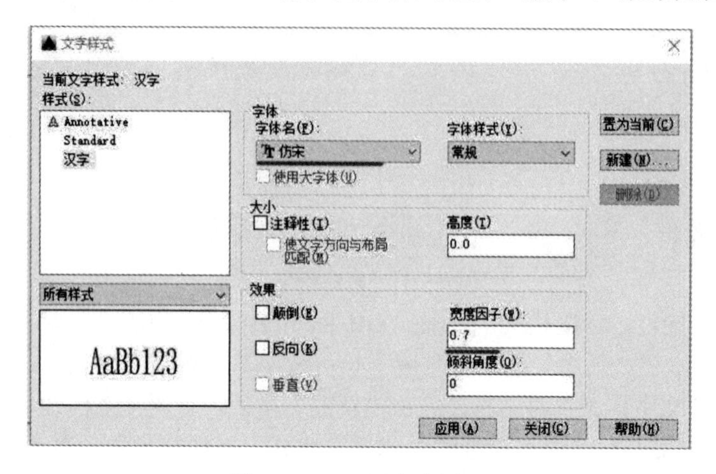

图 1-4-14 设置文字样式

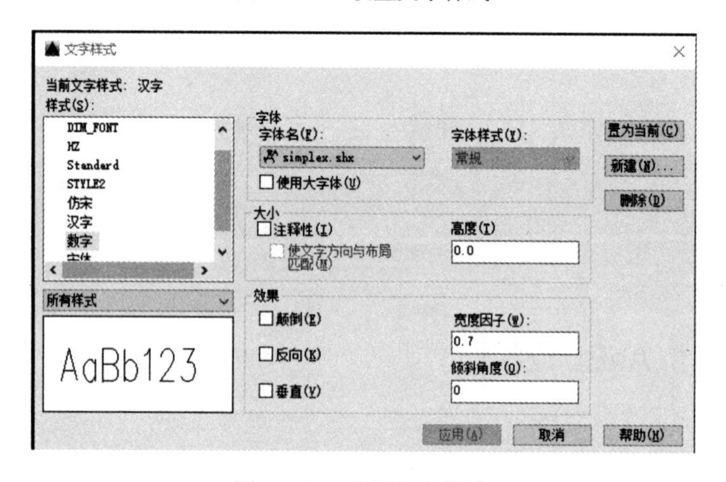

图 1-4-15 设置文字样式

(12) 编辑文字。如图 1-4-16、图 1-4-17 所示，使用 T(文字)命令进行文字编辑，并使用 CO(复制)、M(移动)、RO(旋转)命令将其复制、移动到相应位置。

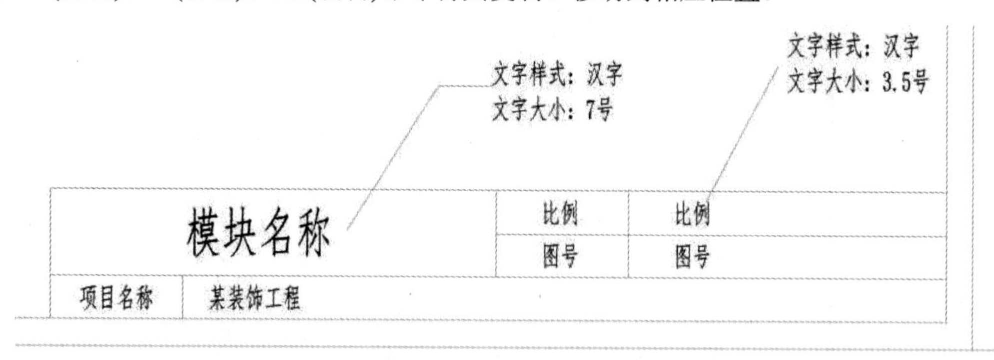

图 1-4-16 标题栏文字示意

图 1-4-17　会签栏文字示意

(13) 将绘制好的文件另存，文件命名为“图框”，最终效果如图 1-4-18 所示。

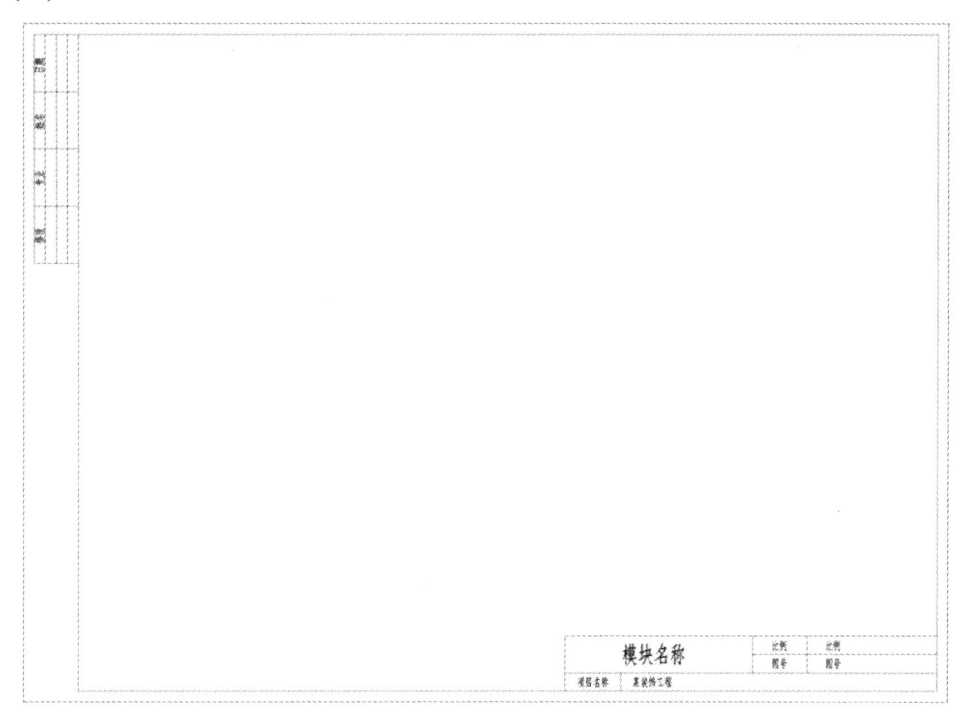

图 1-4-18　图框绘制完成效果图

任务 1-5　绘制图纸目录

绘制图纸目录前，应清楚图纸目录内容的编排顺序，根据《房屋建筑制图统一标准》GB/T 50001-2017 关于图纸编排顺序的规定，工程图纸应按专业顺序或图纸内容的主次关系、逻辑关系进行编排，做到有序排列。

绘制施工图一般遵循平面、立面、剖面的顺序，施工图的编排顺序亦如此。

图纸绘制顺序为：封面、目录 ML、设计说明 SM(施工图设计说明和电器设计说明)、物料表 WL(材料表)、平面图 PM(原始结构图、墙体定位图、平面布置图、地面铺贴图、顶棚布置图、灯具定位图、照明电路图、插座布置图、给排水布置图、剖面索引图、立面图索引图)、立面图 EL(客餐厅立面图、主卧立面图、主卫立面图、书房立面图、厨房立面图)、详图 TP 等。

视频任务 1-5
绘制图纸目录

具体绘制图纸目录的相关步骤如下：

(1) 打开“图框.dwg”文件，新建图层。输入 LA(图层设置)命令→按空格键→打开图层特性管理器→单击 新建图层，将其命名为

“目录”，颜色设置为“1 红色”，其他参数均为默认，双击“目录”图层，将其设置为当前图层，效果如图 1-5-1 所示。

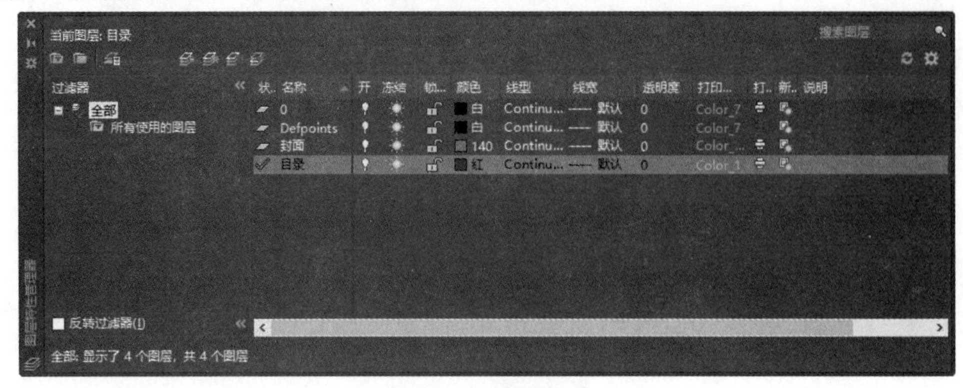

图 1-5-1　新建图层

(2) 修改标题栏信息，效果如图 1-5-2 所示。

图纸目录		比例	1:1
		图号	ML-01
项目名称	某装饰工程		

图 1-5-2　修改标题栏

(3) 绘制目录图表。输入 O(偏移)命令→按空格键→输入数值 55→按空格键→选中图框的上边线→在下方空白处单击左键，将上边线向下偏移 55mm，用同样的方法让图框左边、右边的线向内偏移 55mm，效果如图 1-5-3 所示。

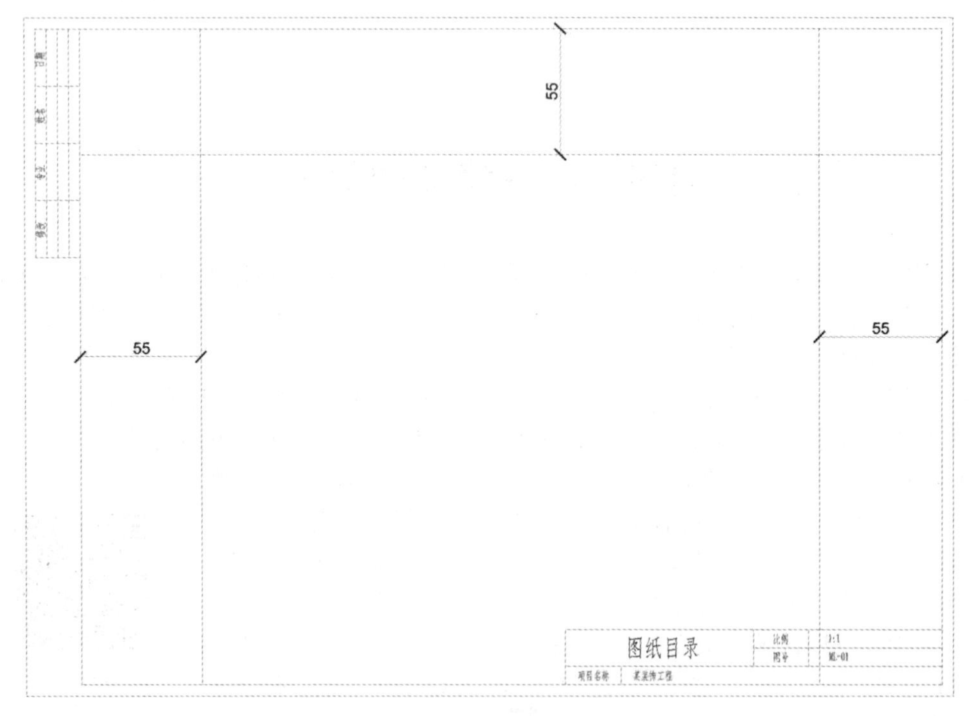

图 1-5-3　偏移图形

(4) 修剪图形。使用 TR(修剪)命令进行修剪，将多余的线修剪掉，效果如图 1-5-4 所示。

图 1-5-4　编辑图形

(5) 偏移复制图形以绘制直线。使用 O(偏移)命令，按照图 1-5-5 中的尺寸进行偏移操作。

图 1-5-5　偏移图形(绘制横直线)

(6) 绘制竖直线。使用 L(直线)、O(偏移)命令，按照图 1-5-6 中的尺寸进行竖直线偏移操作，具体步骤为：输入 O(偏移)命令→按空格键→输入偏移尺寸→按空格键→选择偏移对象对图形进行偏移→按空格键或 Esc(退出)键。

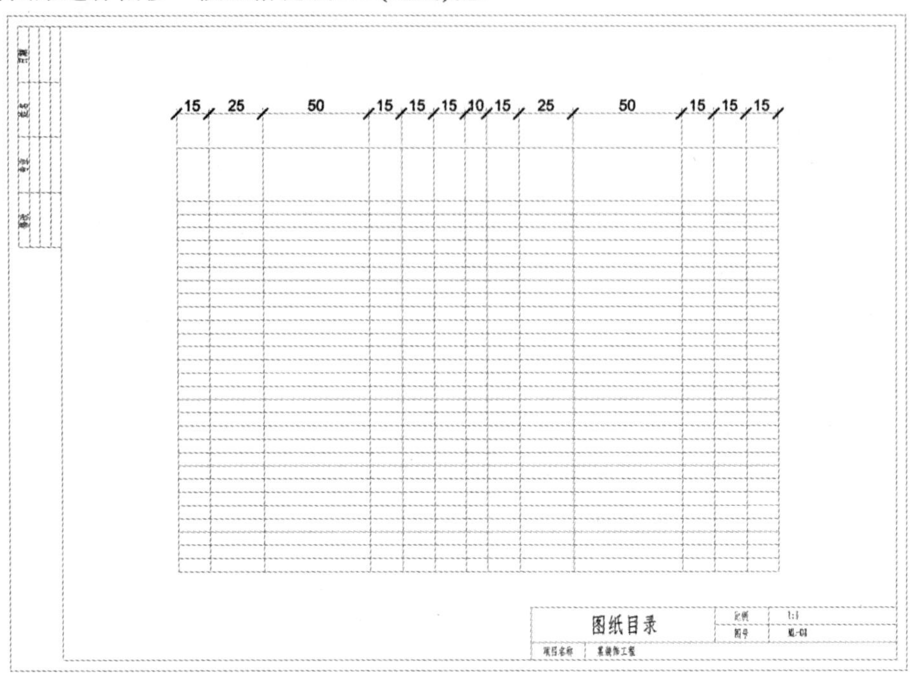

图 1-5-6　偏移图形(绘制竖直线)

(7) 修剪图形。使用 TR(修剪)命令进行修剪操作，效果如图 1-5-7 所示。

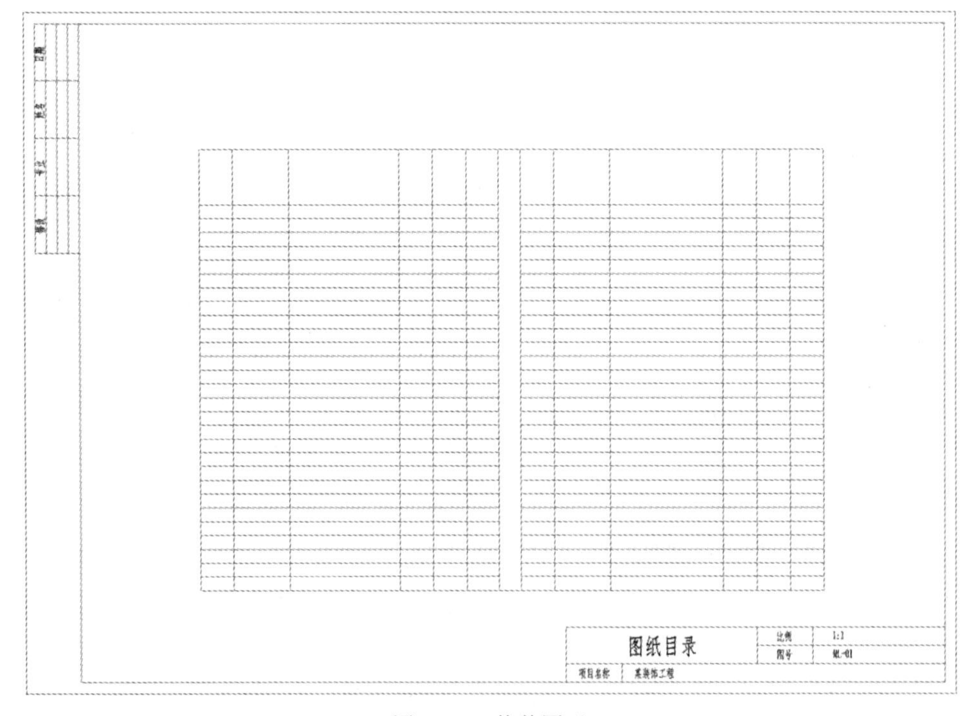

图 1-5-7　修剪图形

(8) 编辑文字。输入 T(文字)命令，如图 1-5-8 所示，完成文字的编辑，并将文字颜色设置为“黄色”，然后将文件命名为“图纸目录”后另存。

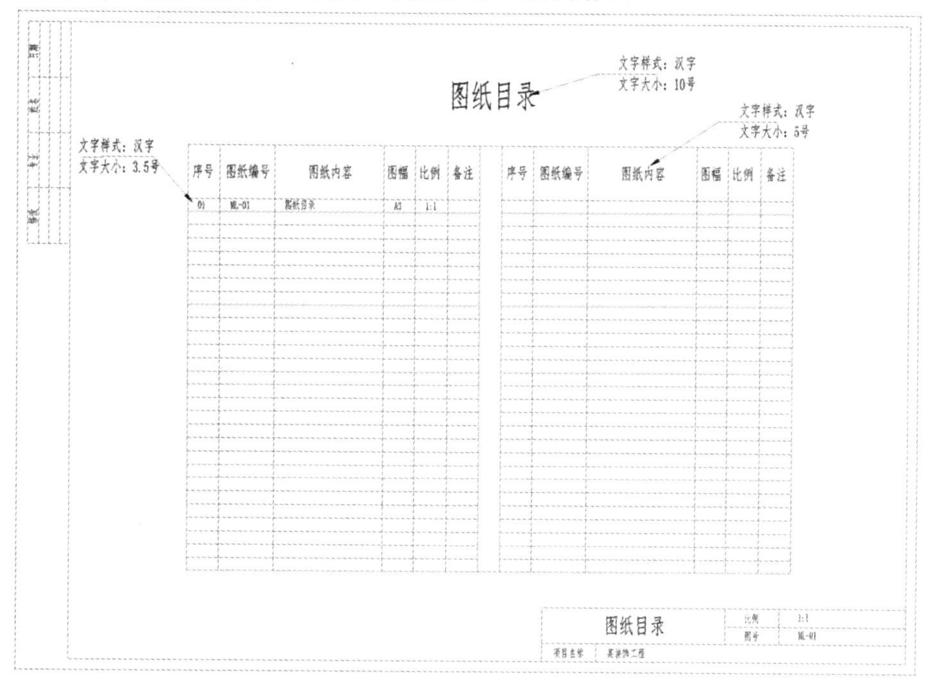

图 1-5-8　编辑文字

任务 1-6　绘制施工图设计说明

一、施工图设计说明的内容

施工图设计说明主要介绍以下内容：工程概况、设计依据、内装修材料、主要工程做法、施工过程中其他注意事项等。

1. 工程概况

工程概况包括以下内容：项目概况、室内装饰装修设计的主要范围和内容、其他需要说明的情况。

2. 设计依据

设计依据包括以下几点：

(1) 本工程的建设主管单位对室内方案设计或初步设计的批复文件，以及建设方的意见(文件号)。

(2) 当地消防、人防等主管部门对本工程初步设计或方案设计的审批意见(文件号)。

(3) 关于本项目建筑工程设计的完整施工图设计文件。对于无法提供原工程的施工图设计文件的部分翻建改造工程，以现场实际的勘察数据、资料为依据。

(4) 室内设计委托书(或合同)及经双方协商确认的补充协议中规定的设计范围、装修标准等内容。

(5) 国家有关法律法规和现行工程建设标准规范等。

3. 内装修材料

(1) 对于设计方指定的内装修材料(包括材料的规格、品质、颜色等技术条件的要求文件)，根据国家现行产品标准的规定，施工单位提供材料样板，以及材料合格证书、使用说明书及环保、防火性能检测报告，若为进口产品则应提供入境商品检验合格证明，材料经建设方、设计单位、监理单位确认后进行封样并据此进行竣工验收。

(2) 对于设计人未指定的内装修材料，施工单位在选用时应符合国家现行标准以及相关要求，按设计要求对不具备防火、防蛀和防霉条件的装饰装修所用材料进行处理。现场配制的材料应按设计要求或产品说明书制作。

4. 主要工程做法

主要工程做法包括：防水工程、防火工程、内隔墙工程、(楼)地面装修工程、吊顶工程、内门窗工程、油漆涂料工程、墙面铺贴工程、室内设备工程、新技术、新材料以及对特殊装修构造说明。

5. 施工过程中其他注意事项

施工过程中其他注意事项主要包括：

(1) 承担装修工程的施工企业应具备相关资质。

(2) 承担装修工程施工的管理人员和技术人员应具备相关岗位资格证书。

(3) 施工图纸中的矛盾和不详问题的处理方法。

(4) 装修中涉及结构的预埋件、预留洞口等的处理。

(5) 其他需要注意的事项。

视频任务 1-6
绘制施工图设计说明

二、绘制施工图设计说明步骤

绘制施工图设计说明的步骤如下：

(1) 打开“图纸目录.dwg”文件，新建图层：输入 LA(图层设置)命令→按空格键→打开图层特性管理器→单击 新建图层，将该图层命名为“施工图设计说明”，颜色设置为 2 黄色，其他参数均为默认，双击图层，将其设置为当前图层，效果如图 1-6-1 所示。

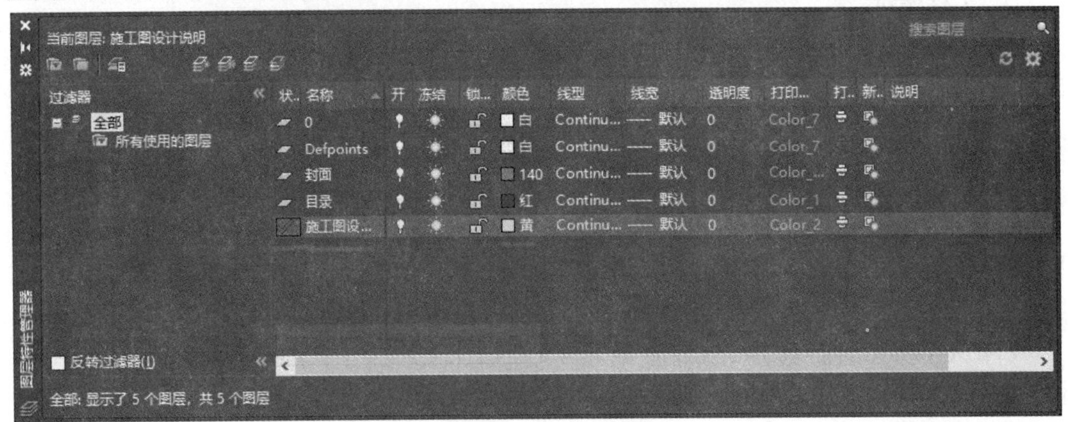

图 1-6-1　新建图层

(2) 使用 CO(复制)命令，复制图框，修改标题栏信息，将该图标题栏的名称更改为“施工图设计说明”，图号为“SM-01”，效果如图 1-6-2 所示。

图 1-6-2　复制图框并修改标题栏

(3) 修改目录信息。使用 CO(复制)命令，复制第一条目录信息，并依次填写(或对复制出来的目录信息进行修改)序号、图纸编号、图纸名称(内容)，效果如图 1-6-3 所示。

序号	图纸编号	图纸内容	序号	序号	备注	序号	图纸编号	图纸内容	序号	序号	备注
01	ML-01	图纸目录	A3	1:1							
02	SM-01	施工图设计说明	A3	1:1							

图 1-6-3　复制并修改目录信息

(4) 使用 T(文字)命令，将下面施工图设计说明样例的内容，写入施工图设计说明中，文字大小分别设为 10 号(标题字号)、3.5 号字(正文字号)，如内容较多，可根据情况适当增加图纸的页数，注意增加图纸后随之在目录中增加信息，效果如图 1-6-4、图 1-6-5、图 1-6-6 所示。

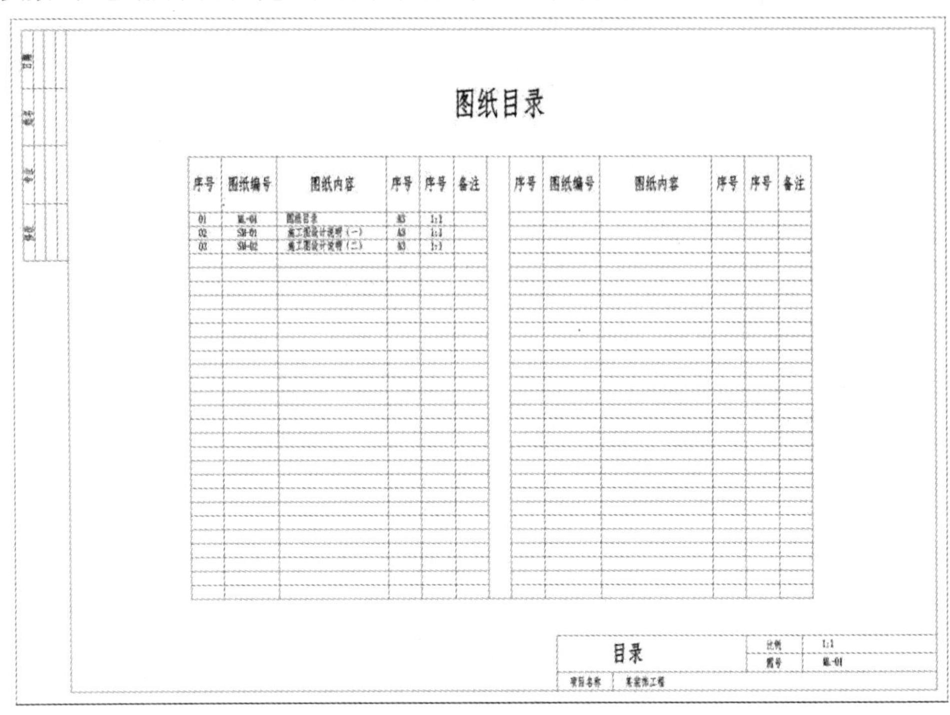

图 1-6-4　修改目录信息

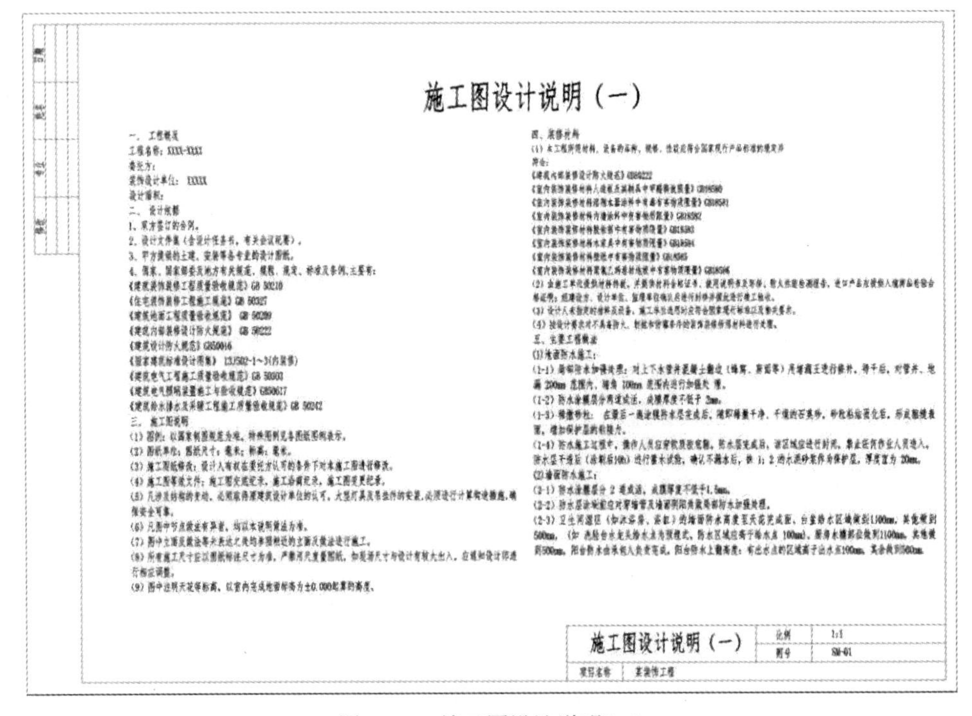

图 1-6-5　施工图设计说明(一)

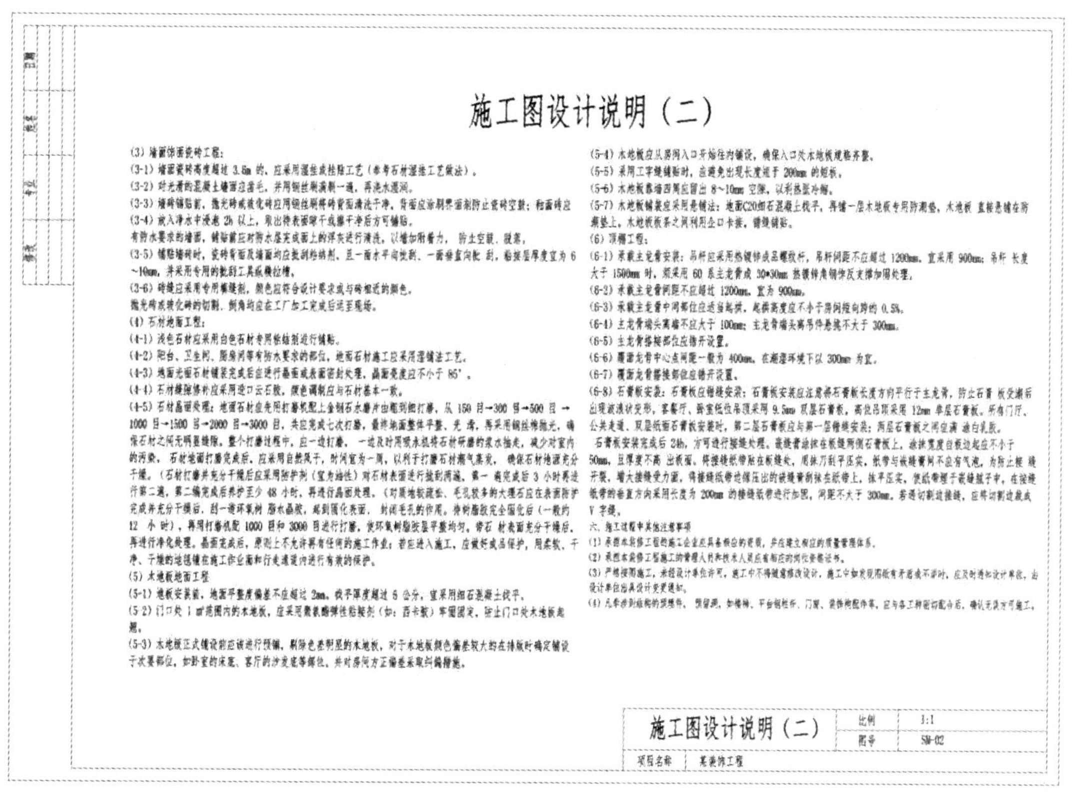

施工图设计说明（二）

(3) 墙面饰面瓷砖工程：

(3-1) 墙面瓷砖高度超过 3.6m 的，应采用湿挂或挂贴工艺（参考石材湿挂工艺做法）。

(3-2) 对光滑的混凝土墙面应凿毛，并用钢丝刷满刷一遍，再浇水湿润。

(3-3) 墙砖铺贴前，抛光砖或玻化砖应用钢丝刷将砖背面清洗干净，背面应涂刷界面剂防止瓷砖空鼓；釉面砖应

(3-4) 放入净水中浸泡 2h 以上，取出待表面晾干或擦干净后方可铺贴。

有防水要求的墙面，铺贴前应对防水层完成面上的浮灰进行清洗，以增加附着力，防止空鼓、脱落。

(3-5) 铺贴墙砖时，瓷砖背面及墙面均应批刮粘结剂，且一面水平向批刮、一面垂直向批刮，粘接层厚度宜为 6~10mm，并采用专用的批刮工具纵横拉槽。

(3-6) 砖缝应采用专用填缝剂，颜色应符合设计要求或与砖相近的颜色。

抛光砖或玻化砖的切割、倒角均应在工厂加工完成后运至现场。

(4) 石材地面工程：

(4-1) 浅色石材应采用白色石材专用粘结剂进行铺贴。

(4-2) 阳台、卫生间、厨房间等有防水要求的部位，地面石材施工应采用湿铺法工艺。

(4-3) 地面光面石材铺装完成后应进行晶面或表面密封处理，晶面亮度应不小于 85°。

(4-4) 石材缝隙修补应采用进口云石胶，颜色调制应与石材基本一致。

(4-5) 石材晶面处理：地面石材应先用打磨机配上金刚石水磨片由粗到细打磨，从 150 目→300 目→500 目→1000 目→1500 目→2000 目→3000 目，共应完成七次打磨，最终地面整体平整、光滑，再采用钢丝棉抛光，确保石材之间无明显缝隙。整个打磨过程中，应一边打磨，一边及时用吸水机将石材研磨的浆水抽走，减少对室内的污染。石材地面打磨完成后，应采用自然风干，时间宜为一周，以利于打磨石材潮气蒸发，确保石材地面充分干燥。（石材打磨并充分干燥后应采用防护剂（宜为油性）对石材表面进行滚刷两遍，第一遍完成后 3 小时再进行第二遍，第二遍完成后养护至少 48 小时，再进行晶面处理。（对质地较疏松、毛孔较多的大理石应在表面防护完成并充分干燥后，刮一道环氧树脂水晶胶，起到硬化表面，封闭毛孔的作用。待树脂胶完全固化后（一般约 12 小时），再用打磨机配 1000 目和 3000 目进行打磨，使环氧树脂胶层平整均匀，待石材表面充分干燥后，再进行净化处理。晶面完成后，原则上不允许再有任何的施工作业；若应进入施工，应做好成品保护，用柔软、干净、干燥的地毯铺在施工作业面和行走通道内进行有效的保护。

(5) 木地板地面工程

(5-1) 地板安装前，地面平整度偏差不应超过 2mm，找平厚度超过 5 公分，宜采用细石混凝土找平。

(5-2) 门口处 1 m 范围内的木地板，应采用聚氨酯弹性粘接剂（如：西卡胶）牢固固定，防止门口处木地板起翘。

(5-3) 木地板正式铺设前应该进行预铺，剔除色差明显的木地板，对于木地板颜色偏差较大的在排版时确定铺设于次要部位，如卧室的床底、客厅的沙发底等部位，并对房间方正偏差采取纠偏措施。

(5-4) 木地板应从房间入口开始往内铺设，确保入口处木地板规整齐整。

(5-5) 采用工字缝铺贴时，应避免出现长度短于 200mm 的短板。

(5-6) 木地板靠墙四周应留出 8~10mm 空隙，以利热胀冷缩。

(5-7) 木地板铺装应采用悬铺法：地面C20细石混凝土找平，再铺一层木地板专用防潮垫，木地板直接悬铺在防潮垫上，木地板板条之间利用企口卡接，错缝铺贴。

(6) 顶棚工程：

(6-1) 承载主龙骨安装：吊杆应采用热镀锌成品螺纹杆，吊杆间距不应超过 1200mm，宜采用 900mm；吊杆长度大于 1500mm 时，须采用 60 系主龙骨或 30*30mm 热镀锌角钢等反支撑加固处理。

(6-2) 承载主龙骨间距不应超过 1200mm，宜为 900mm。

(6-3) 承载主龙骨中间部位应适当起拱，起拱高度应不小于房间短向跨的 0.5%。

(6-4) 主龙骨端头离墙不应大于 100mm；主龙骨端头离吊件悬挑不大于 300mm。

(6-5) 主龙骨搭接部位应错开设置。

(6-6) 覆面龙骨中心点间距一般为 400mm，在潮湿环境下以 300mm 为宜。

(6-7) 覆面龙骨搭接部位应错开设置。

(6-8) 石膏板安装：石膏板应错缝安装；石膏板安装应注意将石膏板长度方向平行于主龙骨，防止石膏板受潮后出现波浪状变形，客餐厅、卧室纸面吊顶采用 9.5mm 双层石膏板，局部吊顶采用 12mm 单层石膏板。所有门厅、公共走道、双层纸面石膏板安装时，第二层石膏板应与第一层错缝安装；两层石膏板之间应满涂白乳胶。

石膏板安装完成后 24h，方可进行接缝处理。嵌缝膏涂抹在板缝两侧石膏板上，涂抹宽度自板边起应不小于 50mm，且厚度不高出板面。将接缝纸带贴在板缝处，用抹刀刮平压实，纸带与嵌缝膏间不应有气泡。为防止接缝开裂，增大接缝受力面，将接缝纸带边缘压出的嵌缝膏刮抹在纸带上，抹平压实，使纸带埋于嵌缝腻子中，在接缝纸带的垂直方向采用长度为 200mm 的接缝纸带进行加固，间距不大于 300mm。若遇切割边接缝，应将切割边裁成 V 字缝。

六、施工过程中其他注意事项

(1) 承担本装修工程的施工企业应具备相应的资质，并应建立相应的质量管理体系。

(2) 承担本装修工程施工的管理人员和技术人员应有相应的岗位资格证书。

(3) 严格按图施工，未经设计单位许可，施工中不得随意修改设计，施工中如发现图纸有矛盾或不详时，应及时通知设计单位，由设计单位出具设计变更通知。

(4) 凡牵涉到结构的预埋件、预留洞，如楼梯、平台钢栏杆、门窗、装饰构配件等，应与各工种密切配合后，确认无误方可施工。

施工图设计说明（二）	比例	1:1
	图号	SM-02
项目名称	某装饰工程	

图 1-6-6　施工图设计说明(二)

施工图设计说明样例。

一、工程概况

工程名称：XXXX-XXXX

委托方：

装饰设计单位：XXXXX

设计面积：

二、设计依据

1. 双方签订的合同。
2. 设计文件集(含设计任务书、有关会议纪要)。
3. 甲方提供的土建、安装等各专业的设计图纸。
4. 国家、国家部委及地方有关规范、规程、规定、标准及条例，主要有：

《建筑装饰装修工程质量验收规范》GB 50210-2018

《住宅装饰装修工程施工规范》GB 50327-2001

《建筑地面工程质量验收规范》GB 50209-2021

《建筑内部装修设计防火规范》GB 50222-2017

《建筑设计防火规范》GB 50016-2014(2018 版)

《国家建筑标准设计图集》13J 502-1～3(内装修)

《建筑电气工程施工质量验收规范》GB 50303-2015

《建筑电气照明装置施工与验收规范》GB 50617-2010

《建筑给水排水及采暖工程施工质量验收规范》GB 50242-2002

三、施工图说明

(1) 图例：以国家制图规范为准，特殊图例见各图纸图例表示。

(2) 图纸单位：图纸尺寸：毫米；标高：毫米。

(3) 施工图纸修改：设计人有权在委托方认可的条件下对本施工图进行修改。

(4) 施工图等效文件：施工图交底记录，施工洽商记录，施工图变更记录。

(5) 凡涉及结构的变动，必须取得原建筑设计单位的认可。大型灯具及吊挂件的安装，必须进行构造措施计算，确保安全可靠。

(6) 凡图中节点做法有异者，均以本说明做法为准。

(7) 图中立面及做法等未表达之处均参照相近的立面及做法进行施工。

(8) 所有施工尺寸应以图纸标注尺寸为准，严禁用尺度量图纸，如现场尺寸与设计有较大出入，应通知设计师进行相应调整。

(9) 图中注明顶棚等标高，以室内完成地面标高 ±0.000 起算的高度。

四、装修材料

(1) 本工程所用材料和设备的品种、规格、性能应符合以下国家现行产品标准的规定：

《建筑内部装修设计防火规范》GB 50222-2017

《室内装饰装修材料人造板及其制品中甲醛释放限量》GB 18580-2017

《室内装饰装修材料溶剂木器涂料中有毒有害物质限量》GB 18581-2020

《室内装饰装修材料内墙涂料中有害物质限量》GB 18582-2008

《室内装饰装修材料胶粘剂中有害物质限量》GB 18583-2008

《室内装饰装修材料木家具中有害物质限量》GB 18584-2001

《室内装饰装修材料壁纸中有害物质限量》GB 18585-2023

《室内装饰装修材料聚氯乙烯卷材地板中有害物质限量》GB 18586-2001

(2) 由施工单位提供材料样板，并提供材料合格证书、使用说明书以及环保、防火性能检测报告，进口产品应提供入境商品检验合格证明；经建设方、设计单位、监理单位确认后进行封样并据此进行竣工验收。

(3) 设计人未指定的材料及设备，施工单位选用时应符合国家现行标准以及相关要求。

(4) 按设计要求对不具备防火、防蛀和防霉条件的装饰装修所用材料进行处理。

五、主要工程做法

(1) 地面防水施工：

(1-1) 局部防水加强处理：对上下水管井混凝土翻边(蜂窝、麻面等)用堵漏王进行修补，待干后，对管井、地漏 200 mm 范围内、墙脚 100 mm 范围内进行加强处理。

(1-2) 防水涂膜层分两道成活，成膜厚度不低于 2 mm。

(1-3) 稀撒砂粒：在最后一遍涂膜防水层完成后，随即稀撒干净、干燥的石英砂，砂粒粘结固化后，形成粗糙表面，增加保护层的粘结力。

(1-4) 防水施工过程中，操作人员应穿软质胶底鞋，防水层完成后，该区域应进行封闭，禁止任何作业人员进入。

防水层干透后(涂刷后 10 h)进行蓄水试验，确认不漏水后，抹 1∶2 的水泥砂浆作为保护层，厚度宜为20mm。

(2) 墙面防水施工：

(2-1) 防水涂膜层分2道成活，成膜厚度不低于1.5mm。

(2-2) 防水层涂刷前应对穿墙管及墙面阴阳角作局部防水加强处理。

(2-3) 卫生间湿区(如沐浴房、浴缸)的墙面防水高度至顶棚完成面，台盆给水区域达到1100mm，其他达到 500mm，(如洗脸台水龙头给水点为预埋式，防水区域应高于给水点100mm)。厨房水槽部位达到1100mm，其他达到500mm，阳台防水由承包人负责完成，阳台防水上翻高度：有出水点的区域高于出水点100mm，其余地方达到500mm。

(3) 墙面饰面瓷砖工程：

(3-1) 墙面瓷砖高度超过3.6 m的，应采用湿挂或挂贴工艺(参考石材湿挂工艺做法)。

(3-2) 对光滑的混凝土墙面应凿毛，并用钢丝刷满刷一遍，再浇水湿润。

(3-3) 墙砖铺贴前，对于抛光砖或玻化砖，应用钢丝刷将砖背面清洗干净，砖背面应涂刷界面剂防止瓷砖空鼓；釉面砖应放入净水中浸泡 2h 以上，取出待表面晾干或擦干净后方可铺贴。

(3-4) 有防水要求的墙面，铺贴前应对防水层完成面上的浮灰进行清洗，以增加附着力，防止空鼓、脱落。

(3-5) 铺贴墙砖时，瓷砖背面及墙面均应批刮粘结剂，且一面水平向批刮、一面垂直向批刮。粘结层厚度宜为6～10mm，并采用专用的批刮工具纵横拉槽。

(3-6) 砖缝应采用专用填缝剂，颜色应符合设计要求或为与砖相近的颜色。

抛光砖或玻化砖的切割、倒角均应在工厂加工完成后运至现场。

(4) 石材地面工程：

(4-1) 浅色石材应采用白色石材专用粘结剂进行铺贴。

(4-2) 阳台、卫生间、厨房间等有防水要求的部位，地面石材施工应采用湿铺法工艺。

(4-3) 地面光面石材铺装完成后应进行晶面或表面密封处理，晶面亮度应不小于85°。

(4-4) 石材缝隙修补应采用进口云石胶，调制的颜色应与石材基本一致。

(4-5) 石材晶面处理：地面石材应先用打磨机配上金刚石水磨片由粗到细打磨，从150目→300目→500目→1000目→1500目→2000目→3000目，共应完成7次打磨，最终使地面整体上平整、光滑，再采用钢丝棉抛光，确保石材之间无明显缝隙。整个打磨过程中，应一边打磨，一边及时用吸水机将石材研磨的浆水抽走，减少对室内的污染。石材地面打磨完成后，应采用自然风干，时间宜为一周，以利于打磨石材潮气蒸发，确保石材地面充分干燥。(石材打磨并充分干燥后应采用防护剂(宜为油性)对石材表面进行两遍批刮，第一遍完成后3小时再进行第二遍，第二遍完成后养护至少48 h，再进行晶面处理。(对质地较疏松、毛孔较多的大理石应在表面防护完成并充分干燥后，刮一道环氧树脂水晶胶，起到固化表面、封闭毛孔的作用。待树脂胶完全固化后(一般约12 h)，再用打磨机配1000目和3000目进行打磨，使环氧树脂胶层平整均匀。待石材表面充分干燥后，再进行净化处理。晶面处理完成后，原则上不允许再有任何的施工作业；若应进入施工场所，应做好成品保护，用柔软、干净、干燥的地毯铺在施工作业面和行走通道内进行有效的保护。

(5) 木地板地面工程：

(5-1) 地板安装前，地面平整度偏差不应超过2mm。找平厚度超过5公分，宜采用细石混凝土找平。

(5-2) 门口处 1 m^2 范围内的木地板，应采用聚氨酯弹性粘结剂(如：西卡胶)牢固固定，防止门口处木地板起翘。

(5-3) 木地板正式铺设前应该进行预铺，剔除色差明显的木地板，对于颜色偏差较大的木地板，在排版时确定铺设于次要部位，如卧室的床底、客厅的沙发底等部位。并对房间方正偏差采取纠偏措施。

(5-4) 木地板应从房间入口开始往内铺设，确保入口处木地板规格齐整。

(5-5) 采用工字缝铺贴时，应避免出现长度短于 200 mm 的短板。

(5-6) 木地板靠墙四周应留出 8～10 mm 空隙，以利热胀冷缩。

(5-7) 木地板铺装应采用悬铺法：地面用细石混凝土找平，再铺一层木地板专用防潮垫，木地板直接悬铺在防潮垫上。木地板板条之间利用企口卡接，错缝铺贴。

(6) 顶棚工程：

(6-1) 承载主龙骨安装：吊杆应采用热镀锌成品螺纹杆，吊杆间距不应超过 1200 mm，宜采用 900 mm；吊杆长度大于 1500 mm 时，须采用 60 系主龙骨或 30 mm×30 mm 热镀锌角钢作反支撑加固处理。

(6-2) 承载主龙骨间距不应超过 1200 mm，宜为 900 mm。

(6-3) 承载主龙骨中间部位应适当起拱，起拱高度应不小于房间短向跨的 0.5%。

(6-4) 主龙骨端头离墙不应大于 100 mm；主龙骨端头离吊件悬挑不大于 300 mm。

(6-5) 主龙骨搭接部位应错开设置。

(6-6) 覆面龙骨中心点间距一般为 400 mm，在潮湿环境下以 300 mm 为宜。

(6-7) 覆面龙骨搭接部位应错开设置。

(6-8) 石膏板安装：石膏板应错缝安装；石膏板安装应注意将石膏板长度方向平行于主龙骨，防止石膏板受潮后出现波浪状变形。客餐厅、卧室低位吊顶采用 9.5 mm 双层石膏板，高位吊顶采用 12 mm 单层石膏板。所有门厅、公共走道、双层纸面石膏板安装时，第二层石膏板应与第一层错缝安装；两层石膏板之间应满涂白乳胶。

石膏板安装完成后 24 h，方可进行接缝处理。嵌缝膏涂抹在板缝两侧石膏板上，涂抹宽度自板边起应不小于 50 mm，且厚度不高出板面。将接缝纸带贴在板缝处，用抹刀刮平压实，纸带与嵌缝膏间不应有气泡，为防止接缝开裂，增大接缝受力面，将接缝纸带边缘压出的嵌缝膏刮抹在纸带上，抹平压实，使纸带埋于嵌缝泥子中。在接缝纸带的垂直方向采用长度为 200 mm 的接缝纸带进行加固，间距不大于 300 mm。若遇切割边接缝，应将切割边裁成 V 字缝。

六、施工过程中其他注意事项

(1) 承担本装修工程的施工企业应具备相应的资质，并应建立相应的质量管理体系。

(2) 承担本装修工程施工的管理人员和技术人员应有相应的岗位资格证书。

(3) 严格按图施工，未经设计单位许可，施工中不得随意修改设计，施工中如发现图纸有矛盾或不详时，应及时通知设计单位，由设计单位出具设计变更通知。

(4) 凡牵涉结构的预埋件、预留洞，如楼梯、平台钢栏杆、门窗、装饰构配件等，应与各工种密切配合，确认无误方可施工。

任务 1-7　绘制主要材料表

一、主要材料表的基本知识

施工图中的主要材料，包括基层材料、面层材料以及材料的规格、使用部位和防火等级等。主要材料表可以让施工中所用的材料一目了然，用代号使图面清爽整洁。如果图纸中有一大堆材料名称，这会使图纸显得凌乱、繁琐、不容易被看清楚，施工图中除了材料表中没有的材料需单独标注外，其他在表中的材料均应使用代号，并且做到一一对应。

完整的主要材料表中不仅要有材料代号、使用区域，也应该有对材料的要求，比如品牌、型号、厚度、防水、防霉、防潮、防火等要求。常用的材料代号有：石材(ST)、瓷砖(CT)、木材(WD)、涂料(PT)、玻璃(GL)、墙纸(WC)、镜面(MR)等。

依据《建筑内部装修设计防火规范》GB 50222-2017，装修材料按其燃烧性能应划分为 A 级、B1 级、B2 级、B3 级四个等级。

A 级：不燃性装修材料，如花岗石、混凝土制品、水磨石、水泥制品、石膏板、大理石、石灰制品、黏土制品、玻璃、钢铁、瓷砖、铝、铜合金、马赛克等。

B1 级：难燃性装修材料，如纤维石膏板、水泥刨花板、矿棉装饰吸声板、玻璃棉装饰吸声板、纸面石膏板、珍珠岩装饰吸声板、难燃胶合板、难燃墙纸、多彩涂料、难燃中密度纤维板、岩棉装饰板、难燃木材、铝箔复合材料、难燃酚醛胶合板、铝箔玻璃钢复合材料、难燃墙布等。

B2 级：可燃性装修材料，如纯毛装饰布、PVC 卷材地板、木地板、氯纶地毯、半硬质 PVC 塑料地板、纯麻装饰布、经阻燃处理的其他织物等。

B3 级：易燃性装修材料，如油漆、酒精、香蕉水等。

视频任务 1-7
绘制主要材料表

二、绘制主要材料表步骤

绘制主要材料表的步骤如下：

(1) 打开“施工图设计说明.dwg”文件。新建图层：输入 LA(图层设置)命令→按空格键→打开图层特性管理器→单击 新建图层，将图层命名为“材料表”，颜色设置为 2 黄色，其他参数均为默认，双击材料表图层，将其设置为当前图层，效果如图 1-7-1 所示。

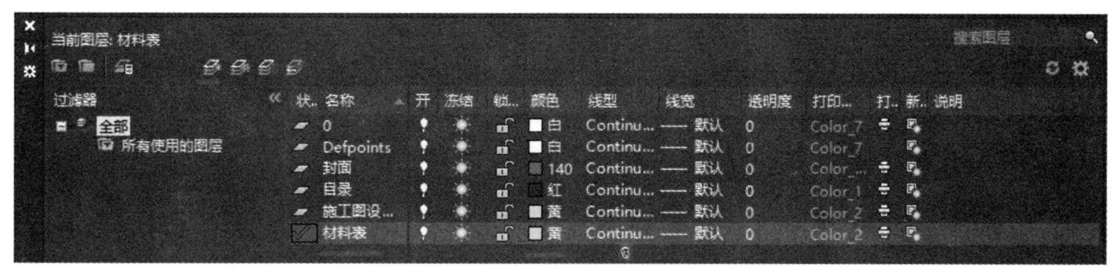

图 1-7-1　新建材料表图层

(2) 使用 CO(复制)命令，复制施工图设计说明图框，将图名更改为“主要材料表”，同时在目录中增加图纸信息，图号为 CL-01。使用 O(偏移)命令，按照图 1-7-2 中的尺寸标注，进行绘制。

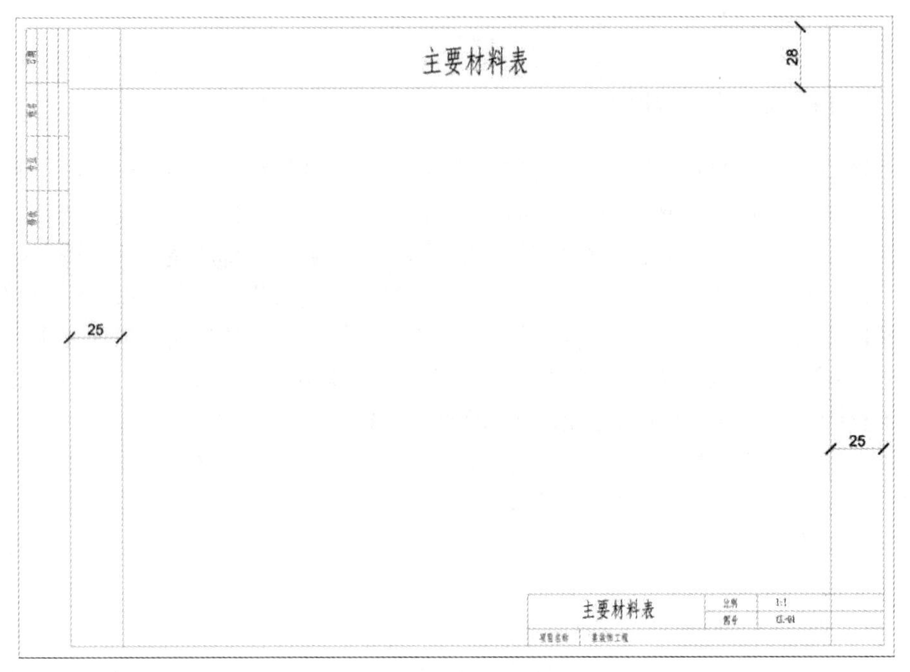

图 1-7-2 偏移线条

(3) 使用 TR(修剪)命令对图形进行修剪。使用 E(删除)命令删除多余的线条；使用 O(偏移)命令，设置偏移距离为 7，将修剪好的水平线向下偏移 30 次，效果如图 1-7-3 所示。

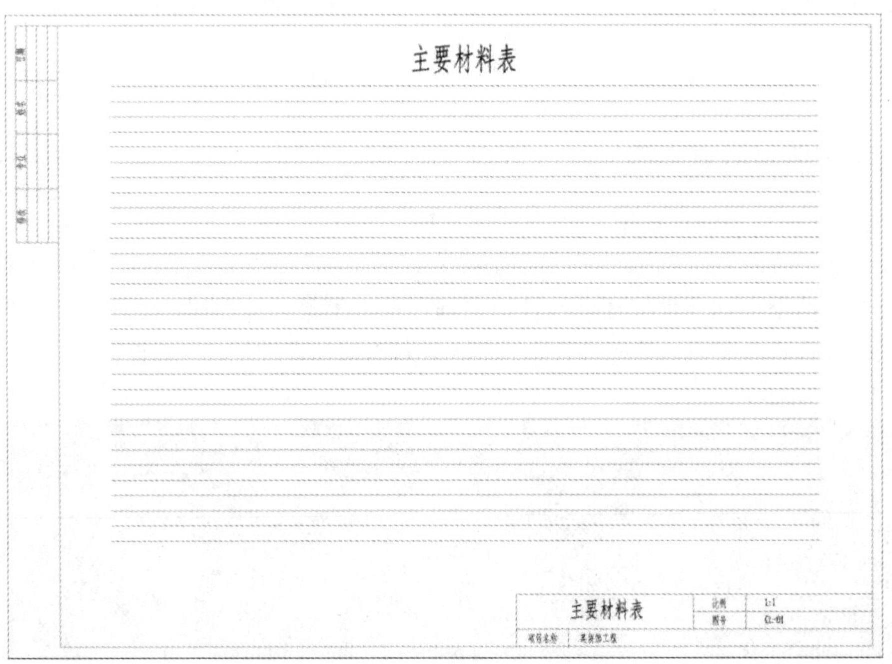

图 1-7-3 修剪编辑图形

(4) 使用 L(直线)命令，绘制连接线条；使用 O(偏移)命令，按图 1-7-4 所示，偏移线条。

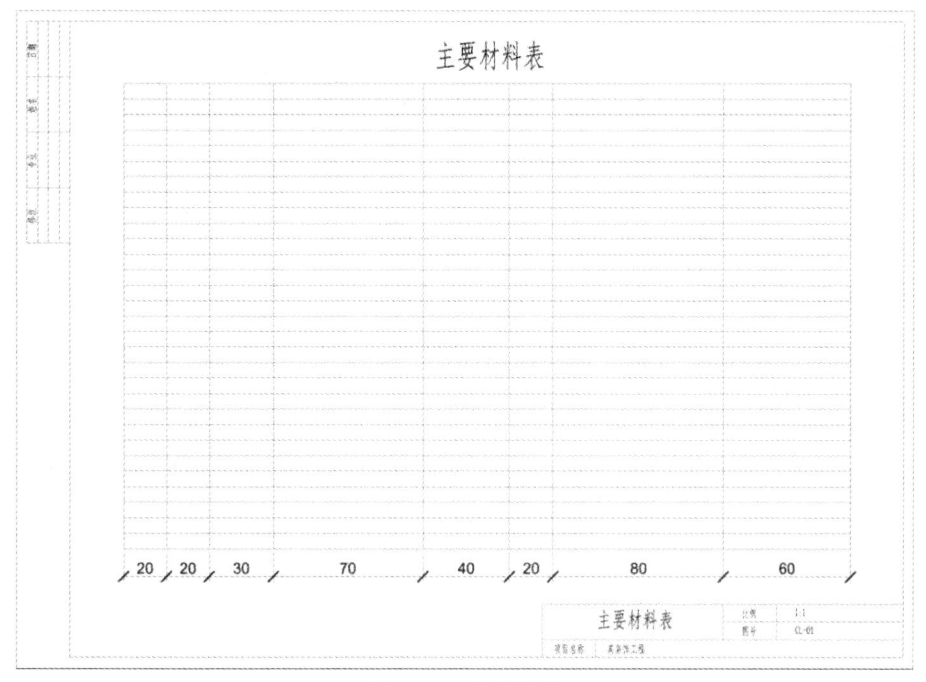

图 1-7-4　偏移线条

(5) 使用 TR(修剪)、T(文字)、CO(复制)等命令，如图 1-7-5 所示，编辑图形、文字，设置文字大小为 3.5 号。

主要材料表

[illegible]

主要材料表

1:1

图 1-7-5　编辑文字

(6) 绘制完成后，将文件另存。将文件命名为“主要材料表”。

项目二　室内装饰平面施工图

任务 2-1　绘制原始结构图

原始结构图是整套施工图的框架，是最基础的施工图，如果原始结构图错误，那么其他图也会出现错误。在绘制原始结构图之前，设计师会先到业主处量房，据此用笔和纸绘制出房屋的结构，即量房草图，其效果如图 2-1-1 所示。

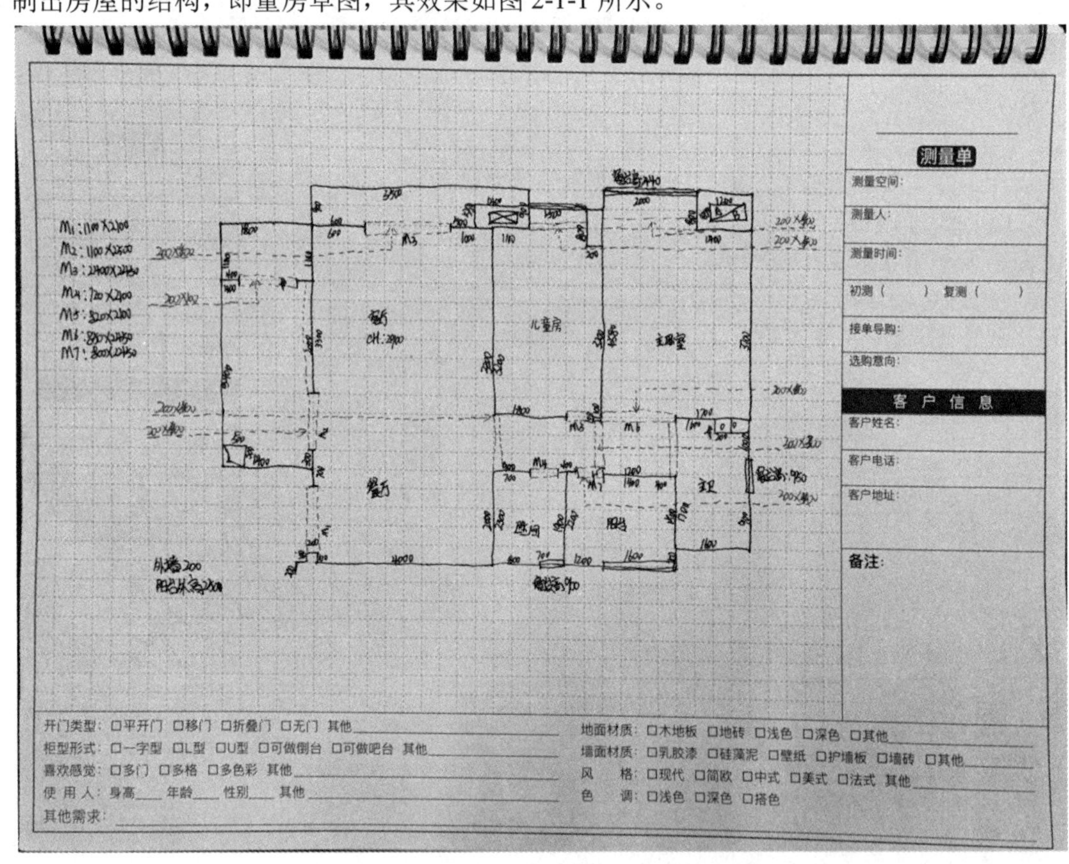

图 2-1-1　量房草图

量完房之后，设计师可在 CAD 软件上，根据量房草图进行原始结构图的绘制，效果如图 2-1-2 所示。为了更加准确地绘制原始结构图，在量房时一定要标注好房屋尺寸，此外，门洞、窗高、梁高、水管、烟管等也要详细备注。

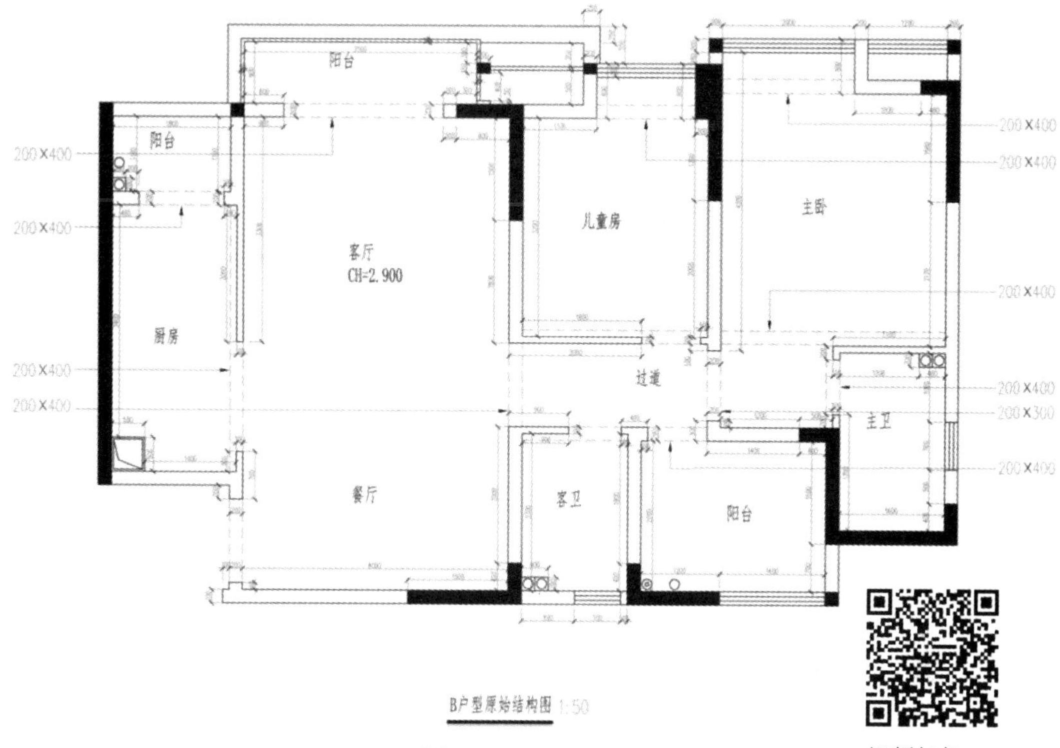

图 2-1-2 原始结构图

视频任务 2-1
绘制原始结构图(1)

绘制原始结构图的具体步骤如下：

(1) 打开“主要材料表.dwg”文件，输入 LA(图层设置)命令→按空格键→打开图层特性管理器→单击 新建图层，将图层命名为“墙体”，颜色设置为“7 白色”，线宽为“0.7”，其他参数均为默认，双击墙体图层，将其设置为当前图层。继续新建图层，将图层命名为“标注”，颜色设置为“84 绿色”，其他参数均为默认，效果如图 2-1-3 所示。

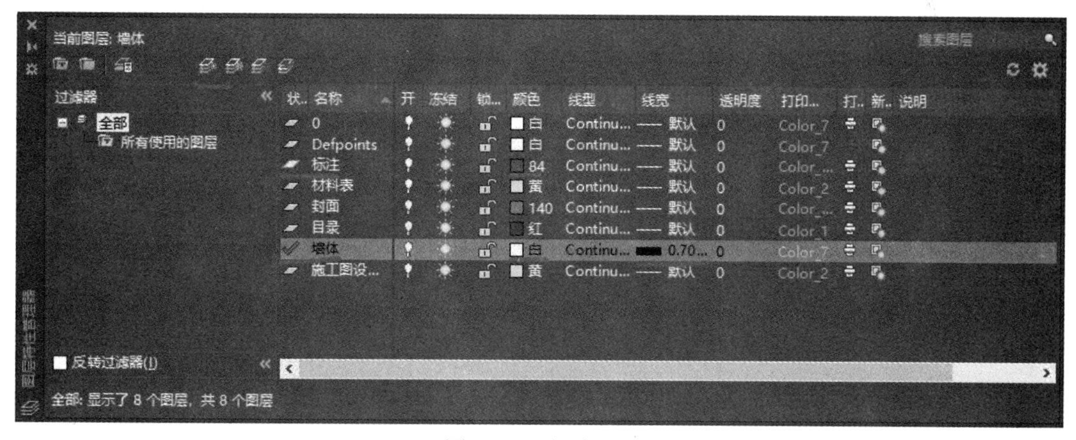

图 2-1-3 新建图层

(2) 输入 D(标注设置)命令，打开标注样式管理器，在标准(STANDARD)样式的基础上，单击“新建”按钮，将标注样式命名为“JZ-50”，效果如图 2-1-4 所示。单击“继续”按钮设置标注参数，效果分别如图 2-1-5、图 2-1-6、图 2-1-7、图 2-1-8、图 2-1-9 所示。设置完成后，单击如图 2-1-10 所示的“标注样式管理器”中的“置为当前”按钮，关闭标注设置界面。

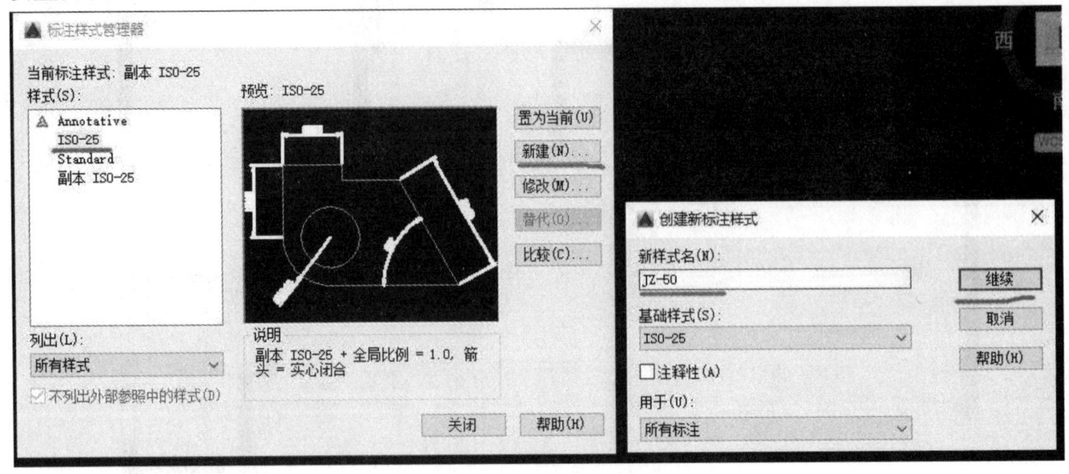

图 2-1-4 新建标注样式

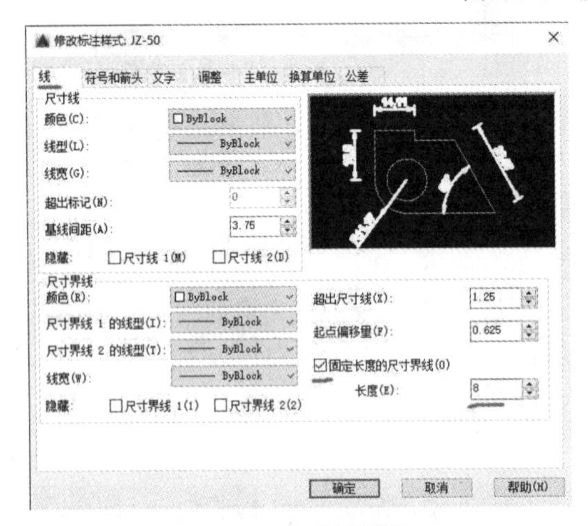

图 2-1-5 修改线样式

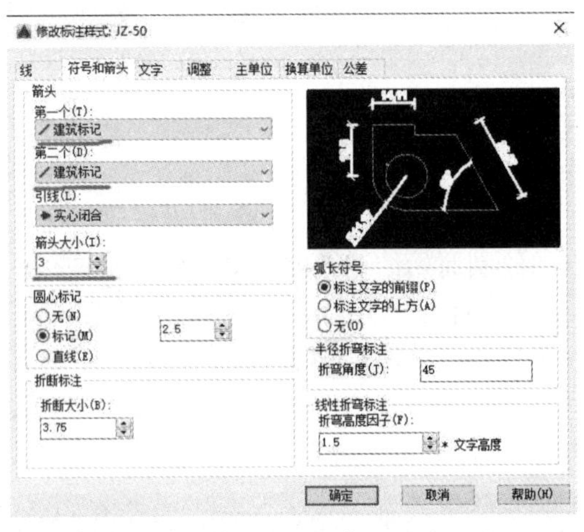

图 2-1-6 修改符号和箭头样式

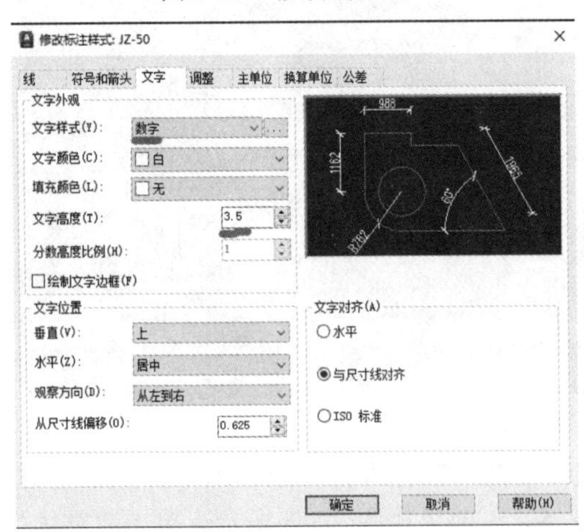

图 2-1-7 修改文字样式

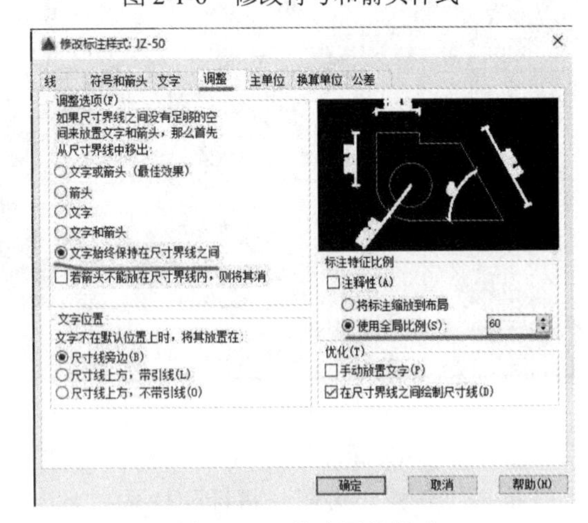

图 2-1-8 修改调整样式

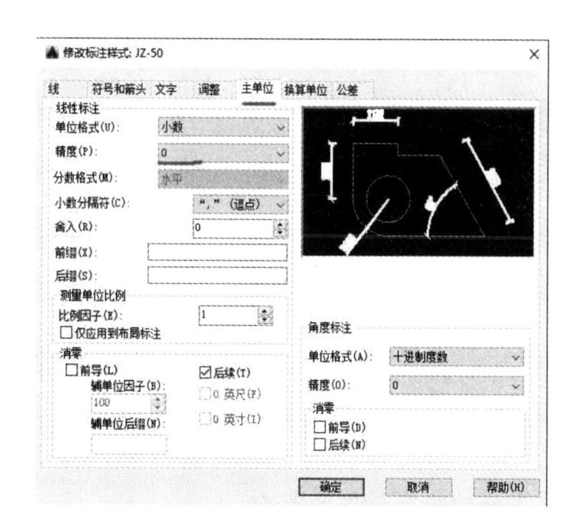

图 2-1-9　修改文字样式

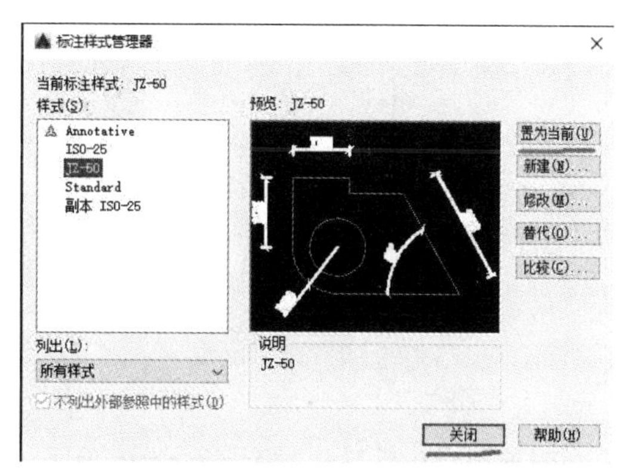

图 2-1-10　将标注样式置为当前

(3) 复制主要材料表的图框，将图名更改为“B 户型原始结构图”，比例为 1:50，效果如图 2-1-11 所示。

图 2-1-11　复制图框

(4) 复制、修改目录信息，效果如图 2-1-12 所示。

序号	图纸编号	图纸内容	序号	序号	备注
01	ML-01	图纸目录	A3	1:1	
02	SM-01	施工图设计说明（一）	A3	1:1	
03	SM-02	施工图设计说明（二）	A3	1:1	
04	SM-03	主要材料表	A3	1:1	
05	PM-01	B户型原始结构图	A3	1:50	

图 2-1-12　复制、修改目录信息

相关知识：根据国标 GBT 5001–2017，关于图样的比例有如下要求：

① 应为图形与实物相对应的线性尺寸之比。

② 比例的符号应为“：”，比例应以阿拉伯数字表示。

③ 比例应注写在图名的右侧，字的基准线应取平；比例的字高应比图名的字高小一号或两号，效果如图 2-1-13 所示。

B户型原始结构图 1:50

图 2-1-13　比例的注写

④ 绘图所采用的比例应根据图样的用途与被绘对象的复杂程度来确定，可从表 2-1-1 中选用，并优先采用表中常用比例。

表 2-1-1　绘图所用的比例

常用比例	1∶1　1∶2　1∶5　1∶10　1∶20　1∶30　1∶50　1∶100　1∶150　1∶200　1∶500　1∶1000　1∶2000
可用比例	1∶3　1∶4　1∶6　1∶15　1∶25　1∶40　1∶60　1∶80　1∶250　1∶300　1∶400　1∶600　1∶5000　1∶10 000　1∶20 000　1∶50 000　1∶100 000　1∶200 000

⑤ 一般情况下，一个图样应选用一种比例。根据专业制图需要，同一图样可选用两种比例，特殊情况下也可以自选比例，这时除应注出绘图比例外，还应在适当位置绘制出相应的比例尺，需要缩微的图纸应绘制比例尺。

(5) 根据图 2-1-2 的原始结构图的实际尺寸来看，需要采用 1∶50 的图框才能够将图纸放置在图框中，因此使用 SC(缩放)命令→选中复制出来的图框→指定基点(基点选择图框的左下角点)→单击空格键→指定比例因子，输入 50→单击空格键，即可将图框放大 50 倍，效果如图 2-1-14 所示。缩放后部分文字变成竖向排版，选中文字移动右上角的三角形箭头并拖动，可对文字进行调整，效果如图 2-1-15 所示，依次完成标题栏和会签栏文字的调整。

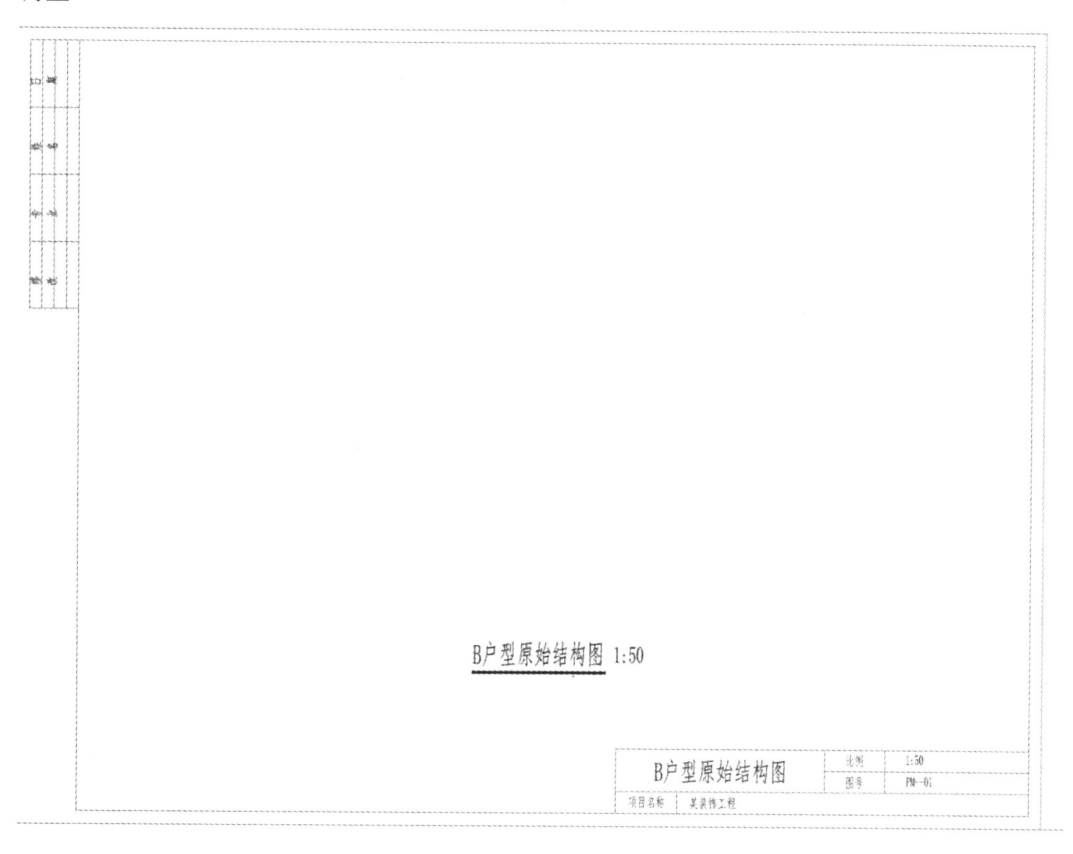

图 2-1-14　缩放图框

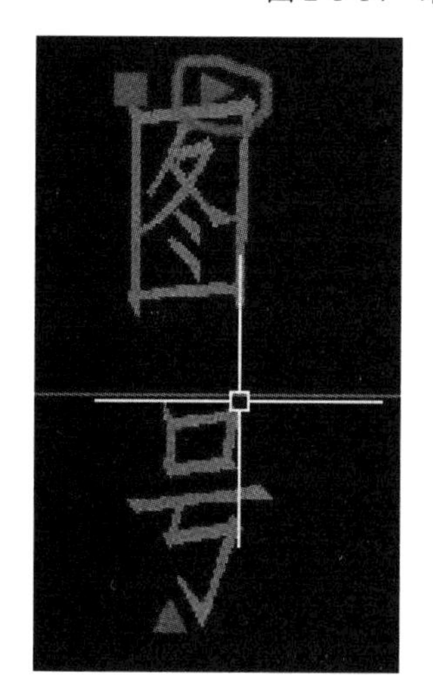

图 2-1-15　调整文字

视频任务 2-1
绘制原始结构图(2)

(6) 根据图 2-1-2 的原始结构图，从房屋入口开始按照逆时针方向绘制原始结构图，使用 L(直线)命令简略地绘制原始结构图，效果如图 2-1-16 所示。

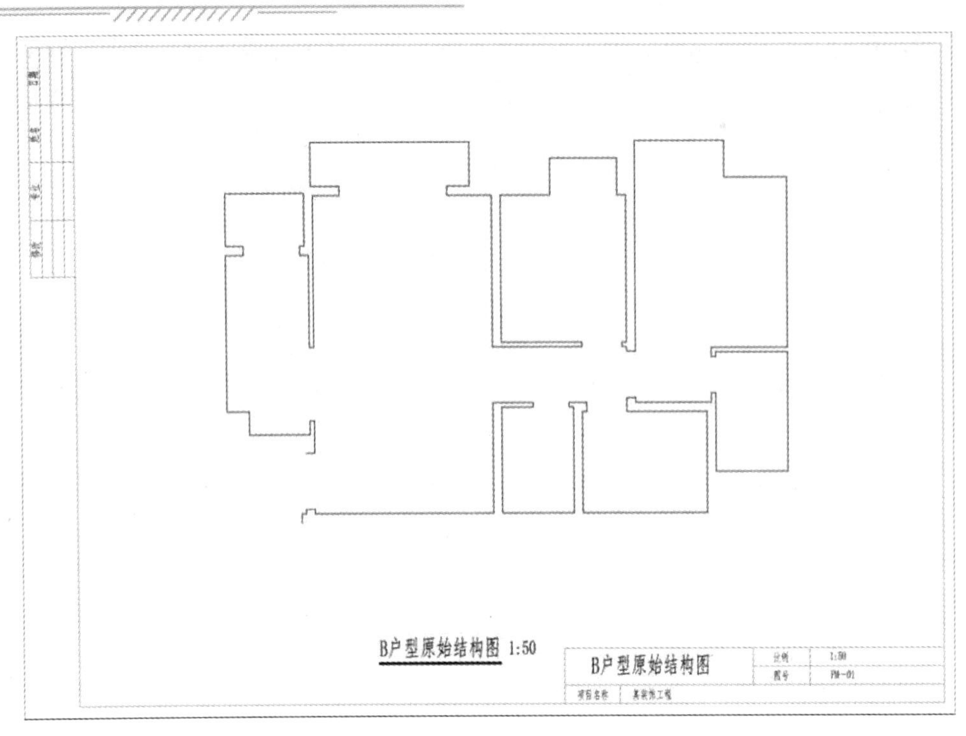

图 2-1-16 绘制简略的原始结构图

(7) 根据原始结构图数据，继续使用 L(直线)命令、O(偏移)命令、F(倒圆角)命令等，完善图形，效果如图 2-1-17 所示。

视频任务 2-1
绘制原始结构图(3)

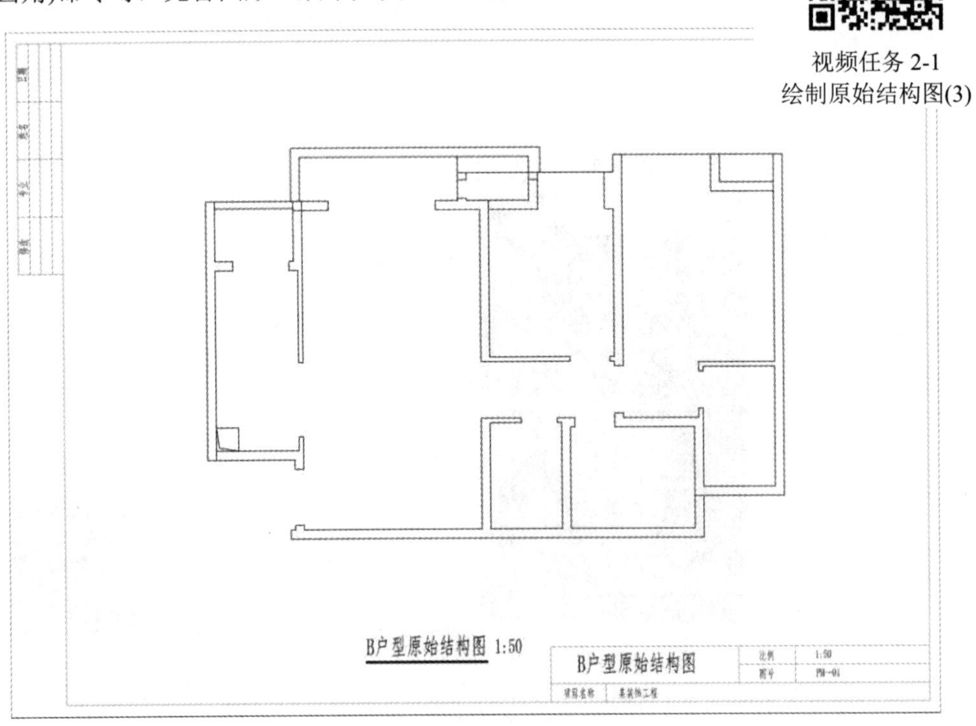

图 2-1-17 完善原始结构图

(8) 使用 L(直线)命令、O(偏移)命令、F(倒圆角)命令等绘制门和窗户，效果如图 2-1-18 所示。

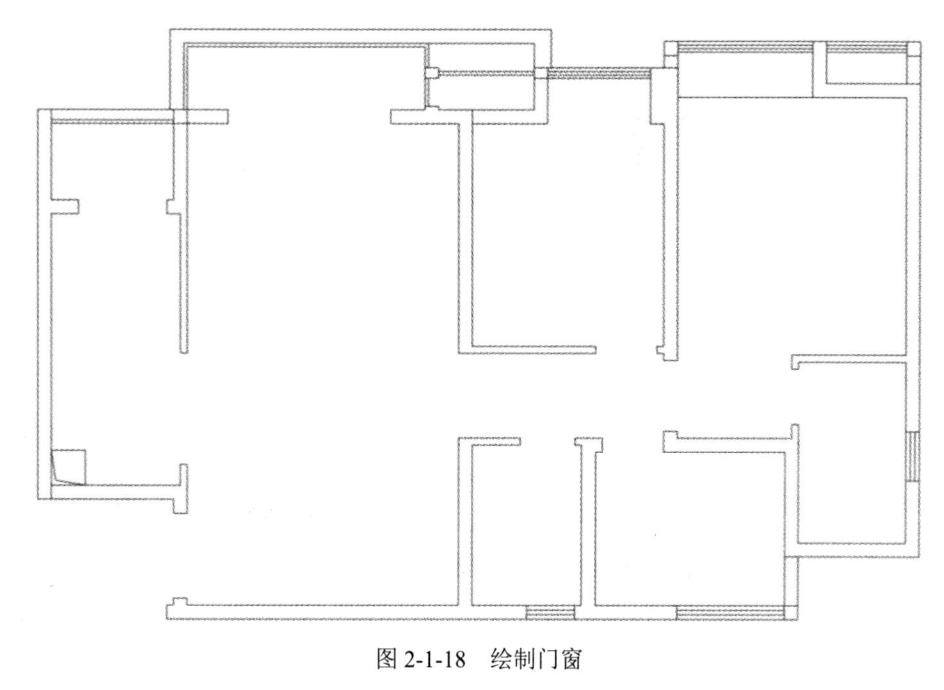

图 2-1-18　绘制门窗

(9) 使用 L(直线)命令、O(偏移)命令、F(倒圆角)命令等绘制管道等，效果如图 2-1-19 所示。

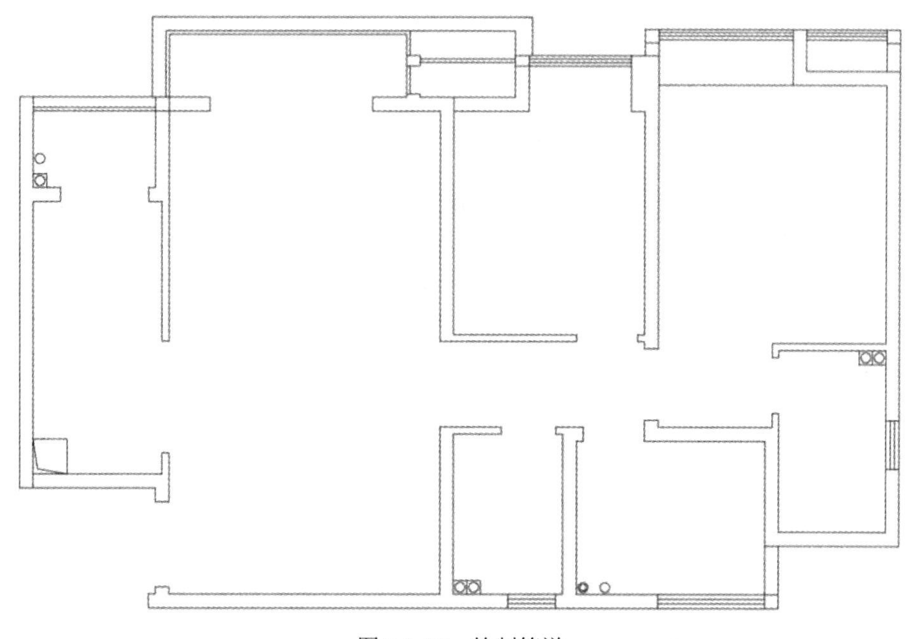

图 2-1-19　绘制管道

(10) 使用 L(直线)命令绘制出承重墙，使用 H(填充)命令，填充承重墙，图案名称为

“SOLID”，效果如图 2-1-20 所示。

注意：进行图案填充时填充区域必须为封闭的区域。

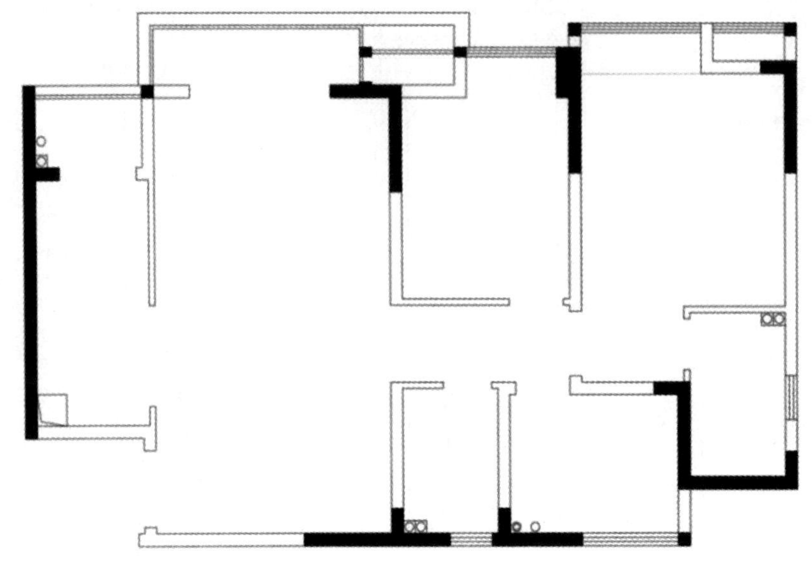

图 2-1-20　绘制承重墙

视频任务 2-1
绘制原始结构图(4)

相关知识：关于承重墙，怎么辨别呢？

承重墙的位置是有规律的。一般来说，在砖混结构的房屋中，所有墙体都是承重墙；而对于框架结构的房屋，内部的墙体一般不是承重墙。具体的判断，还需要根据建筑图纸和现场实际测量来确定。

除此之外，以下四点可以帮助我们辨识承重墙和非承重墙：

① 根据房屋建筑图纸来辨识承重墙：在建筑图纸上，对于承重墙都会有标注，建筑施工图中的粗实线部分和圈梁结构中非承重梁下的墙体都是承重墙；非承重墙体在图纸上一般用细实线或虚线标注，非承重墙一般较薄，仅仅是用来隔断墙体的。

② 通过敲击墙体的声音来辨识承重墙：在敲击墙体时，有清脆回声的是非承重墙，没有太多回声的则是承重墙。

③ 通过测量墙体厚度来辨识承重墙：承重墙比非承重墙厚很多，承重墙的厚度一般为 240 mm 左右，非承重墙的厚度则为 100 mm 左右。此外，由于材质不同，砖墙的承重墙厚度在 240 mm，混凝土结构的承重墙厚度为 160～200 mm。

④ 通过墙体在室内的不同部位来辨识承重墙：一般外墙和公用墙都属于承重墙。卫生间、储藏间、厨房及过道的墙体一般为非承重墙。

(11) 新建“梁”图层。输入 LA(图层设置)命令→单击空格键→打开图层特性管理器→单击新建图层，将图层命名为“墙体”，颜色为“1 红色”，线型为“HIDDEN2”，双击将梁图层置为当前。用 L(直线)命令绘制梁，效果如图 2-1-21 所示。当梁绘制出来未显示虚线时，可以输入 LTS(线型比例)命令→单击空格键→输入新线型比例因子 50→单击空格键，即可显示为虚线。

注意：应根据实际情况适当调整比例因子数值。

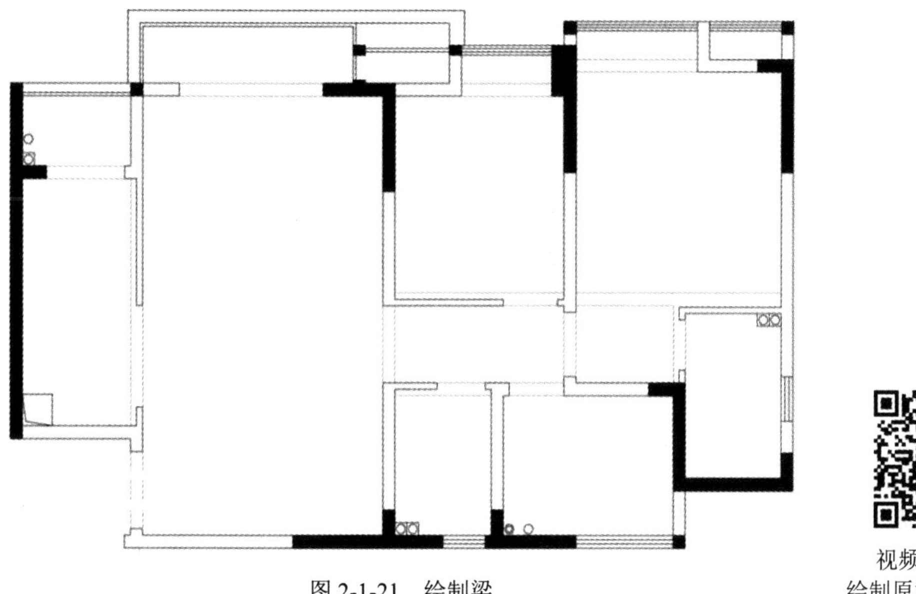

图 2-1-21　绘制梁

视频任务 2-1
绘制原始结构图(5)

(12) 标注尺寸。将标注图层置为当前，对图形进行尺寸标注，使用 DLI(线性标注)和 DCO(连续标注)命令，完成图形的标注，对于部分数字重叠的地方，需要单独选中数字以调整彼此的位置，效果如图 2-1-22 所示。

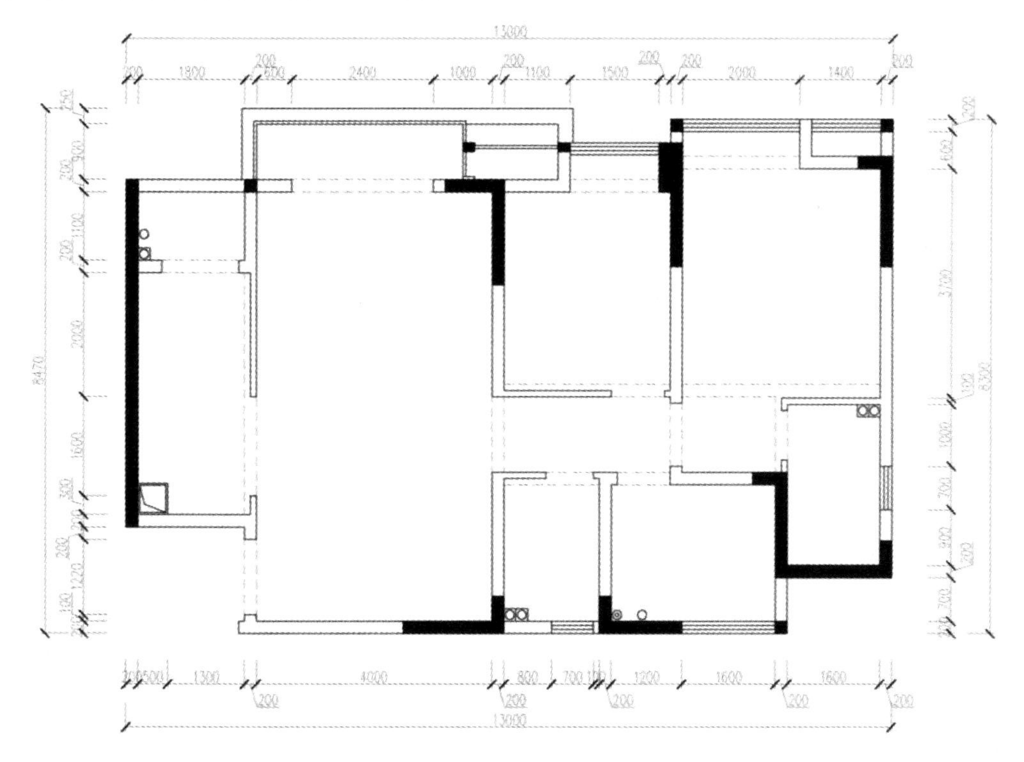

图 2-1-22　标注尺寸

(13) 标注文字。使用 T(文字)命令，进行文字标注，字体为仿宋，字高为 200，颜色为黄色。在房间内标注房间名称及层高(注意：层高单位为 m)，效果如图 2-1-23 所示。

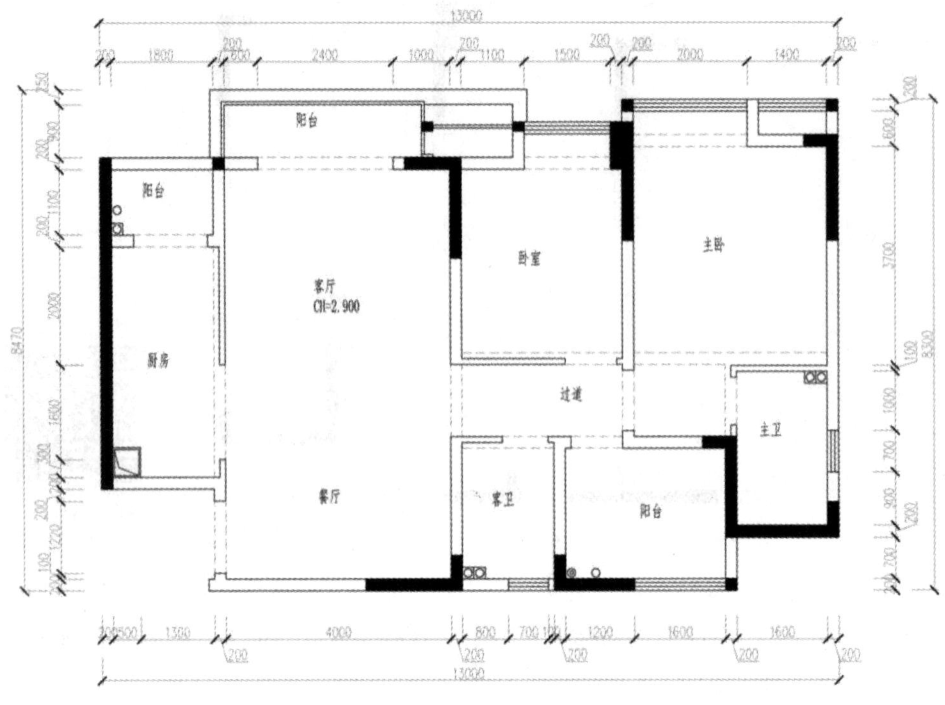

图 2-1-23　标注文字

(14) 标注梁的尺寸。使用 LE(引线标注)命令进行梁的尺寸标注，效果如图 2-1-24 所示。

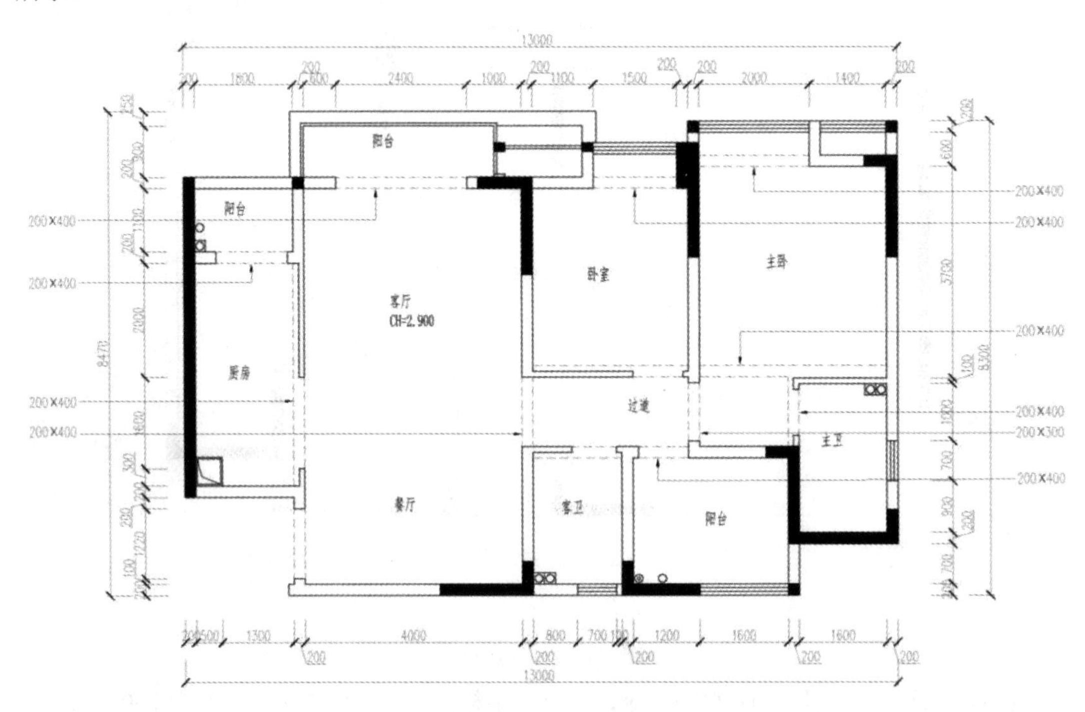

图 2-1-24　标注梁的尺寸

(15) 标注图名。使用 T(文字)、PL(多段线)命令绘制图名并标注，参数效果如图 2-1-25 所示。

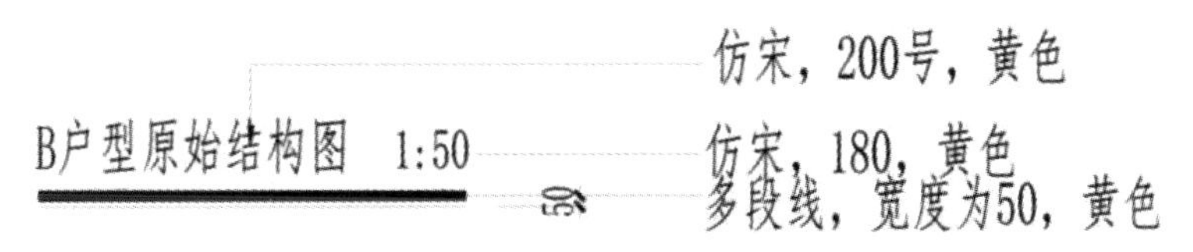

图 2-1-25　标注图名

(16) 保存文件。将文件另存并命名为“(B 户型)原始结构图.dwg”，效果如图 2-1-26 所示。

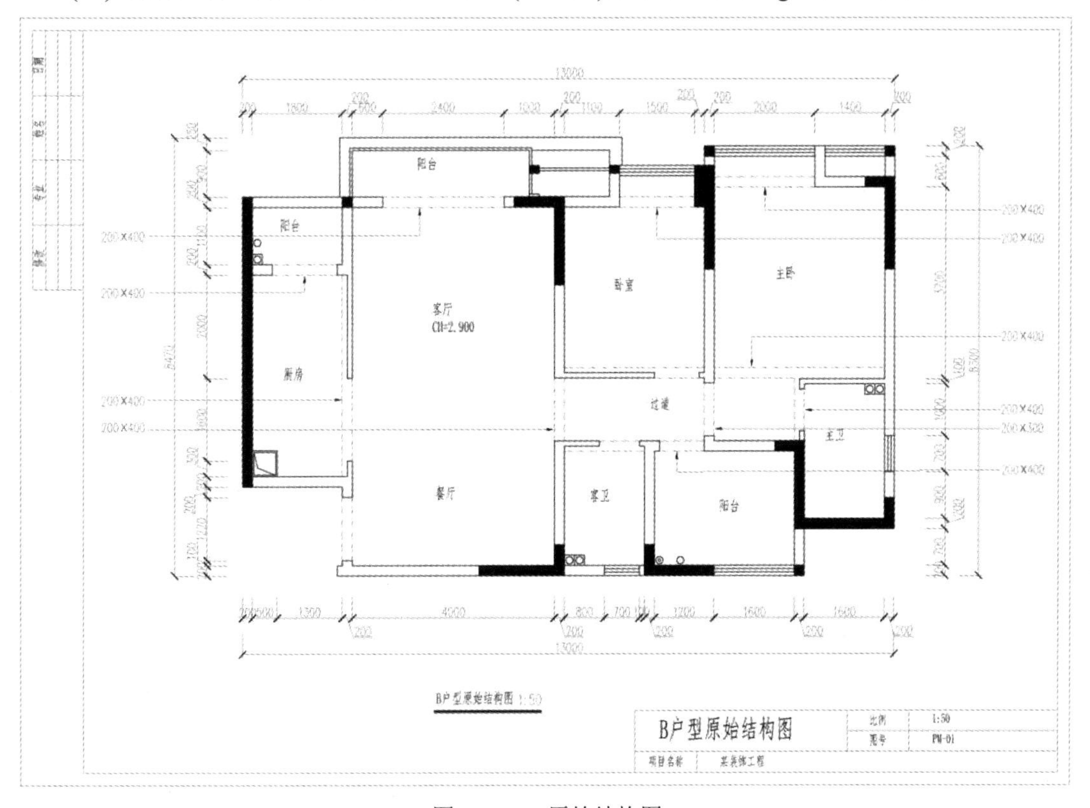

图 2-1-26　原始结构图

任务 2-2　绘制墙体改造图

一、拆除墙体

拆除墙体是室内装饰设计中常用的设计手法，是对现有空间形态进行再组合、再分割的过程。然而，并不是所有的墙体都是可以拆除的，一旦拆除了不能拆除的墙体，后果会非常严重。

1. 不可拆除的墙体类型

(1) 承重墙。承重墙是指支承上部楼层重量的墙体，在工程图上用黑色的实框表示。楼板是一种分隔承重构件，房屋楼板的重量和家具的重量等都要通过楼板传递给承重墙，因此，承重墙对于整个房屋来说，是决定安全的重要墙体，不能够拆除。

(2) 阳台的半截墙。阳台的半截墙也叫作配重墙，如果墙体是砖混结构的，最好不要将其拆除，因为以前砖混结构的阳台和卧室的地面不是一体的，阳台的半截墙起到平衡负载的作用，拆除之后很可能导致阳台掉落。

(3) 梁柱。横在房屋上部，和地面水平、起平衡作用的材料结构为梁；和房屋地基垂直、起支承保护作用的材料结构为柱。这些梁柱是用来支承上层楼板的，如果将其拆除，上层楼板就会掉下来。

(4) 嵌在混凝土中的门框。户门的门框是嵌在混凝土中的，如果被拆除，会破坏建筑结构，继而降低安全系数。此外，如果门框被破坏，重新安装新的门框也会非常困难。

(5) 墙体中的钢筋。如果将房屋比作人体的话，墙体中的钢筋就是人的筋骨，如果埋设在管线里的钢筋被破坏，就会影响墙体和楼板的承受力，一旦发生地震等灾害，墙体和楼板可能会坍塌或断裂。

(6) 卫生间和厨房的防水层。卫生间和厨房的地面下都有防水层，如果破坏了，楼下可能会变成“水帘洞”。所以在更换地面材料时，注意一定不要破坏防水层。重新修建防水层时，一定要做“24 小时渗水实验”，即在厨房或卫生间中灌水，只有保持 24 小时不渗漏方算合格。

传统观念认为，承重墙不能拆，非承重墙都可以拆。其实这是一个误区，并不是所有的非承重墙都可以随意拆改。非承重墙同样具有两个重要的作用；一个是承担墙体自重，另一个是抗震。若单个住户拆除非承重墙或在墙上打洞，则对楼体没有太大影响；但如果一栋楼的多个住户都随意拆改非承重墙体，就会大大降低楼体的抗震性。

2. 几种典型的容易造成危害的房屋结构拆改情况

(1) 拆除房间与阳台之间的墙体。拆除房间与阳台之间墙体，即指拆除窗间墙(门与窗之间墙垛)、窗下墙、门、窗边墙体，这些墙体在结构中主要承担着平衡竖向荷载和水平地震力的作用。如果拆除这些墙体，阳台与房间之间形成一个大的门洞，就会改变房屋结构原有的工作状态和受力性能，危害性极大。

(2) 拆除承重墙，在承重墙上开门、开窗、削薄承重墙体。承重墙是搁置楼板、搁栅、大梁、屋架或屋面板的墙体，用于承受以上各层由楼板、大梁、屋架等传来的活荷载和静荷载，以及各层墙体的自重，并把这些墙体的荷重传给下层墙体直至地基。拆除承重墙体，在承重墙上开门、开窗、削薄承重墙体，会直接破坏和削弱承重墙体的承载能力，也会破坏房屋的整体性和抗震性。

3. 关于拆改主体结构或明显加大荷载的规定

建设部发布的《建筑装饰装修管理规定》中，明确规定原有房屋装饰装修时，凡涉及拆改主体结构或明显加大荷载的，应当按照下列办法办理：

(1) 房屋所有权人、使用人必须向房屋所在地的房地产行政主管部门提出申请，并由房屋安全鉴定单位对装饰装修方案的使用安全进行审定。房地产行政主管部门应当自受理房屋装饰装修申请之日起 20 日内决定是否予以批准。

(2) 房屋装饰装修申请人持批准书向建设行政主管部门办理报建手续，并领取施工许可证。对于未按规定申请批准、未进行房屋安全性能鉴定、擅自拆改房屋结构或明显加大荷载而对原有房屋进行装饰装修的行为，由房地产行政主管部门或有关部门责令修复或赔偿，并给予行政处罚。房屋所有权人或使用人因装饰装修损坏毗邻房屋的，应负责修复或赔偿。

二、新建墙体

房屋设计改造中，存在新建墙体的情况时，需要清楚新建墙体的类型。一般家装多用轻质砖砌隔墙、骨架隔墙、成品墙体板材隔墙等组成非承重的轻质内隔墙，这样的结构墙身薄，自重小，具有隔音、防潮、防火等功能，只起隔断作用而不承重。

三、绘制墙体改造图

视频任务 2-2
绘制墙体改造图(1)

绘制墙体改造图的具体步骤如下：

(1) 打开“原始结构图.dwg”文件。新建图层：输入 LA(图层设置)命令→单击空格键→打开图层特性管理器→单击 新建图层，将图层命名为“墙体改造”，颜色设置为“1 红色”，其他参数均为默认，双击该图层，将其设置为当前图层，效果如图 2-2-1 所示。

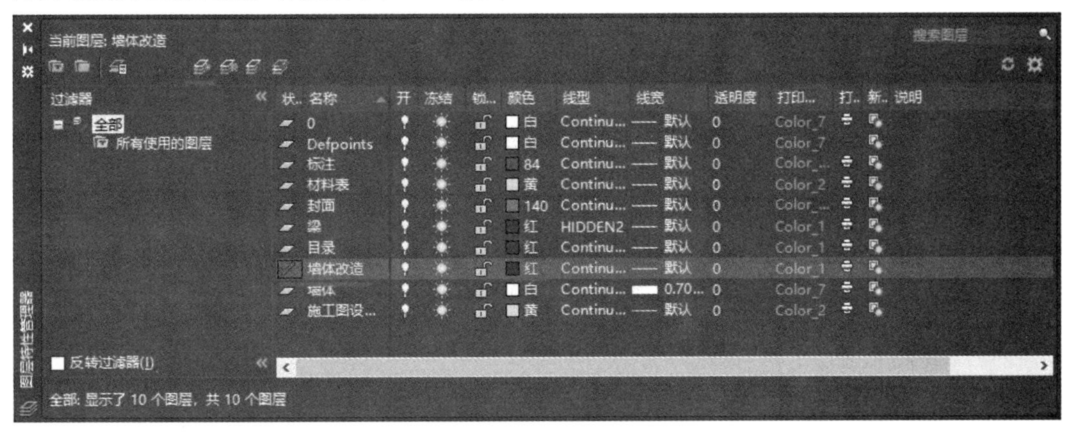

图 2-2-1　新建图层

(2) 复制整理图形。使用 CO(复制)命令，复制原始结构图。使用 E(删除)命令(或使用 DEL 删除键)将梁以及梁的标注删除，修改图纸名称为“B 户型墙体改造图 1∶50”并修改封面信息，效果如图 2-2-2 所示。

(3) 绘制图例框。使用 REC(矩形)命令，在图纸左下角绘制分别 2800 mm × 1400 mm、2800 mm × 2700 mm 的矩形框。使用 M(移动)命令，将其移动到合适的位置，矩形框的颜色同图框颜色。使用 O(偏移)命令，将两个矩形分别向内偏移 50，效果如图 2-2-3(a)所示。

(4) 分解矩形。使用 X(分解)命令，对偏移后的矩形进行分解，输入 X(分解)命令→单击空格键→选择偏移后的矩形→单击空格键，分解矩形，效果如图 2-2-3(b)所示。

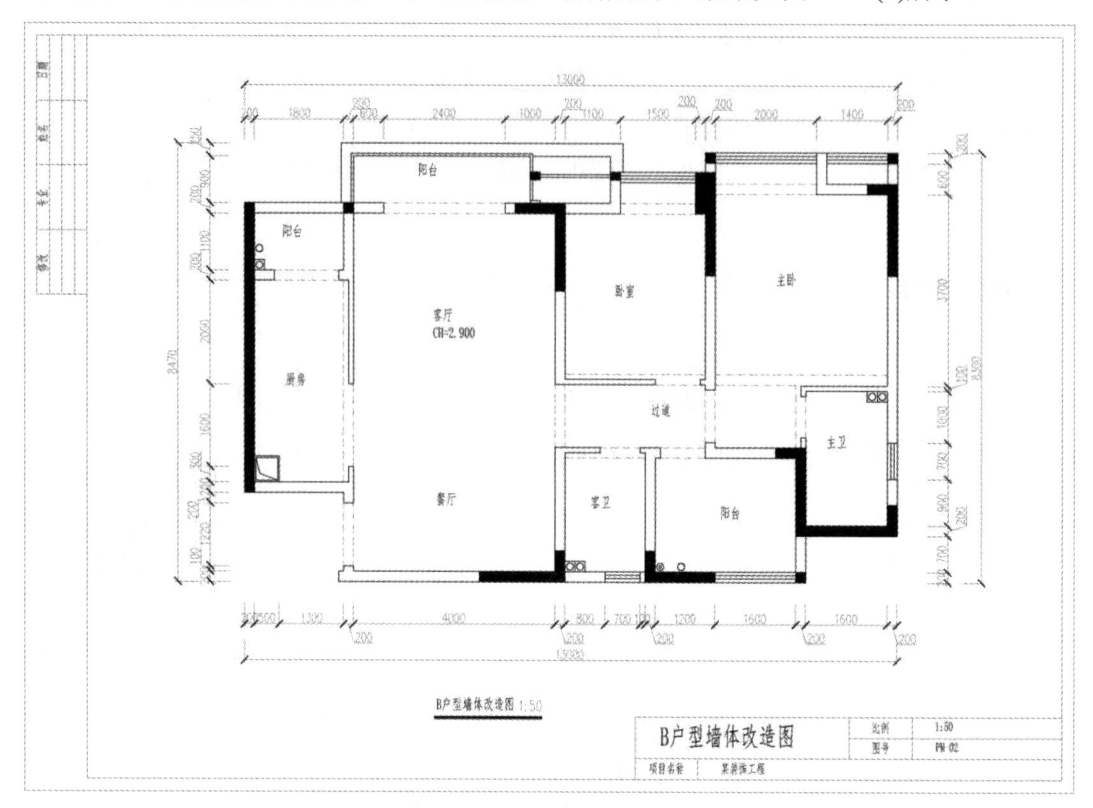

图 2-2-2 复制整理图形

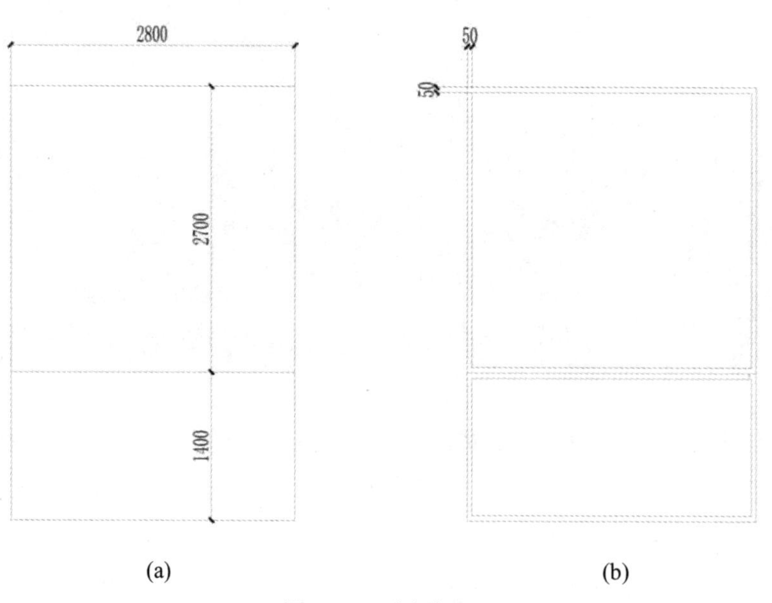

(a) (b)

图 2-2-3 分解矩形

(5) 偏移矩形。使用 O(偏移)命令，偏移矩形，并使用 T(文字)命令，完成文字的编辑，使用 M(移动)命令调整文字位置，效果如图 2-2-4 所示。

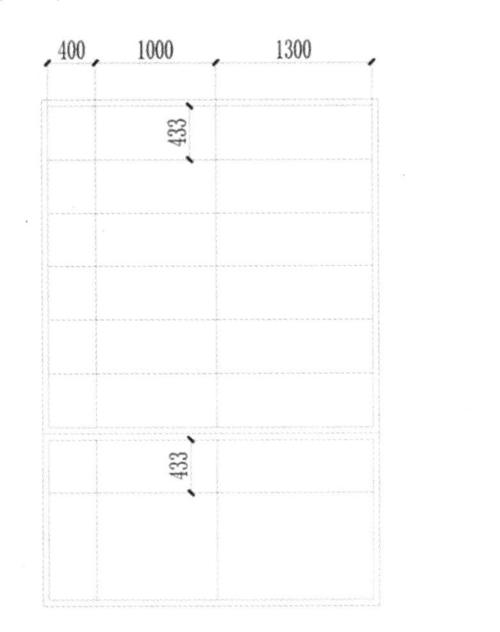

序号	图例	说明
1		
2		
3		
4		
5		

序号	图例	说明
1		
2		

图 2-2-4　偏移矩形并编辑调整文字

(6) 完善图例绘制。使用 REC(矩形)命令、H(填充)命令，继续绘制图例，效果如图 2-2-5 所示。

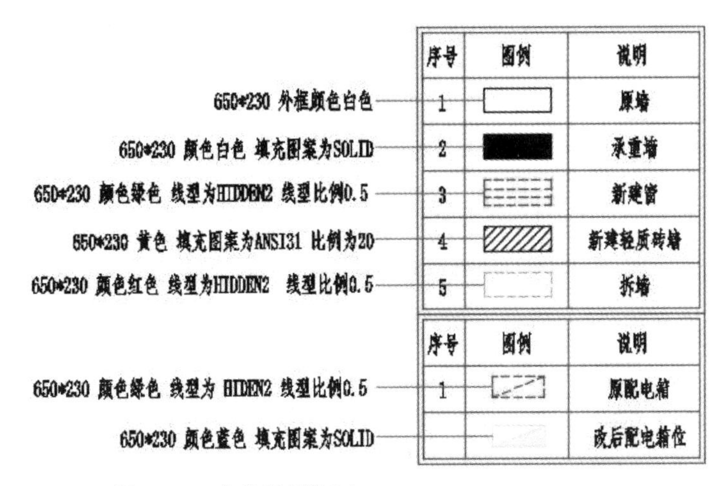

序号	图例	说明
1		原墙
2		承重墙
3		新建窗
4		新建轻质砖墙
5		拆墙

序号	图例	说明
1		原配电箱
		改后配电箱位

图 2-2-5　完善图例绘制

(7) 新建门窗图层。新建一个图层，命名为门窗图层，颜色设置为“3 绿色”，双击门窗图层，将其设置为当前图层，效果如图 2-2-6 所示。

视频任务 2-2
绘制墙体改造图(2)

(8) 移动门窗。使用 M(移动)命令，将图纸中的门窗全部移动到门窗图层，效果如图 2-2-7 所示。

(9) 绘制阳台门窗，效果如图 2-2-8 所示。

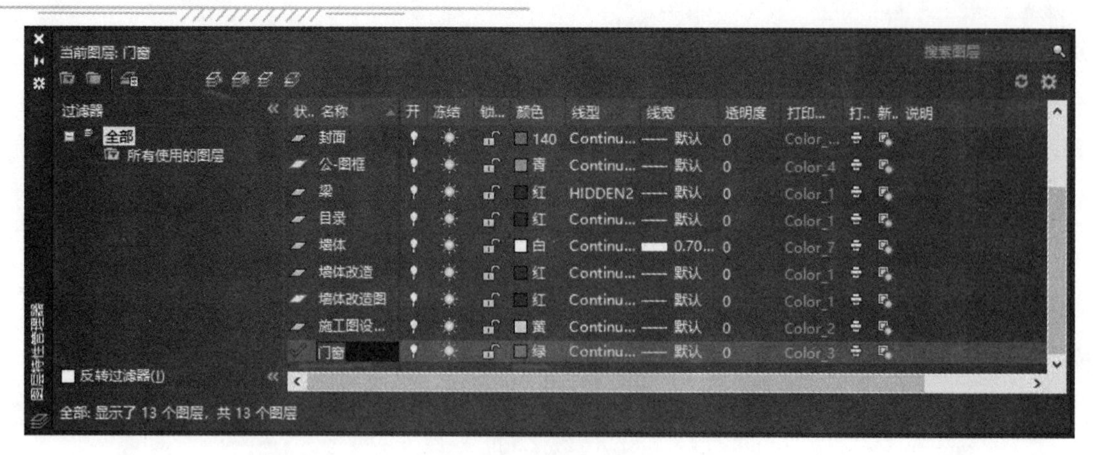

图 2-2-6 新建门窗图层

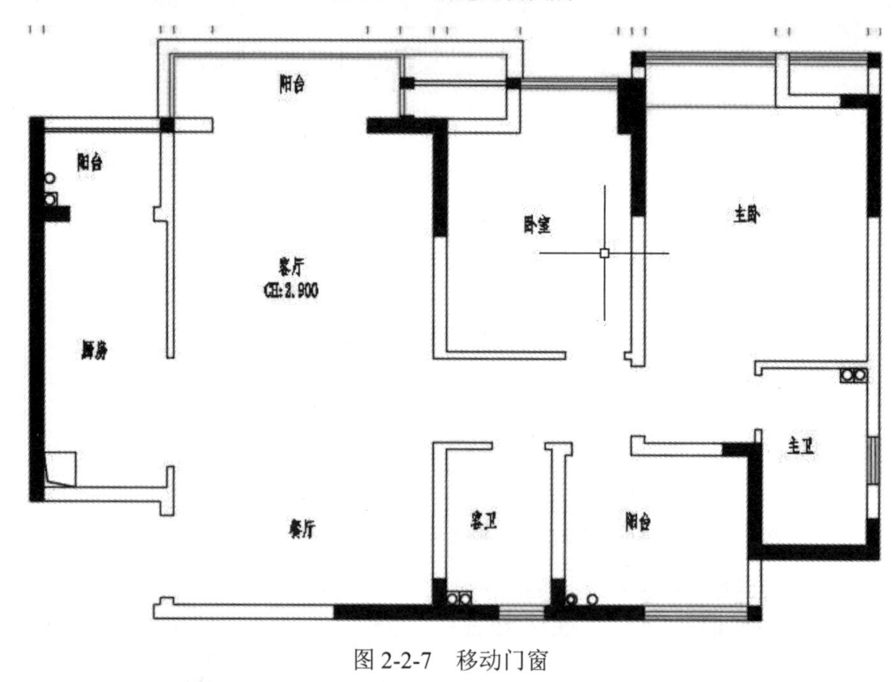

图 2-2-7 移动门窗

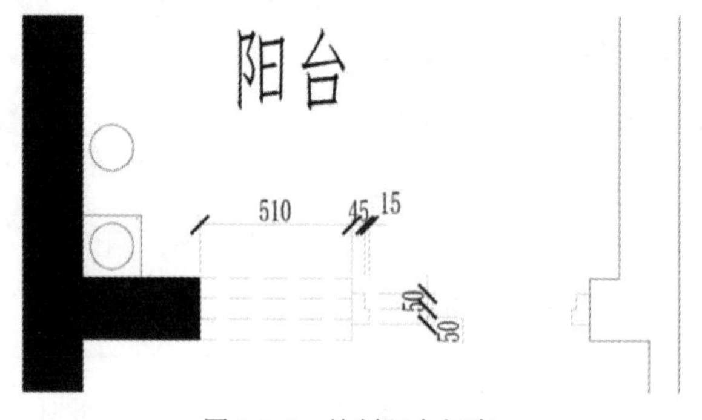

图 2-2-8 绘制阳台门窗

(10) 拆除墙体。使用 L(直线)、O(偏移)命令、TR(修剪)命令等进行绘制，效果如图 2-2-9 所示。

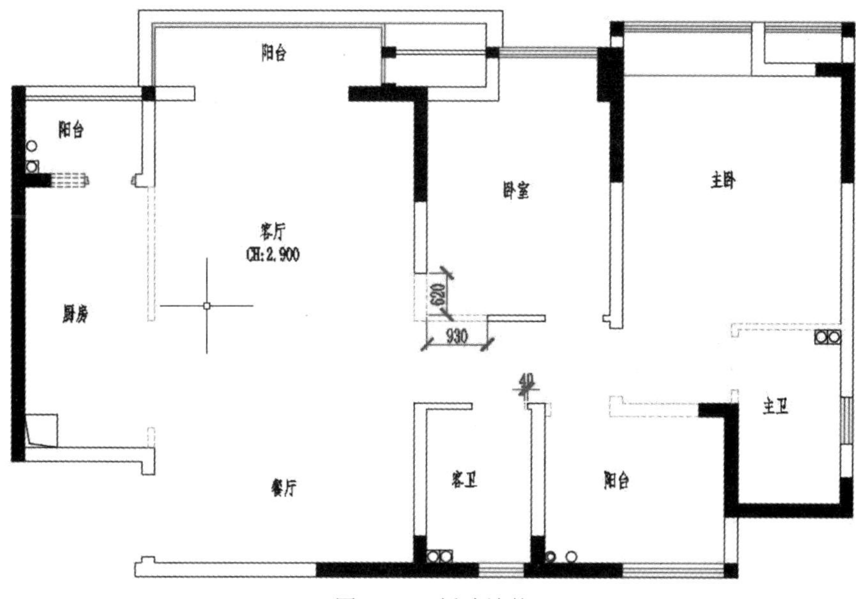

图 2-2-9　拆除墙体

(11) 新建墙体。使用 L(直线)、O(偏移)命令、TR(修剪)命令、H(填充)命令绘制新建墙体，效果如图 2-2-10 所示。

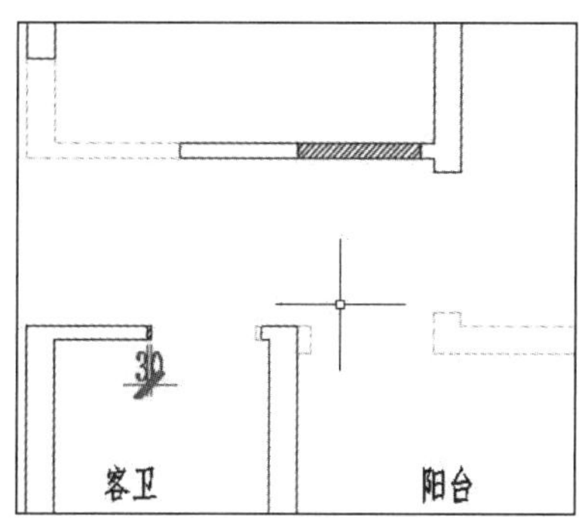

图 2-2-10　新建墙体

(12) 绘制配电箱位。使用 REC(矩形)命令、M(移动命令)、CO(复制)等命令绘制配电箱位，效果如图 2-2-11 所示。

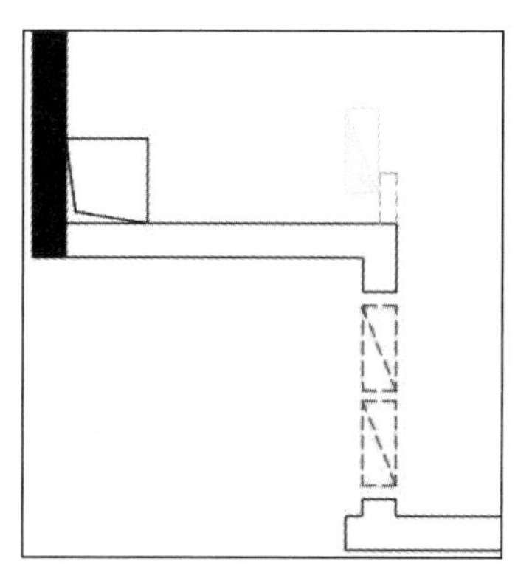

图 2-2-11　绘制配电箱位

(13) 另存文件。将绘制好的文件另存并命名为“(B 户型)墙体改造图”，效果如图 2-2-12 所示。

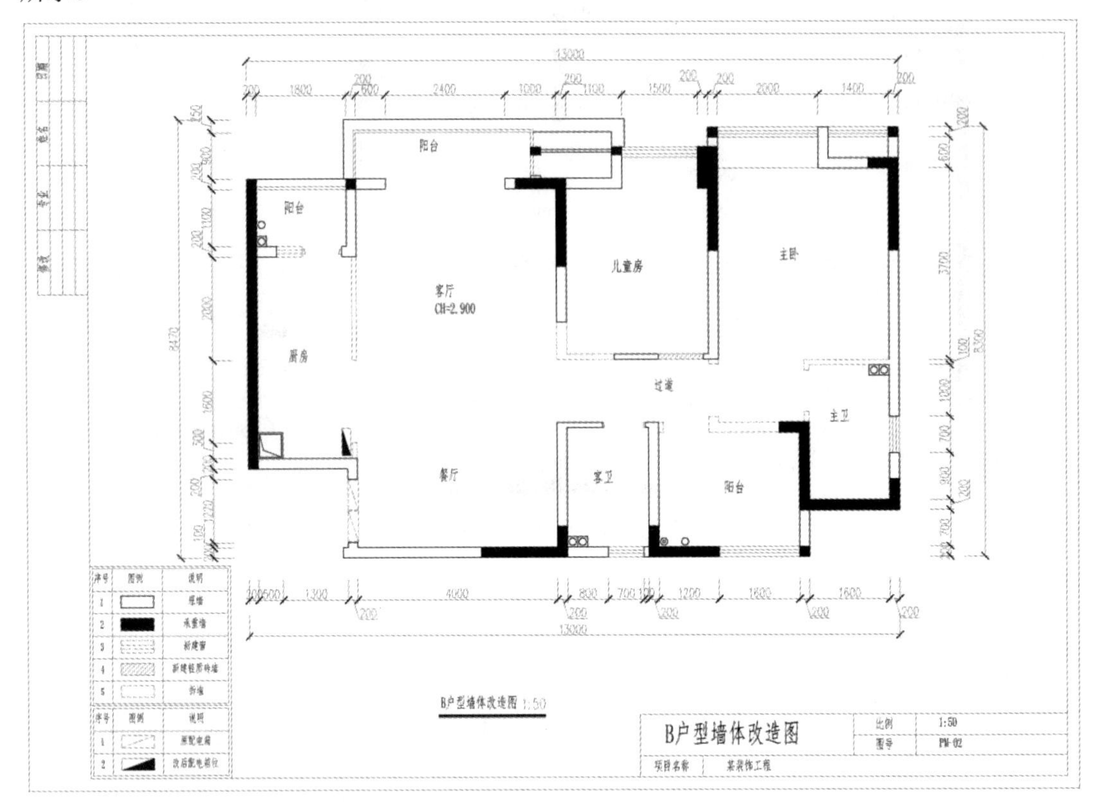

图 2-2-12 墙体改造图

任务 2-3 绘制平面布置图

一、平面布局技巧

平面布局紧密关联着室内空间的六个面，其设计是室内设计的首要且核心步骤。只有六面保持整体性、连贯性和通透性，室内轮廓线条与外界环境和谐统一，并且室内各空间色彩相互协调并与环境呼应，我们才能更好地表达室内的主题。

1. 对位与均衡

原则要点：对位是指平面布局中各构件、墙体、家具应尽量保持对齐，避免空间显得凌乱。均衡则要求空间布局匀称，避免一边拥挤而另一边空荡。

应用技巧：对位可以居中、居左或居右，但需要使空间简练、动线流畅。不均衡的布局往往导致空间布局左松右紧、上松下紧，影响整体美观。

2. 比例与尺度

原则要点：比例体现相对面间的度量关系，黄金分割是美学中的经典比例。尺度则指物与人或其他不同要素之间的比较，凭感觉把握，没有具体尺寸要求。

应用技巧：比例是理性的，尺度是感性的。在居室空间划分中，采用1∶0.618的经典比例是一种讨巧的方法。家具的大小选择也须考虑比例与尺度，家具过小会使空间布局显得小气，而家具过大会使空间布局显得拥挤。

3. 主从关系与视觉中心

原则要点：视觉中心是居室装饰的重点。设计中应明确主角和配角关系，形成主次分明的层次美感。

应用技巧：通过明确表达主从关系，打破全局的单调感，使居室充满生机。但视觉中心不宜过多，一个足矣，如同石子投入水面，激起涟漪，引人深思。

二、室内平面设计布局注意事项

在进行室内平面设计布局时，我们需要关注以下几个方面：

首先，要根据常住人口数量来合理安排功能区域。例如，对于三室的房子，若常住人口为三口之家，可考虑设置两间卧室，第三个房间作为书房或客房使用。这样的布局既能满足日常居住需求，又能体现空间的合理利用。

其次，运用家具来划分各功能区域。在绘制平面图时，应使用与实际比例相符的家具图例，并特别注意一些关键的空间尺寸。例如，设计客厅时要考虑人的通行距离和视线距离，设计走道时要注意其宽度是否适宜，设计移门时要考虑门洞的大小。这些尺寸的合理布局将直接影响空间的舒适度和实用性。

最后，在合理安排各区域尺寸，基本完成功能区域布局后，可以开始考虑装饰造型效果及布局要求。此时，应注重整体风格的协调性和统一性，同时考虑装饰元素的实用性和美观性。通过精心设计和布局打造出一个既舒适又美观的室内空间。

三、室内设计、家具陈设常用尺寸

1. 墙面尺寸

踢脚板高：80～200 mm。

墙裙高：800～1500 mm。

挂镜线高：1600～1800 mm(镜面中心距地面高度)。

2. 餐厅

餐桌高：750～790 mm。

餐椅高：450～500 mm。

圆桌直径：二人位500 mm，四人位900 mm，五人位1100 mm，六人位1100～1250 mm，八人位1300 mm，十人位1500 mm，十二人位1800 mm。

方餐桌尺寸：二人位700 mm×850 mm，四人位1350 mm×850 mm，八人位2250 mm×850 mm。

餐桌转盘直径：700～800mm。

餐桌间(含座椅)间距：应大于500mm。

主通道宽：1200～1300mm。

内部工作通道宽：600～900mm。

酒吧台高：900～1050mm，宽500mm。

酒吧凳高：600～750mm。

3. 商场营业厅

单边双人走道宽：1600mm。

双边双人走道宽：2000mm。

双边三人走道宽：2300mm。

双边四人走道宽：3000mm。

营业员柜台走道宽：800mm。

营业员货柜台：厚600mm，高800～1000mm。

单背立货架：厚300～500mm，高1800～2300mm。

双背立货架：厚600～800mm，高1800～2300mm。

小商品橱窗：厚500～800mm，高400～1200mm。

陈列地台高：400～800mm。

敞开式货架：400～600mm。

放射式售货架：直径2000mm。

收款台：长1600mm，宽600mm。

4. 饭店客房

标准面积：大25 m^2，中16～18 m^2，小16 m^2。

床高：400～450mm。

床头柜高：850～950mm。

写字台：长1100～1500mm，宽450～600mm，高700～750mm。

行李台：长910～1070mm，宽500mm，高400mm。

衣柜：宽800～1200mm，高1600～2000mm，深500mm。

沙发：宽600～800mm，高350～400mm，背高1000mm。

衣架高：1700～1900mm。

5. 卫生间

卫生间面积：3～5 m^2。

浴缸长度：1220、1520、1680mm，宽720mm，高450mm。

坐便器：750mm×350mm。

冲洗器：690mm×350mm。

盥洗盆：550mm×410mm。

淋浴器高：2100 mm。

化妆台：长 1350 mm，宽 450 mm。

6. 会议室

中心会议室客容量：会议桌边长 600 mm。

环式高级会议室客容量：环形内线长 700～1000 mm。

环式会议室服务通道宽：600～800 mm。

7. 交通空间

楼梯间休息平台净空：等于或大于 2100 mm。

楼梯跑道净空：等于或大于 2300 mm。

客房走廊高：等于或大于 2400 mm。

两侧设座位的综合式走廊宽度：等于或大于 2500 mm。

楼梯扶手高：850～1100 mm。

门的常用尺寸：宽 850～1000 mm。

窗(不包括组合式窗子)的常用尺寸：宽 400～1800 mm。

窗台高：800～1200 mm。

8. 灯具

大吊灯最小高度：2400 mm。

壁灯高：1500～1800 mm。

反光灯槽最小直径：等于或大于灯管直径两倍。

壁式床头灯高：1200～1400 mm。

照明开关高：1000 mm。

9. 办公家具

办公桌：长 1200～1600 mm，宽 500～650 mm，高 700～800 mm。

办公椅：高 400～450 mm，长 × 宽 450 mm × 450 mm。

沙发：宽 600～800 mm，高 350～400 mm，背面 1000 mm。

前置型茶几：长 × 宽 × 高为 900 mm × 400 mm × 400 mm。

中心型茶几：长 × 宽 × 高为 900 mm × 900 mm × 400 mm、700 mm × 700 mm × 400 mm。

左右型茶几：长 × 宽 × 高为 600 mm × 400 mm × 400 mm。

书柜：高 1800 mm，宽 1200～1500 mm，深 450～500 mm。

书架：高：1800 mm，宽 1000～1300 mm，深 350～450 mm。

四、绘制平面布置图

视频任务 2-3
绘制平面布置图(1)

绘制平面布置图的具体步骤如下：

(1) 打开“墙体改造图.dwg”文件。新建图层：输入 LA(图层设置)命令→单击空格键→打开图层特性管理器→单击 [图标] 新建图层，将图层命名为“家具”，颜色设置为140蓝色，其他参数均为默认，双击家具图层，将其设置为当前图层，效果如图2-3-1所示。

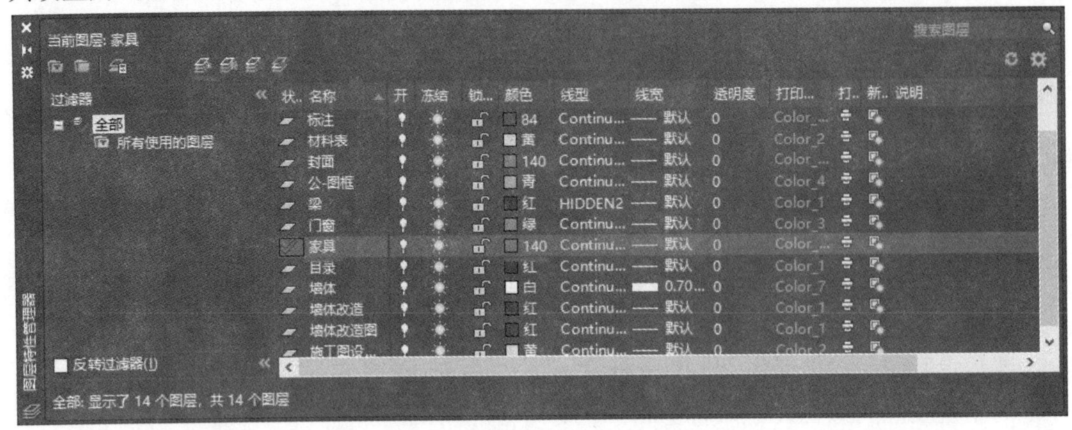

图2-3-1 新建图层

(2) 复制整理图纸。使用CO(复制)命令，复制B户型墙体改造图；修改图名为“(B户型)平面布置图”，同时修改标题栏和目录信息；使用E(删除)命令，删除图纸中的图例、配电箱和要拆除的墙体；使用E(删除)、EX(延伸)、MA(特性匹配)、M(移动)等命令，将新建的墙体调整并移动到墙体图层；使用M(移动)命令，将厨房生活阳台门窗移动到门窗图层，效果如图2-3-2所示。

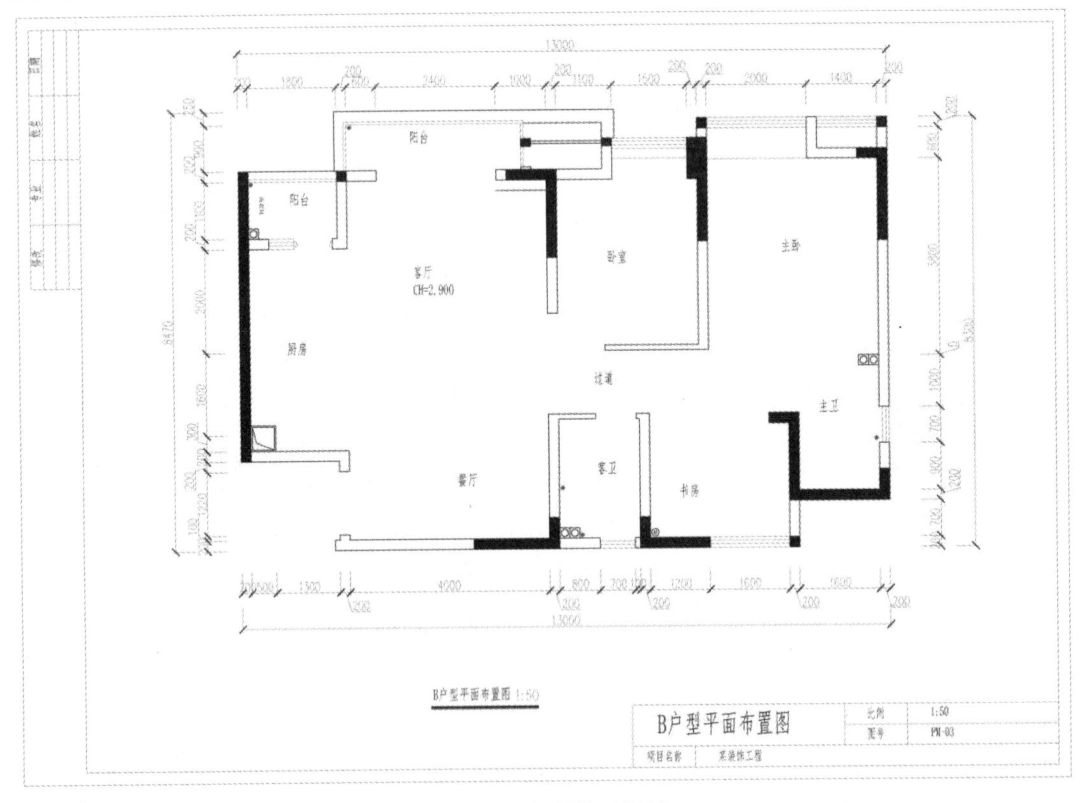

图2-3-2 复制整理图纸

(3) 根据图 2-3-3、图 2-3-4、图 2-3-5、图 2-3-6 的效果，该方案中墙面采用木饰面，将墙柜作为隔断和装饰，在平面布置图中需要绘制出这些装饰的完成面。

图 2-3-3　效果图 1

图 2-3-4　效果图 2

图 2-3-5　效果图 3

图 2-3-6 效果图 4

(4) 新建图层。输入 LA(图层设置)命令→单击空格键→打开图层特性管理器→单击新建图层，将图层命名为“完成面”，颜色设置为 2 黄色，其他参数均为默认，将其设置为当前图层，效果如图 2-3-7 所示。

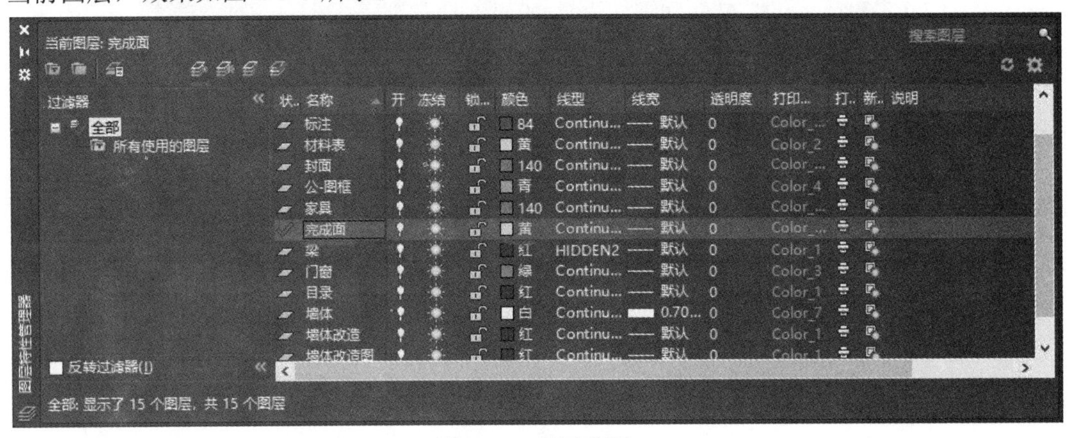

图 2-3-7 新建图层

(5) 绘制入户门套装饰完成面。使用 L(直线)命令、O(偏移)命令、TR(修剪)命令，根据图 2-3-8 所示尺寸，绘制入户门套装饰完成面。在绘制好其中一侧的完成面后，使用 MI(镜像)命令，镜像复制出另一侧的完成面并使用 M(移动)命令将图形移动到相应位置，效果如图 2-3-9 所示。

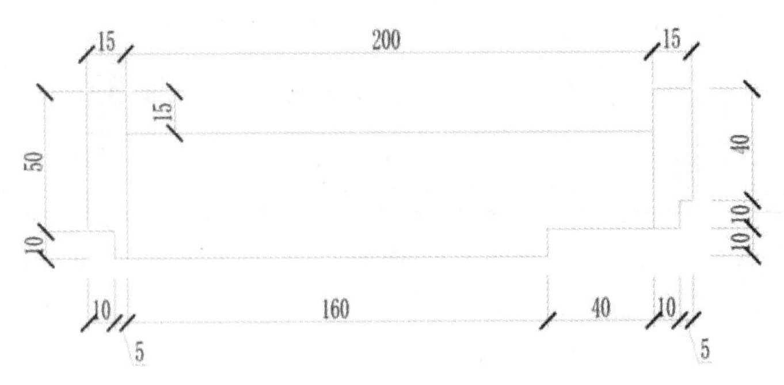

图 2-3-8 入户门套装饰完成面

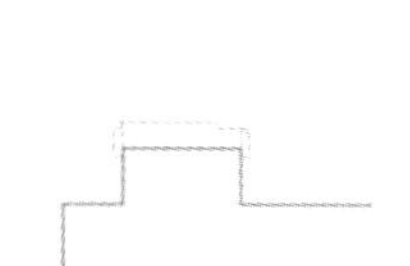

图 2-3-9　入户门套装饰完成面效果图

(6) 绘制餐厅装饰完成面。使用 L(直线)命令、O(偏移)命令、TR(修剪)命令，根据图 2-3-10 中的尺寸进行绘制。

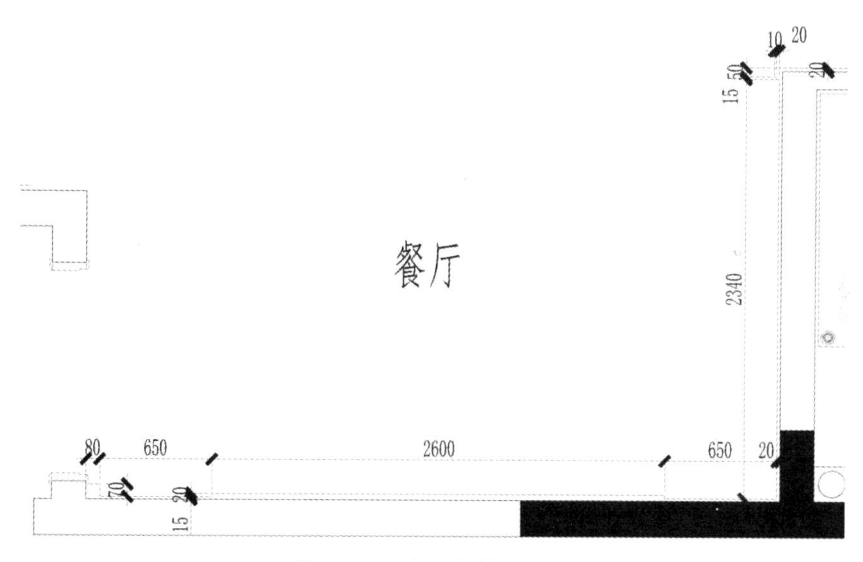

图 2-3-10　餐厅装饰完成面

(7) 绘制客卫装饰完成面。使用 L(直线)命令、O(偏移)命令、TR(修剪)、MI(镜像)等命令，根据图 2-3-11 中的尺寸进行绘制。

(8) 绘制书房装饰完成面。使用 L(直线)命令、O(偏移)命令、TR(修剪)、MI(镜像)等命令，根据图 2-3-12 中的尺寸进行绘制。

(9) 绘制主卧、主卫装饰完成面。使用 L(直线)命令、O(偏移)命令、TR(修剪)、MI(镜像)等命令，根据图 2-3-13 中的尺寸进行绘制，其中衣柜尺寸分别为 620 mm × 1600 mm，710 mm × 670 mm。

视频任务 2-3
绘制平面布置图(2)

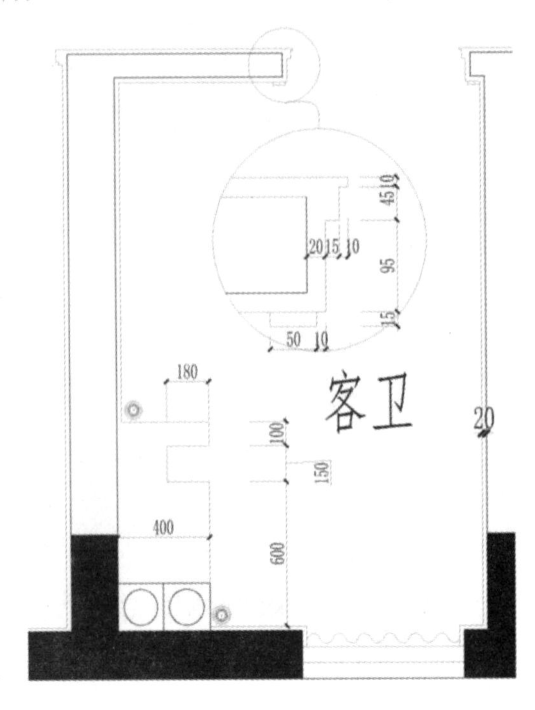

图 2-3-11　客卫装饰完成面

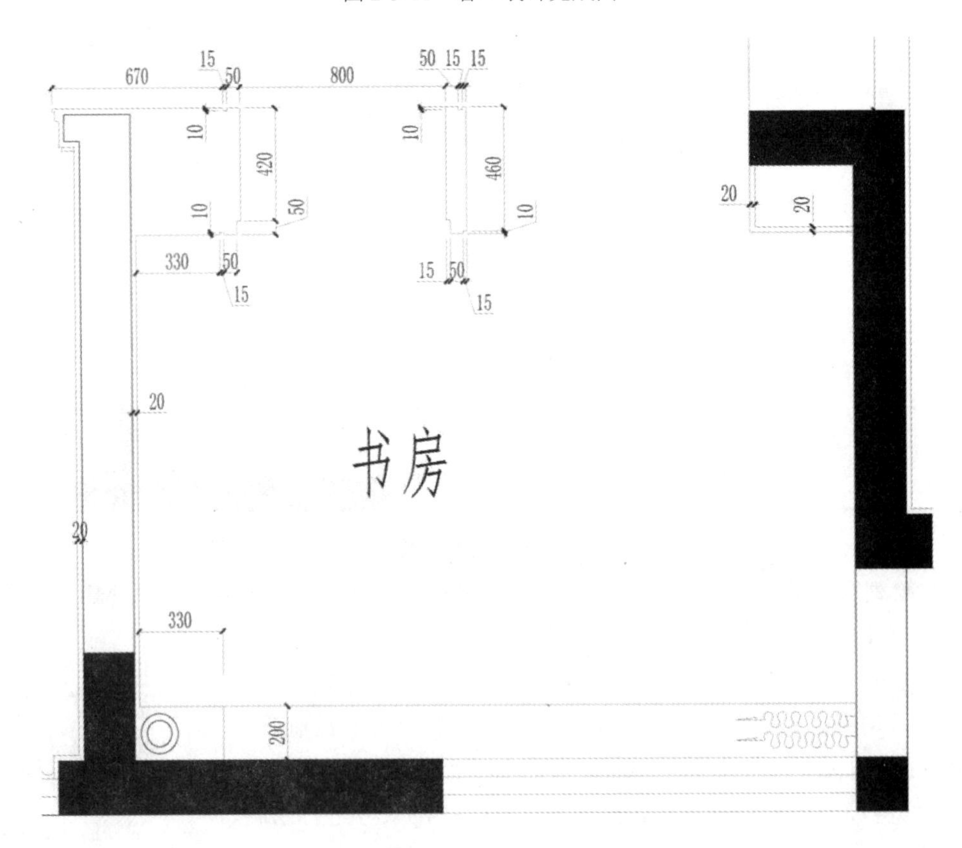

图 2-3-12　书房装饰完成面

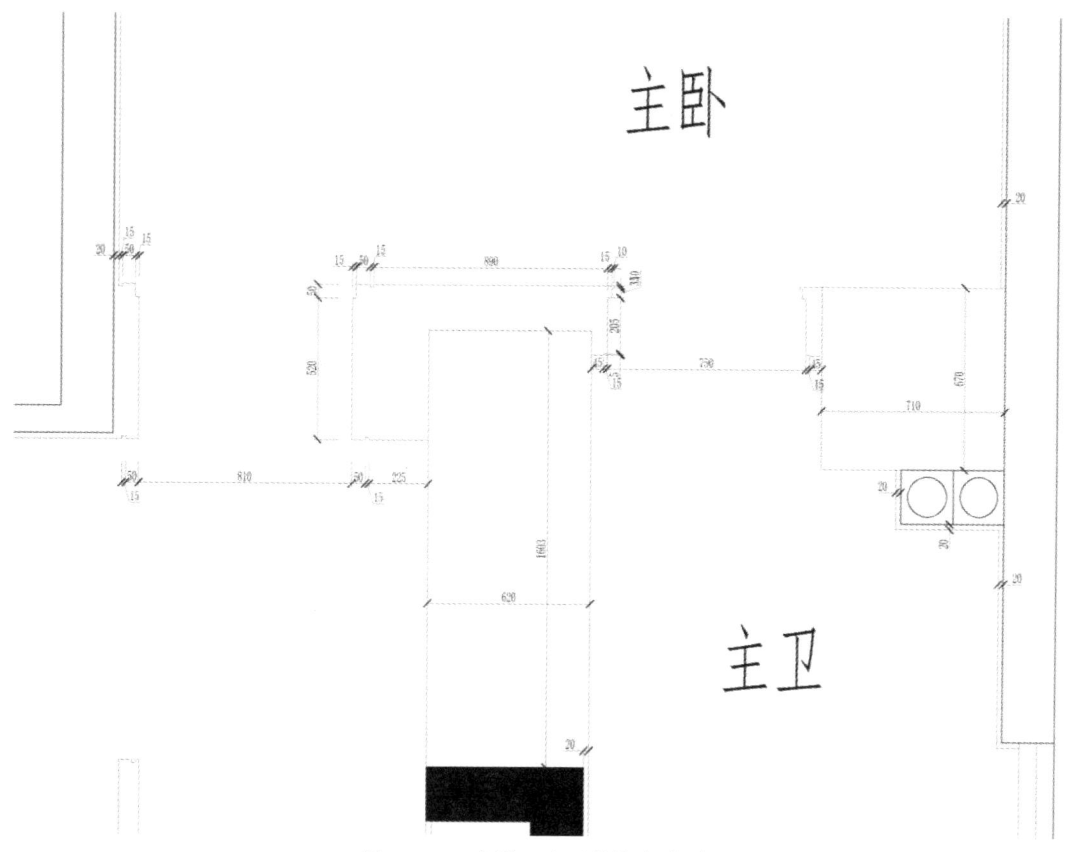

图 2-3-13　主卧、主卫装饰完成面

(10) 绘制儿童房、沙发背景墙装饰完成面。使用 L(直线)命令、O(偏移)命令、TR(修剪)、MI(镜像)等命令，根据图 2-3-14 中的尺寸继续绘制。

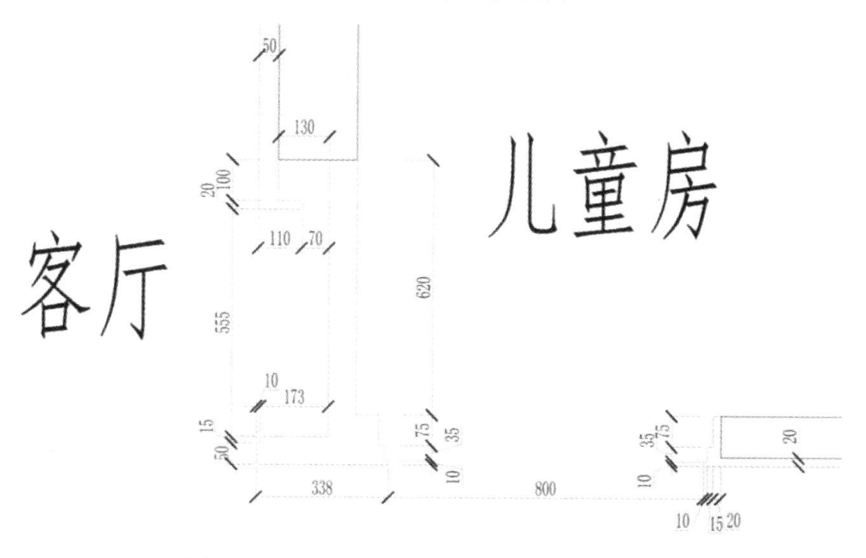

图 2-3-14　儿童房、客厅沙发背景墙装饰完成面

(11) 绘制电视背景墙、厨房装饰完成面。使用 L(直线)命令、O(偏移)命令、TR(修剪)、

MI(镜像)等命令，根据图 2-3-15 中的尺寸继续绘制。

视频任务 2-3
绘制平面布置图(3)

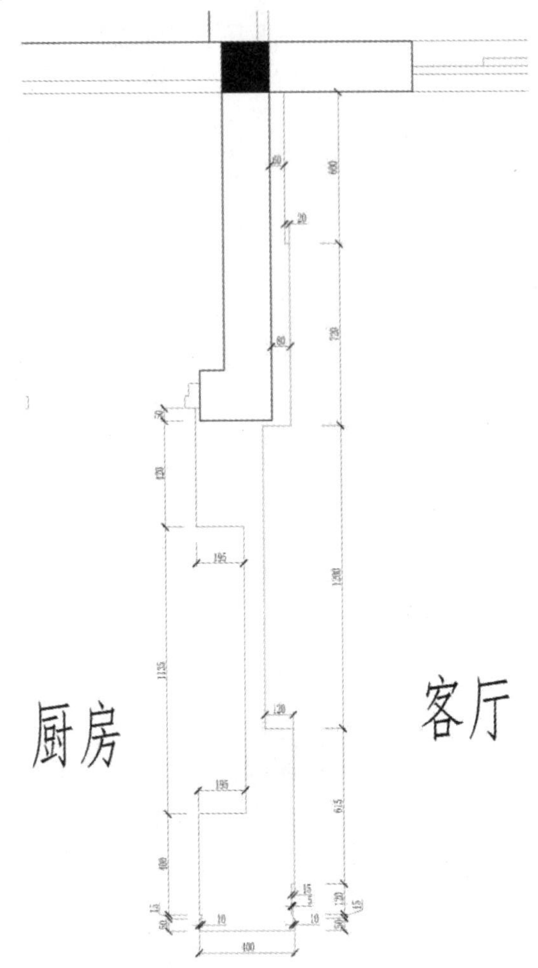

图 2-3-15 电视背景墙、厨房装饰完成面

(12) 绘制厨房完成面。使用 L(直线)命令、O(偏移)命令、TR(修剪)、MI(镜像)等命令，根据图 2-3-16 中的尺寸，继续绘制。

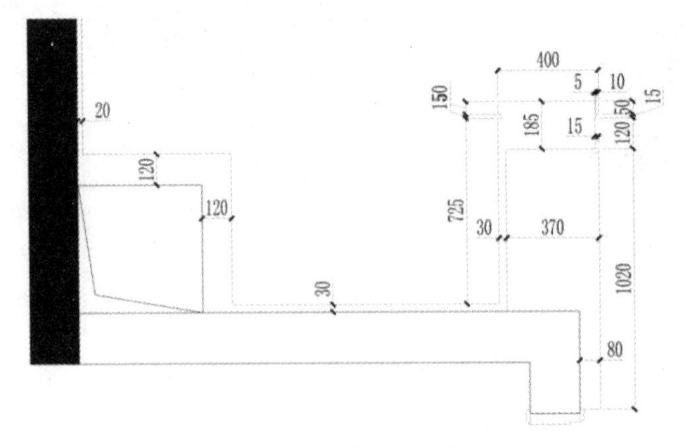

图 2-3-16 厨房装饰完成面

(13) 各装饰完成面的效果如图 2-3-17 所示。

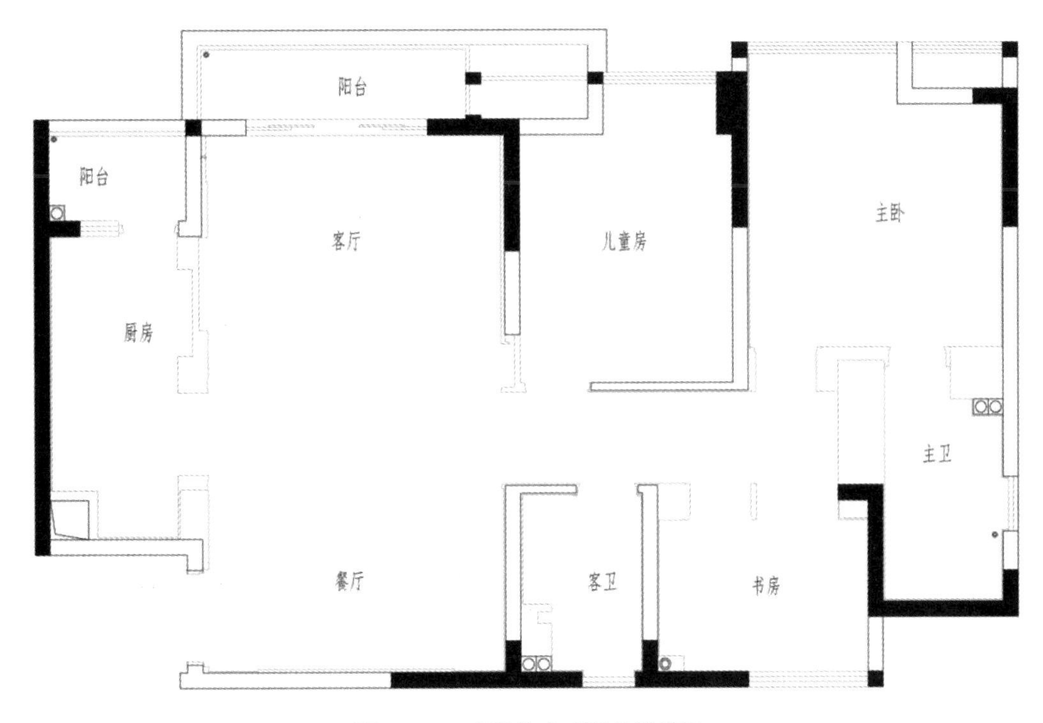

图 2-3-17　各装饰完成面的效果图

(14) 绘制装饰隔断。输入 LA(图层设置)命令，双击家具图层，将其设置为当前图层。根据图 2-3-3 可知，入户门与餐厅之间有一扇玻璃隔断。使用 REC(矩形)命令，绘制 50 mm×1200 mm 的矩形，使用 M(移动)命令，根据图 2-3-18 所示尺寸，将矩形放置在相应位置。

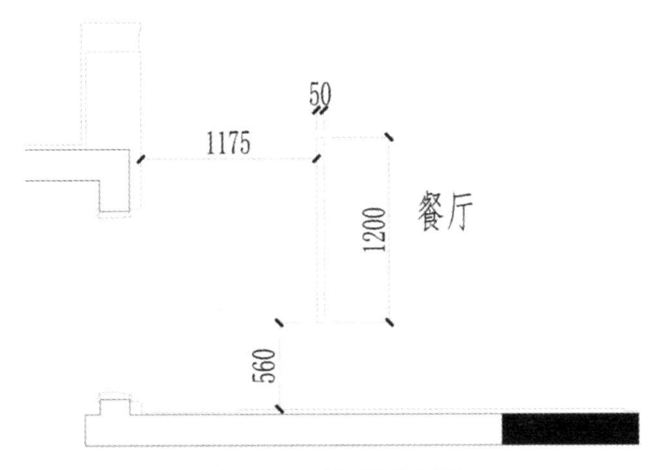

图 2-3-18　绘制装饰隔断

(15) 绘制餐厅平面布置图。打开“图库素材.dwg”文件，选择一张长方形的 6 人位餐桌，使用 Ctrl+C(复制)命令复制餐桌，使用 Ctrl + V(粘贴)命令粘贴餐桌，使用 M(移动)命令调整餐桌位置，使用 DI(测距)命令测量桌面、桌椅的长和宽(尺寸应符合人体工程学)，效果如图 2-3-19 所示。

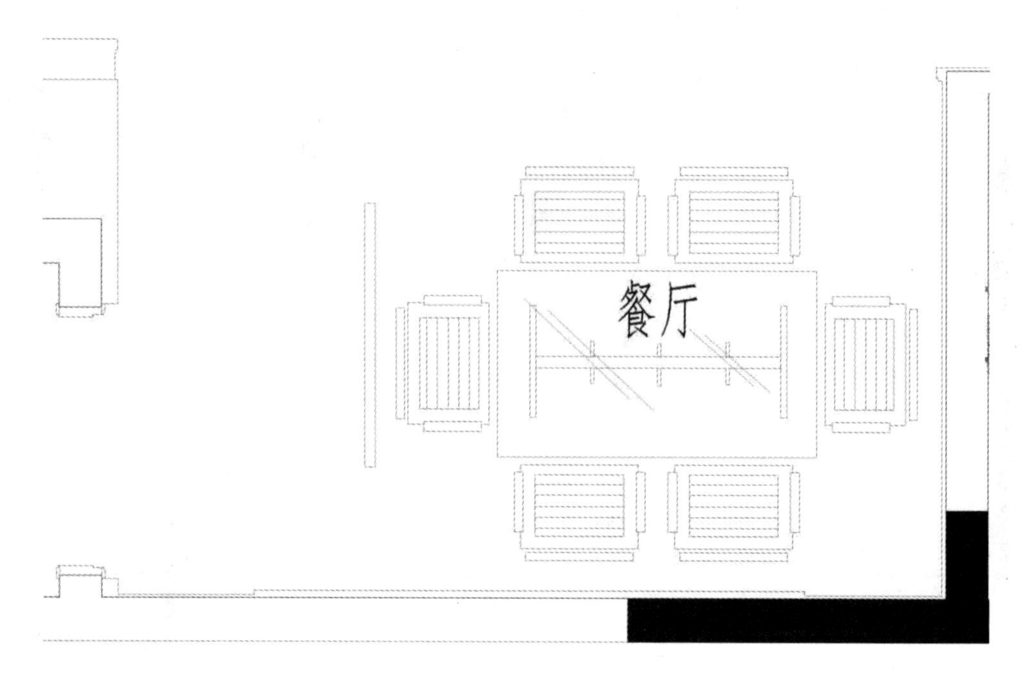

图 2-3-19　餐厅平面布置图

(16) 绘制客卫平面布置图。使用 REC(矩形)命令，绘制洗漱池台面，尺寸为 500 mm × 700 mm 并使用 M(移动)命令，将台面移动到相应位置。在“图库素材.dwg”文件中依次选择洗漱台、马桶、淋浴房、窗帘等图形素材，使用 Ctrl+C(复制)、Ctrl+V(粘贴)命令，将图形素材复制粘贴到客卫；使用 RO(旋转)命令、M(移动)命令调整图形素材位置，效果如图 2-3-20 所示。

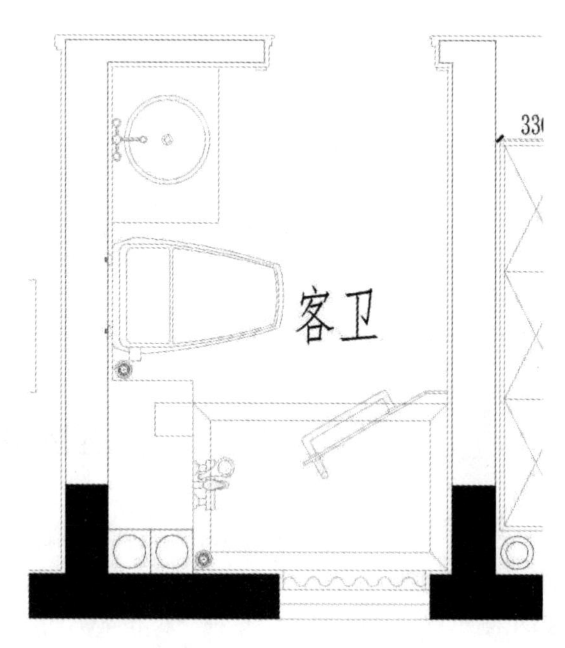

图 2-3-20　客卫平面布置图

(17) 绘制书房平面布置图。根据图 2-3-21 所示尺寸，使用 REC(矩形)命令、O(偏移)命令，绘制书柜、书桌、衣柜，效果如图 2-3-21 所示。

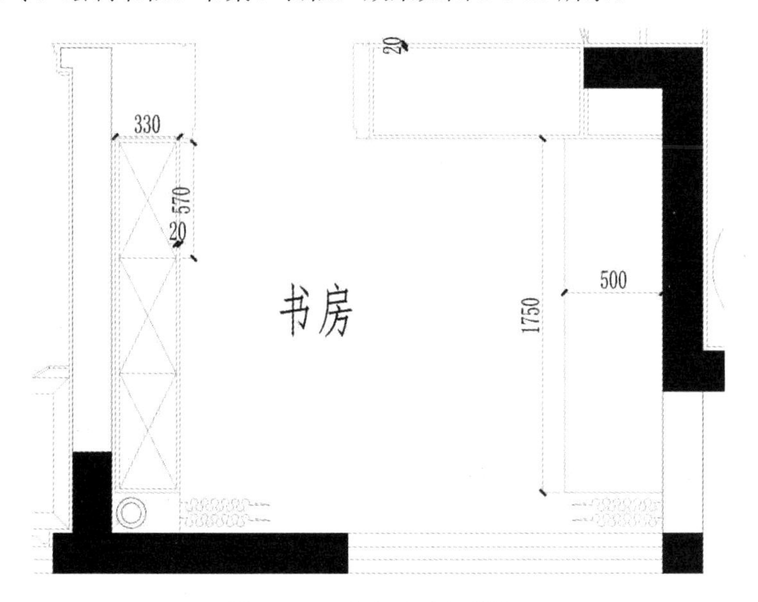

图 2-3-21　书房平面布置图 1

视频任务 2-3
绘制平面布置图(4)

(18) 继续绘制书房平面布置图。在“图库素材.dwg”文件中依次选择衣架、椅子、台灯、窗帘等图形素材，使用 Ctrl+C(复制)、Ctrl + V(粘贴)命令，将图形素材复制粘贴到书房；使用 RO(旋转)命令、M(移动)命令调整图形素材位置，效果如图 2-3-22 所示。

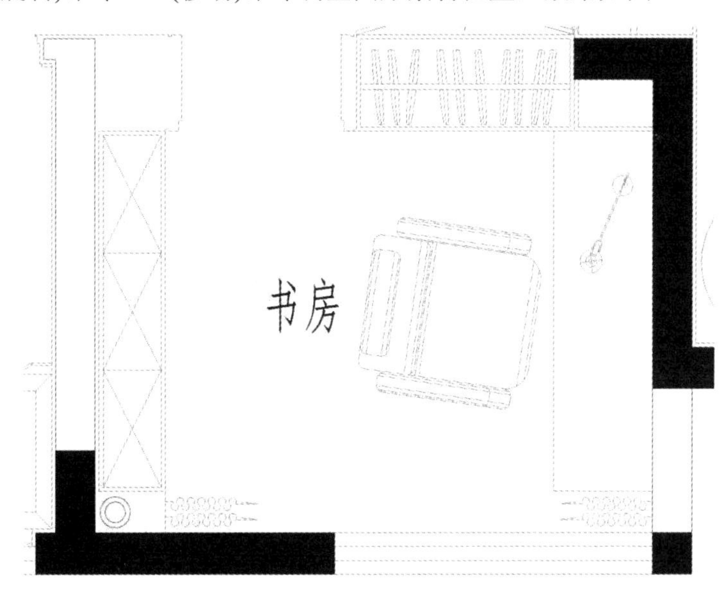

图 2-3-22　书房平面布置图 2

(19) 绘制主卫平面布置图。在“图库素材.dwg”文件中依次选择浴缸、洗漱台、马桶、窗帘等图形素材，使用 Ctrl+C(复制)、Ctrl+V(粘贴)命令，将图形素材复制粘贴到主卫；使用 RO(旋转)命令、M(移动)命令调整图形素材位置，效果如图 2-3-23 所示。

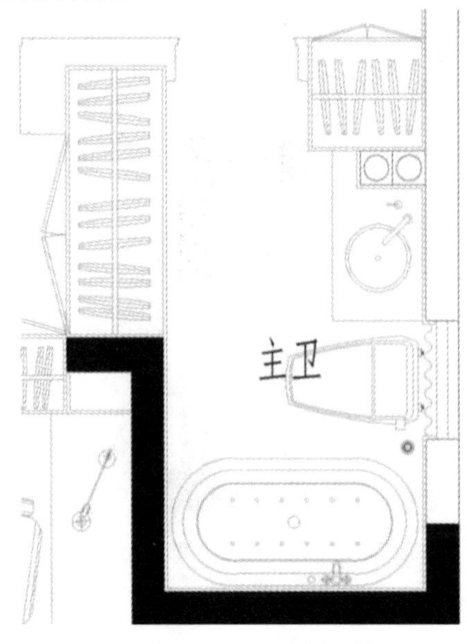

图 2-3-23　主卫平面布置图

视频任务 2-3
绘制平面布置图(5)

(20) 绘制主卧、儿童房平面布置图。在“图库素材.dwg”文件中依次选择双人床、单人床、椅子等图形素材，使用 Ctrl+C(复制)、Ctrl+V(粘贴)命令，将图形素材复制粘贴到主卧、儿童房；使用 RO(旋转)命令、M(移动)命令调整图形素材位置，使用 REC(矩形)命令绘制主卧电视柜，儿童房书桌、书柜，效果分别如图 2-3-24、图 2-3-25 所示。

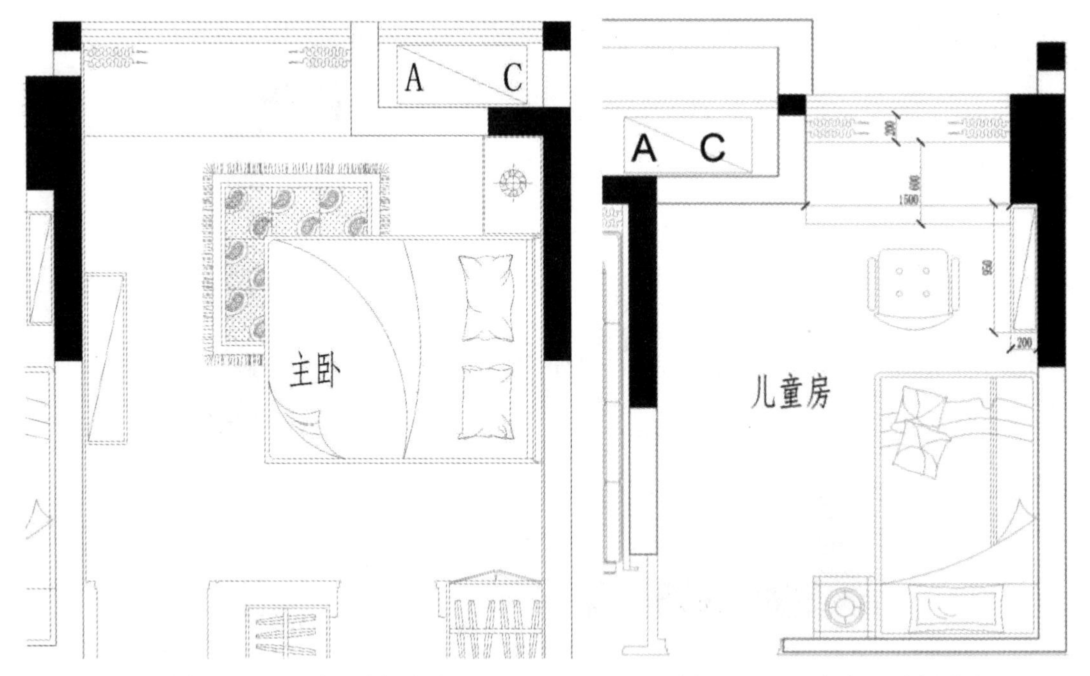

图 2-3-24　主卧平面布置图　　　　图 2-3-25　儿童房平面布置图

(21) 绘制客厅平面布置图。在“图库素材.dwg”文件中依次选择沙发、茶几、地毯、电视机、窗帘等图形素材，使用 Ctrl+C(复制)、Ctrl+V(粘贴)命令，将图形素材复制粘贴到客厅；使用 RO(旋转)命令、M(移动)命令调整图形素材位置，效果如图 2-3-26 所示。

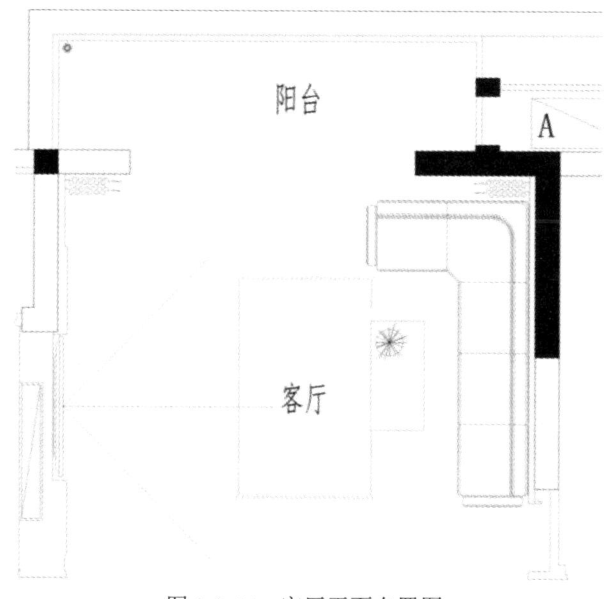

图 2-3-26 客厅平面布置图

视频任务 2-3
绘制平面布置图(6)

(22) 绘制厨房、阳台的平面布置图。使用 O(偏移)命令，偏移距离为 600 mm，绘制厨房台面。在“图库素材.dwg”文件中依次选择燃气灶、洗菜池、洗衣机、冰箱等图形素材，使用 Ctrl+C(复制)、Ctrl + V(粘贴)命令，将图形素材复制粘贴到图纸中；使用 RO(旋转)命令、M(移动)命令调整图形素材位置，效果如图 2-3-27 所示。

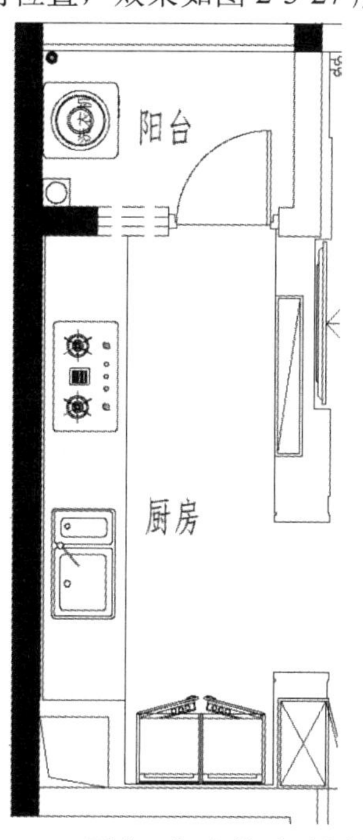

图 2-3-27 厨房、阳台的平面布置图

(23) 绘制空调、地漏的平面布置图。在“图库素材.dwg”文件中依次选择地漏、空调等图形素材，使用 Ctrl+C(复制)、Ctrl+V(粘贴)命令，将图形素材复制粘贴到图纸中；使用 RO(旋转)命令、M(移动)命令调整图形素材位置，效果如图 2-3-28 所示。

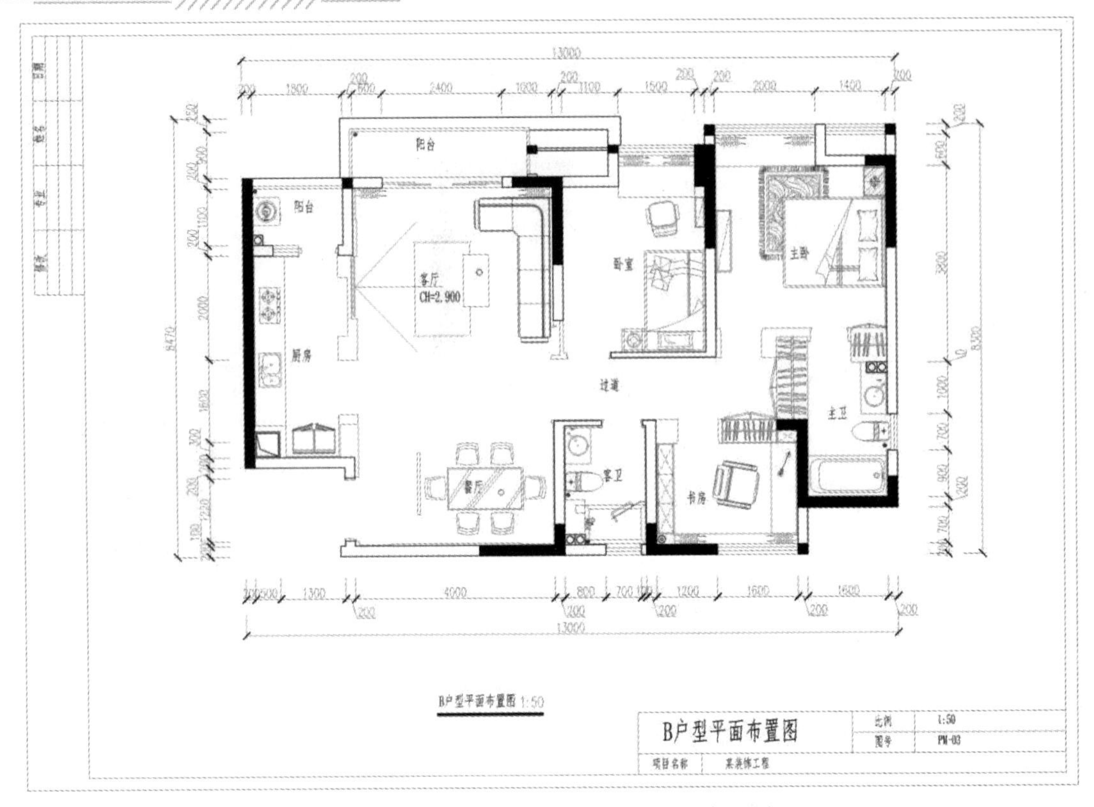

图 2-3-28　绘制空调、地漏后的平面布置图

(24) 绘制门。输入 LA(图层设置)命令，双击门窗图层，将其设置为当前图层。根据图 2-3-29 中各种门的尺寸，使用 REC(矩形)命令、A(圆弧)命令、L(直线)命令绘制门，使用 M(移动)命令将各个门移动到相应位置，效果如图 2-3-30 所示。

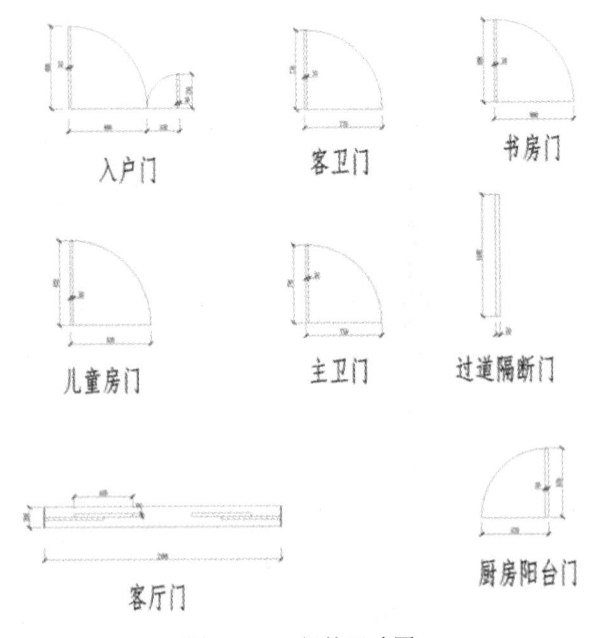

图 2-3-29　门的尺寸图

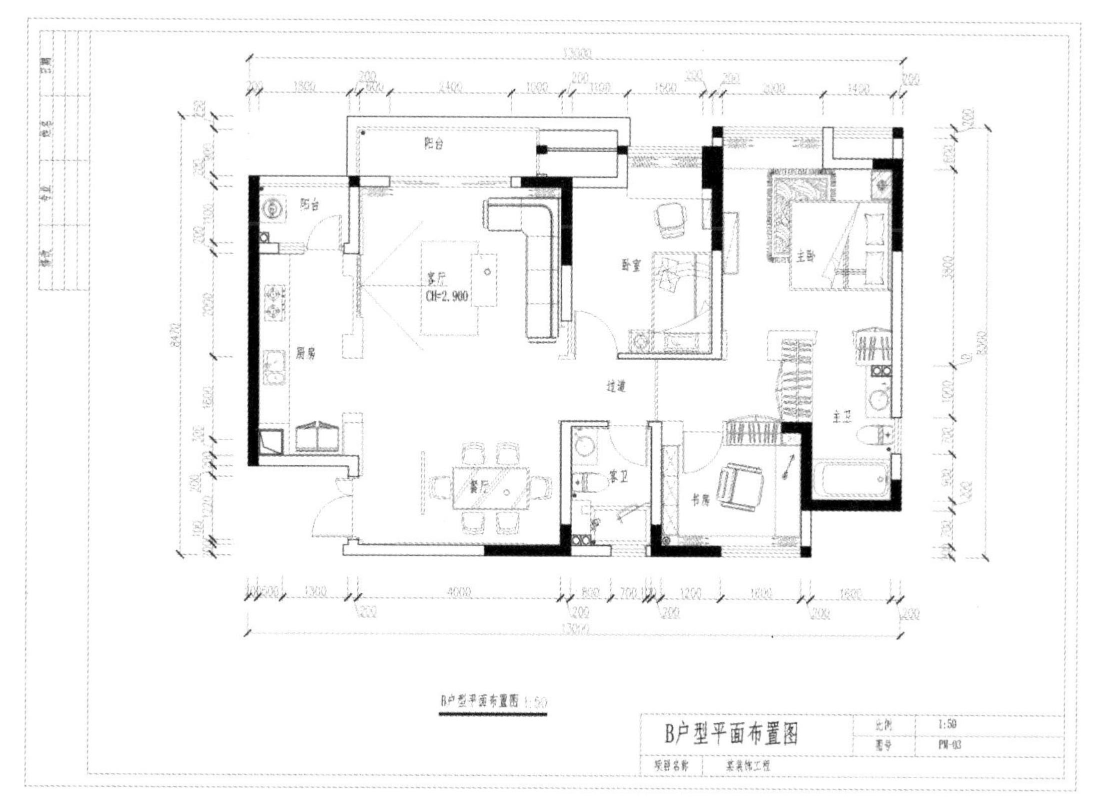

图 2-3-30　绘制门后的平面布置图

(25) 文件另存。将图 2-3-30 另存，重命名为“(B 户型)平面布置图”。

任务 2-4　绘制地面铺装图

一、地面装饰材料

因房间使用功能的不同，地面铺装在材料选择、造型设计等方面都会有所差异。部分空间因环境条件的不同，需使用特殊的地面装饰材料。

1. 客厅地面地砖

客厅地面常用边长为 400～800 mm 的正方形幅面地砖，有时也采用 1000 mm × 1000 mm 的大幅面地砖。地砖尺寸选择要根据空间大小决定，小空间不适宜使用大尺寸地砖，否则会给人比例不协调的感觉。

(1) 考虑空间的大小。对于面积较小的客厅，推荐选用小规格的地砖。例如，对于 30 m^2 以下的客厅，选用 600 mm × 600 mm 的地砖较为适宜；对于 30～40 m^2 的客厅，可选择 600 mm × 600 mm 或 800 mm × 800 mm 的地砖；而对于 40 m^2 以上的客厅，则可考虑采用 800 mm × 800 mm 或 1000 mm × 1000 mm 规格的地砖，以营造大气之感。

(2) 考虑空间的长宽比例。从装饰效果出发，应尽量减少砖缝，避免过多的地砖拼接造成浪费。

(3) 考虑地砖的造价及相关费用。同一品牌同一系列的地砖产品，规格越大，价格通常越高。因此，在选择地砖时，应综合考虑预算等因素，避免盲目追求大规格产品。

2. 厨房地砖

厨房空间相对较小，且有窗、门和橱柜等设施，净面积有限。为减少浪费并保持空间协调，建议选择小规格地砖。常规厨房地砖尺寸为 300 mm×300 mm。若厨房为开放式且面积较大，则可考虑使用 600 mm×600 mm 或 800 mm×800 mm 规格的地砖。若厨房为封闭式且面积较小，则适合采用 300 mm×300 mm 规格的地砖。

3. 卫生间地砖

卫生间地砖尺寸的选择主要依据卫生间面积大小。在卫生间面积较小的情况下，建议选择 300 mm×300 mm 规格的地砖，因为使用小规格的地砖有利于卫生间地面找坡度，使地漏处于最低点，确保淋浴或洗衣下水顺畅。常用的卫生间地砖规格还包括 300 mm×450 mm。若卫生间面积较大且追求高档装修效果，则可使用 300 mm×600 mm 规格的仿大理石地砖。

4. 阳台地砖

若阳台与客厅相连，则阳台可使用与客厅相同规格的地砖。若阳台和客厅分开且阳台面积约为 5 m^2，则建议阳台使用 300 mm×300 mm 的防滑砖，以展现独特的装修风格。

5. 卧室地面铺装

卧室地面铺贴中常采用木地板，包括实木地板、实木复合地板和强化木地板等类型。

(1) 实木地板规格多样，地板标准规格为 90 mm×900 mm×18 mm，宽板规格为 120 mm×900 mm×18 mm。此外，还有非标准规格可供选择。

(2) 实木复合地板厚度通常为 12 mm、15 mm 和 18 mm，市场上应用最多的是 15 mm。其长度和宽度也有所不同，常用规格包括 1020 mm×123 mm×15 mm、1200 mm×150 mm×15 mm 等。

(3) 强化地板的厚度一般为 6～15 mm，常见规格为 1200 mm×195 mm×8 mm、800 mm×120 mm×12 mm 等。各厂家的产品规格可能有所不同。

6. 踢脚线

踢脚线在地面铺装中具有重要作用，不仅可以减少墙面与地面间的突兀衔接，还能保护墙面并提升其美观度。瓷砖地面常用的踢脚线包括深色踢脚线和加工自地面瓷砖的踢脚线。木地板地面则常采用木质踢脚线，其厚度一般在 12～15 mm，建议选用 15 mm 厚的踢脚线，以确保地板伸缩缝的合适宽度。

二、绘制地面铺装图

视频任务 2-4
绘制地面铺装图(1)

绘制地面铺装图的具体步骤如下：

(1) 打开“平面布置图.dwg”文件，新建图层：输入 LA(图层设置)命令→单击空格键→打开图层特性管理器→单击 新建图层，将图层命名为“地面”，颜色设置为“143 蓝色”，其他参数均为默认，双击地面图层，将其设置为当前图层，效果如图 2-4-1 所示。

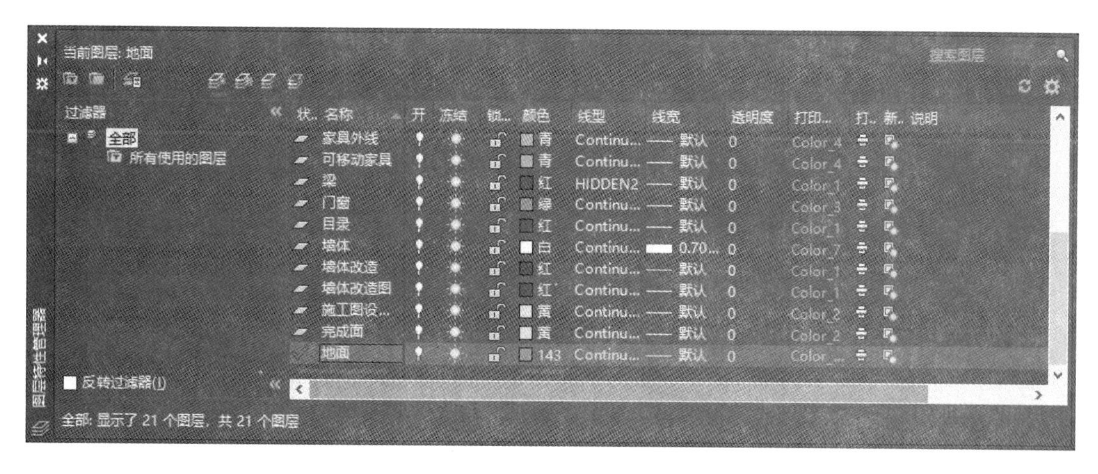

图 2-4-1　新建图层

(2) 整理图形。使用 CO(复制)命令，复制平面布置图并修改图名、标题栏、图纸目录信息；使用 E(删除)命令，删除门及可以移动的家具，使用 L(直线)命令，连接门洞，效果如图 2-4-2 所示。

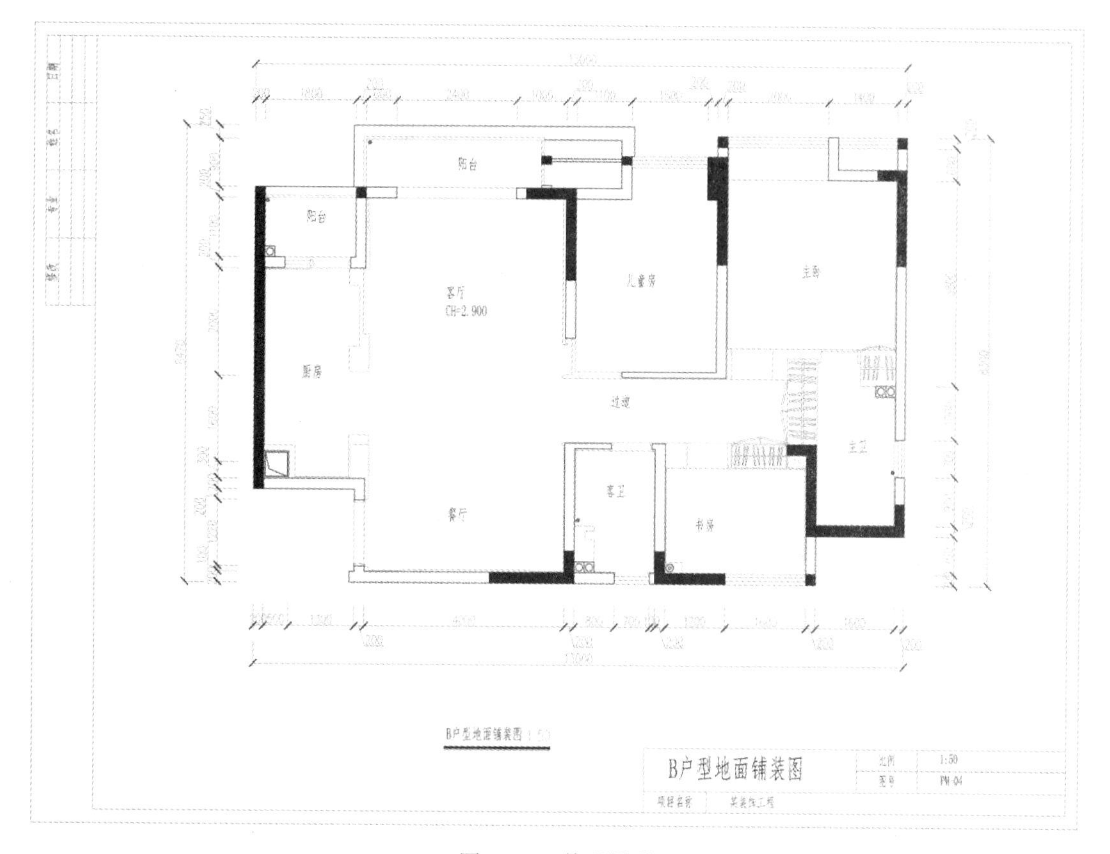

图 2-4-2　整理图形

(3) 绘制地砖铺贴起点。玄关、餐厅、客厅、过道铺贴的是 800 mm × 800 mm 的玻化砖，根据图 2-4-3 使用 L(直线)命令绘制地砖铺贴起点。

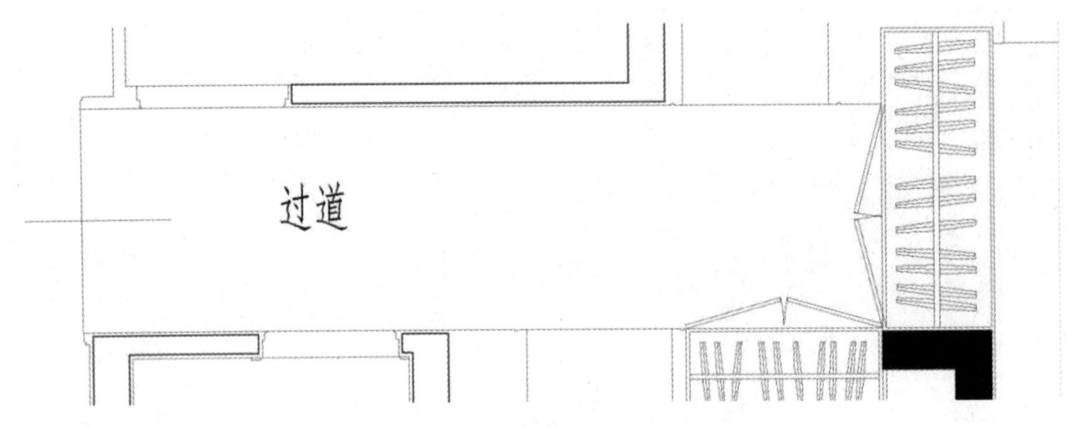

图 2-4-3　绘制地砖铺贴起点

(4) 绘制玄关、餐厅、客厅、过道地面布置图(铺贴地砖)。使用 O(偏移)命令，从地砖铺贴起点，向四周进行线条偏移复制，距离为 800 mm；使用 EX(延伸)命令，延伸线条，效果如图 2-4-4 所示。

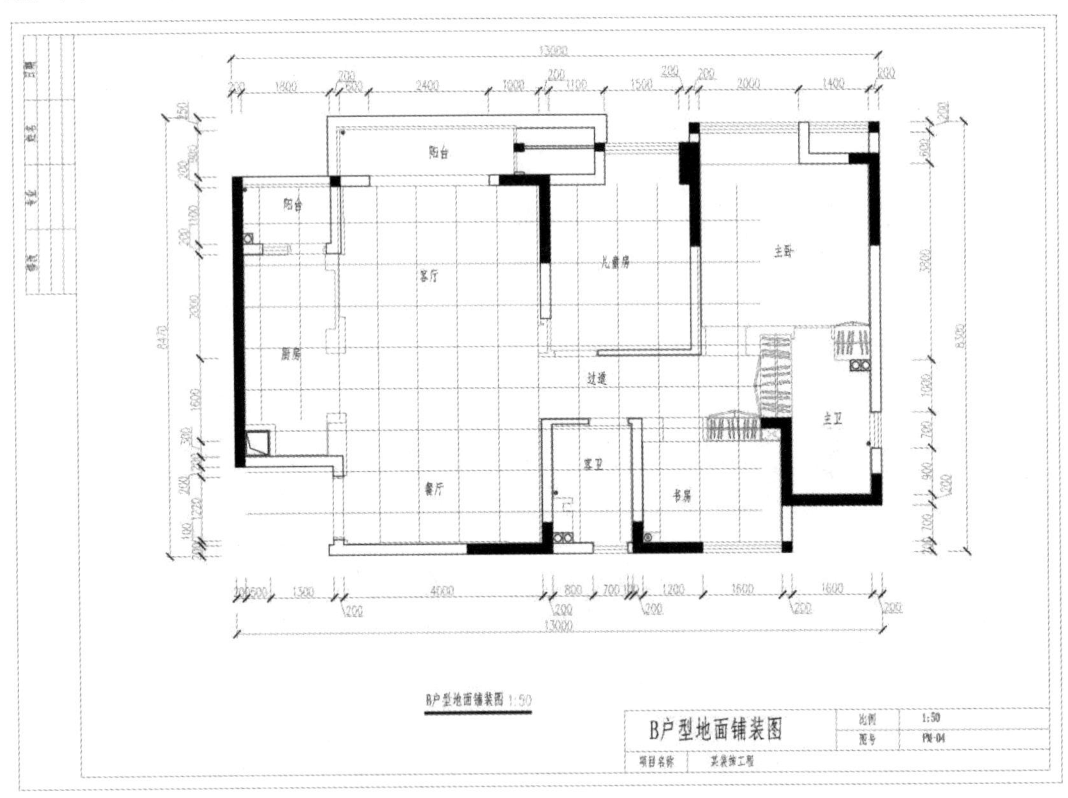

图 2-4-4　偏移线条以绘制地砖

(5) 修剪图形。使用 TR(修剪)命令，修剪多余的线条，效果如图 2-4-5 所示。

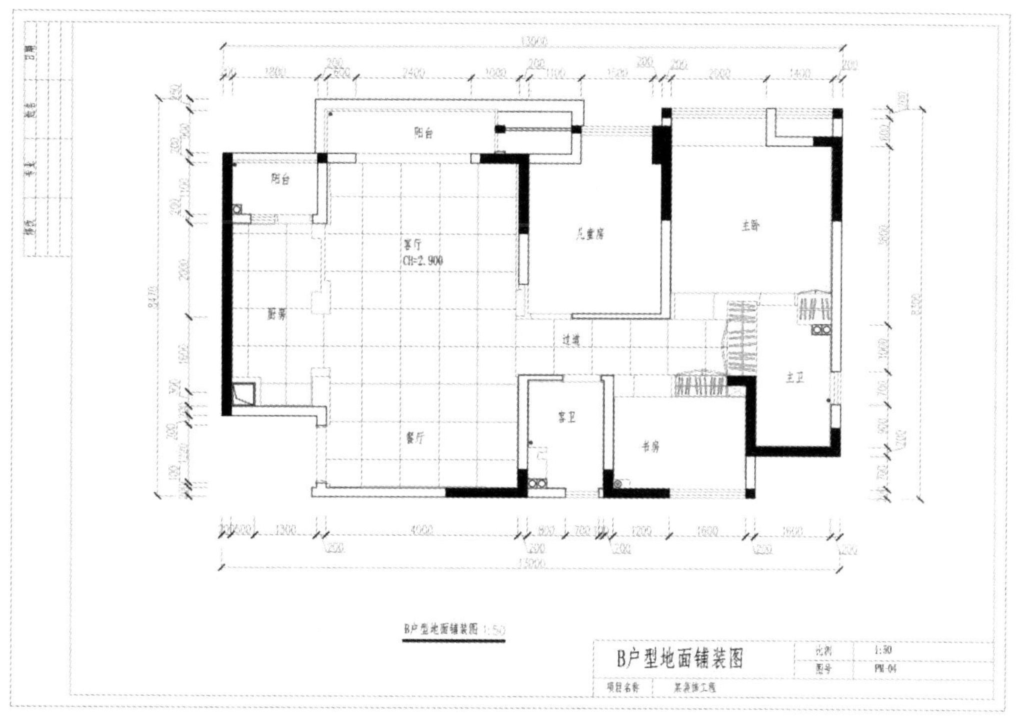

图 2-4-5　修剪图形

(6) 绘制儿童房、主卧、书房地面布置图。输入 BO(边界创建)命令→单击空格键→勾选“孤岛检测”→对象类型选择“多段线”→点击拾取点按钮→分别点击儿童房、主卧、书房→单击空格键，完成边界创建。输入 H(填充)命令→单击空格键并输入 T(设置)命令(在某些键组合使用后，可使用部分功能键的其他隐藏功能，此处填充命令 + 空格键 + T 表示设置命令)→根据图 2-4-6 设置填充参数，木地板填充效果如图 2-4-7 所示。

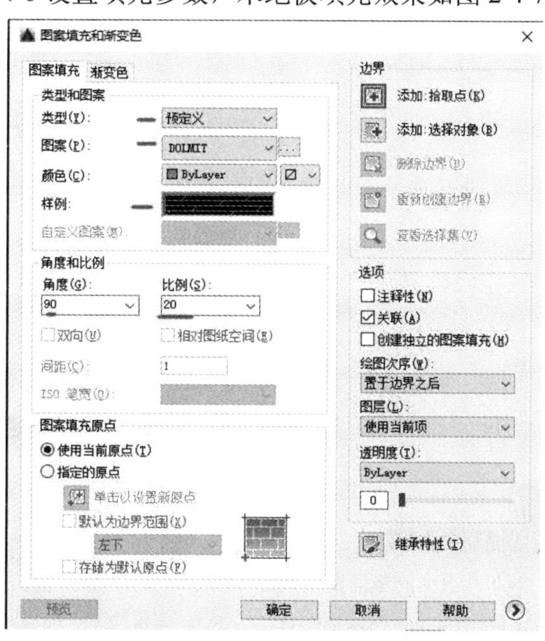

图 2-4-6　填充参数设置

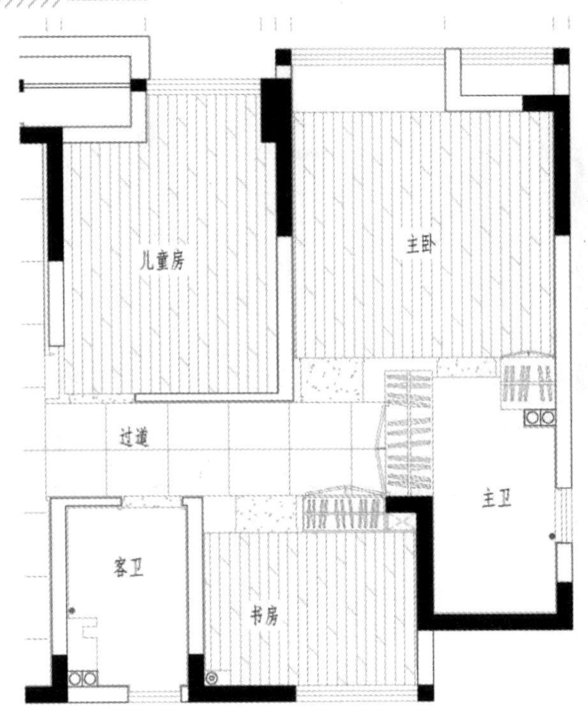

图 2-4-7 木地板填充

(7) 绘制客卫和主卫的地面铺贴尺寸。输入 BO(边界创建)命令→单击空格键→勾选“孤岛检测”→对象类型选择“多段线”→点击拾取点按钮→分别点击客卫和主卫→单击空格键，完成边界创建。使用 O(偏移)命令、EX(延伸)命令、TR(修剪)命令，根据图 2-4-8 所示尺寸进行绘制。

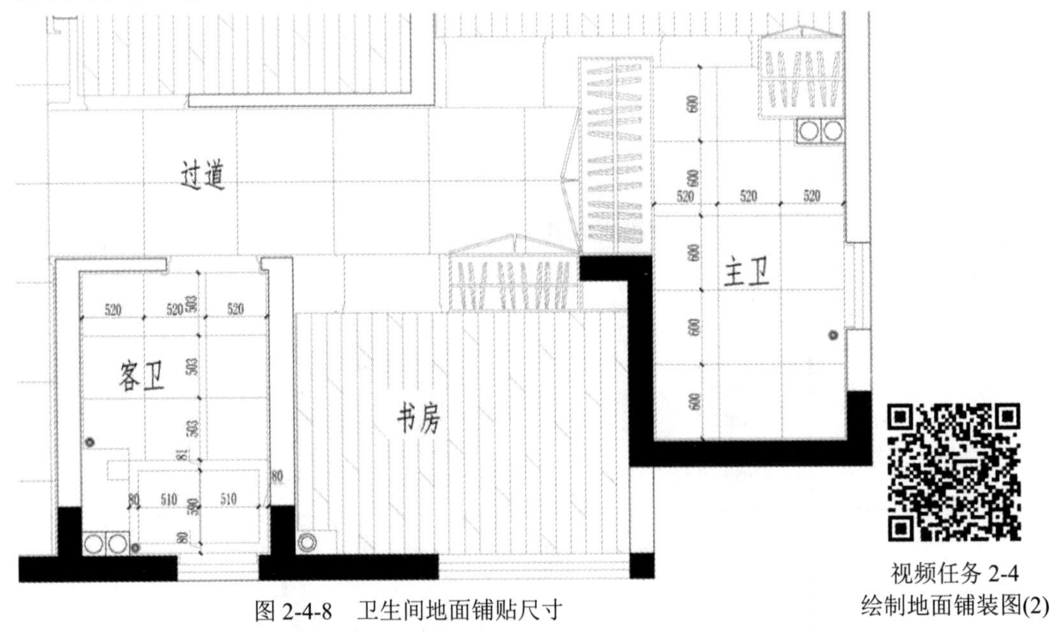

图 2-4-8 卫生间地面铺贴尺寸

视频任务 2-4
绘制地面铺装图(2)

(8) 填充图形。输入 H(填充)命令→单击空格键并输入 T(设置)命令→打开“图案填充和渐变色”对话框→点击图案填充设置→选择类型为“预定义”→选择图案为“AR-CONC”→

设置比例为 2→边界选择“添加：选择对象”→选择客卫和主卫边界→单击“确定”按钮，完成图案填充。填充设置详情如图 2-4-9 所示，填充效果如图 2-4-10 所示。

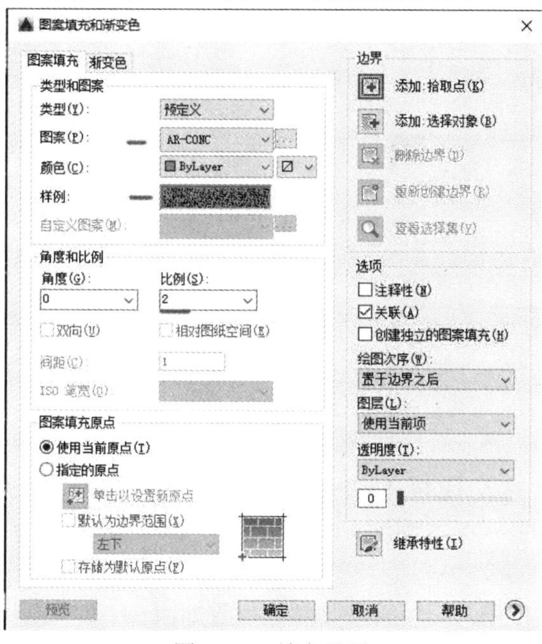

图 2-4-9　填充设置

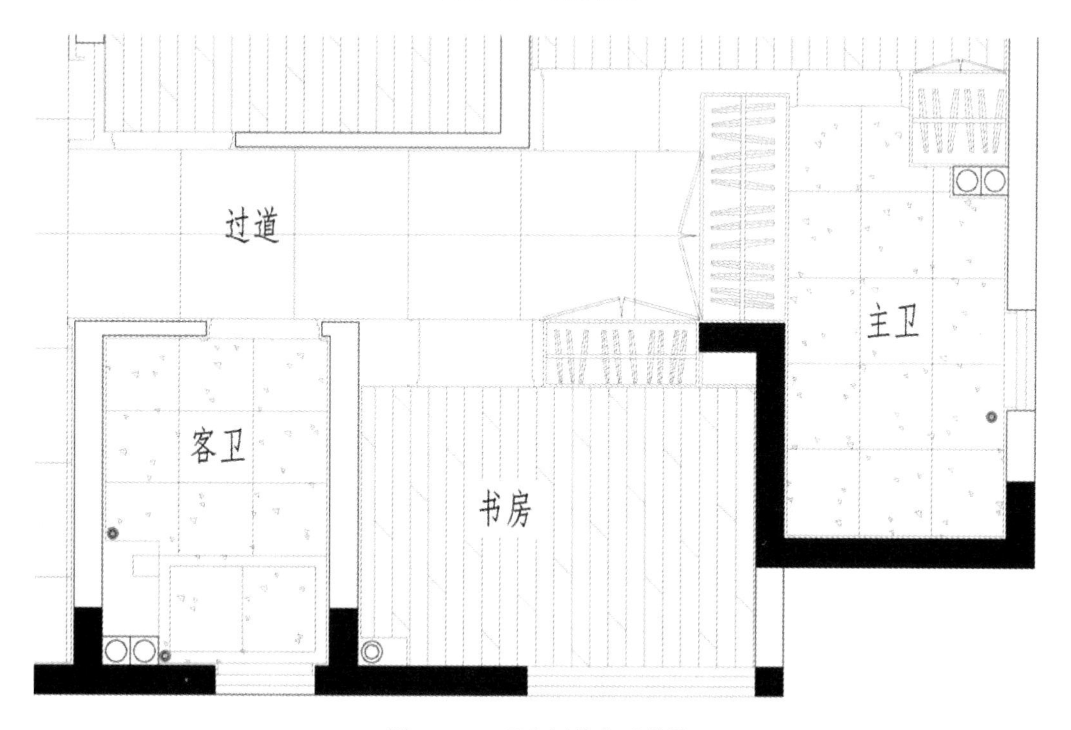

图 2-4-10　卫生间填充后效果

(9) 绘制阳台地砖铺贴图。以阳台的右下角为地砖铺贴起点，地砖尺寸为 600 mm × 300 mm，使用 O(偏移)命令偏移复制地砖，效果如图 2-4-11 所示。

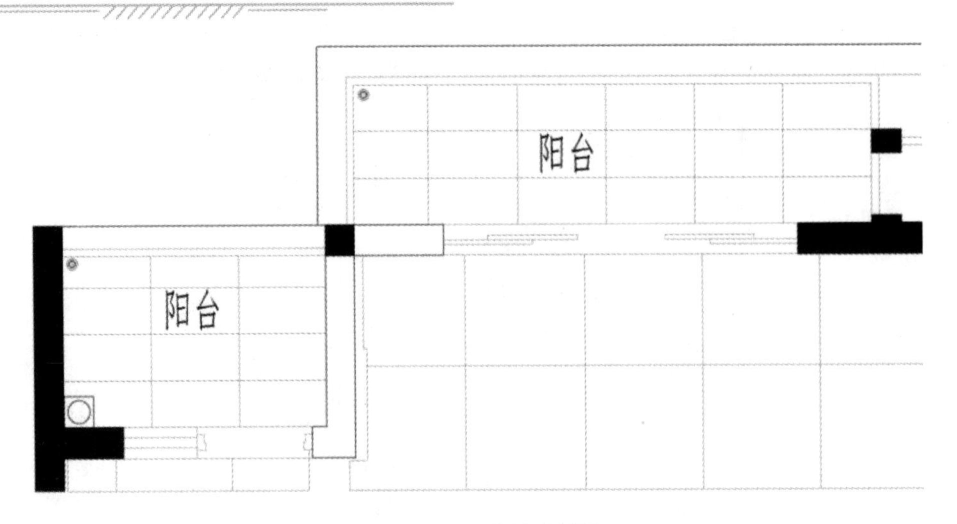

图 2-4-11　阳台地砖铺贴

(10) 绘制门槛石。输入 H(填充)命令→单击空格键并输入 T(设置)命令→打开“图案填充和渐变色”对话框→点击图案填充设置→选择类型为“预定义”→选择图案为“AR-CONC”→设置比例为 1→边界选择“添加：拾取点”→选择图纸中所有房间门槛→单击空格键，完成图案填充。门槛石铺贴参数设置如图 2-4-12 所示，铺贴效果如图 2-4-13 所示。

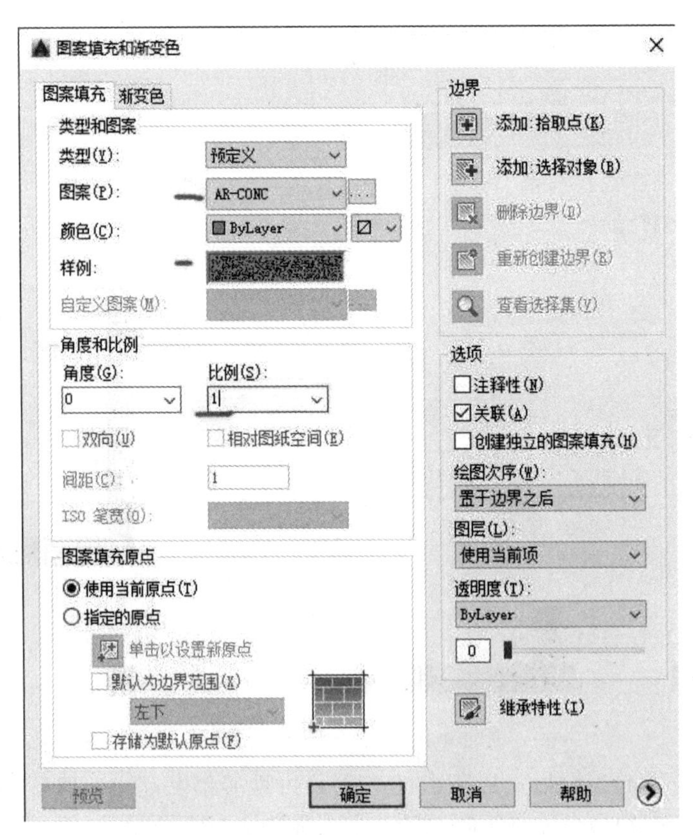

图 2-4-12　门槛石铺贴参数

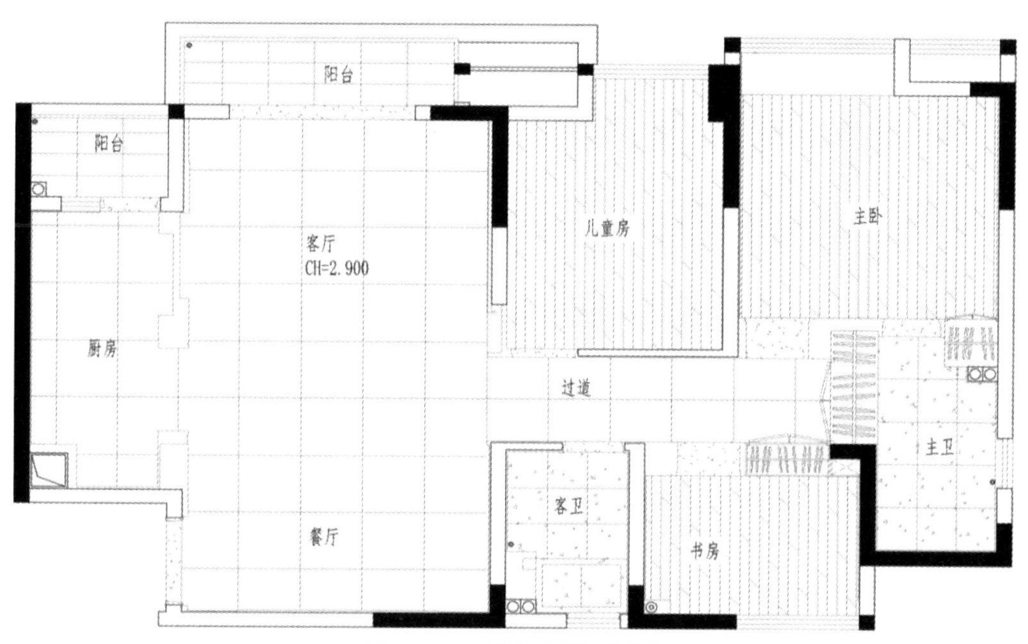

图 2-4-13　门槛石铺贴后效果

(11) 绘制主卧飘窗铺贴图。使用 H(填充)命令，根据图 2-1-14 进行主卧飘窗铺贴参数设置，效果如图 2-4-15 所示。

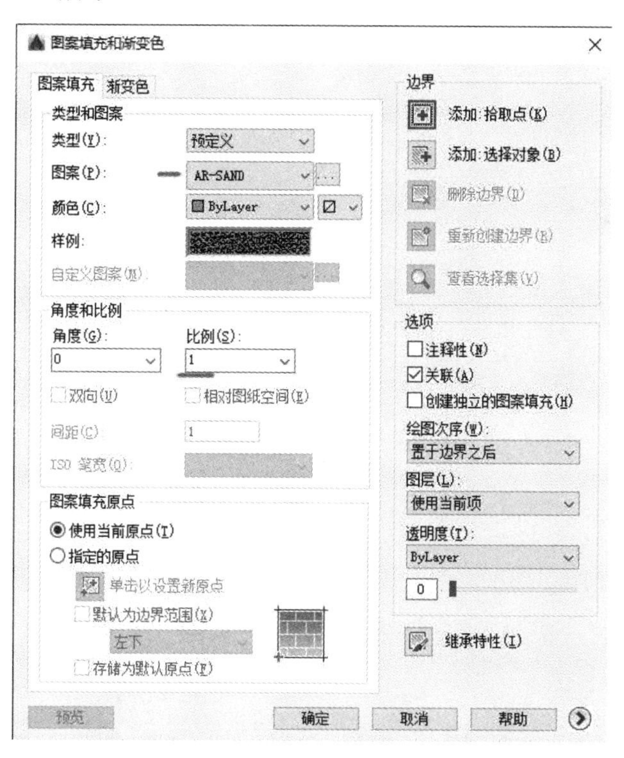

图 2-4-14　主卧飘窗铺贴参数

(12) 复制修改图例。使用 CO(复制)命令，复制墙体改造图中的图例框；使用 E(删除)命令，删除图例；双击需要修改的文字，修改文字信息，效果如图 2-4-16 所示。

图 2-4-15 主卧飘窗铺贴图

序号	图例	说明
1		地砖铺贴起点
2		地砖铺贴起点
3		地漏
4		地面完成面标高
5		地面排水找坡坡度及方向

图 2-4-16 复制修改图例

(13) 绘制箭头。输入 PL(多段线)命令→点击空格键→在地砖起铺点图例框中任意指定箭头起点→根据命令行提示输入 W，设置起点宽度→点击空格键→输入 0→点击空格键→设置终止宽度为 50→点击空格键→设置箭头长度为 100→点击空格键→点击空格键退出命令，完成箭头绘制，效果如图 2-4-17 所示。

(14) 绘制地砖铺贴起点图例。在已绘制的箭头的基础上，使用 RO(旋转)、CO(复制)、MI(镜像)等命令绘制地砖铺贴起点图例，效果如图 2-4-18 所示。

图 2-4-17 绘制箭头

序号	图例	说明
1		地砖铺贴起点
2		地砖铺贴起点

图 2-4-18 绘制地砖铺贴起点图例

(15) 复制地漏图例。使用 CO(复制)命令，将本例图纸中的地漏图案复制到图例中，效果如图 2-4-19 所示。

(16) 绘制标高符号。使用 L(直线)命令绘制一条长度为 500 的直线；输入 XL(构造线)命令→单击空格键→输入 A(圆弧)命令→单击空格键→输入 135°→单击空格键，将斜线放置在直线左侧端点处，使用 O(偏移)命令，向右侧偏移 120mm，效果如图 2-4-20 所示。

序号	图例	说明
1		地砖铺贴起点
2		地砖铺贴起点
3		地漏
4		地面完成面标高
5		地面排水找坡坡度及方向

图 2-4-19 复制地漏图例

图 2-4-20 绘制标高符号 1

(17) 继续绘制标高符号。输入 XL(构造线)命令→单击空格键→输入 A(圆弧)命令→单击空格键→输入 45°→单击空格键，将斜线放置在直线左侧端点处；使用 O(偏移)命令，向右侧偏移 120 mm，效果如图 2-4-21 所示。

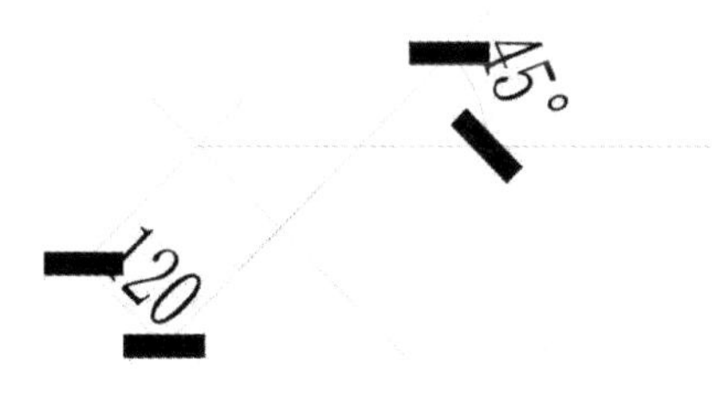

图 2-4-21　绘制标高符号 2

视频任务 2-4
绘制地面铺装图(3)

(18) 绘制标高文字。输入 T(文字)命令→单击空格键→单击鼠标左键→移动鼠标→单击鼠标左键，确定文字位置→设置字体为仿宋→设置字体大小为 100→设置字体颜色为黄色→输入“%%P0.000”(“±”在 CAD 中属于特殊符号，在文本框中输入%%P 即可)→按回车键结束操作，效果如图 2-4-22 所示。

(19) 绘制地面排水找坡坡度及方向图例。使用 CO(复制)命令，复制地砖铺贴起点中水平方向的左箭头，使用 T(文字)命令，设置字体为仿宋，设置字体大小为 100，设置字体颜色为黄色，输入 RO(旋转)命令→单击空格键→指定箭头左侧端点为旋转基点→输入 30→单击空格键，效果如图 2-4-23 所示。

图 2-4-22　绘制标高文字　　　　图 2-4-23　绘制地面排水找坡坡度及方向图例

(20) 调整图例。使用 M(移动)命令→单击空格键→选择标高文字→将其移动到标高符号上方，调整后图例效果如图 2-4-24 所示。

序号	图例	说明
1		地砖铺贴起点
2		地砖铺贴起点
3		地漏
4	±0.000	地面完成面标高
5	1%	地面排水找坡坡度及方向

图 2-4-24　图例完成效果

(21) 布置地面铺装图。使用 RO(旋转)命令、CO(复制)命令，将图例放置在对应位置，注意修改标高文字，效果如图 2-4-25 所示。

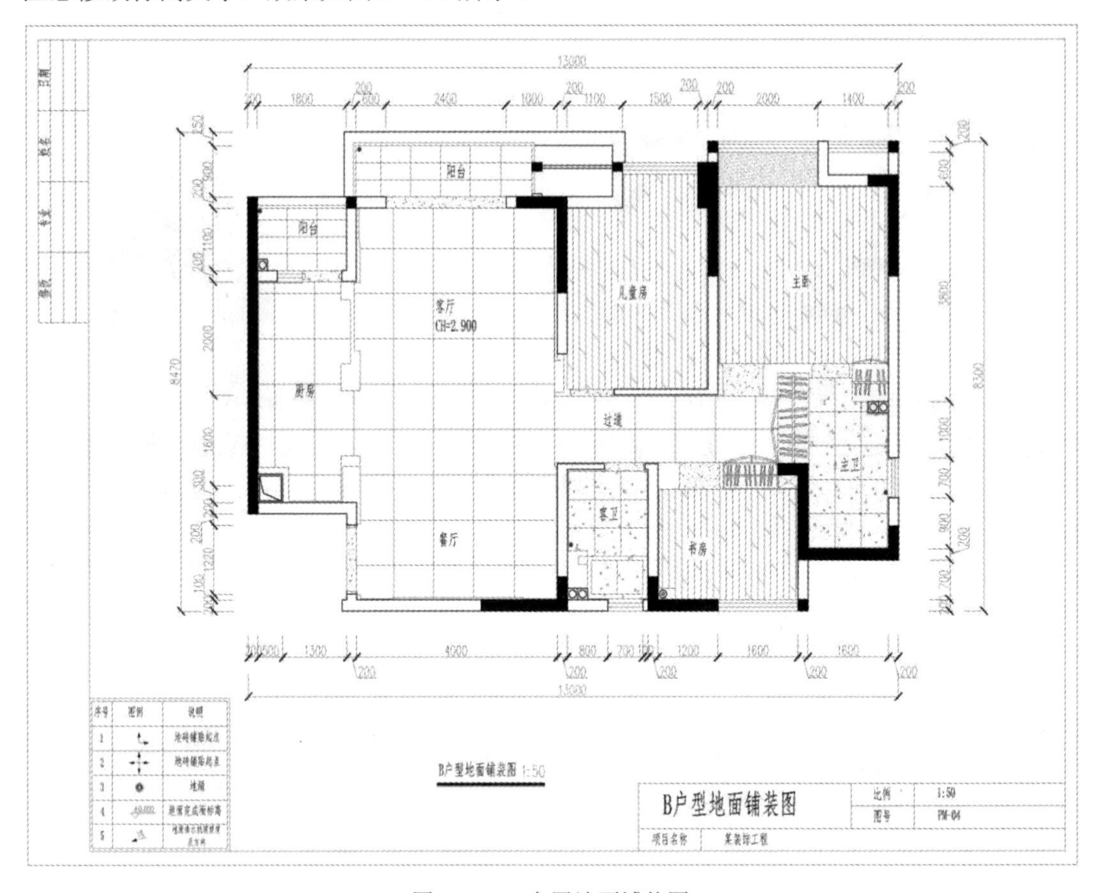

图 2-4-25　布置地面铺装图

(22) 绘制地面材料标注示例。将标注图层置为当前，使用 REC(矩形)命令，绘制 650 mm × 200 mm 的材料代号框，图框线形、颜色与标注图层相同，使用 T(文字)命令编辑文字，设置文字为仿宋、文字大小为 150、文字颜色为黄色，效果如图 2-4-26 所示。

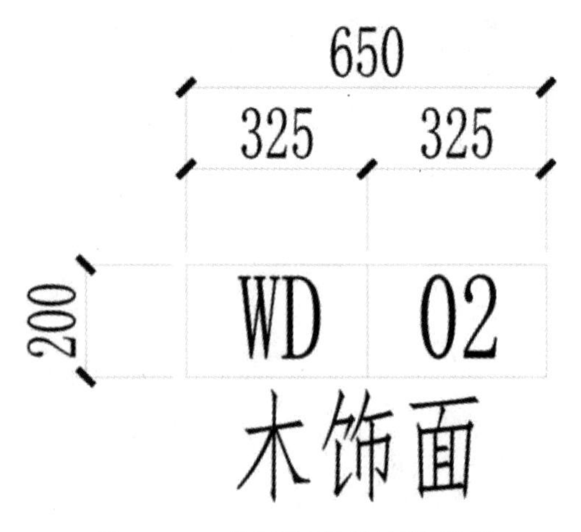

图 2-4-26　绘制地面材料标注示例

(23) 标注地面材料并完成地面铺装图。使用 LE(引线标注)命令，标注各空间地面铺贴材料名称，效果如图 2-4-27 所示。

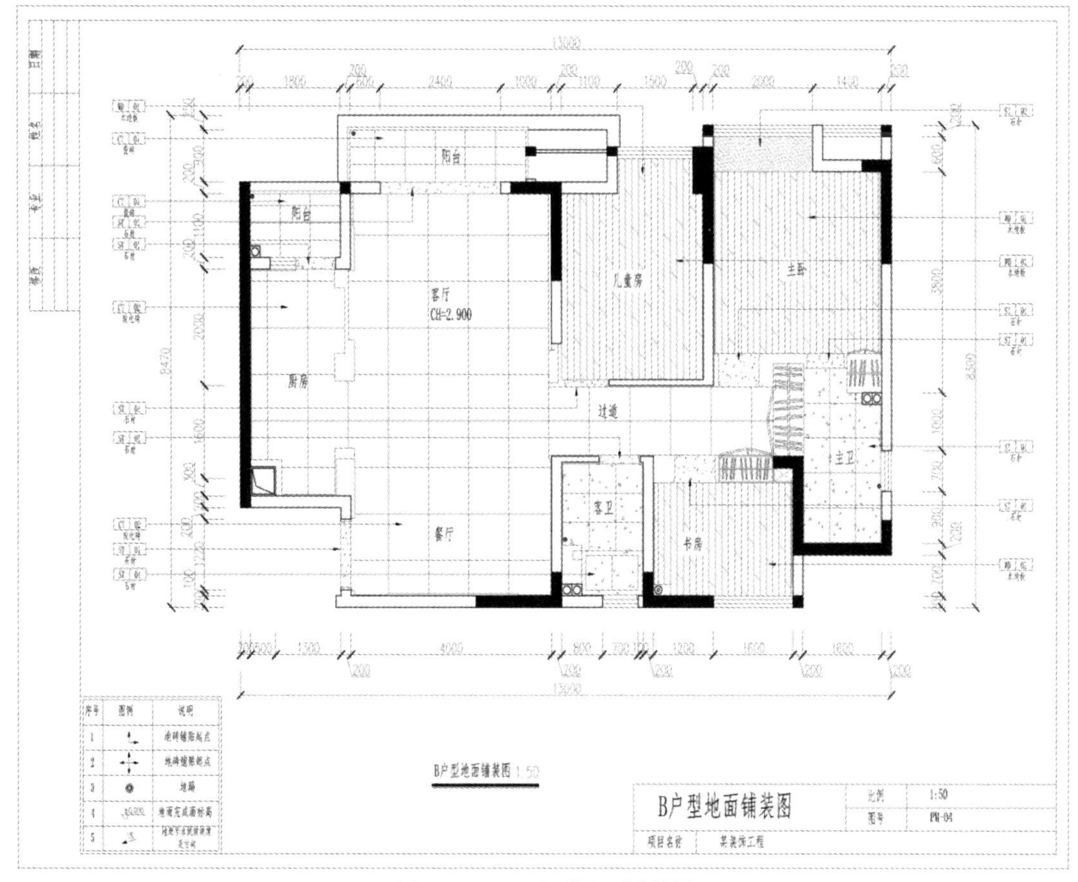

图 2-4-27　B 户型地面铺装图

(24) 另存设计图。将设计图另存并命名为“B 户型地面铺装图”。

任务 2-5　绘制顶棚布置相关图

一、顶棚的作用

顶棚的作用如下：一是增强室内装饰效果，顶棚的造型、高低以及顶棚处不同风格的灯光布置和色彩处理会使人们对空间的视觉、音质环境产生不同的感受。二是满足使用功能的要求，利用顶棚设计，可以隐藏与室内环境不协调的因素。

二、顶棚的分类

(1) 按构造可将顶棚(吊顶、天花(板))分为直接式顶棚、悬吊式顶棚、井格式吊顶、石膏吊顶四种。

① 直接式(平面)顶棚：直接在混凝土楼板的基础上，进行喷(刷)涂料灰浆或粘贴装饰材料等施工后得到的顶棚。一般用于装饰性要求不高的住宅、办公楼等建筑。由于只在楼板面直接喷浆和抹灰，或在楼板面粘贴其他的装饰材料，因此，直接式顶棚是一种比较简单的装修形式。

② 悬吊式顶棚：通过一定的悬吊构件，将装饰面板悬吊固定在悬吊系统上的顶棚，作用是增加室内亮度和美观度。可起到保温、隔热、隔音和吸音等作用，对安装空调的建筑物来说，这种顶棚能有效地降低能耗。

③ 井格式吊顶：井格式吊顶是利用井字梁因形利导或为了顶面的造型所制作的假格梁的一种吊顶形式。配合灯具以及单层或多种线条进行装饰，丰富顶棚的造型或对居室进行合理分区。

④ 石膏吊顶：石膏吊顶指用石膏线在天花板四周造型，通常被称为假吊顶。这种吊顶施工简单，价格便宜，尤其适合低矮房间。只要和房间的装饰风格协调，效果也不错。

(2) 可将顶棚(吊顶、天花)按结构形式分为活动式吊顶、隐蔽式吊顶、金属装饰板吊顶、开敞式吊顶及整体式吊顶，在此不再详细展开介绍。

三、绘制顶棚布置图

视频任务 2-5
绘制天花布置图(1)

绘制顶棚(天花)布置图的具体步骤如下：

(1) 打开“B 户型地面铺装图.dwg”文件，新建图层：输入 LA(图层设置)命令→单击空格键→打开图层特性管理器→单击新建按钮，新建图层→将图层命名为“顶棚(天花)”→颜色设置为 4 青色，其他参数均为默认→再次单击新建按钮，新建图层→将图层命名为“灯具”，颜色设置为 1 红色，其他参数均为默认。在顶棚图层上双击鼠标左键，将其置于当前，效果如图 2-5-1 所示。

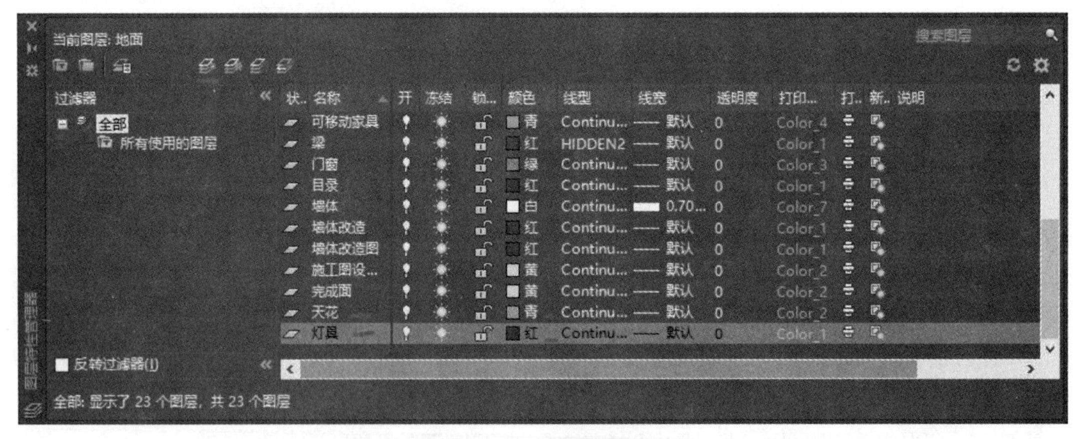

图 2-5-1　新建图层

(2) 复制整理设计图。将设计图中地面图层隐藏，使用 CO(复制)命令→单击空格键→选择“B 户型地面铺装图”→复制设计图。复制完成后将图例、材料标注等内容删除，修改图名、标题栏、图纸目录信息，效果如图 2-5-2 所示，整理结束后取消对地面图层的隐藏。

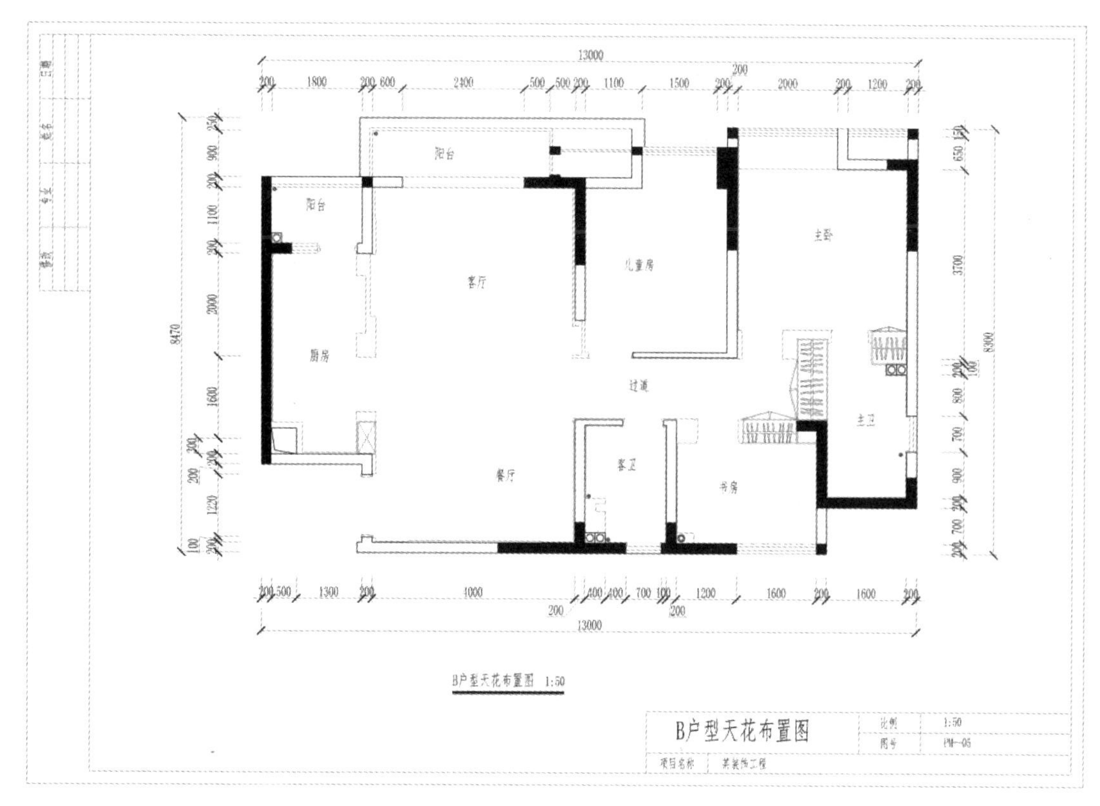

图 2-5-2 复制整理设计图

(3) 封闭门洞。使用 L(直线)命令、REC(矩形)命令，封闭门洞，效果如图 2-5-3 所示。

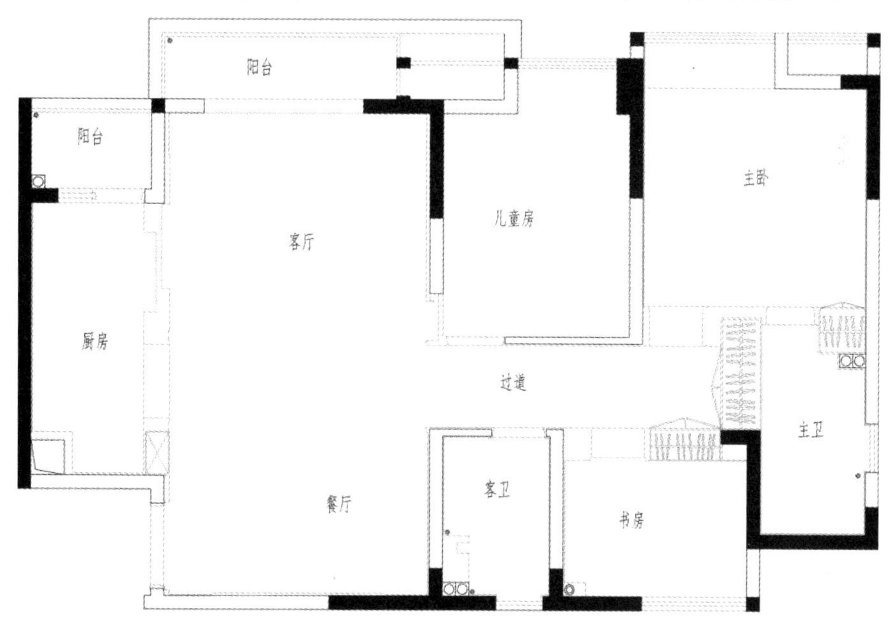

图 2-5-3 封闭门洞

(4) 绘制玄关、餐厅顶棚。使用 O(偏移)、F(倒圆角)等命令，根据图 2-5-4 中的尺寸绘制玄关、餐厅顶棚外围造型线条。

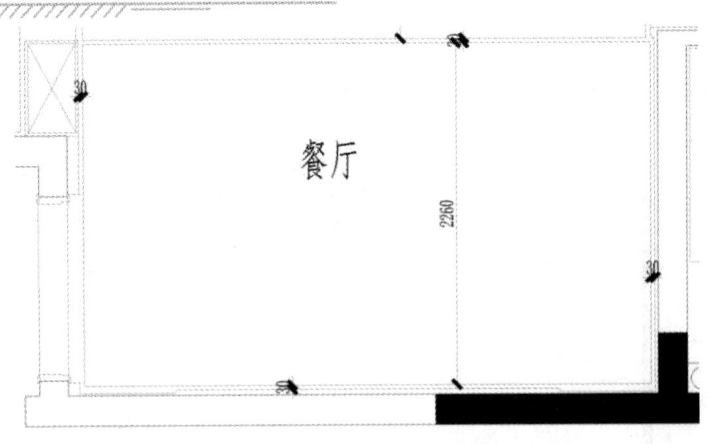

图 2-5-4 绘制玄关、餐厅顶棚外围造型线条

(5) 绘制玄关、餐厅顶棚边界。使用 BO(边界创建)命令，创建餐厅顶棚边界，使用 O(偏移)命令，将边界依次向内偏移 15 mm、120 mm、15 mm、135 mm、15 mm，效果如图 2-5-5 所示。

图 2-5-5 绘制顶棚边界

(6) 绘制过道顶棚。使用 O(偏移)、F(倒圆角)等命令，根据图 2-5-6 中的尺寸，绘制过道顶棚。

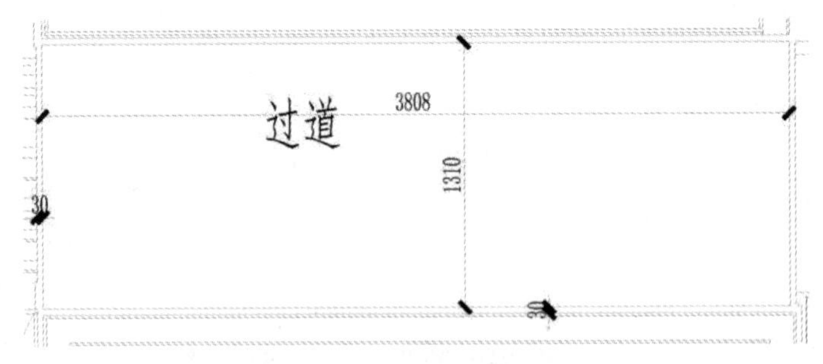

图 2-5-6 绘制过道顶棚

(7) 绘制过道顶棚边界。使用 BO(边界创建)命令，创建过道顶棚边界，使用 O(偏移)命令，将边界依次向内偏移 15 mm、150 mm、15 mm，效果如图 2-5-7 所示。

图 2-5-7　绘制过道顶棚边界

(8) 绘制过道顶棚木饰面。使用 O(偏移)、F(倒圆角)等命令，根据图 2-5-8 中的尺寸绘制过道顶棚木饰面。

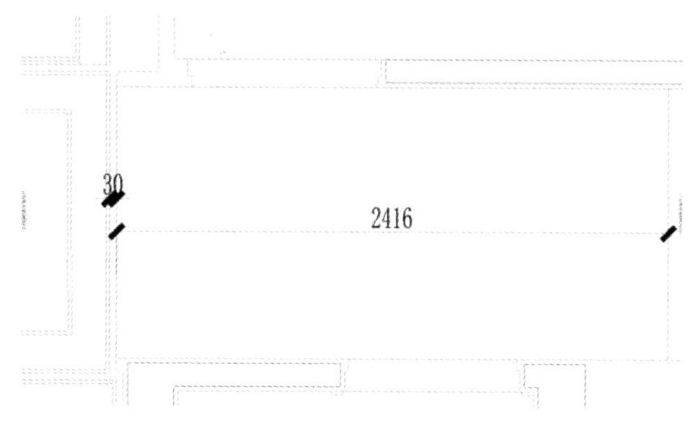

图 2-5-8　绘制过道顶棚木饰面

(9) 填充过道顶棚。使用 H(填充)命令，使用木饰面图案填充过道顶棚，参数如图 2-5-9 所示，效果如图 2-5-10 所示。

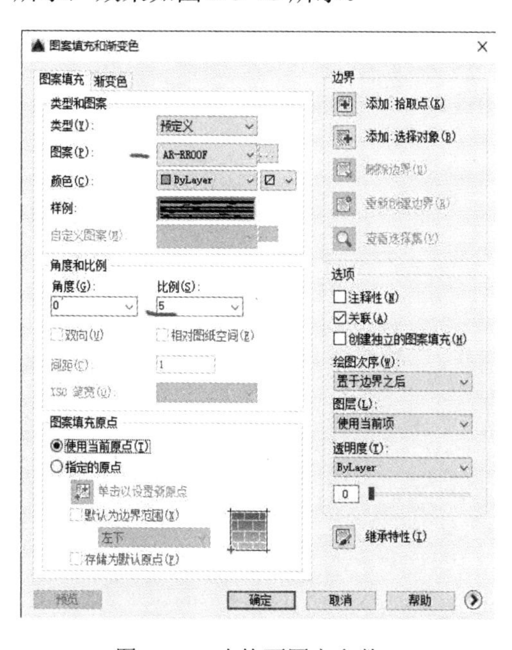

图 2-5-9　木饰面图案参数

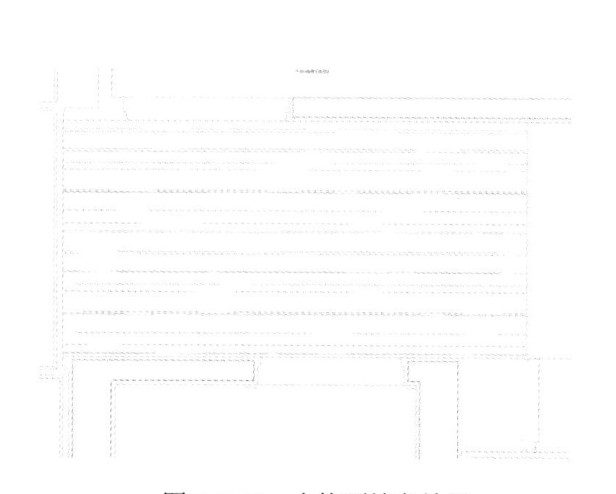

图 2-5-10　木饰面填充效果

(10) 过道顶棚最终效果如图 2-5-11 所示。

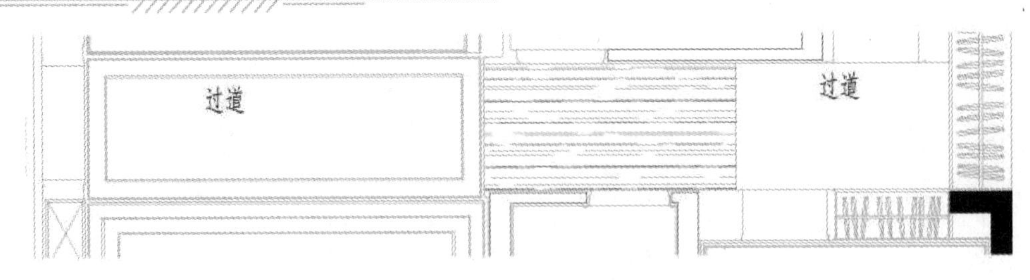

图 2-5-11 过道顶棚效果图

(11) 绘制书房顶棚。使用 O(偏移)、F(倒圆角)等命令，根据图 2-5-12 中的尺寸绘制书房顶棚。

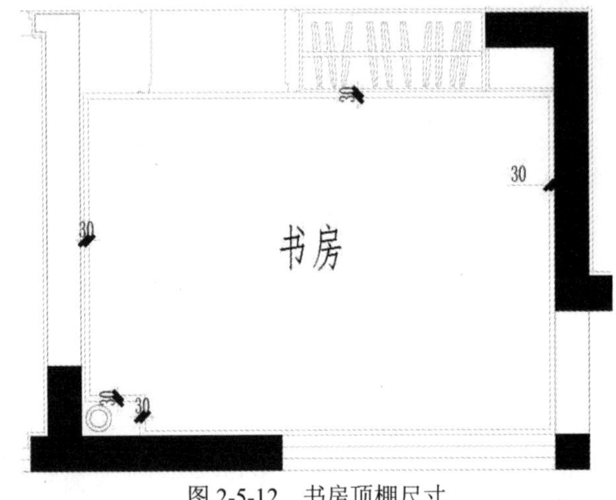

图 2-5-12 书房顶棚尺寸

视频任务 2-5
绘制天花布置图(2)

(12) 绘制书房顶棚边界。使用 BO(边界创建)命令，创建书房顶棚边界，使用 O(偏移)命令，将边界依次向内偏移 15 mm、15 mm，效果如图 2-5-13 所示。

(13) 绘制主卧顶棚。使用 O(偏移)、F(倒圆角)等命令，根据 2-5-14 中的尺寸绘制主卧顶棚，效果如图 2-5-14 所示。

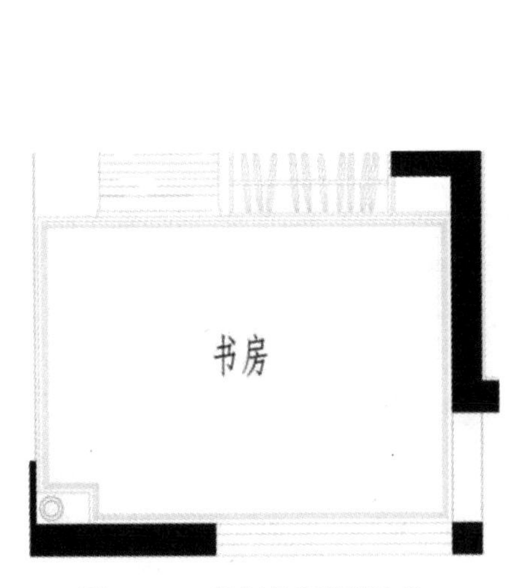

图 2-5-13 绘制书房顶棚边界

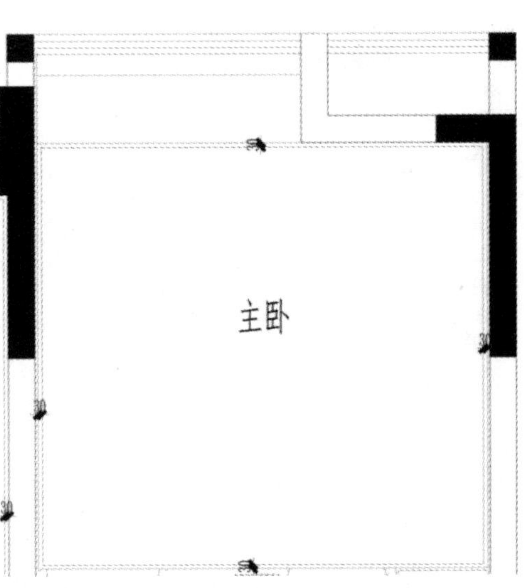

图 2-5-14 绘制主卧顶棚 1

(14) 继续绘制主卧顶棚。使用 X(分解)命令、O(偏移)命令，根据图 2-5-15 中的尺寸继续绘制主卧顶棚。

图 2-5-15　绘制主卧顶棚 2

(15) 绘制主卧顶棚边界。使用 BO(边界创建)命令，创建主卧顶棚边界，使用 O(偏移)命令，将边界依次向内偏移 15 mm、135 mm、15 mm，效果如图 2-5-16 所示。

图 2-5-16　绘制主卧顶棚边界

(16) 绘制主卧窗帘盒。使用 O(偏移)命令，根据图 2-5-17 中的尺寸，绘制主卧窗帘盒。

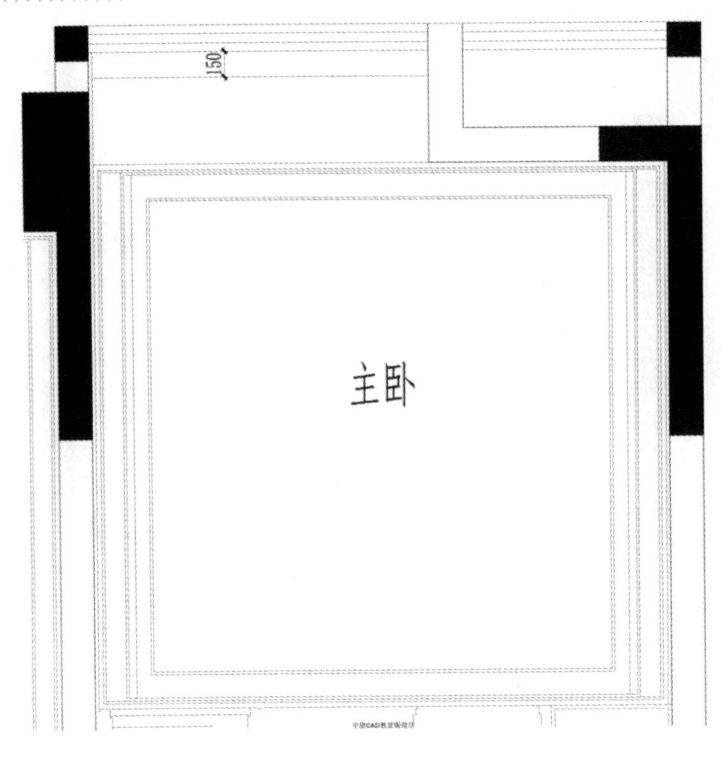

图 2-5-17　绘制主卧窗帘盒

(17) 绘制儿童房顶棚。使用 O(偏移)、F(倒圆角)等命令，根据图 2-5-18 中的尺寸绘制儿童房顶棚。

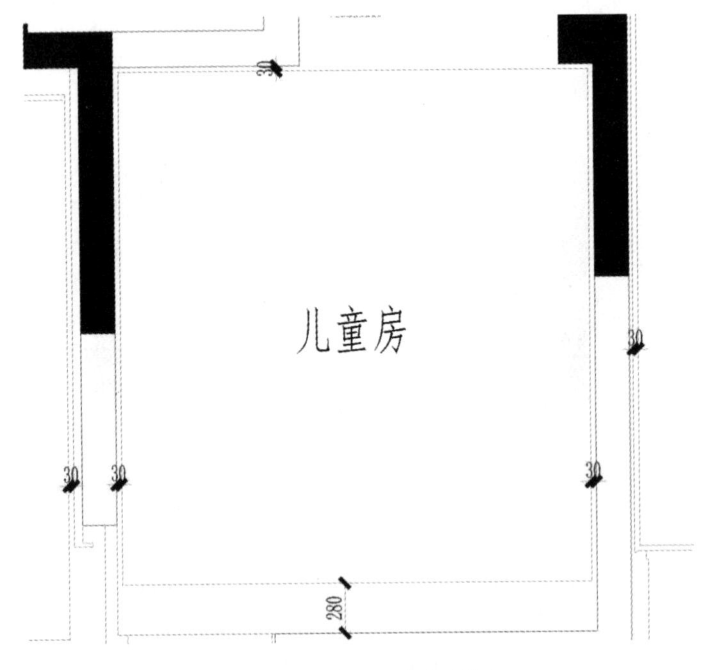

图 2-5-18　绘制儿童房顶棚 1

(18) 继续绘制儿童房顶棚。使用 O(偏移)、F(倒圆角)等命令，根据 2-5-19 中的尺寸继续绘制儿童房顶棚。

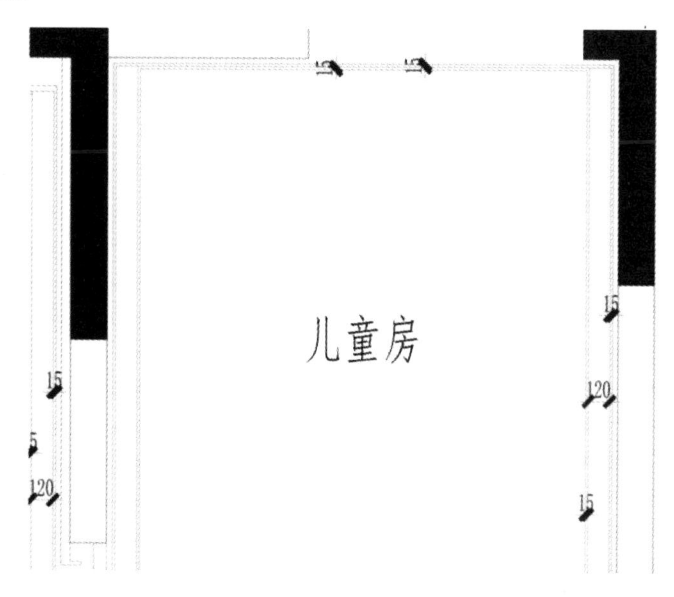

图 2-5-19　绘制儿童房顶棚 2

(19) 绘制客厅顶棚。使用 O(偏移)、F(倒圆角)、EX(延伸)等命令，根据图 2-5-20 中的尺寸绘制客厅顶棚。

图 2-5-20　绘制客厅顶棚 1

(20) 继续绘制客厅顶棚。使用 O(偏移)、F(倒圆角)、EX(延伸)等命令，根据图 2-5-21 中的尺寸继续绘制客厅顶棚。

图 2-5-21　绘制客厅顶棚 2

(21) 绘制厨房吊柜。使用 O(偏移)命令，绘制厨房吊柜(注：吊柜深度为 350 mm)，效果如图 2-5-22 所示。

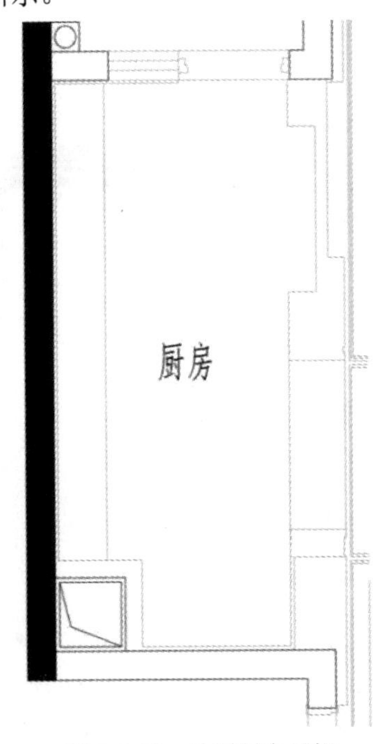

图 2-5-22　绘制厨房吊柜

视频任务 2-5
绘制天花布置图(3)

(22) 等分吊柜。输入 DIV(定数等分)命令→单击空格键→输入“4”→单击空格键，将线段等分成四等分(注：如果等分点未显示，可以输入 PTY(点样式)命令，将点样式设置为第二排第四个)，效果如图 2-5-23 所示。

(23) 绘制吊柜等分直线。使用 L(直线)命令，根据等分点，绘制吊顶等分直线，效果如图 2-5-24 所示。

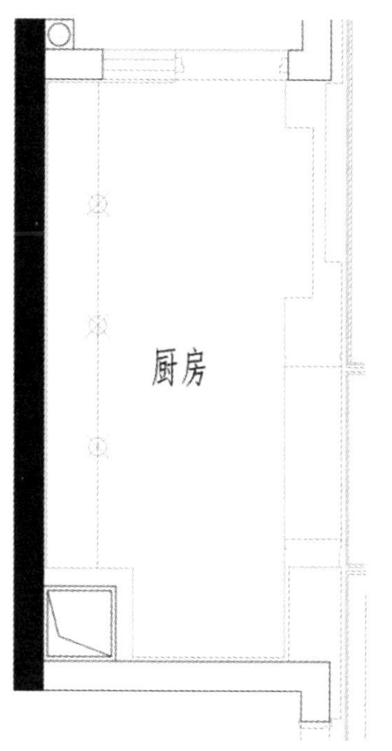

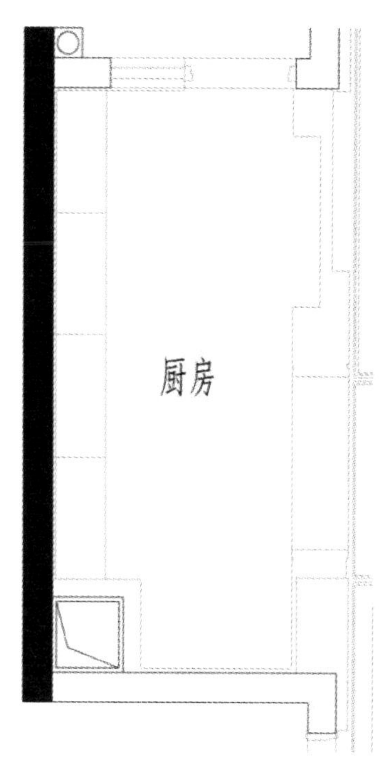

图 2-5-23　等分吊柜

图 2-5-24　绘制吊柜等分直线

(24) 绘制厨房吊柜边界。使用 BO(边界创建)命令，创建厨房吊柜边界，并将边界向内偏移 20，然后使用 L(直线)命令绘制线条(注：绘制的线条设置为 HIDDEN2 虚线，颜色设置为 8)，选中吊柜将其移动到家具图层，效果如图 2-5-25 所示。

(25) 绘制厨房右侧吊柜。使用 L(直线)、O(偏移)命令绘制厨房右侧吊柜，效果如图 2-5-26 所示。

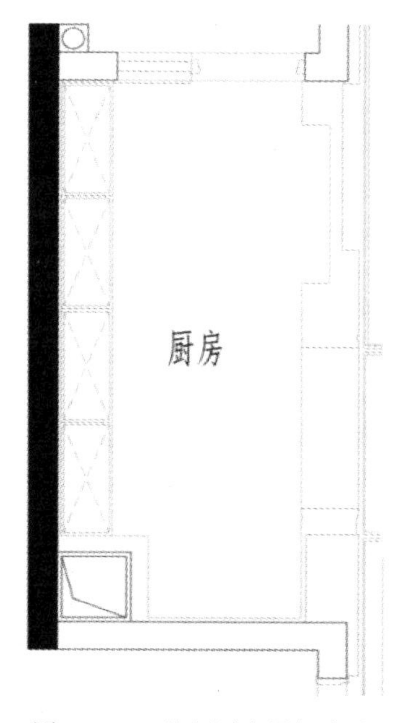

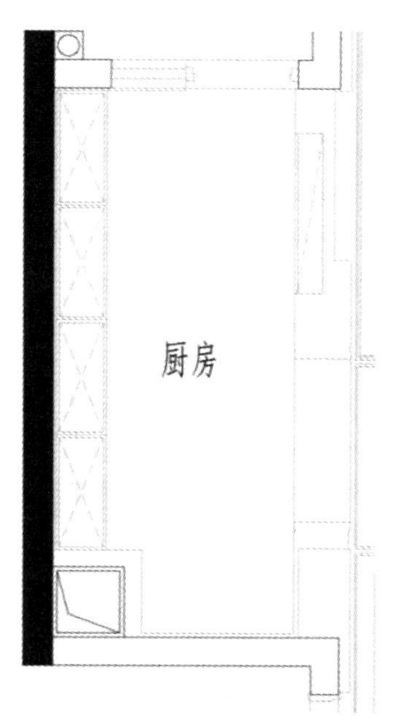

图 2-5-25　绘制厨房吊柜边界

图 2-5-26　绘制厨房右侧吊柜

(26) 绘制厨房顶棚。使用 O(偏移)、F(倒圆角)、TR(修剪)、BO(边界创建)等命令，根据图 2-5-27 中的尺寸绘制厨房顶棚。

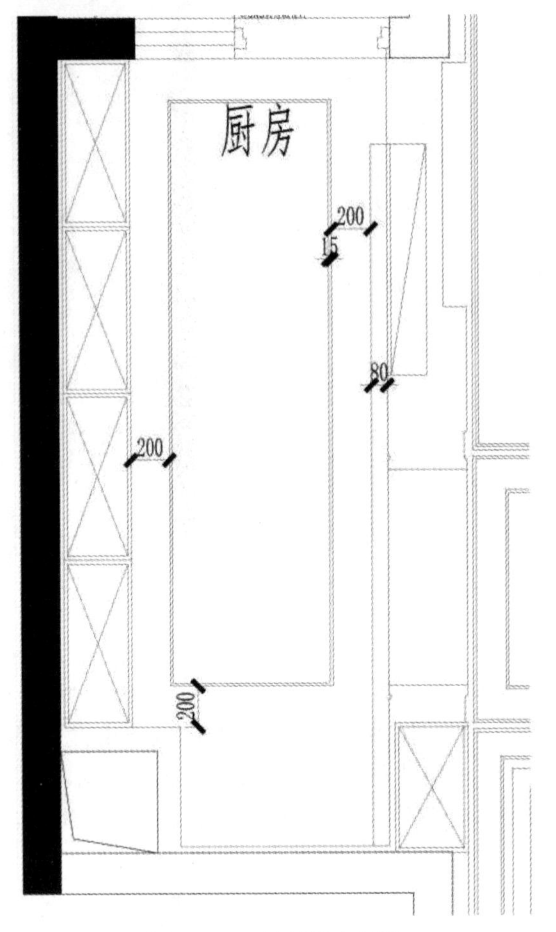

图 2-5-27　绘制厨房顶棚

(27) 绘制阳台柜。使用 L(直线)、O(偏移)等命令，根据图 2-5-28 中的尺寸绘制阳台柜。

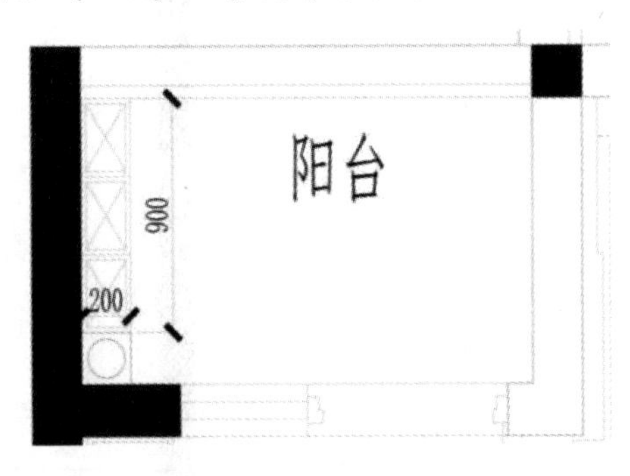

图 2-5-28　绘制阳台柜

(28) 绘制厨房、书房、主卧室门头木饰面。使用 H(填充)命令，填充厨房、书房、主卧门头木饰面(填充参数同过道木饰面顶棚)，效果如图 2-5-29 所示。

(29) 绘制卫生间顶棚。使用 L(直线)命令，沿着卫生间完成面绘制卫生间顶棚。

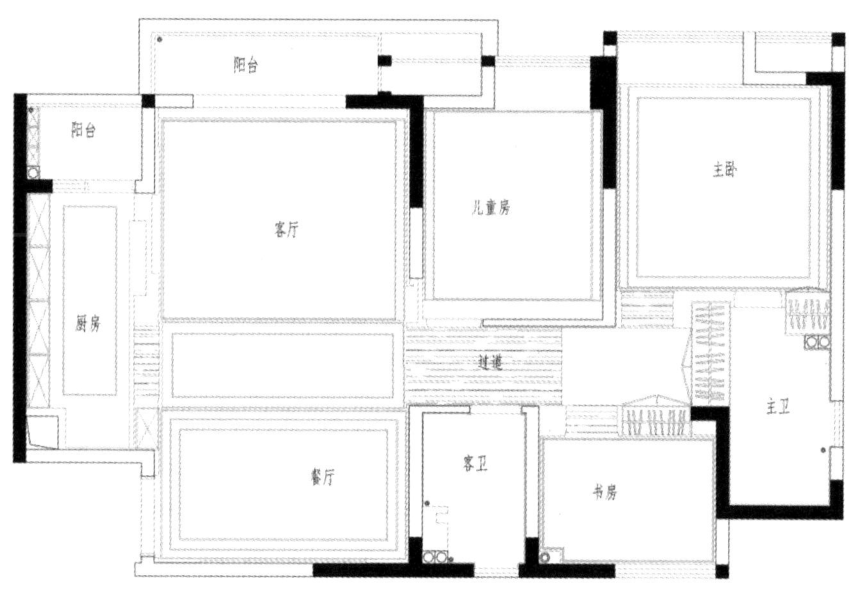

图 2-5-29 绘制门头木饰面

(30) 绘制图例框。使用 REC(矩形)、L(直线)、O(偏移)等命令，绘制图例框，效果如图 2-5-30 所示。

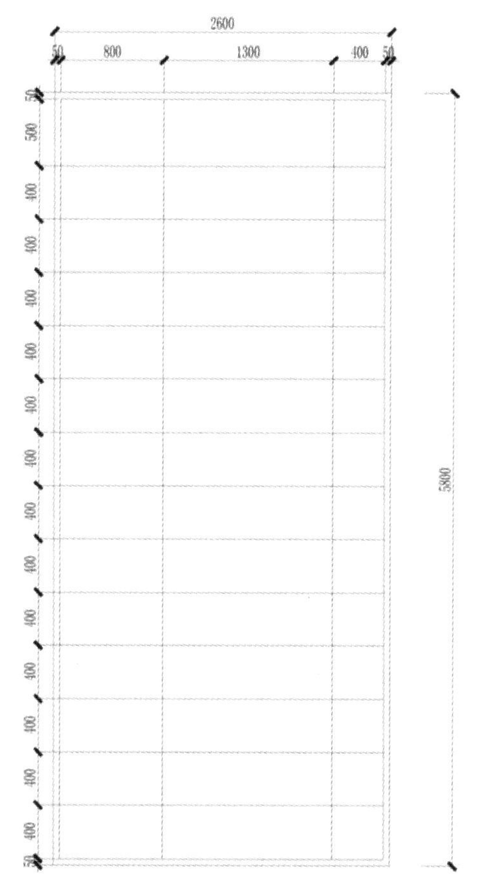

图 2-5-30 绘制图例框

(31) 绘制暗藏灯带。输入 O(偏移)命令→单击空格键→输入“45”→单击空格键，依次绘制餐厅、儿童房、主卧暗藏灯带，效果如图 2-5-31 所示。

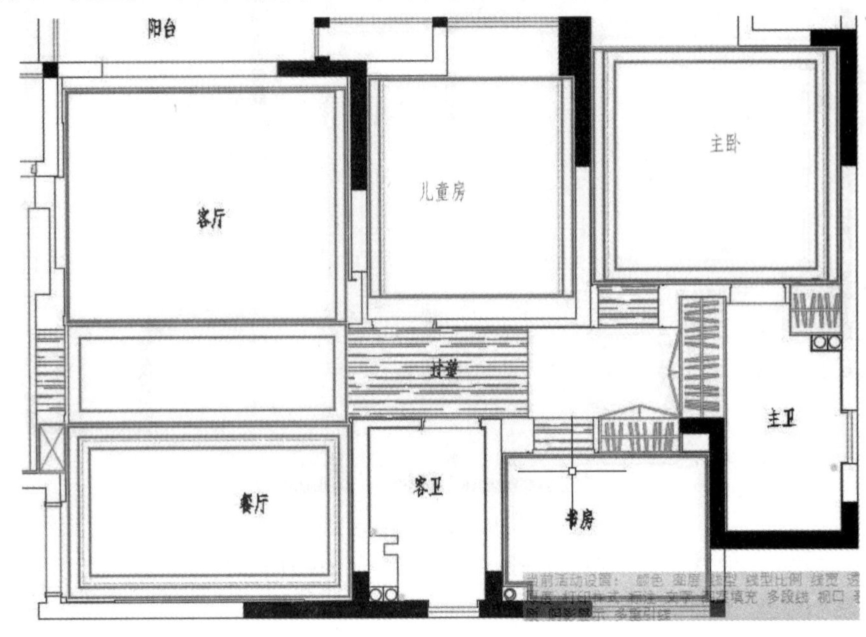

图 2-5-31　绘制暗藏灯带

(32) 设置暗藏灯带线型。选中要偏移复制的暗藏灯带，将其线型设置为 CENTER2；按下 Ctrl+1(特性)命令，打开特性对话框，如图 2-5-32 所示，将暗藏灯带线型比例设置为 0.2；选中暗藏灯带，将其放置在灯具图层。

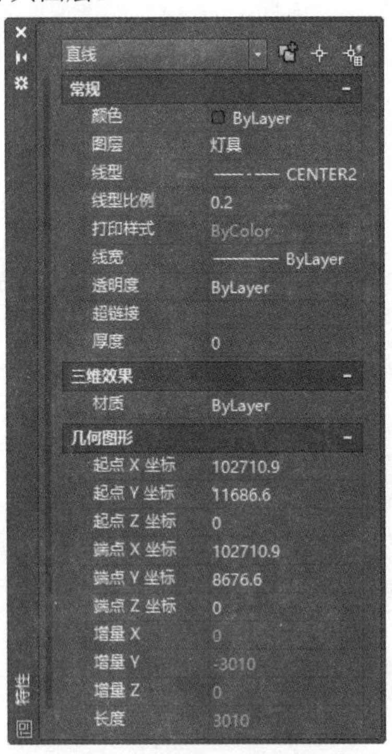

图 2-5-32　暗藏灯带线型特性设置

(33) 布置防雾节能筒灯。打开“图库素材.dwg”文件，选中防雾节能筒灯，使用 Ctrl+C(复制)、Ctrl+V(粘贴)、M(移动)、CO(复制)等命令，根据图 2-5-33 中的尺寸，将灯具分别布置在玄关、厨房、卫生间。

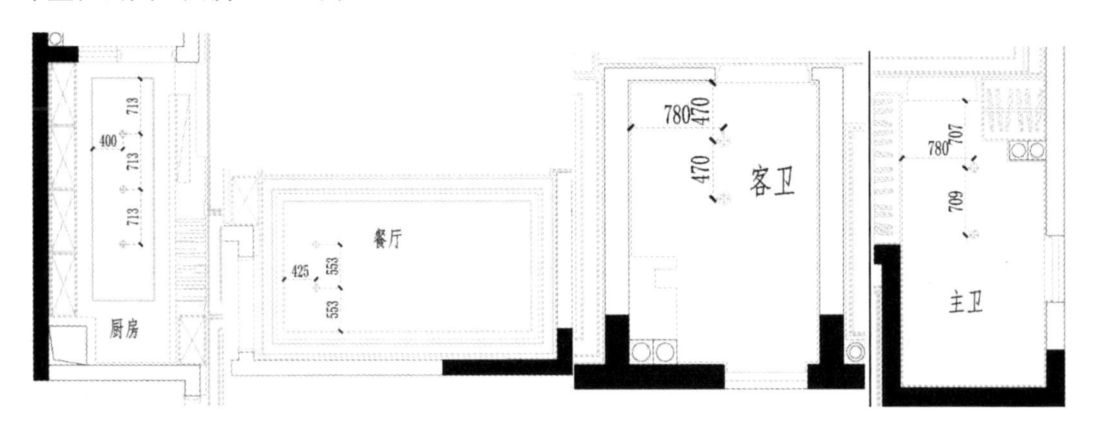

图 2-5-33　布置防雾节能筒灯

(34) 布置豆胆灯。打开“图库素材.dwg”文件，选中双头豆胆灯、单头豆胆灯，使用 Ctrl+C(复制)、Ctrl+V(粘贴)、M(移动)、CO(复制)、MI(镜像)等命令，根据图 2-5-34 中的尺寸，将灯具分别布置在过道、儿童房、主卧、书房。

视频任务 2-5
绘制天花布置图(4)

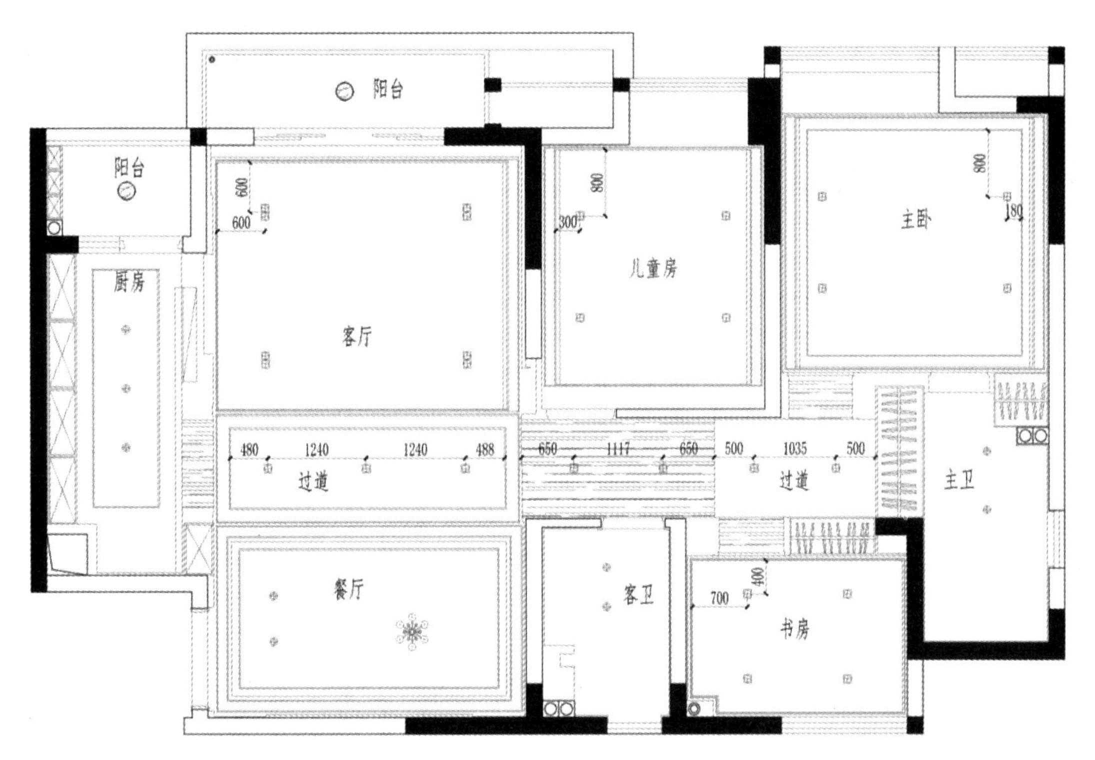

图 2-5-34　布置豆胆灯

(35) 布置防潮吸顶灯。打开“图库素材.dwg”文件，选中防潮吸顶灯，使用 Ctrl+C(复制)、Ctrl+V(粘贴)、M(移动)、CO(复制)等命令，将灯具分别布置在两个阳台中心位置，效果如图 2-5-35 所示。

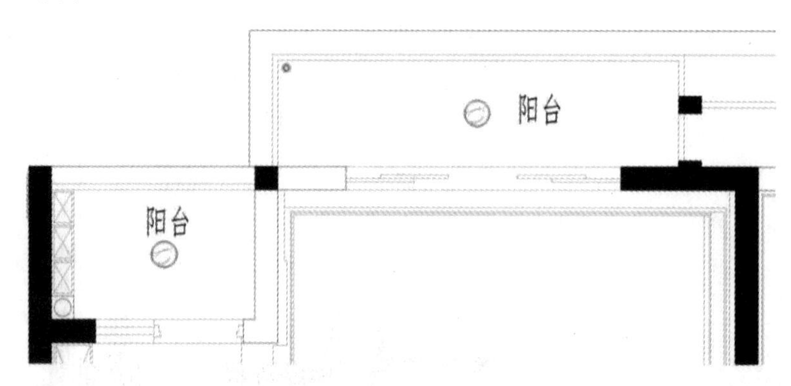

图 2-5-35 布置防潮吸顶灯

视频任务 2-5
绘制天花布置图(5)

(36) 布置客厅、餐厅吊灯。打开“图库素材.dwg”文件，选中大型吊顶，使用 Ctrl+C(复制)、Ctrl+V(粘贴)、M(移动)等命令，将灯具分别布置在客厅、餐厅(注：如灯具图例的比例不合适，可使用 SC(缩放)命令进行调整)，效果如图 2-5-36 所示。

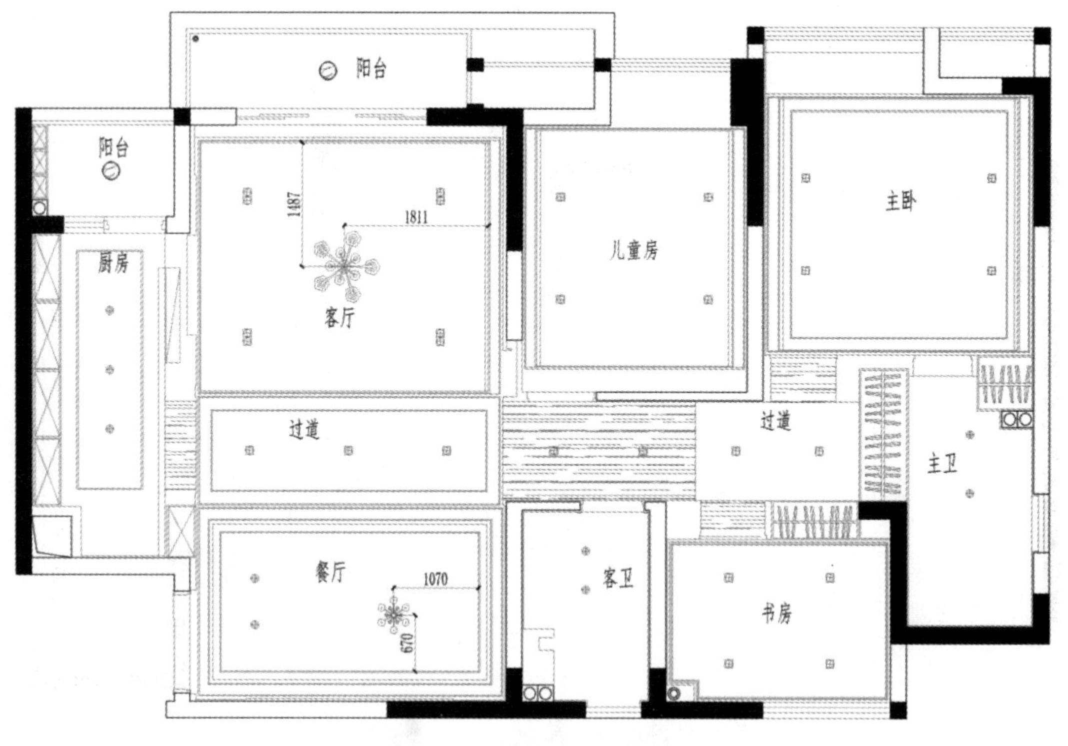

图 2-5-36 布置客厅、餐厅吊灯

(37) 布置空调风口。打开“图库素材.dwg”文件，选中空调出风口和回风口图例，将空调风口分别布置在客厅、餐厅、儿童房和主卧，效果如图 2-5-37 所示。

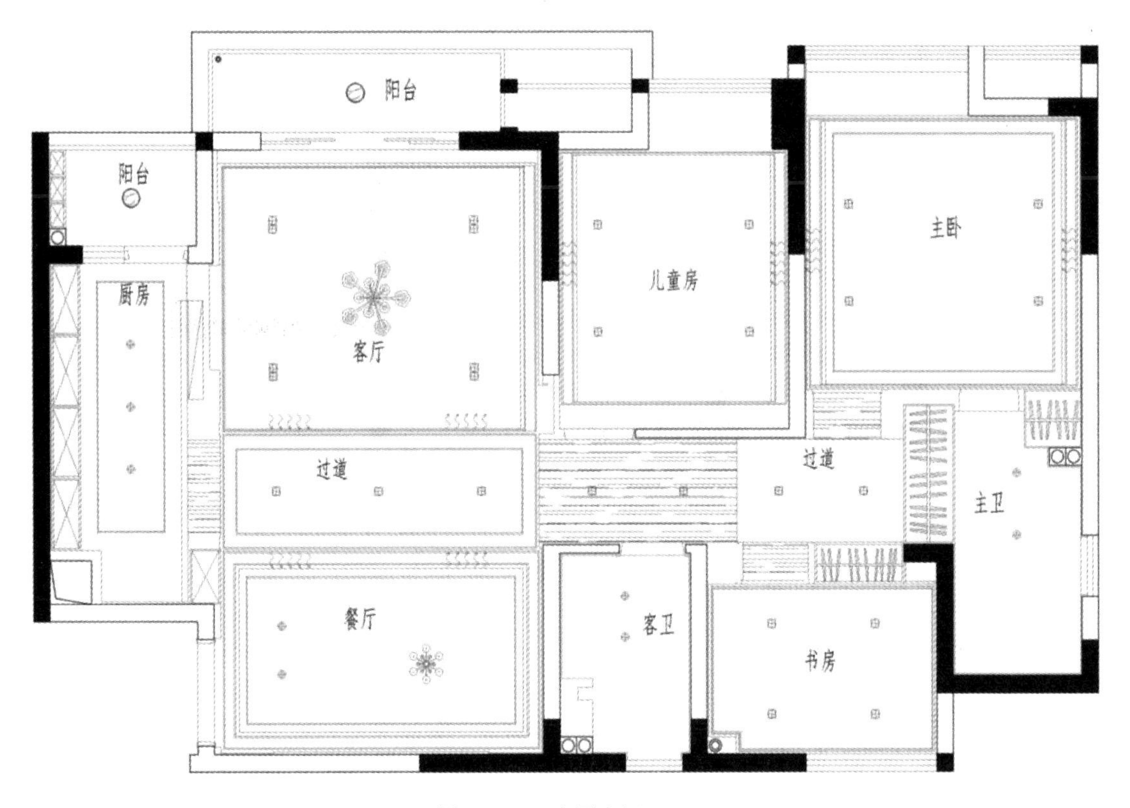

图 2-5-37　布置空调风口

(38) 布置铝百叶风口。打开“图库素材.dwg”文件，选中铝百叶风口图例，根据图 2-5-38 所示尺寸将铝百叶风口布置在书房。

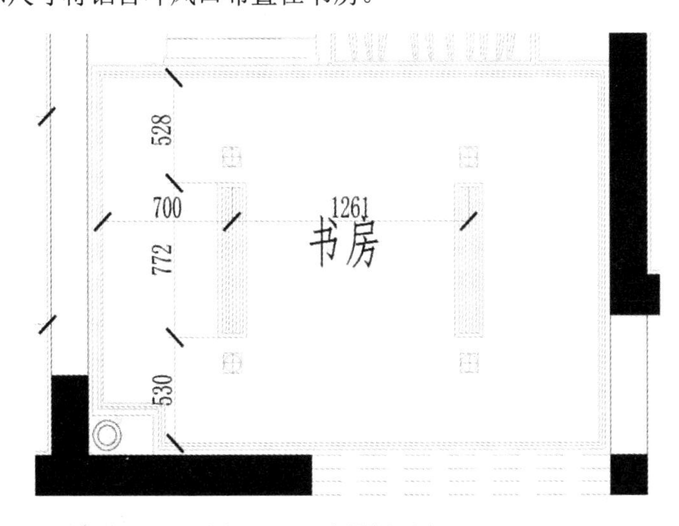

图 2-5-38　布置铝百叶风口

(39) 布置卫生间浴霸灯。打开“图库素材.dwg”文件，选中浴霸灯，根据图 2-5-39 中的尺寸进行卫生间浴霸灯布置。

视频任务 2-5
绘制天花布置图(6)

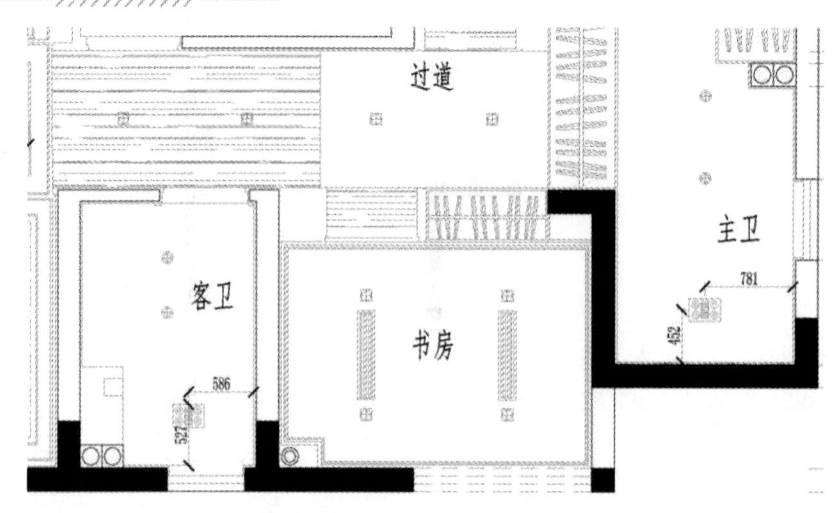

图 2-5-39　布置浴霸灯

(40) 绘制材料图例。使用 REC(矩形)、C(圆)、TR(修剪)等命令，根据图 2-5-40 中的尺寸，绘制材料图例，设置字体为仿宋、黄色 100。

图 2-5-40　绘制材料图例(右一为最终图例)

(41) 布置材料图例。使用 CO(复制)、M(移动)等命令，根据图 2-5-41 布置材料图例(注意修改材料代号)。

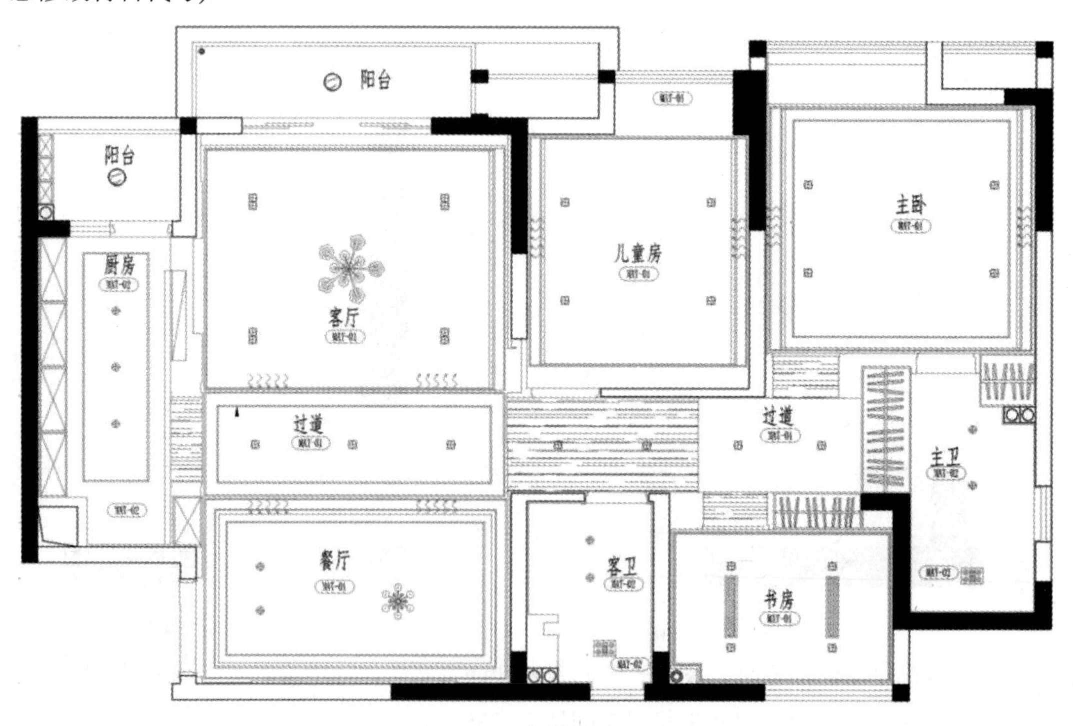

图 2-5-41　布置材料图例

(42) 标注标高。使用 T(文字)命令进行标高标注，设置字体为仿宋字、黄色、字高 150，效果如图 2-5-42 所示。

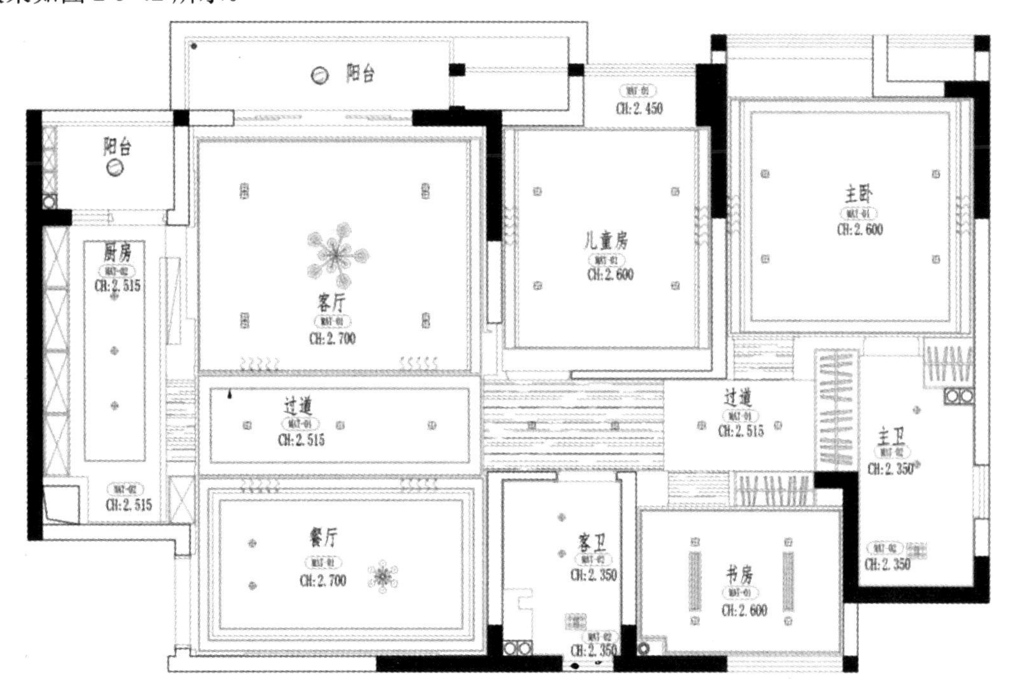

图 2-5-42 标注标高

(43) 编制图例。使用 CO(复制)、SC(缩放)、M(移动)等命令，根据图 2-5-43 完成图例的编制，图例文字设置为仿宋、黄色、字高 150。

图例	说明	功率
	浴霸灯	1200W
	客厅吊灯	40W
	餐厅吊灯	40W
	防雾节能筒灯	50W
	暗藏灯光	21W
	双头豆胆灯	50W
	单头豆胆灯	40W
	吸顶灯	45W
MAT-01	石膏板吊顶刷白色乳胶漆	
MAT-02	埃特板天花饰面刷防水乳胶漆	
	铝百叶风口	
	回风口	
	出风口	

图 2-5-43 编制图例

(44) 顶棚材料标注。使用 LE(引线标注)命令，根据图 2-5-44 中的尺寸及位置进行顶棚材料标注。

视频任务 2-5
绘制天花布置图(7)

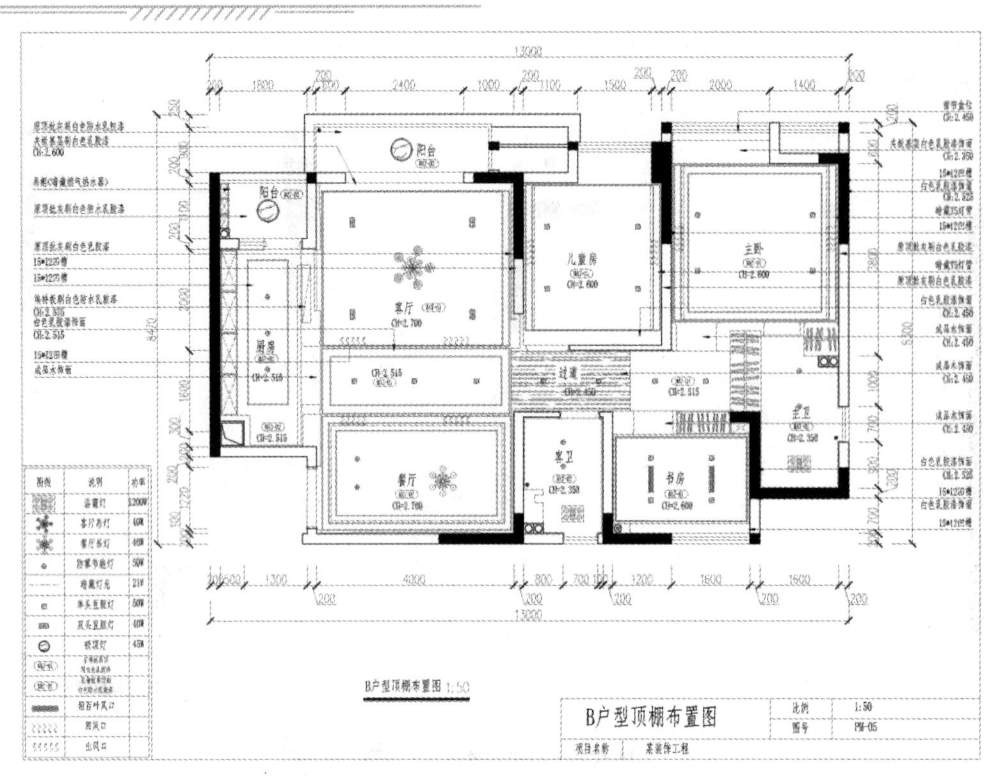

图 2-5-44　顶棚材料标注

(45) 另存顶棚布置图。将设计图另存，文件命名为“(B 户型)顶棚布置图”，效果如图 2-5-45 所示。

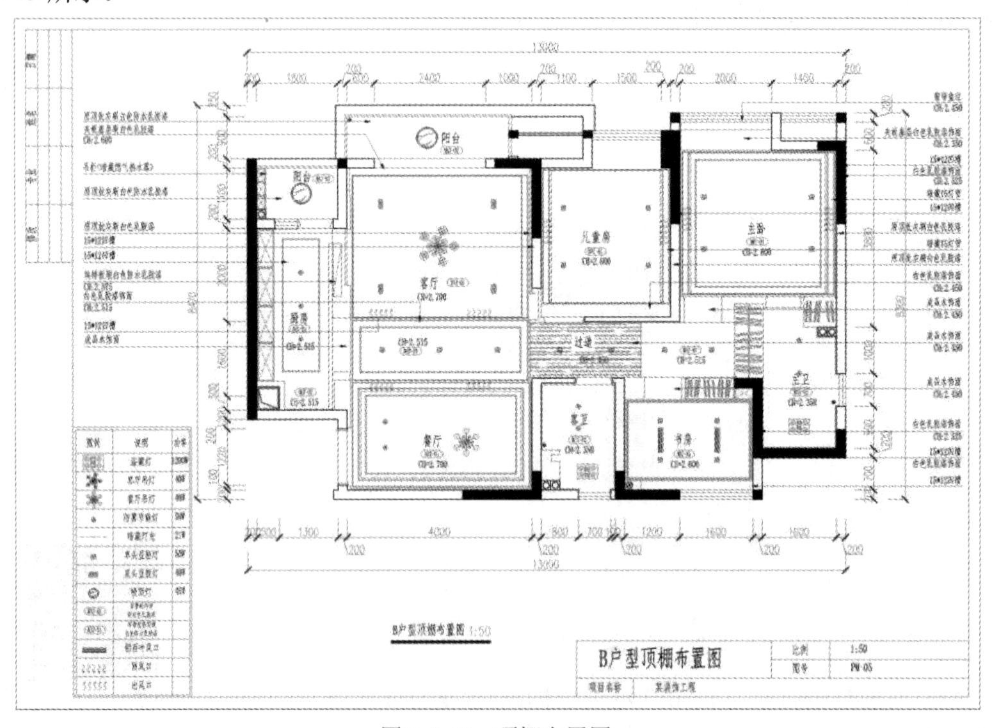

图 2-5-45　顶棚布置图

四、绘制顶棚尺寸图

视频任务 2-5
绘制天花尺寸图(1)

绘制顶棚尺寸图的具体步骤如下：

(1) 复制整理图纸。使用 CO(复制)命令复制顶棚布置图；修改图名、标题栏、图纸目录信息；删除材料标注，效果如图 2-5-46 所示。

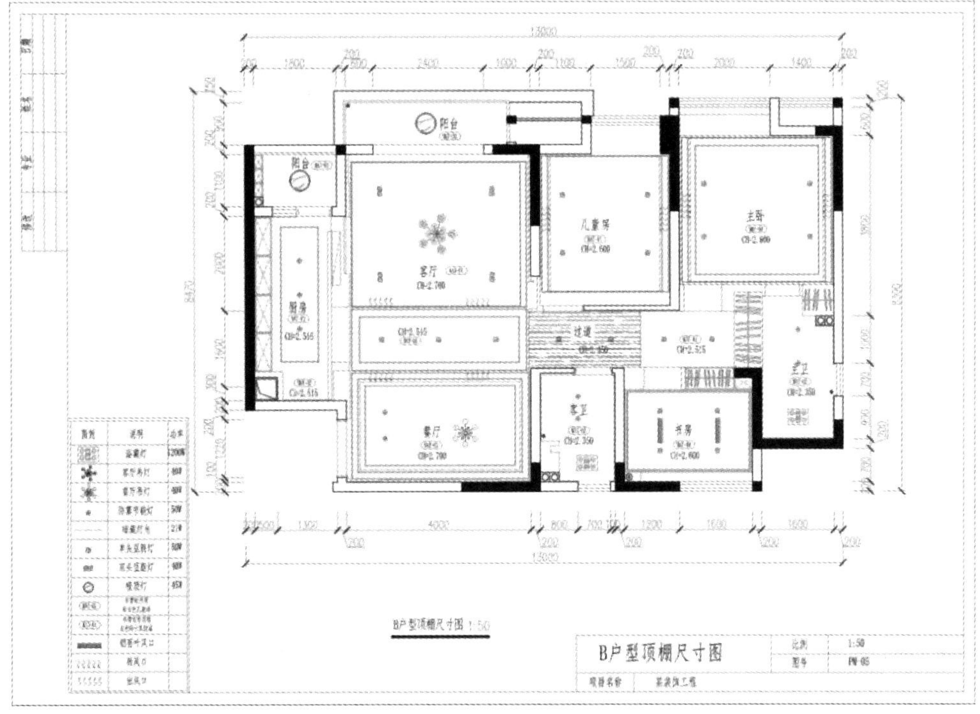

图 2-5-46　复制整理图纸

(2) 新建标注样式。使用 D(标注设置)命令→单击空格键→打开标注样式管理器→单击空格键→选中“JZ-50”样式→单击新建按钮→设置新样式名为“JZ-30”→单击继续按钮→在调整选项卡中，使用全局比例，将全局比例调整为 30，其余参数不变→单击确定按钮→单击置为当前按钮→单击关闭按钮，完成标注样式新建，如图 2-5-47 所示。

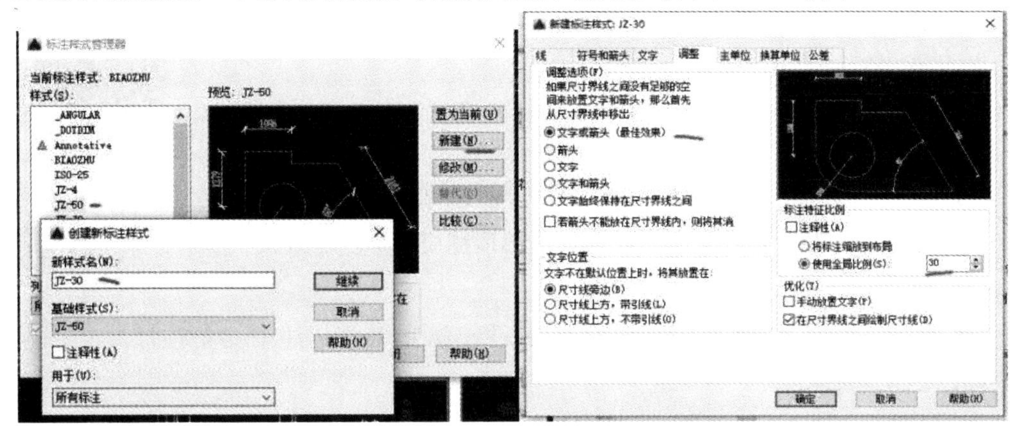

图 2-5-47　新建标注样式

(3) 标注顶棚尺寸。使用 DLI(线性标注)、DCO(连续标注)命令标注顶棚尺寸，效果如图 2-5-48 所示。

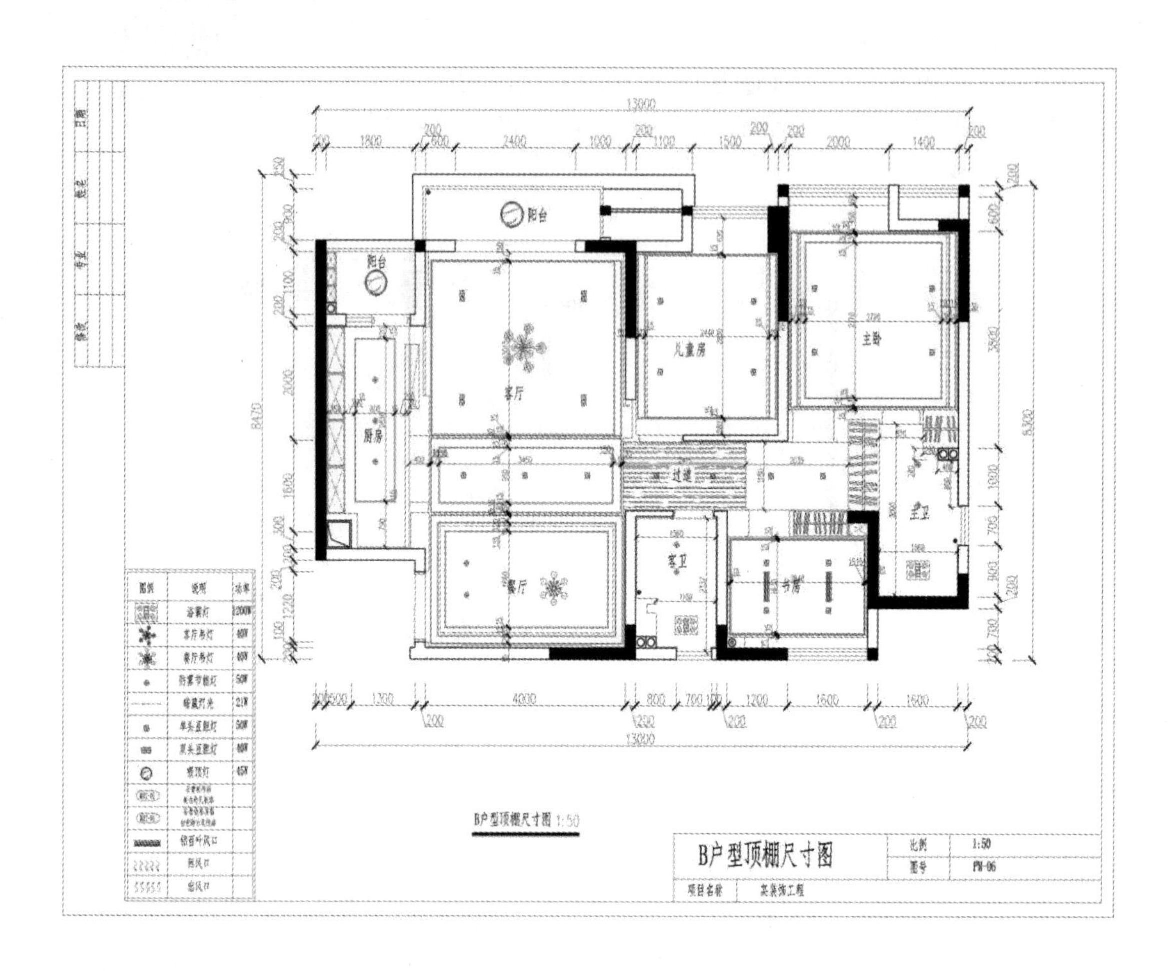

图 2-5-48 (B 户型)顶棚尺寸图

(4) 另存尺寸图。将图形另存，文件命名为“顶棚尺寸图”。

五、绘制灯具定位尺寸图

视频任务 2-5
绘制灯具定位尺寸图(1)

绘制灯具定位尺寸图的具体步骤如下：

(1) 复制整理图纸。使用 CO(复制)命令复制顶棚尺寸图；修改图名、标题栏、图纸目录信息；删除图纸内部顶棚尺寸标注，效果如图 2-5-49 所示。

(2) 标注灯具定位尺寸。使用 DLI(线性标注)、DCO(连续标注)命令标注灯具定位尺寸，效果如图 2-5-50 所示。

(3) 另存定位尺寸图。将图形另存，文件命名为“(B 户型)灯具定位尺寸图.dwg”。

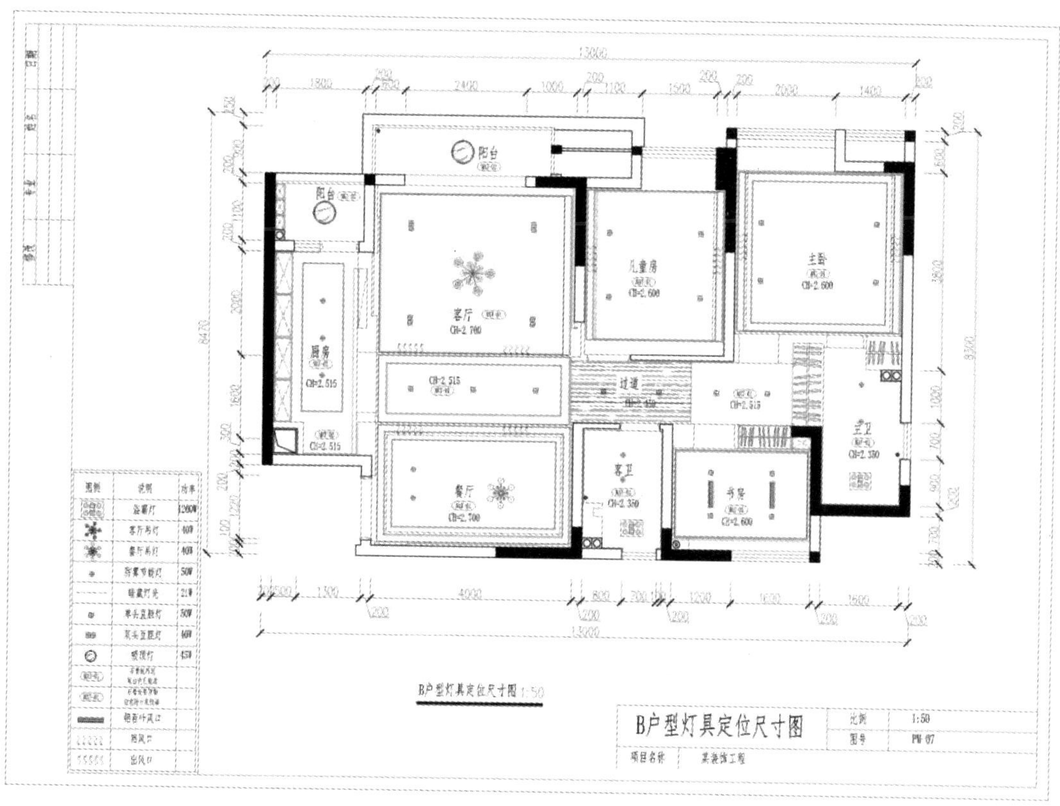

图 2-5-49　复制整理图纸

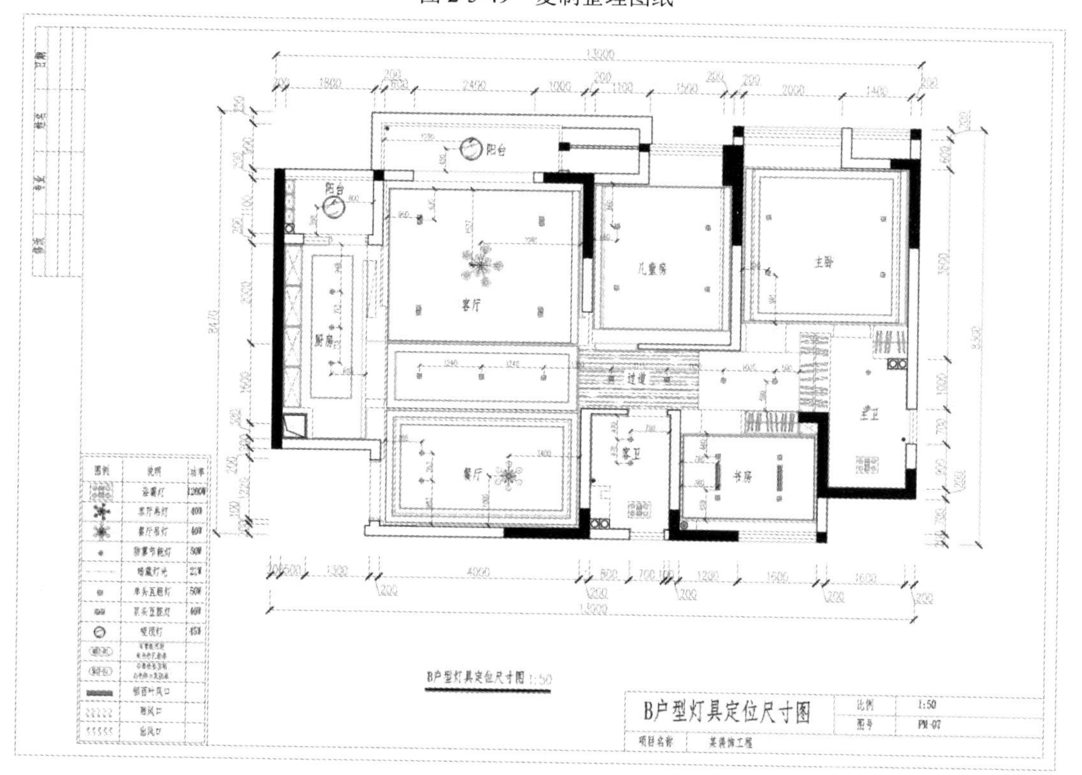

图 2-5-50　灯具定位尺寸图

任务 2-6 绘制开关布置图

一、开关的种类

开关作为控制照明的重要元件，在建筑中广泛使用。常见的单联开关或一开开关共有两个接柱，分别接入进线和出线，用于控制单一支路。例如，卫生间中的单盏灯即可通过单联开关控制。双联开关则指在一个面板上设有两个开关按钮，用于控制两个不同的支路，如灯和排气扇的开关。需要注意的是，单联开关实际上就是单极单联开关。

此外，双联开关能够实现两个不同位置对同一回路的控制，如楼梯的上下两层的双联开关可控制同一盏灯。双联开关必须成对出现，以体现其实际功能。

在称呼上，单极、双极、三极开关主要反映开关的级数，而单联、双联、三联开关或一开、双开、三开开关则强调开关的联数，即按钮的数量。完整的开关称呼应包括开关的级数和联数，如双极单联开关、单极双联开关等。

二、开关安装高度

开关的安装高度应便于使用者，开关的边缘与门框边缘的距离应保持在 0.15～0.2 m 之间，开关距地面的高度通常为 1.3 m(对于拉线开关，其距地面的高度应在 2～3 m 之间。若房间的层高小于 3 m，拉线开关距顶板的距离应不小于 100 mm，并确保拉线出口垂直向下)。在同一室内，相同型号的开关应并列安装(相邻间距应不小于 20 mm)，且安装高度应一致、有序，避免错位。安装的开关面板应紧密贴合墙面，四周无缝隙，安装牢固，表面光滑整洁、无碎裂或划伤现象。

三、开关图例

开关在 CAD 软件中有多种表示方式，图 2-6-1 中的表示方式较为常见。在实际应用中，设计师可根据项目需求和实际情况，对图例进行适当的修改和调整，以确保图纸的准确性和可读性，满足不同设计场景的需求。

序号	图例	说明	安装高度
1		单极开关	1300mm
2		双极开关	1300mm
3		三极开关	1300mm
4		四极开关	1300mm
5		双控开关	1300mm

图 2-6-1 开关图例

四、绘制开关布置图

视频任务 2-6
绘制开关布置图(1)

绘制开关布置图的具体步骤如下：

(1) 复制整理图纸。打开“灯具定位尺寸图.dwg”文件，使用CO(复制)命令，复制灯具定位尺寸图；修改图名、标题栏、目录信息，删除图纸内部灯具定位尺寸，效果如图 2-6-2 所示。

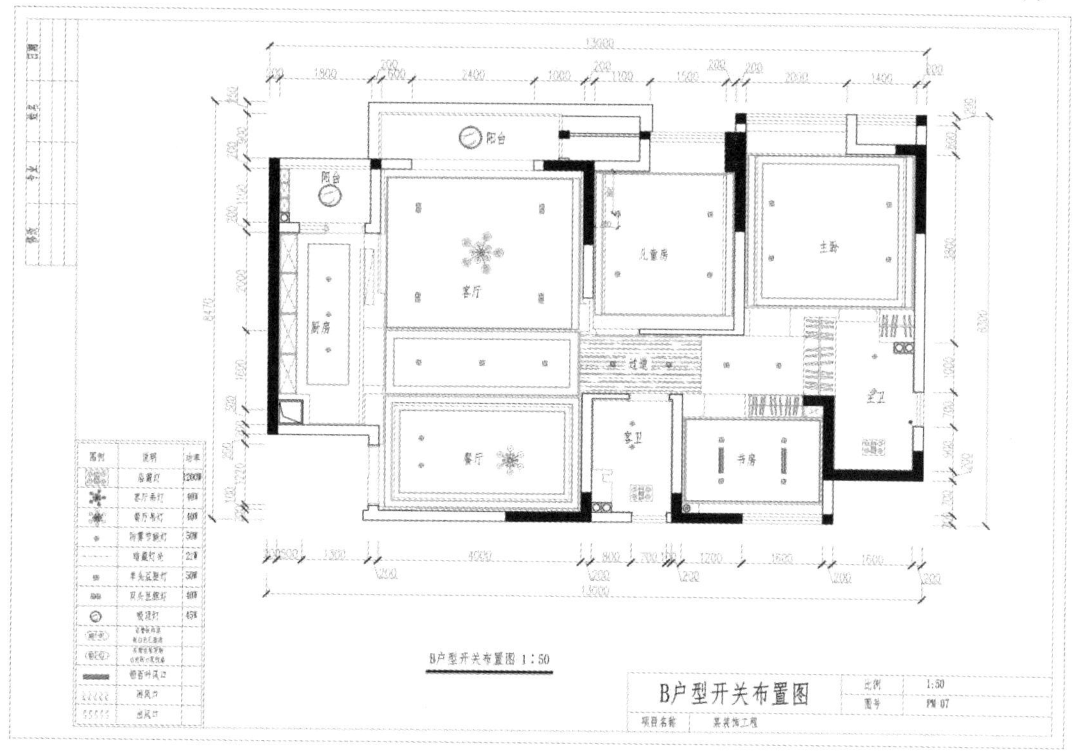

图 2-6-2　复制整理图纸

(2) 新建图层。输入 LA(图层设置)命令→单击空格键→打开图层特性管理器→单击新建图层，将其命名为“开关”→图层颜色设置为 6 洋红，其他参数均为默认，双击开关图层将其设置为当前图层，效果如图 2-6-3 所示。

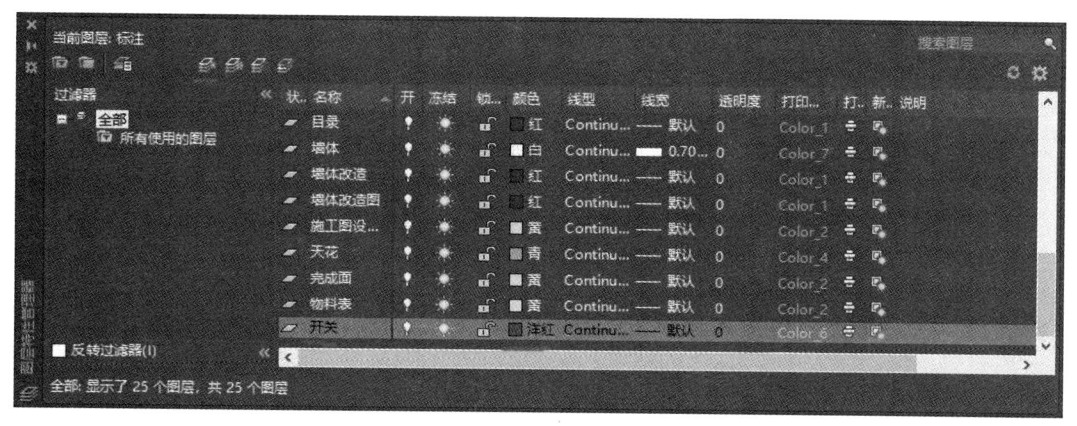

图 2-6-3　新建图层

(3) 绘制开关图例框。使用 REC(矩形)、O(偏移)、TR(修剪)等命令，根据图 2-6-4 中的尺寸在图纸的右下角绘制开关图例框。

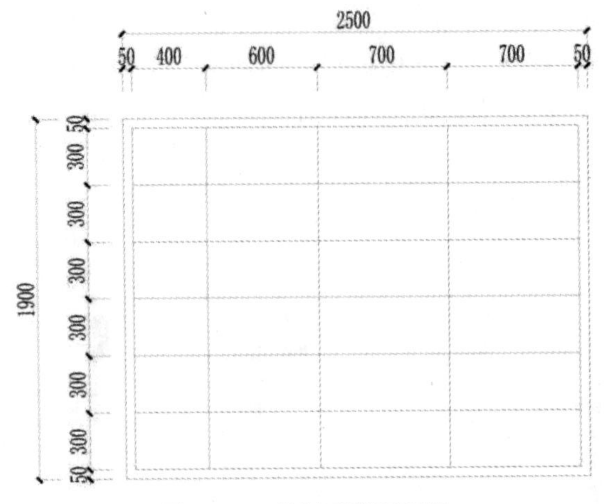

图 2-6-4　绘制开关图例框

(4) 复制修改图例文字。使用 CO(复制)命令，复制灯具定位尺寸图右侧灯具图例文字，并对其进行修改，效果如图 2-6-5 所示。

序号	图例	说明	安装高度
1			
2			
3			
4			
5			

图 2-6-5　复制修改图例文字

(5) 布置玄关开关。打开“图库素材.dwg”文件，选中单极开关、三极开关、四极开关、双控开关图例，使用 Ctrl+C(复制)、Ctrl+V(粘贴)、M(移动)、RO(旋转)、SC(缩放)等命令进行玄关开关布置，效果如图 2-6-6 所示。

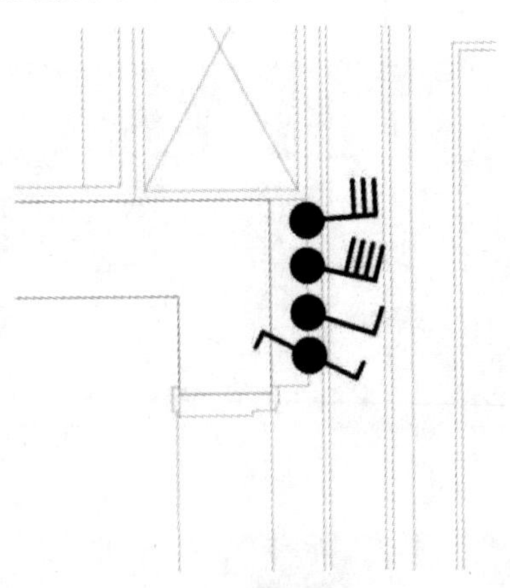

图 2-6-6　布置玄关开关

(6) 绘制多段线。使用 PL(多段线)命令，设置线宽度为 10，将各个开关分别与玄关筒灯、餐厅吊顶、餐厅灯带、过道单头豆胆灯、客厅双头豆胆灯、客厅吊灯、客厅暗藏灯带等连接(注：电视背景墙隐藏灯带需要补充绘制)，注意过道灯具为双控，因此需要在主卧门口位置布置一个双控开关，效果如图 2-6-7 所示。

视频任务 2-6
绘制开关布置图(2)

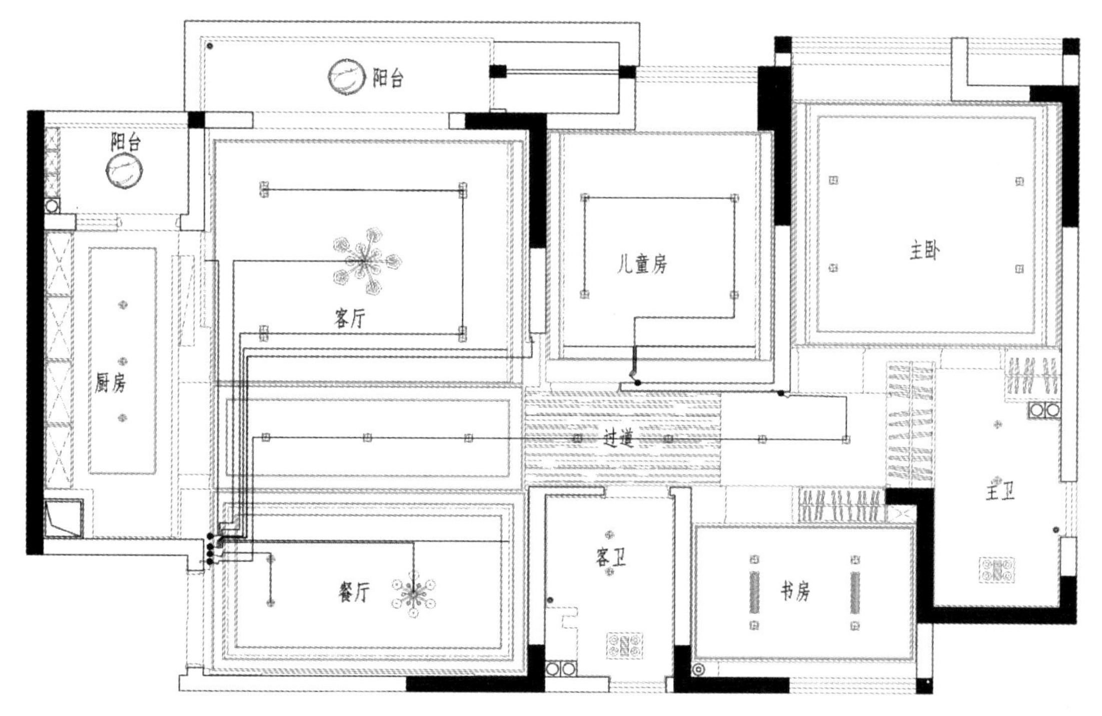

图 2-6-7　绘制多段线

(7) 布置客卫、书房开关。打开“图库素材.dwg”文件，选中三极开关图例，用 Ctrl+C(复制)、Ctrl+V(粘贴)、M(移动)、RO(旋转)、SC(缩放)等命令，进行开关布置；使用 PL(多段线)命令，设置线宽度为 10，绘制开关连接线，效果如图 2-6-8 所示。

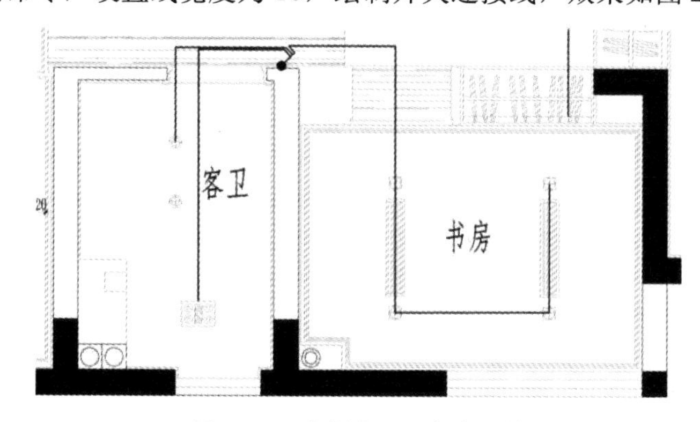

图 2-6-8　布置客卫、书房开关

视频任务 2-6
绘制开关布置图(3)

(8) 布置主卧、主卫开关。打开“图库素材.dwg”文件，选中三极开关、四极开关、双控开关图例，用 Ctrl+C(复制)、Ctrl+V(粘贴)、M(移动)、RO(旋转)、SC(缩放)等命令，进行开关布置(图中衣柜暗藏灯带需要补充绘制)；使用 PL(多段线)命令，设置线宽度为 10，绘制开关连接线，效果如图 2-6-9 所示。

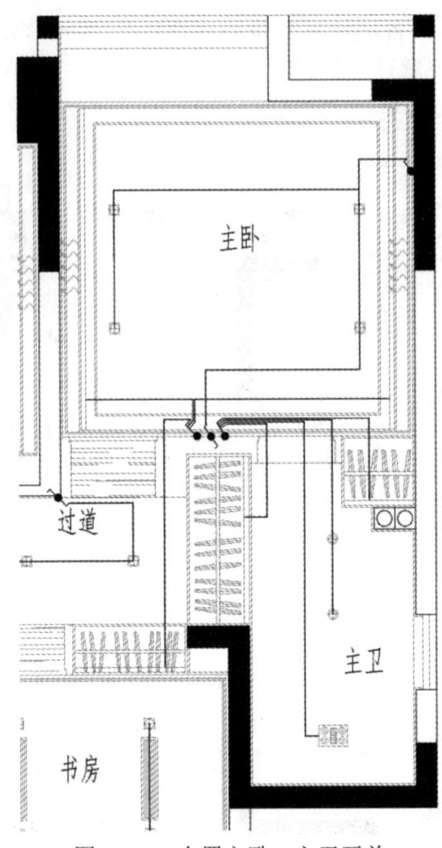

图 2-6-9　布置主卧、主卫开关

(9) 布置儿童房开关。打开“图库素材.dwg”文件，选中三极开关，使用 Ctrl+C(复制)、Ctrl+V(粘贴)、M(移动)、RO(旋转)、SC(缩放)等命令，进行开关布置；使用 PL(多段线)命令，设置线宽度为 10，绘制开关连接线，效果如图 2-6-10 所示。

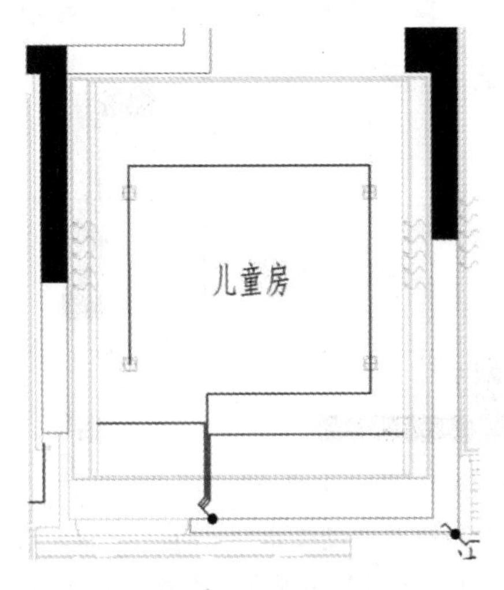

图 2-6-10　布置儿童房开关

(10) 布置阳台开关。打开“图库素材.dwg”文件，选中单极开关，使用 Ctrl+C(复制)、Ctrl+V(粘贴)、M(移动)、RO(旋转)、SC(缩放)等命令，进行开关布置；使用 PL(多段线)命令，设置线宽度为 10，绘制开关连接线，效果如图 2-6-11 所示。

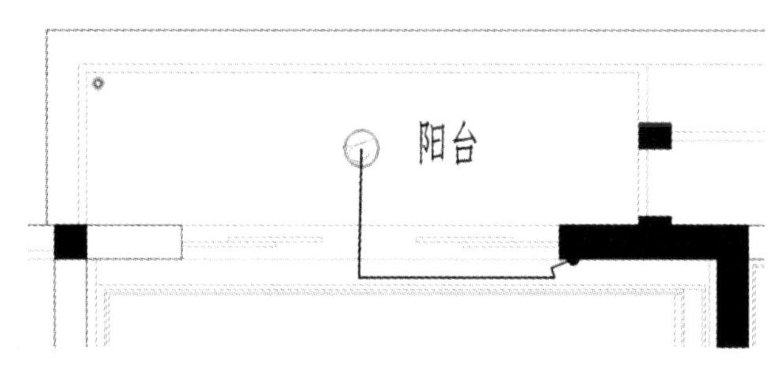

图 2-6-11　布置阳台开关

(11) 布置厨房、生活阳台开关。打开“图库素材.dwg”素材文件，选中双极开关图例，使用 Ctrl+C(复制)、Ctrl+V(粘贴)、M(移动)、RO(旋转)、SC(缩放)等命令，进行开关布置；使用 PL(多段线)命令，设置线宽度为 10，绘制开关连接线，效果如图 2-6-12 所示。

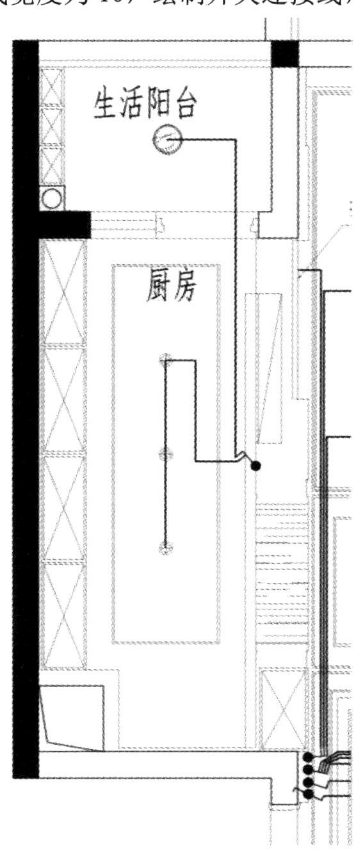

图 2-6-12　布置厨房、生活阳台开关

(12) 绘制开关图例。使用 CO(复制)、M(移动)命令，复制图纸中的开关图例并将其移动到图例框中，使用 T(文字)命令编辑文字，字体设置为仿宋，字号大小为 150，颜色设置为黄色，效果如图 2-6-13 所示。

序号	图例	说明	安装高度
1		单极开关	1300mm
2		双极开关	1300mm
3		三极开关	1300mm
4		四极开关	1300mm
5		双控开关	1300mm

图 2-6-13　绘制开关图例

(13) 保存文件。将设计图文件另存并命名为“(B 户型)开关布置图”，效果如图 2-6-14 所示。

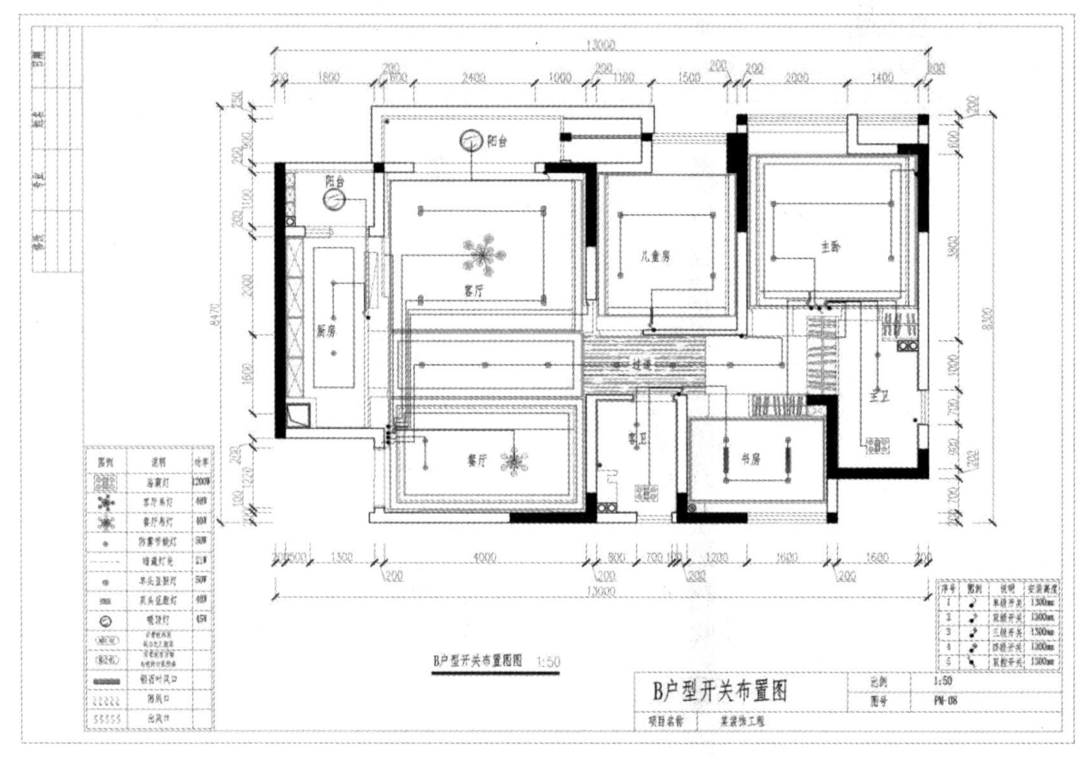

图 2-6-14　开关布置图

任务 2-7　绘制插座布置图

一、插座基础知识

插座，亦称电源插座或开关插座，是一种具有一个或多个电路接线的可插入装置，用于连接各种电器设备。在室内装修设计中，插座的布置与选型至关重要，尽管有时易被忽视。插座种类繁多，功能各异，安装高度也有所不同，因此，设计师需根据客户需求和现场环境进行个性化设计。

1. 插座的分类

插座的分类十分丰富，主要包括民用插座、工业用插座、防水插座、普通电源插座、电脑插座、电话插座、视频与音频插座、移动插座以及 USB 插座等。不同的插座适用于不同的场合和需求，设计师可根据具体情况进行选择。

插座作为家庭电气安全的第一道防线，其选择至关重要。电气专家提醒，不同场所应搭配使用不同类型的开关和插座。例如，有儿童的家庭应选用带有保险挡片的安全插座，以防止儿童触电事故的发生。

2. 插座的选用标准

应优先选用经国家有关产品质量监督部门检验合格的插座产品。一般而言，应选择具有阻燃性能的中高档产品，避免使用低档和伪劣假冒产品。在住宅内，应采用安全型插座；而在卫生间等潮湿场所，则应选用防溅型插座。

此外，插座的额定电流应大于已知使用设备额定电流的 1.25 倍。一般来说，单相电源插座的额定电流为 10 A，专用电源插座为 16 A。对于特殊大功率家用电器，其配电回路及连接电源方式应满足电器最大负载。

在面板设计上，为了插接方便，一个 86 mm × 86 mm 的单元面板上的组合插座个数最好为两个，最多(包括开关)不超过三个。若需要更多插座，可采用 146 mm 面板的多孔插座。对于具有触电危险的家用电器(如洗衣机)，应选用带有开关的插座，方便在不用时断开电源。在潮湿环境中安装插座时，应同时安装防水盒，以确保用电安全。

3. 插座布置的要求

电源插座的位置与数量的规划，对家用电器的使用便捷性以及室内装修的整体美观性有至关重要的影响。因此，应根据室内家用电器的摆放位置和家具的规划进行插座布置的精确设计，并应与其他装修作业密切配合，确保插座位置的准确无误。

(1) 不同电源插座应安装在至少两个相对的墙面上，每面墙上两个插座间的水平距离应控制在 2.5 m～3 m 之间，且与墙端的距离不宜超过 0.6 m。

(2) 无特殊需求的普通电源插座应安装在距地面 0.3 m 的高度；洗衣机专用插座则应安装在距地面 1.6 m 处，并配备指示灯和开关，以便于使用。

(3) 空调应采用专用的带开关的电源插座。不同型号的空调插座位置有所不同：分体式空调插座宜根据出线管预留出线孔位置，在距地面 1.8 m 处设置；窗式空调插座宜设在窗口旁，距地面 1.4 m 处；柜式空调插座宜设在距地面 0.3 m 处。若空调无特定型号要求，可按分体式空调考虑，预留 16 A 电源插座，并尽量在靠近外墙或采光窗附近的非承重墙上设置空调电源插座。

(4) 凡设有有线电视终端盒或电脑插座的房间，应在这些设备旁至少设置两个五孔组合电源插座，以满足电视机、VCD(影音光碟)、音响功率放大器或电脑等设备的使用需求。亦可采用多功能组合式电源插座，但插座与设备的水平距离应不少于 0.3 m。

(5) 起居室作为人员活动的主要场所，家用电器众多，插座布置应根据建筑装修图进行，确保每个主要墙面都设有电源插座。墙面长度超过 3.6 m 时，应增加插座数量；若墙面长度小于 3 m，插座可设在墙面中间位置。同时，起居室应设有有线电视终端盒、电脑插座及空调电源插座，并尽量采用带开关的电源插座。

(6) 卧室应保证两扇主要对称墙面均设有组合电源插座，床头靠墙时，床的两侧也应设置插座。同时，卧室应设有空调器电源插座。双人卧室应为有线电视终端盒和电脑插座设置两组组合电源插座，单人卧室可仅设电脑用电源插座。

(7) 书房除放置书柜的墙面外，其他两个主要墙面均应设有组合电源插座，为空调和电脑配电。

(8) 厨房应根据建筑装修布局，在不同位置和高度设置多个电源插座，以满足抽油烟机、消毒柜、微波炉、电饭煲、电热水器、电冰箱等厨房电器的使用需求。抽油烟机插座应设在最佳位置，一般距地面 1.8～2 m。电热水器应配备 16 A 带开关三线插座，安装在热水器右侧且距地面 1.4～1.5 m 处，避免插座设在电热水器上方。其他电器插座应设在吊柜下方、操作台上方的不同位置、不同高度，并带有电源指示灯和开关。冰箱专用插座应在距地面 0.3～1.5 m 安装。

(9) 严禁在卫生间的潮湿处如淋浴区或浴缸附近设置电源插座，其他区域的插座应采用防溅式。若卫生间设有外窗，应在窗旁预留排气扇接线盒或插座，安装高度应超过 2.25 m。电热水器和洁身器插座应预留在距淋浴区或浴缸外沿 0.6 m 处。盥洗台镜旁应设置美容和剃须用电源插座，安装高度为 1.5～1.6 m，插座宜带开关和指示灯。

(10) 阳台应设置单相组合电源插座，在距地面 0.3 m 安装，以满足日常用电需求。

4. 插座使用误区

随着家用电器数量的不断增多，电源插座在家庭中扮演着越来越重要的角色。然而，若安装不当，它们可能成为潜在的安全隐患。据公安部相关数据显示，近 10 年来，由电源插座、开关、断路器短路等原因引发的火灾占火灾总数的近 30%，成为火灾的主要诱因。因此，了解并避开插座使用误区至关重要。

(1) 位置过低。许多家庭在安装插座时，为了追求美观，常将其置于较低位置。然而，这种做法可能导致拖地时水溅入插座，引发漏电事故。按照业内规定，明装插座距地面应不低于 1.8 m，暗装插座则不应低于 0.3 m。厨房和卫生间的插座应安装在距地面 1.5 m 以上，而空调插座的安装高度应至少为 2 m。

(2) 随意安装。电源导线必须使用铜线，对于旧房，应更换原有的铝线为铜线，因为铝线易氧化，接头处易打火，从而增加电气火灾的风险。布线时应遵循“火线进开关，零线进灯头”的原则，并在插座上设置漏电保护装置。此外，布线时若采用开槽埋线、暗管铺设等方式，应注重美观与安全性的平衡。

(3) 缺少防护。厨房和卫生间等潮湿环境易产生水和油烟，因此，在这些区域的插座面板上应安装防溅水盒或塑料挡板，以防止水分和异物侵入。同时，装修公司在安装三孔插座时，应确保地线连接正确，避免地线虚设或错误连接，以保障用电安全。

(4) 共用插座。共用插座可能导致电器超负荷运行，从而引发火灾。为避免此风险，大功率电器如空调、洗衣机、抽油烟机等应使用独立的插座。根据一般经验，卧室内建议安装 4 组插座，客厅每 2.5 m^2 安装一组，厨房每 1.2 m^2 安装一组。

(5) 回路不足。老房子通常只有一个回路，一旦线路短路，整个房间的用电将受到影响。因此，建议增加回路数量，如厨房、卫生间各单独使用一个回路，全屋布线空调单独使用一个回路，以确保用电的稳定性和安全性。

5. 插座安装注意事项

为确保插座的安全性和功能性，安装时须注意以下方面：

(1) 插座的安装高度。插座的安装高度应根据设计要求和实际情况确定。带有安全门的插座的安装高度应不低于 0.3 m，而不带安全门的插座的安装高度应不低于 1.8 m。建议优先考虑购买带有安全门的插座，以提高使用安全性。注意：两种插座价格相差并不大。

(2) 防水防溅。在卫生间或其他潮湿场所安装插座时，应选用密封良好的防水、防溅插座，以避免水分侵入导致短路或漏电。

(3) 接线与安装。插座安装时，应确保面板端正并紧贴墙面。接线时应遵循相位要求，即单相两孔插座的右孔或上孔接相线(火线 L)，左孔或下孔接零线(N)；单相三孔插座的右孔接相线，左孔接零线，上孔接地线(PE)。正确的接线方式可以确保插座的正常使用和用电安全。

二、绘制插座布置图

视频任务 2-7
绘制插座布置图

绘制插座布置图的具体步骤如下：

(1) 复制整理图形。打开“开关布置图.dwg”文件，使用 CO(复制)命令，复制平面布置图；修改图名、标题栏、图纸目录信息；选中图纸中除标注外的所有图形，将颜色设置为 155 蓝色(注意：当家具为单独的块时，颜色无法更改，须对其进行分解后再修改)，效果如图 2-7-1 所示。

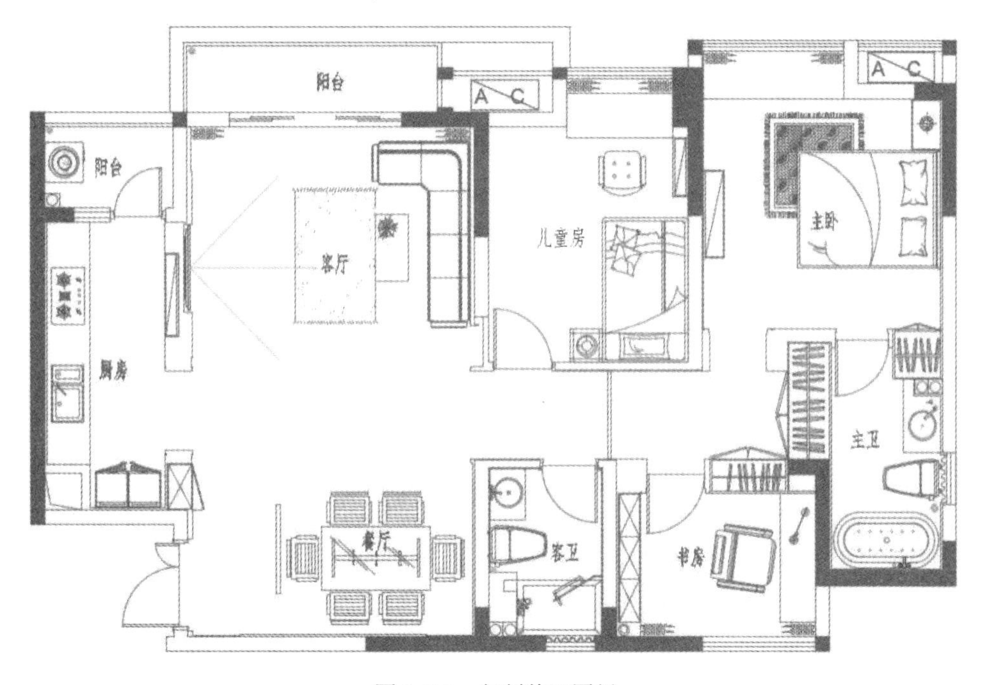

图 2-7-1 复制整理图纸

(2) 新建图层。输入 LA(图层设置)命令→单击空格键→打开图层特性管理器→单击新建图层，将其命名为“插座”→颜色设置为 6 洋红，其他参数均为默认→双击插座图层，将其设置为当前图层，效果如图 2-7-2 所示。

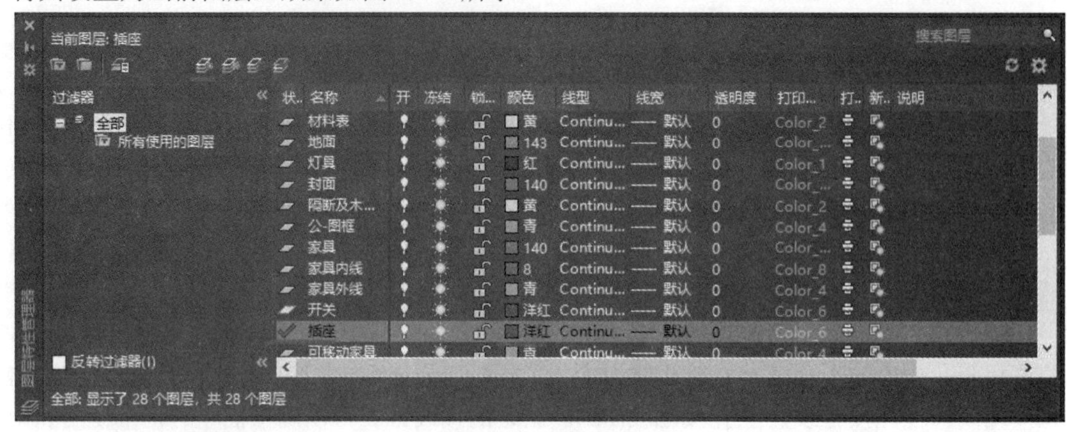

图 2-7-2　新建图层

(3) 布置强弱电图例。使用 CO(复制)、M(移动)命令，将强弱电箱图例布置到相应位置，效果如图 2-7-3 所示。

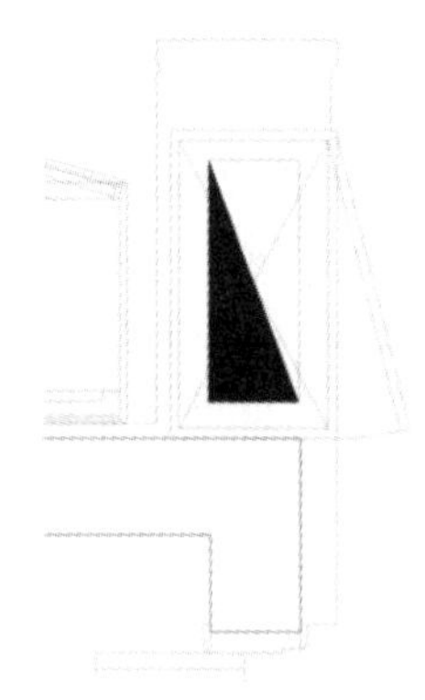

图 2-7-3　布置强弱电箱图例

(4) 布置餐厅插座。打开“图库素材.dwg”文件，选择常规插座，使用 Ctrl+C(复制)、Ctrl+V(粘贴)、M(移动)、RO(旋转)、SC(缩放)等命令，进行插座布置；使用 T(文字)命令，设置字体为仿宋，字号为 100，颜色为黄色，标注插座安装的高度，效果如图 2-7-4 所示。

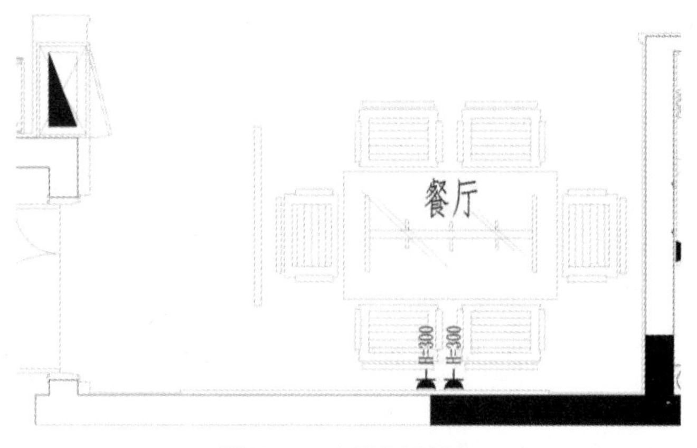

图 2-7-4　布置餐厅插座

(5) 布置客卫插座。打开“图库素材.dwg”文件，选择防水插座，使用Ctrl+C(复制)、Ctrl+V(粘贴)、M(移动)、RO(旋转)、SC(缩放)等命令，进行插座布置；使用T(文字)命令，设置字体为仿宋，字号为100，颜色为黄色，标注插座安装的高度，效果如图2-7-5所示。

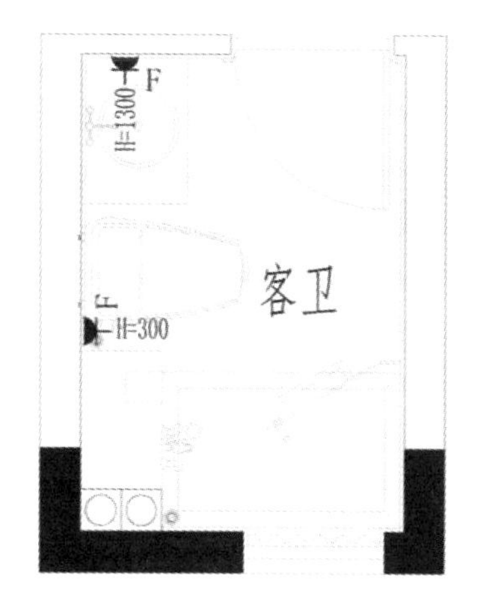

图2-7-5　布置客卫插座

(6) 布置过道、书房插座。打开“图库素材.dwg”文件，选择常规插座、网线插座，使用Ctrl+C(复制)、Ctrl+V(粘贴)、M(移动)、RO(旋转)、SC(缩放)等命令，进行插座布置；使用T(文字)命令，设置字体为仿宋，字号为100，颜色为黄色，标注插座安装的高度，效果如图2-7-6所示。

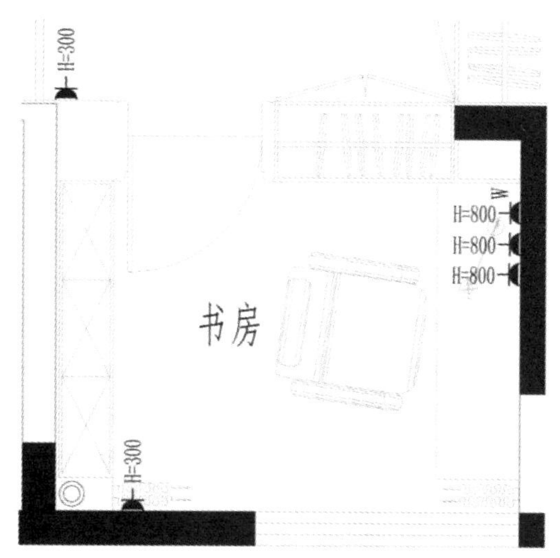

图2-7-6　布置过道、书房插座

(7) 布置主卧插座。打开“图库素材.dwg”文件，选择常规插座、网线插座、有线电视插座、电话插座，使用Ctrl+C(复制)、Ctrl+V(粘贴)、M(移动)、RO(旋转)、SC(缩放)等命令，进行插座布置；使用T(文字)命令，设置字体为仿宋，字号为100，颜色为黄色，标注插座安装的高度，效果如图2-7-7所示。

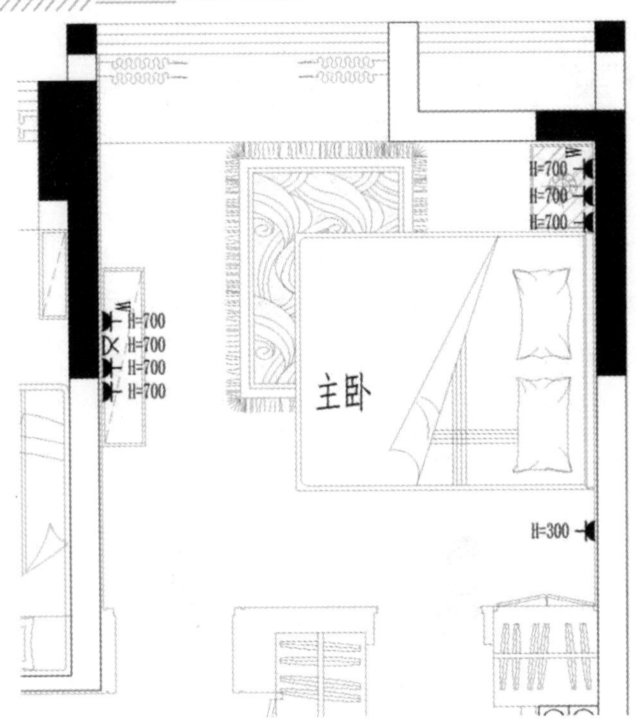

图 2-7-7　布置主卧插座

(8) 布置主卫插座。打开“图库素材.dwg”文件，选择防水插座，使用 Ctrl+C(复制)、Ctrl+V(粘贴)、M(移动)、RO(旋转)、SC(缩放)等命令，进行插座布置；使用 T(文字)命令，设置字体为仿宋，字号为 100，颜色为黄色，标注插座安装的高度，效果如图 2-7-8 所示。

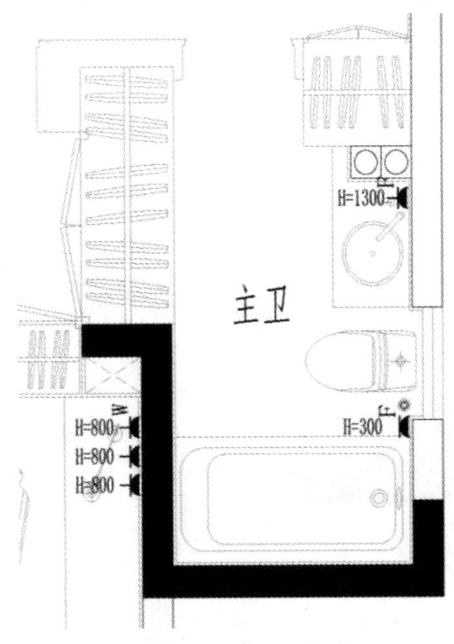

图 2-7-8　布置主卫插座

(9) 布置儿童房插座。打开“图库素材.dwg”文件，选择常规插座、网线插座、电话插座，使用 Ctrl+C(复制)、Ctrl+V(粘贴)、M(移动)、RO(旋转)、SC(缩放)等命令，进行插座布置；使用 T(文字)命令，设置字体为仿宋，字号为 100，颜色为黄色，标注插座安装的高度，效果如图 2-7-9 所示。

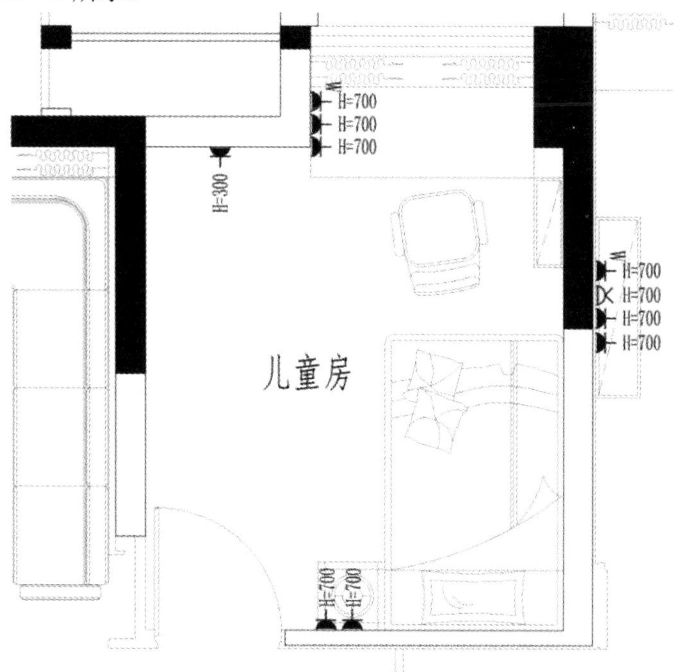

图 2-7-9　布置儿童房插座

(10) 布置客厅插座。打开“图库素材.dwg”文件，选择常规插座、音频插座、网线插座、有线电视插座、电话插座，使用 Ctrl+C(复制)、Ctrl+V(粘贴)、M(移动)、RO(旋转)、SC(缩放)等命令，进行插座布置；使用 T(文字)命令，设置字体为仿宋，字号为 100，颜色为黄色，标注插座安装的高度，效果如图 2-7-10 所示。

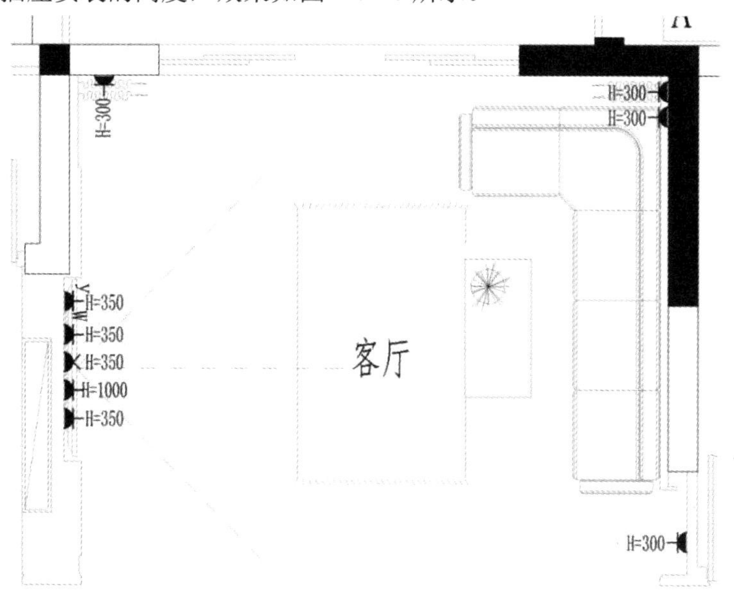

图 2-7-10　布置客厅插座

(11) 布置厨房插座。打开“图库素材.dwg”文件，选择常规插座、排风烟机插座，使用 Ctrl+C(复制)、Ctrl+V(粘贴)、M(移动)、RO(旋转)、SC(缩放)等命令，进行插座布置；使用 T(文字)命令，设置字体为仿宋，字号为 100，颜色为黄色，标注插座安装的高度，效果如图 2-7-11 所示。

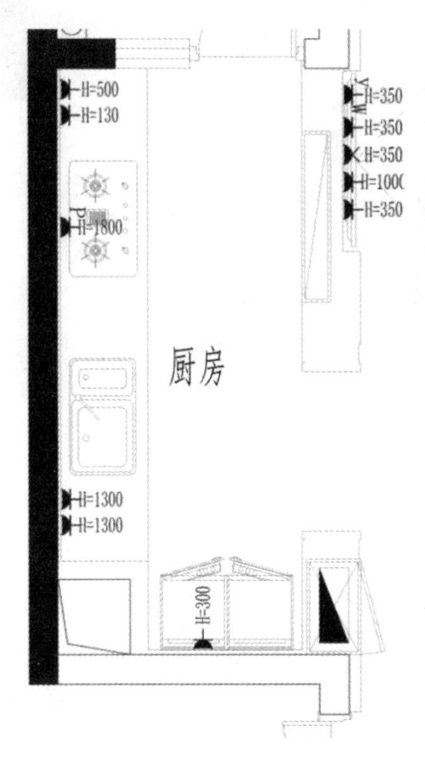

图 2-7-11　布置厨房插座

(12) 布置厨房阳台插座。打开“图库素材.dwg”文件，选择热水器插座、防水插座，使用 Ctrl+C(复制)、Ctrl+V(粘贴)、M(移动)、RO(旋转)、SC(缩放)等命令，进行插座布置；使用 T(文字)命令，设置字体为仿宋，字号为 100，颜色为黄色，标注插座安装的高度，效果如图 2-7-12 所示。

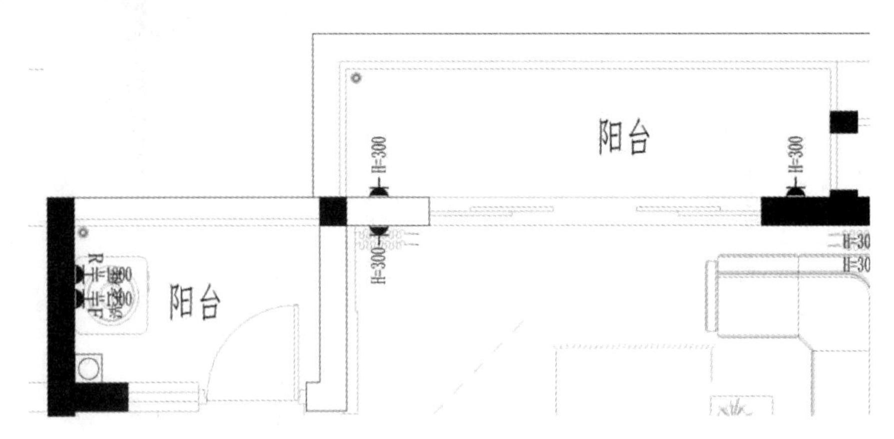

图 2-7-12　布置厨房阳台插座

(13) 绘制插座图例框。使用 REC(矩形)、O(偏移)、TR(修剪)等命令，根据图 2-7-13 所示尺寸，绘制插座图例框。

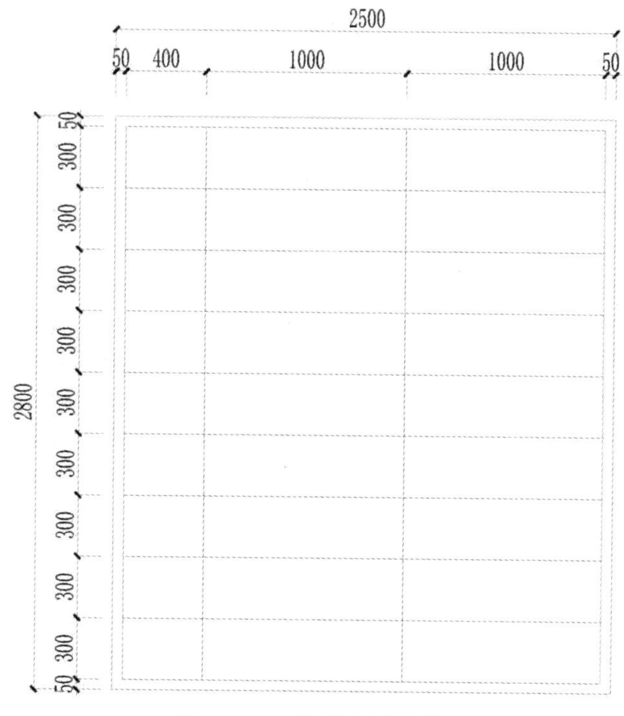

图 2-7-13　绘制插座图例框

(14) 布置插座图例框。使用 CO(复制)命令，将图纸中的插座复制到图例框中，使用 T(文字)命令编辑文字，字体设置为仿宋，字号大小为 150，颜色设置为黄色，效果如图 2-7-14 所示。

图例	说明	安装高度
	常规插座	300-1000mm
P	烟机排风插座	1800-2000mm
F	防溅水插座	300-1300mm
R	电热水器插座	1800mm
W	网线插座	300-800mm
y	音频插座	3500mm
	有线插座	300mm
	电话插座	300mm

图 2-7-14　布置插座图例框

(15) 保存文件。将设计图另存，文件命名为“(B 户型)插座布置图”，效果如图 2-7-15

所示。

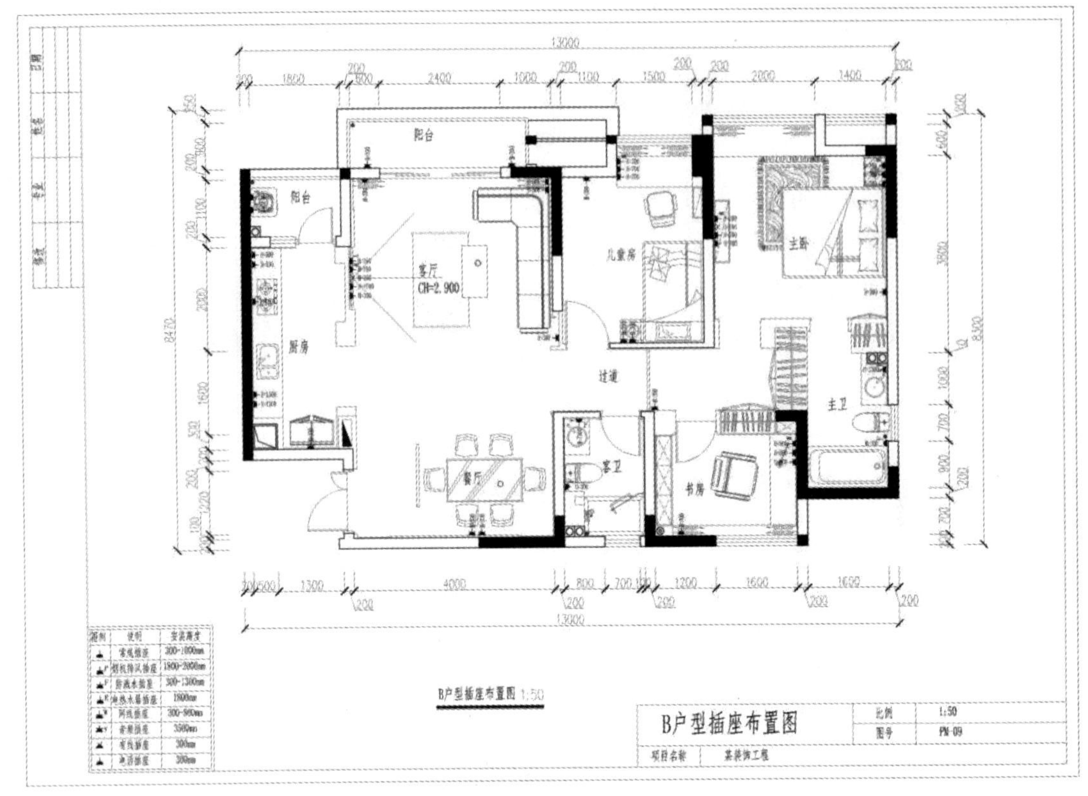

图 2-7-15 (B 户型)插座布置图

任务 2-8 绘制立面索引图

一、立面索引符号

绘制完平面图后，为便于后续立面详图的查找，需要在平面图中明确标注对应立面位置及其对应的立面图纸图号(一般采用立面详图索引符号(也称立面索引符号)标注)。这有助于读者快速定位并查阅相关的立面详图，提高查阅效率和准确性，确保工程设计和施工的顺利进行。

具体来说，立面详图索引符号应清晰、准确地标注在平面图中对应立面的相应位置，符号的设计应简洁明了且易于识别。同时，标注的立面图纸图号应与实际图纸编号一致，避免混淆和引起误解。

通过这种标注方式，可以建立起平面图纸与立面详图之间的清晰对应关系，为设计人员和施工人员提供便利，确保工程图纸的完整性和准确性。立面索引符号标注说明如图 2-8-1 所示。

图 2-8-1　立面索引符号标注说明

若要在同一空间的相同位置展示多个方向的立面详图，例如要呈现三个或四个方向的立面时，相应地，可采用多个立面详图索引符号进行标注。每个符号应准确指示其对应的立面方向，并标注相应的立面图纸图号，以确保图纸的清晰性和准确性。这样的标注方式有助于读者快速理解空间的多面性，提高查阅效率，促进设计和施工的顺利进行。立面索引符号标注效果如图 2-8-2 所示。

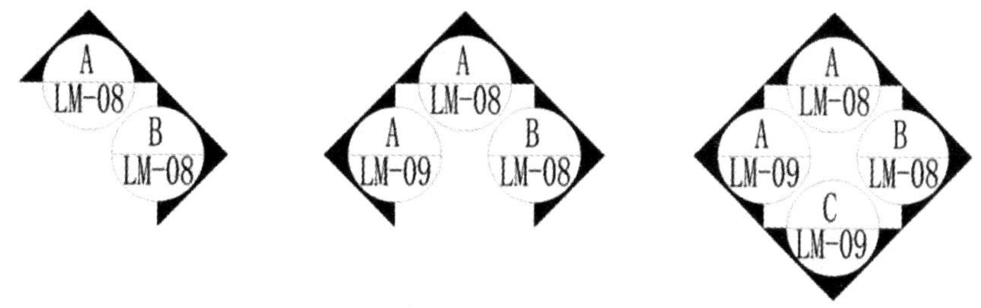

图 2-8-2　立面索引符号标注效果图

二、绘制立面索引符号

绘制立面索引符号的具体步骤如下：

(1) 绘制直线。设置标注图层为当前图层；使用 L(直线)命令，绘制长度为 600 的直线；使用 L(直线)命令，捕捉中点，向上绘制长度为 300 的直线，效果如图 2-8-3 所示。

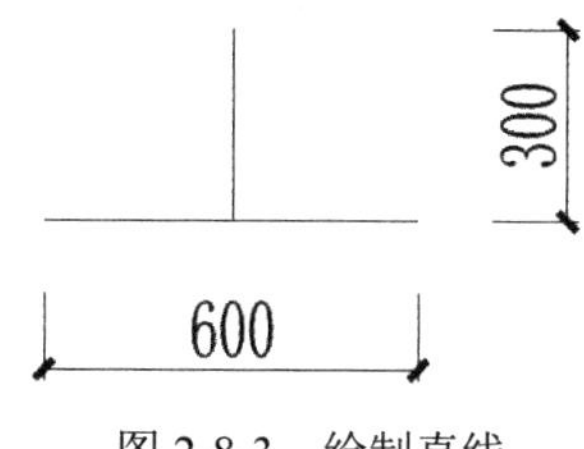

图 2-8-3　绘制直线

(2) 绘制等腰三角形。使用 L(直线)命令连接直线端点，使用 E(删除)命令，删除中线，效果如图 2-8-4 所示。

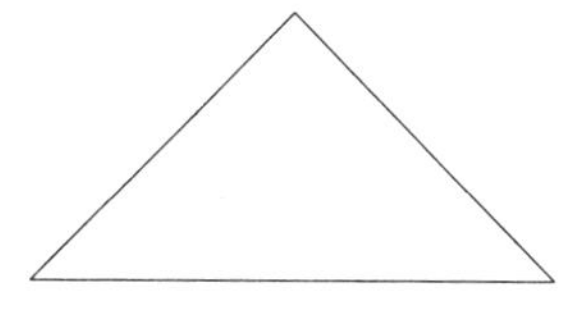

图 2-8-4　绘制等腰三角形

(3) 绘制圆。使用 C(圆)命令，以三角形长边直线中点为圆心，设置圆的半径为 200，绘制圆形；使用 H(填充)命令，设置填充图案为 SOLID，效果如图 2-8-5 所示。

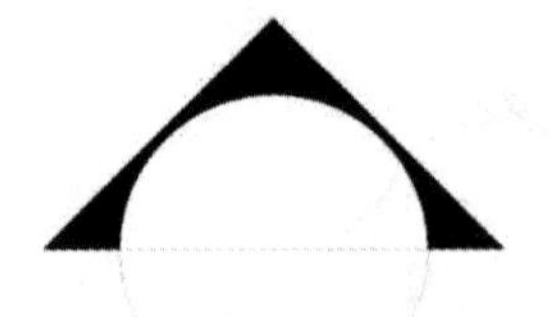

图 2-8-5 绘制圆

(4) 编辑文字。使用 T(文字)命令，编辑文字，字体设置为仿宋，字号设置为 120，颜色设置为黄色，绘制得到的立面索引符号如图 2-8-6 所示。

图 2-8-6 立面索引符号

视频任务 2-8
绘制立面索引图

三、绘制立面索引图

绘制立面索引图的具体步骤如下：

(1) 复制整理图纸。打开“插座布置图.dwg”文件，使用 CO(复制)命令，复制插座布置图；修改图名、标题栏、图纸目录信息，效果如图 2-8-7 所示。

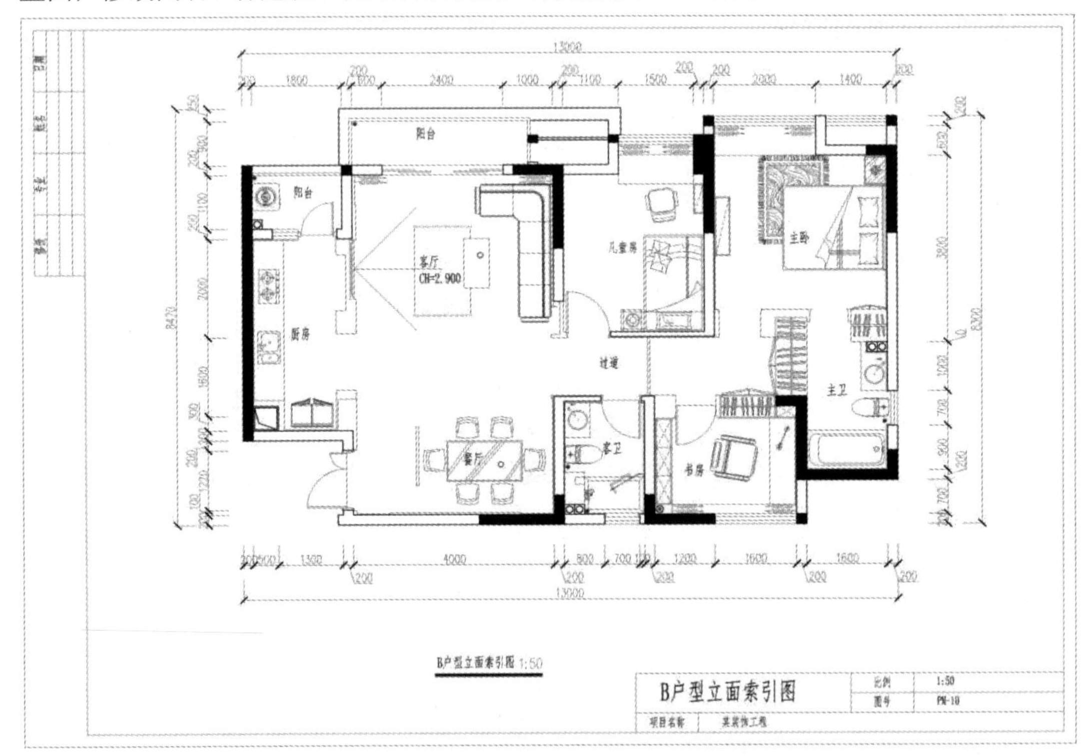

图 2-8-7 复制整理图纸

(2) 绘制立面索引符号。使用 MI(镜像)、RO(旋转)、M(移动)、CO(复制)等命令，根据图 2-8-8 绘制各房间的立面索引符号。

(3) 标注立面索引符号。使用 LE(引线标注)、MI(镜像)、RO(旋转)、M(移动)、CO(复制)等命令，根据图 2-8-8 标注立面索引符号。

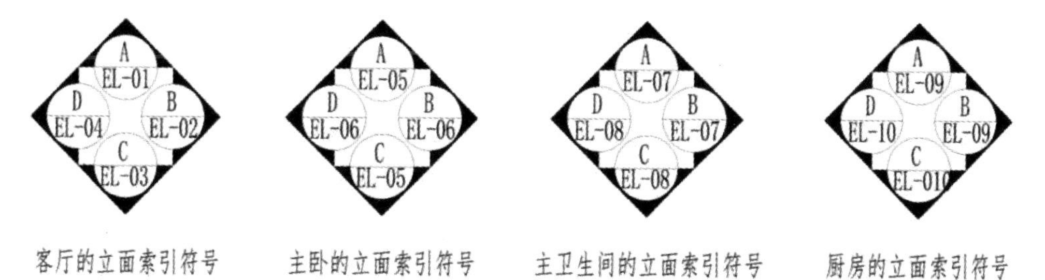

图 2-8-8 立面索引符号

(4) 保存文件。将设计图另存，文件命名为“(B 户型)立面索引图”，效果如图 2-8-9 所示。

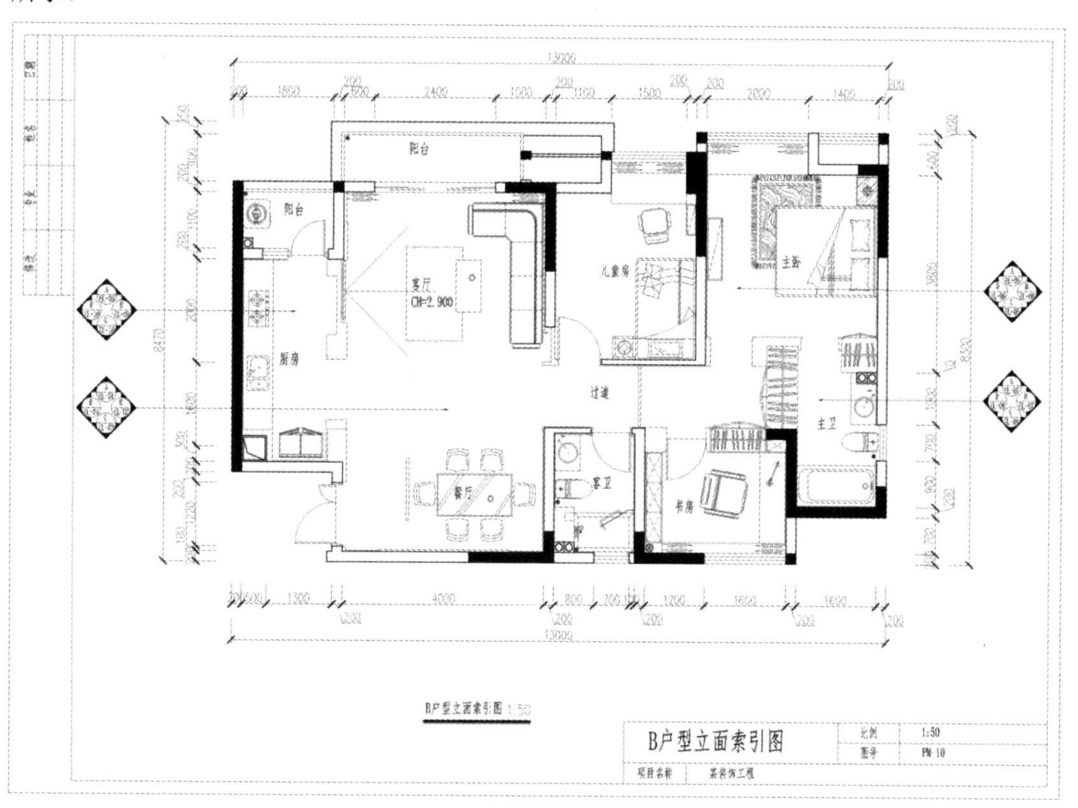

图 2-8-9 (B 户型)立面索引图

项目三　室内装饰立面施工图

绘制室内装饰立面施工图(简称立面图)前，应了解以下绘制要点：

(1) 室内装饰立面施工图需精确反映墙面装饰物的尺寸与材质，并清晰标注其是现场加工物料还是成品。对于需要详细展示的部分，应补充其详图，并明确标注详图编号，以确保图纸的完整性和准确性。

(2) 在绘制室内装饰立面施工图时，应充分考虑平面布置图、顶棚布置图、开关布置图以及插座布置图等相关图纸的设计要求。这些图纸互为补充，共同构成室内装饰的整体设计。因此，绘制过程中不能将它们分开单独处理，而应相互参照、协调一致，以确保最终呈现的室内装饰效果符合设计要求。

(3) 在绘制过程中，立面图中所涉及的模型既可以从素材库中调用，也可以根据实际需要自行绘制。无论采用何种方式，都应确保模型的准确性和真实性，以反映实际装饰效果。

任务 3-1　绘制客餐厅立面图

视频任务 3-1
绘制客餐厅 A 立面图(1)

一、绘制客餐厅 A 立面图

绘制客餐厅 A 立面图的具体步骤如下：

(1) 缩放图框。打开“立面索引图.dwg”文件，如图 3-1-1(a)所示，使用 CO(复制)命令复制立面索引图框；输入 SC(缩放)命令→单击空格键→选择复制出来的图框→单击空格键→选择基点(选择左下角点)→单击空格键→输入比例因子(30/50)→单击空格键，完成图框缩放，效果如图 3-1-1(b)所示。

(2) 新建图层。输入 LA(图层设置)命令→单击空格键→打开图层特性管理器→单击新建按钮，新建图层→将其命名为“客餐厅立面图”→颜色设置为“153 蓝色”，其他参数均为默认，双击将其设置为当前图层，效果如图 3-1-2 所示。

(3) 复制平面布置图中的客餐厅部分。在平面布置图中，使用 REC(矩形)命令，将要绘制的客餐厅 A 立面部分框起来，并使用 TR(修剪)、M(移动)等命令将图形移动到客餐厅 A 立面图的图框中；修改图名、标题栏、图纸目录信息，效果如图 3-1-3 所示。

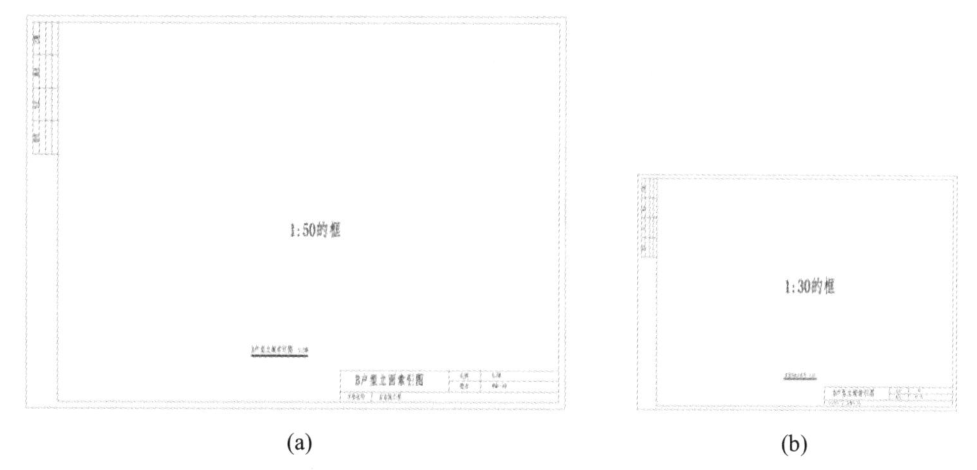

图 3-1-1　缩放图框

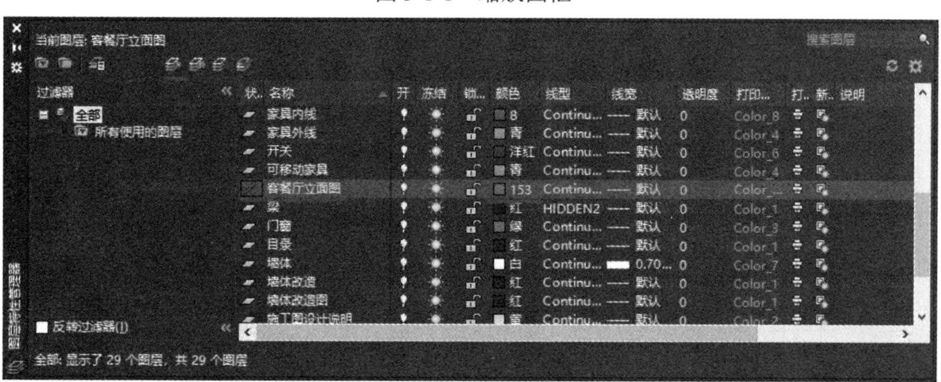

图 3-1-2　新建图层

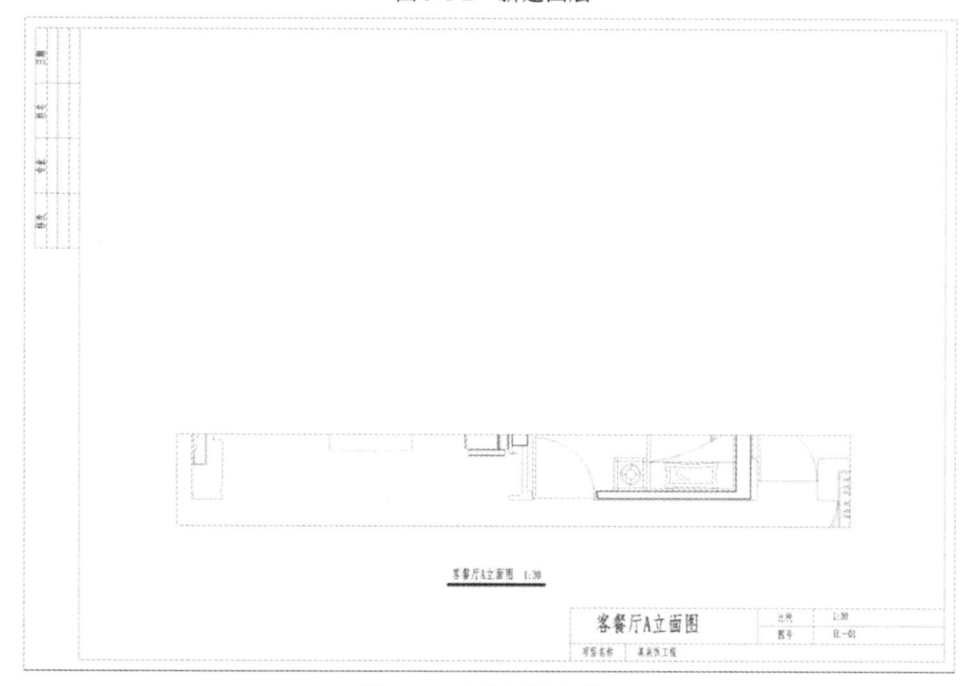

图 3-1-3　复制平面布置图

(4) 绘制辅助线。使用 XL(构造线)命令，根据墙体装饰完成面的最外侧线绘制垂直辅助线；再使用 XL(构造线)命令，绘制水平的辅助线，表示楼板线，效果如图 3-1-4 所示。

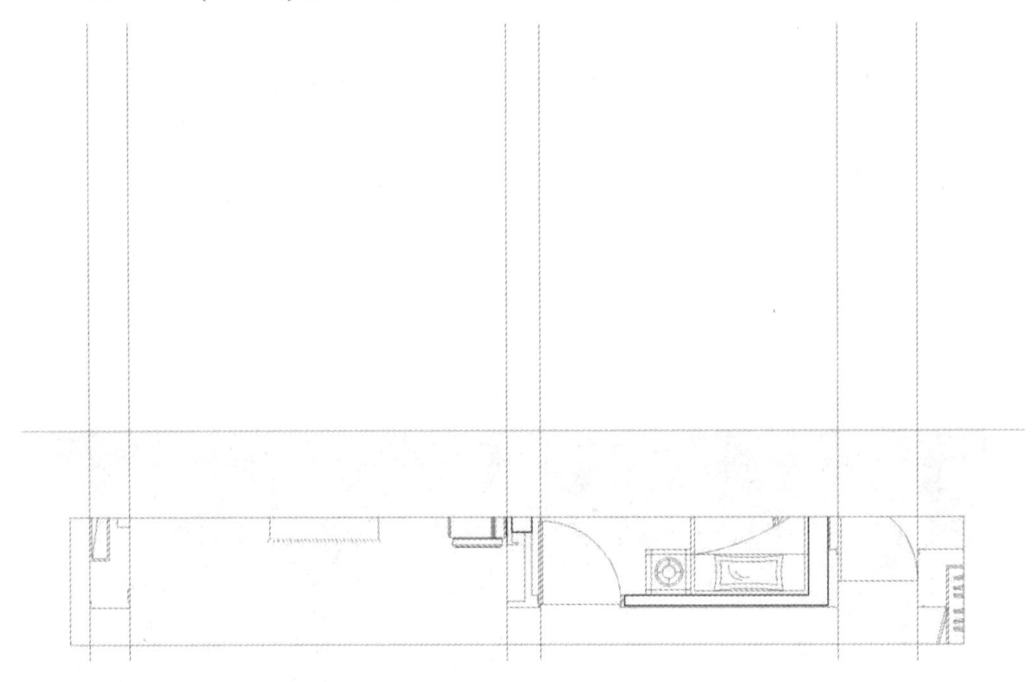

图 3-1-4　绘制辅助线

(5) 偏移修剪图形。使用 O(偏移)命令，将楼板线向上偏移 2900 mm，使用 TR(修剪)命令，对图形进行修剪，效果如图 3-1-5 所示。

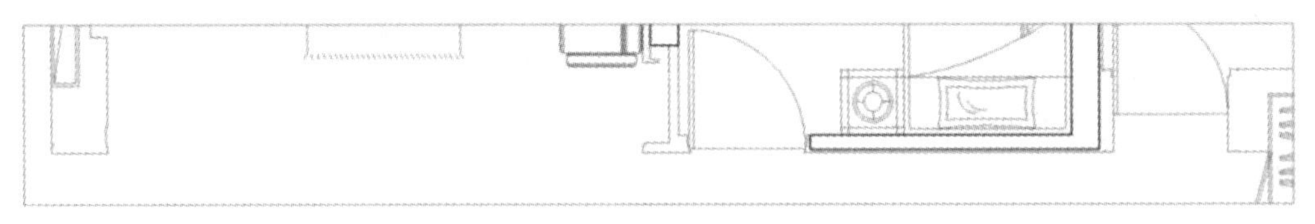

图 3-1-5　偏移修剪图形

(6) 绘制楼板。使用 L(直线)命令绘制折断线；使用 O(偏移)命令，设置偏移距离为 100 mm，将上、下楼板线分别向下、向上偏移，绘制楼板，效果如图 3-1-6 所示。

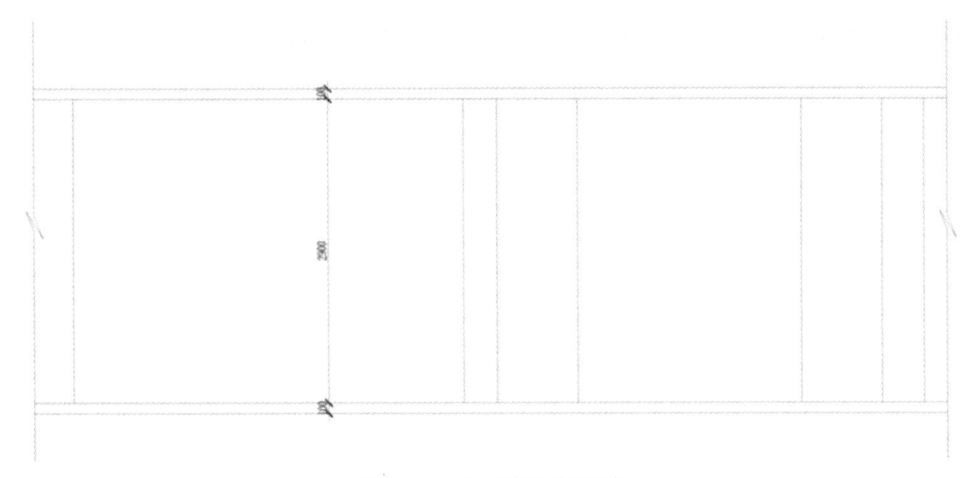

图 3-1-6　绘制楼板(折断线)

(7) 绘制梁。使用 O(偏移)、TR(修剪)命令，根据原始结构图中梁的位置和尺寸信息，绘制梁，效果如图 3-1-7 所示。

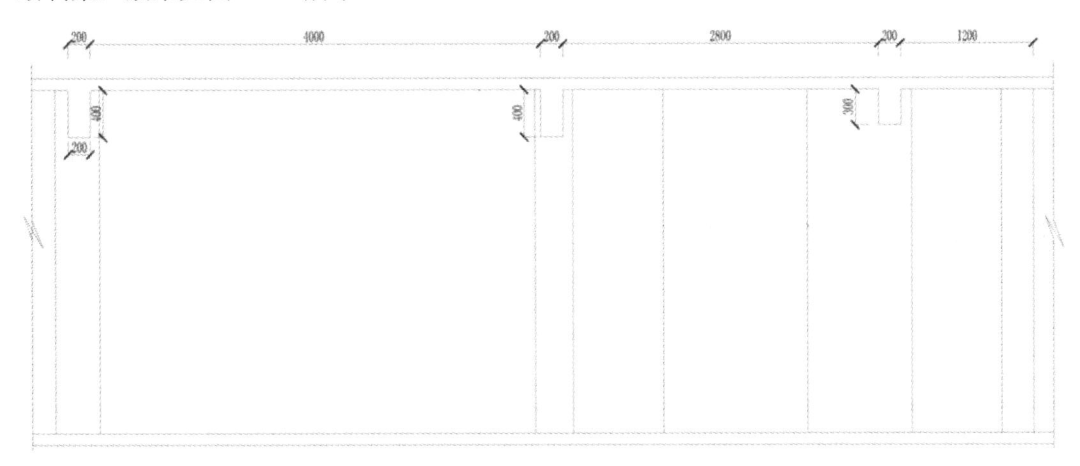

图 3-1-7　绘制梁

(8) 填充楼板和梁。使用 H(填充)命令，设置填充图案为 SOLID，填充楼板和梁，效果如图 3-1-8 所示。

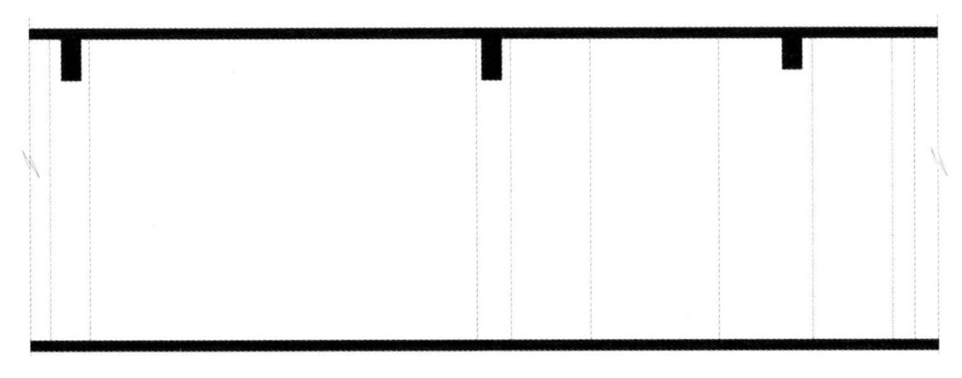

图 3-1-8　填充楼板和梁

(9) 绘制地面完成面。使用 O(偏移)命令，将下楼板线向上偏移 50 mm，绘制地面铺贴完成面厚度；使用 TR(修剪)命令，修剪图形，效果如图 3-1-9 所示。

视频任务 3-1
绘制客餐厅 A 立面图(2)

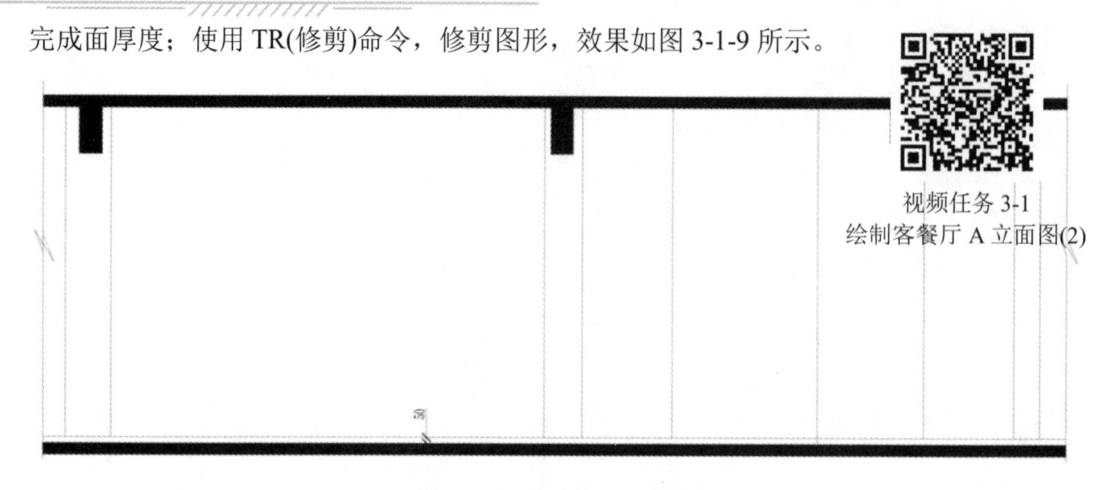

图 3-1-9 绘制地面完成面

(10) 绘制客餐厅顶棚立面投影线。根据顶棚尺寸图中的尺寸信息以及图 3-1-10 中的尺寸绘制顶棚立面投影线。

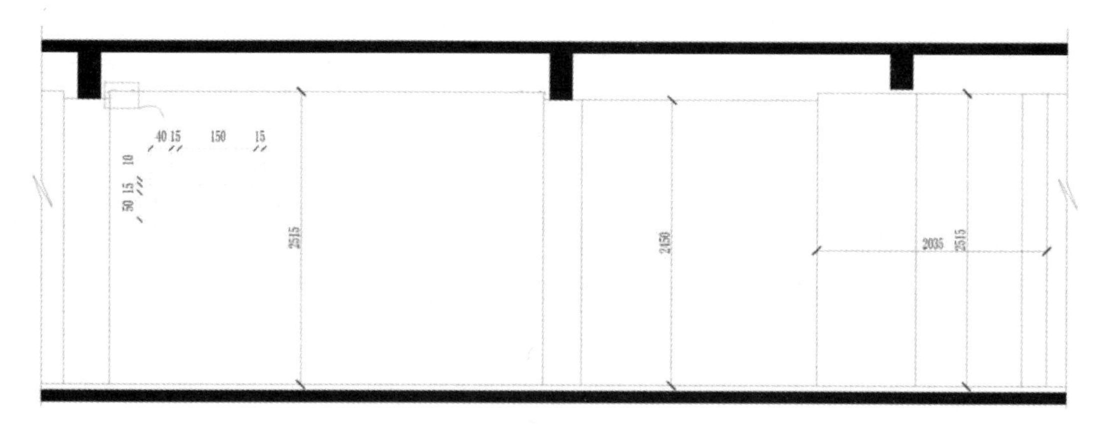

图 3-1-10 绘制客餐厅顶棚立面投影线

(11) 绘制完成客餐厅顶棚立面投影线。使用 MI(镜像)、TR(修剪)、M(移动)等命令，调整线条，绘制完成的客餐厅顶棚立面投影线效果如图 3-1-11 所示。

图 3-1-11 绘制完成的客餐厅顶棚立面投影线

(12) 绘制厨房顶棚立面投影线。使用 L(直线)、F(倒圆角)、TR(修剪)等命令，根据图

3-1-12 中的尺寸绘制厨房顶棚立面投影线。

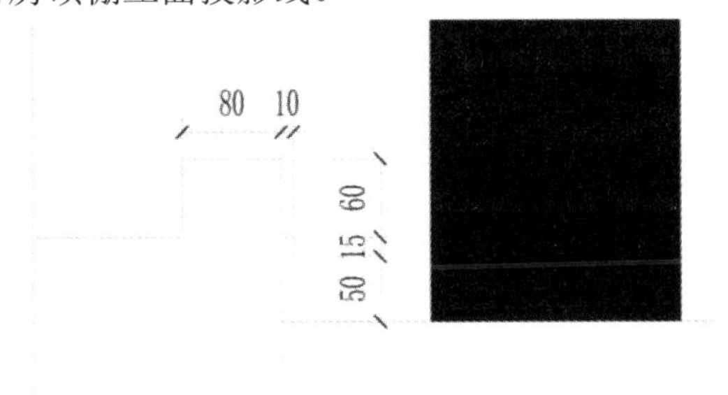

图 3-1-12 绘制厨房顶棚立面投影线

(13) 绘制客厅推拉门门洞。根据平面布置图确定推拉门门洞的位置，使用 O(偏移)命令，偏移推拉门，门高度为 2450 mm，效果如图 3-1-13 所示。

图 3-1-13 绘制客厅推拉门门洞

(14) 绘制完成客厅推拉门。打开“图库素材.dwg”，选择推拉门立面图素材，使用 Ctrl+C(复制)、Ctrl+V(粘贴)、M(移动)、SC(缩放)、AL(对齐)、S(拉伸)等命令，对图形进行调整，效果如图 3-1-14 所示。

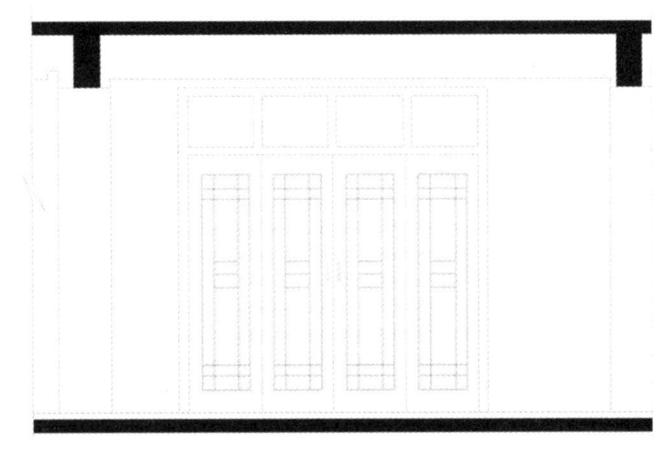

图 3-1-14 绘制完成的客厅推拉门

(15) 绘制儿童房门。使用 O(偏移)命令，偏移绘制儿童房门，门高度(偏移量)为 2100 mm，门宽度与门洞宽度一致；打开“图库素材.dwg”，选择儿童房门立面图素材，使用 Ctrl + C(复制)、Ctrl+V (粘贴)、M(移动)、SC(缩放)、AL(对齐)、S(拉伸)等命令，对图形进行调整，效果如图 3-1-15 所示。

视频任务 3-1
绘制客餐厅 A 立面图(3)

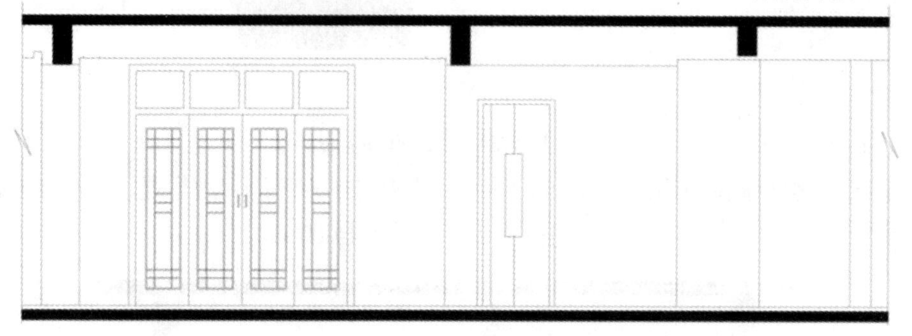

图 3-1-15　绘制儿童房门

(16) 绘制主卧门套线。根据图 3-1-16 中的尺寸，使用 O(偏移)、L(直线)命令绘制主卧门套线。

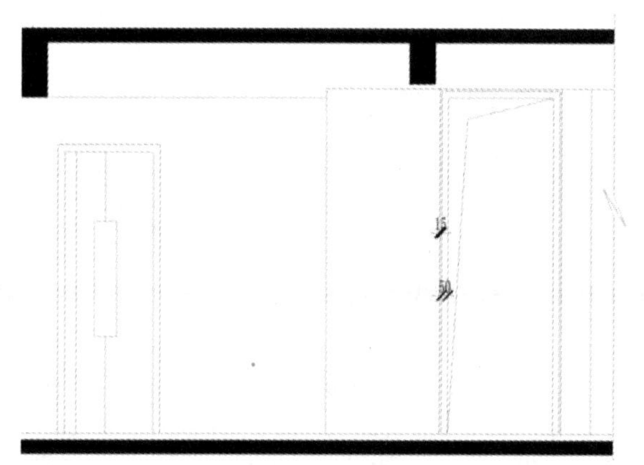

图 3-1-16　绘制主卧门套线

(17) 绘制踢脚线。使用 O(偏移)、TR(修剪)等命令，绘制踢脚线，踢脚线高度为 60 mm；使用 H(填充)命令，设置填充图案为 ANSI31，设置填充比例为 10，填充踢脚线，效果如图 3-1-17 所示。

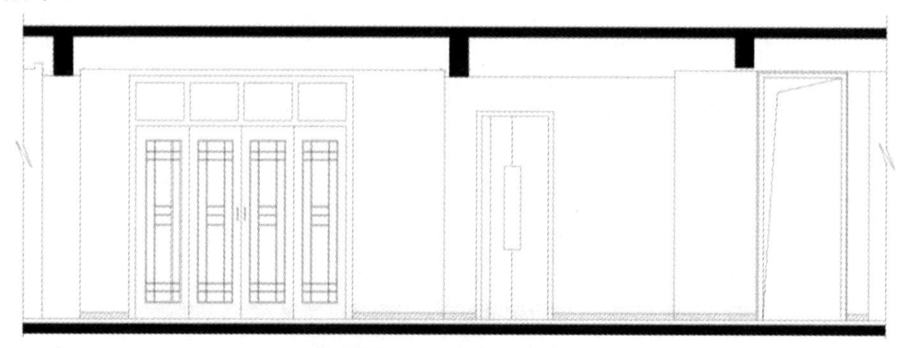

图 3-1-17　绘制踢脚线

(18) 布置开关、插座。打开“图库素材.dwg”文件，选择开关、插座立面图，使用Ctrl+C(复制)、Ctrl+V(粘贴)、M(移动)、SC(缩放)、AL(对齐)等命令，根据图3-1-18中的尺寸，布置开关、插座(注：开关、插座面板大小为86mm×86mm)。

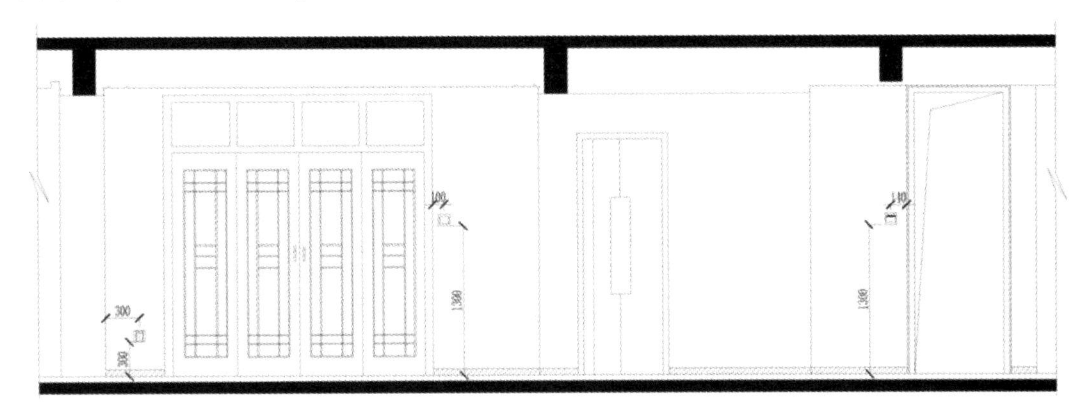

图3-1-18　布置开关和插座

(19) 布置窗帘。打开“图库素材.dwg”文件，选择窗帘图案，使用Ctrl+C(复制)、Ctrl+V(粘贴)、M(移动)、SC(缩放)、AL(对齐)等命令，布置窗帘，效果如图3-1-19所示。

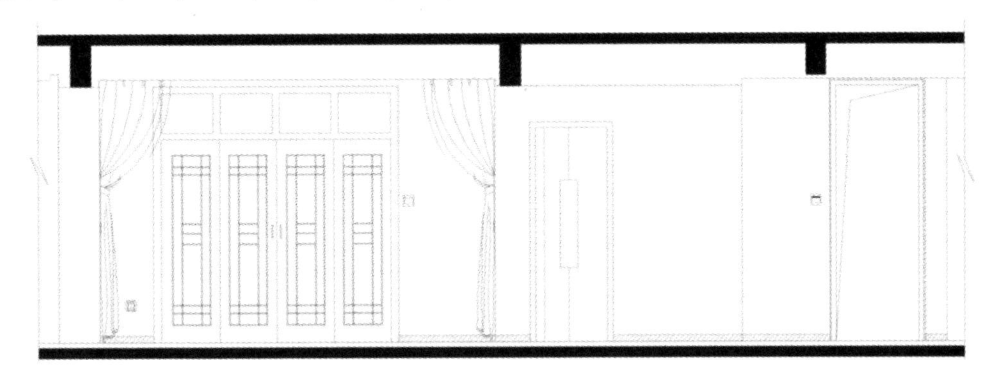

图3-1-19　布置窗帘

(20) 填充壁纸。使用H(填充)命令，设置填充图案为CROSS、填充比例为10，填充壁纸，效果如图3-1-20所示。

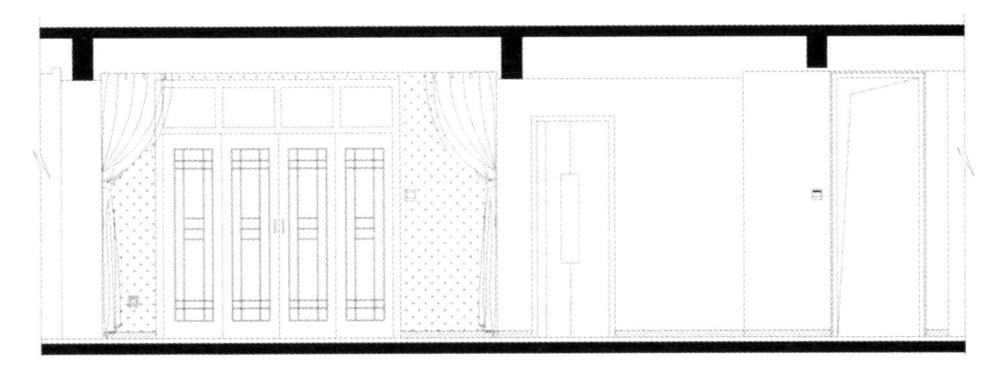

图3-1-20　填充壁纸

(21) 填充木饰面。使用 H(填充)命令，设置填充图案为 AR-RROOF、填充比例为 5，填充木饰面，效果如图 3-1-21 所示。

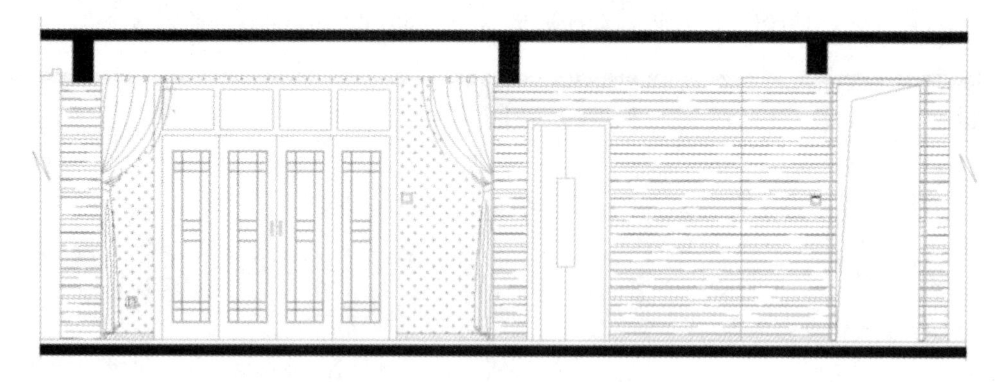

图 3-1-21　填充木饰面

(22) 标注尺寸。设置要标注的图层为当前图层；使用 D(标注设置)命令，设置当前为标注样式“JZ-30”；使用 DLI(线性标注)命令、DCO(连续标注)命令对图形进行标注，效果如图 3-1-22 所示。

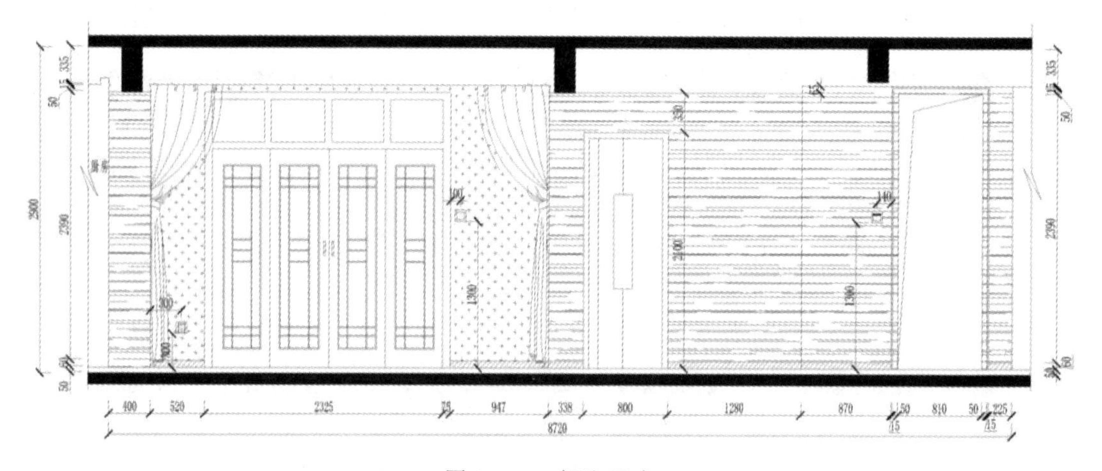

图 3-1-22　标注尺寸

(23) 绘制材料标注图例。使用 REC(矩形)、L(直线)、T(文字)命令，绘制材料标注图例，效果如图 3-1-23 所示。

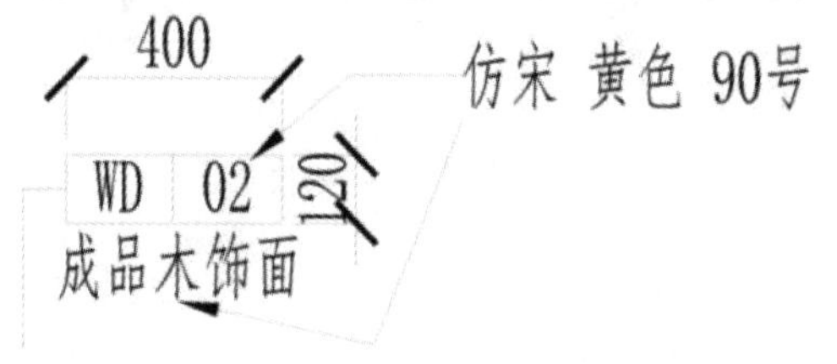

图 3-1-23　绘制材料标注图例

视频任务 3-1
绘制客餐厅 A 立面图(4)

(24) 标注材料、标高。使用 LE(引线标注)命令，使用引线对图形进行材料标注；使用 CO(复制)命令，复制地面布置图中的标高图例，使用 SC(缩放)命令，调整标高图例大小，根据图 3-1-24 进行标高标注。

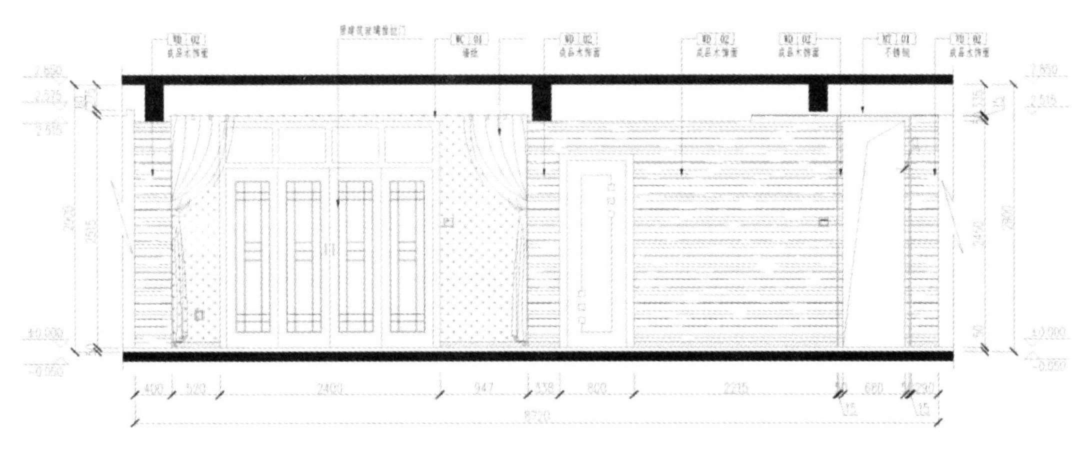

图 3-1-24　标注材料、标高

(25) 保存文件。将设计图另存并命名为“客餐厅 A 立面图”，效果如图 3-1-25 所示。

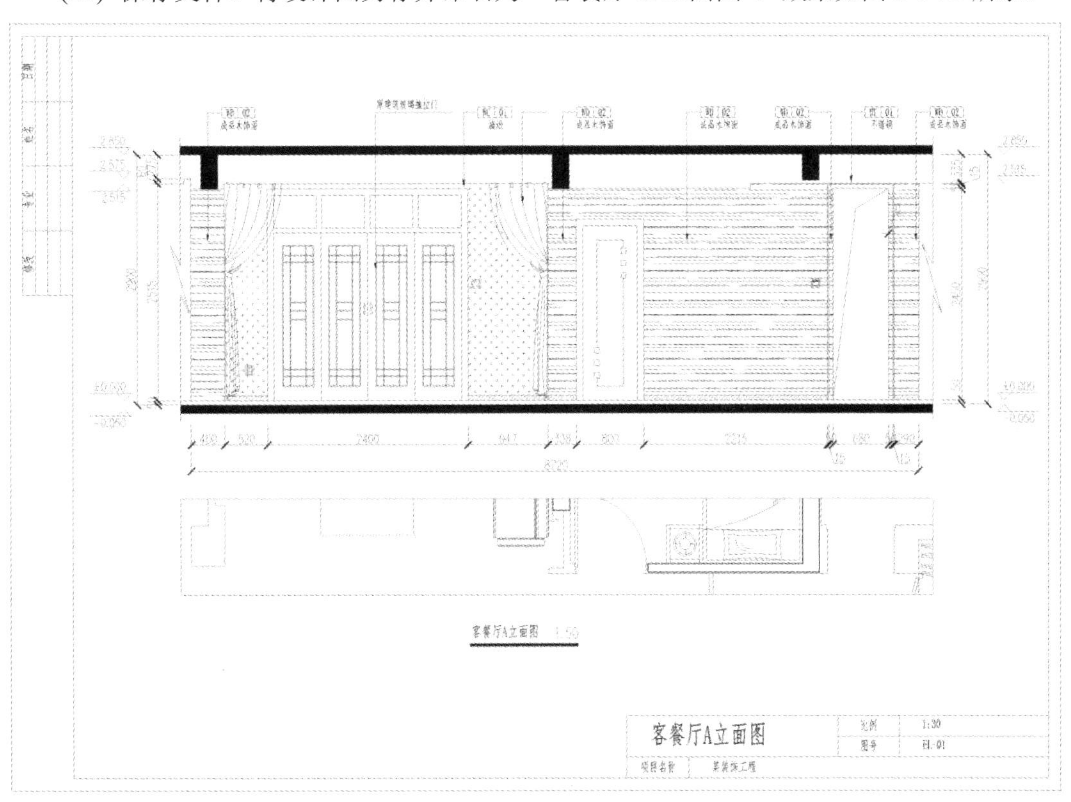

图 3-1-25　客餐厅 A 立面图

二、绘制客餐厅 B 立面图

视频任务 3-1
绘制客餐厅 B 立面图(1)

绘制客餐厅 B 立面图的具体步骤如下：

(1) 复制图框。打开“客餐厅 A 立面图.dwg”文件，复制客餐厅 A 立面图图框；修改图名、标题栏、图纸目录信息，效果如图 3-1-26 所示。

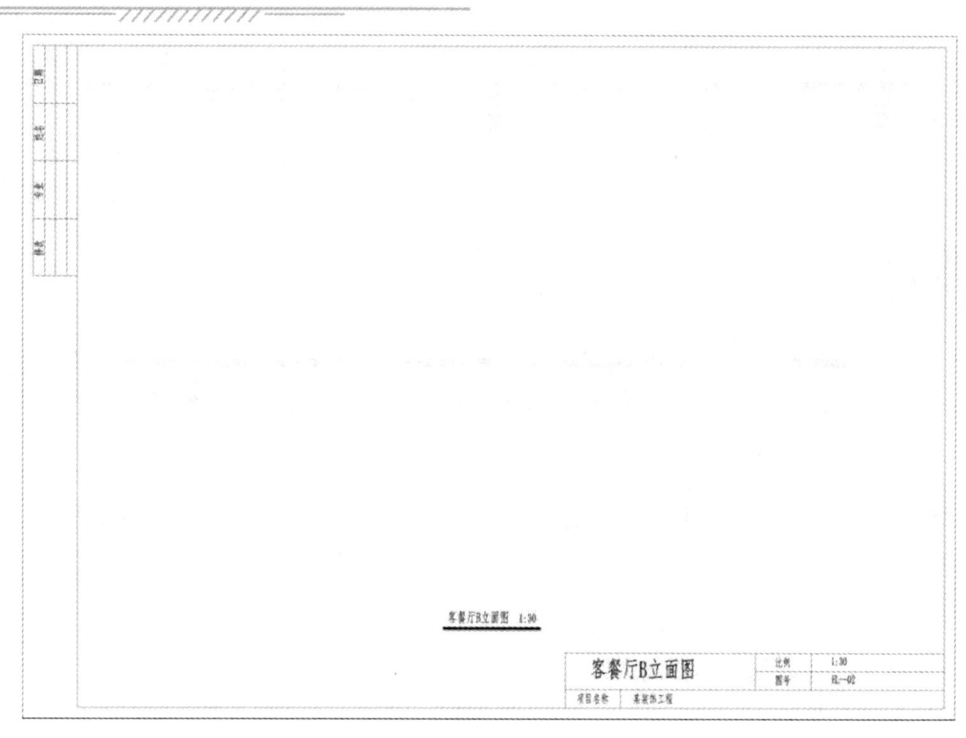

图 3-1-26 复制图框

(2) 复制平面布置图。为方便起见，直接使用 REC(矩形)命令将平面布置图中要绘制的客餐厅 B 立面部分框出来，并使用 TR(修剪)、M(移动)等命令将图移动到客餐厅 B 立面图的图框中，效果如图 3-1-27 所示。

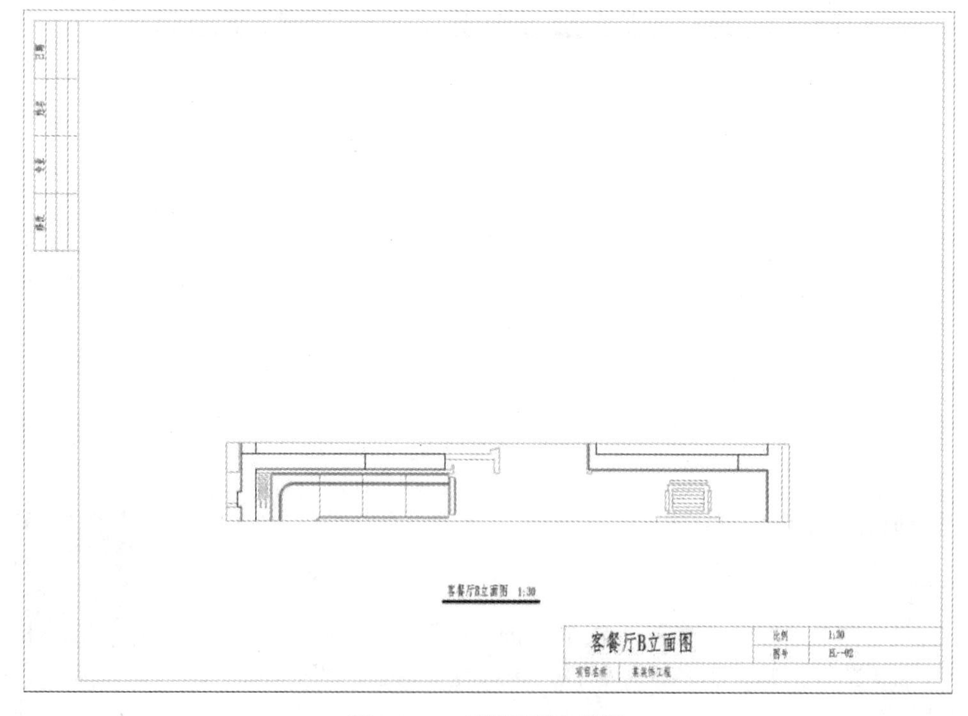

图 3-1-27 复制平面布置图

(3) 绘制辅助线。将客餐厅立面图图层设置为当前图层，使用 XL(构造线)命令，根据墙体装饰完成面的最外侧线绘制垂直辅助线；再使用 XL(构造线)命令，绘制水平的辅助线，表示楼板，效果如图 3-1-28 所示。

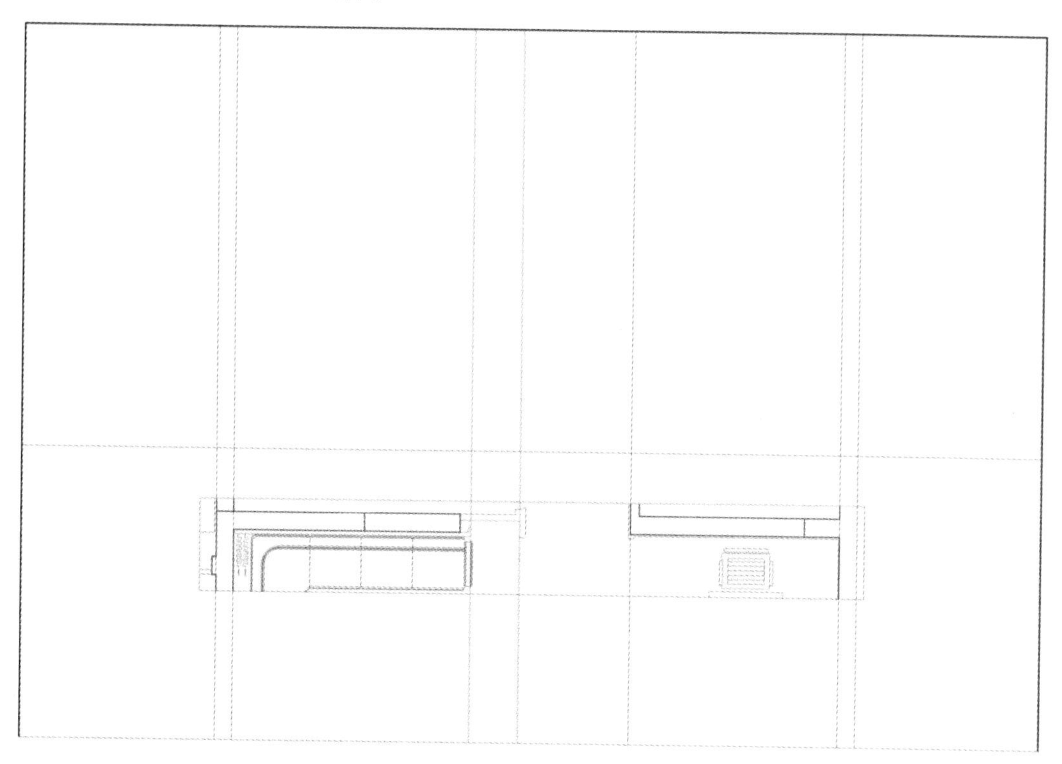

图 3-1-28　绘制辅助线

(4) 整理图形。使用 O(偏移)命令，将楼板线向上偏移 2900 mm，使用 TR(修剪)命令，对图形进行修剪，效果如图 3-1-29 所示。

图 3-1-29　整理图形

(5) 绘制楼板。使用 O(偏移)命令，将上、下楼板线分别向下、向上偏移 100 mm，绘制楼板；使用 TR(修剪)命令修剪图形，效果如图 3-1-30 所示。

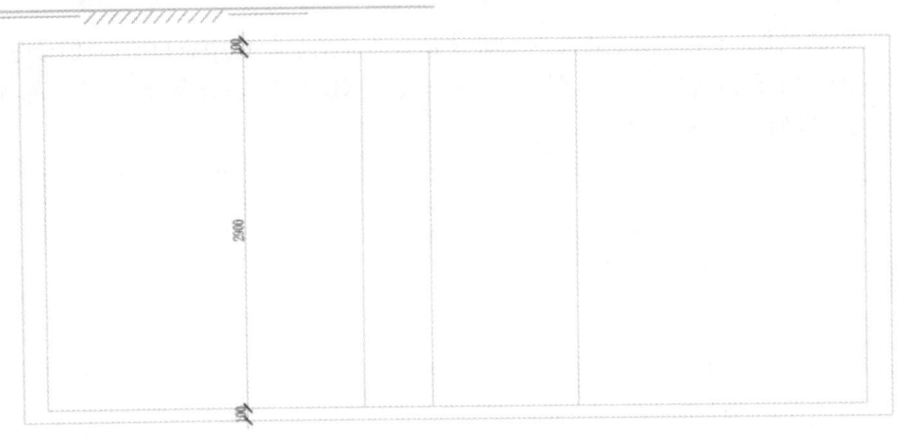

图 3-1-30　绘制楼板

(6) 绘制推拉门。使用 O(偏移)命令，将下楼板线向上偏移 50 mm，作为地面铺贴完成面厚度，使用 TR(修剪)命令，修剪图形，绘制地面铺贴完成面厚度层；使用 O(偏移)命令，将地面完成面向上偏移 2450 mm，将墙线向内偏移 80 mm，使用 TR(修剪)命令，修剪图形，绘制推拉门侧立面；使用 H(填充)命令，设置填充图案为 SOLID，填充楼板，效果如图 3-1-31 所示。

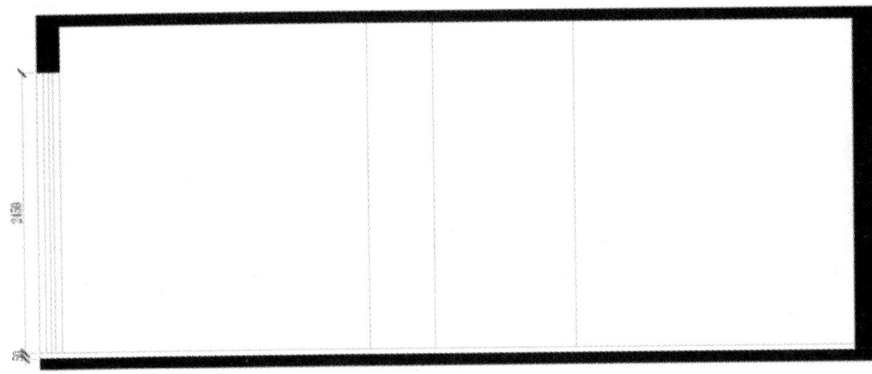

图 3-1-31　绘制推拉门

(7) 绘制顶棚立面投影线。根据顶棚尺寸图中的尺寸信息以及图 3-1-32 中的尺寸，使用 O(偏移)、TR(修剪)等命令，绘制顶棚立面投影线。

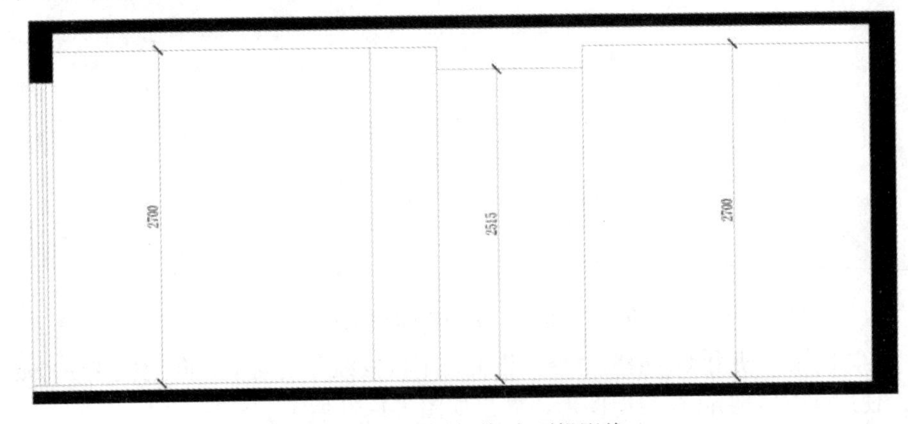

图 3-1-32　绘制顶棚立面投影线

(8) 绘制窗帘盒立面投影线。使用 O(偏移)、L(直线)、TR(修剪)等命令，根据图 3-1-33 中的尺寸，绘制窗帘盒立面投影线。

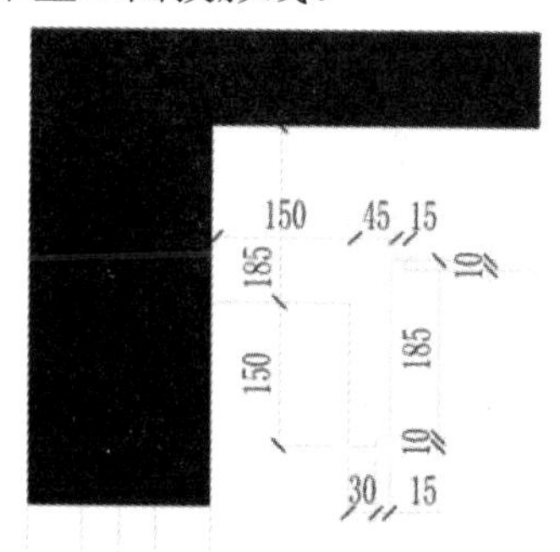

图 3-1-33　绘制窗帘盒立面投影线

视频任务 3-1
绘制客餐厅 B 立面图(2)

(9) 绘制过道顶棚立面投影线。使用 O(偏移)、L(直线)、TR(修剪)等命令，根据图 3-1-34 中的尺寸，绘制过道顶棚立面投影线。

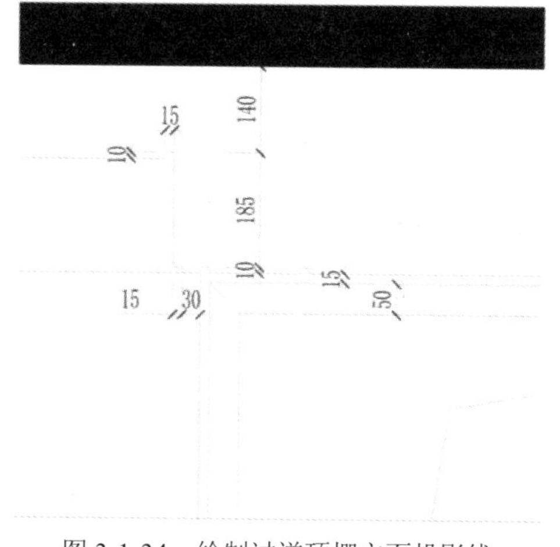

图 3-1-34　绘制过道顶棚立面投影线

(10) 镜像复制过道顶棚立面投影线。使用 MI(镜像)、TR(修剪)等命令，镜像复制过道顶棚立面投影线，效果如图 3-1-35 所示。

图 3-1-35　镜像复制过道顶棚立面投影线

(11) 绘制暗藏灯槽。使用 O(偏移)、L(直线)、TR(修剪)等命令，根据图 3-1-36 中的尺寸，绘制暗藏灯槽。

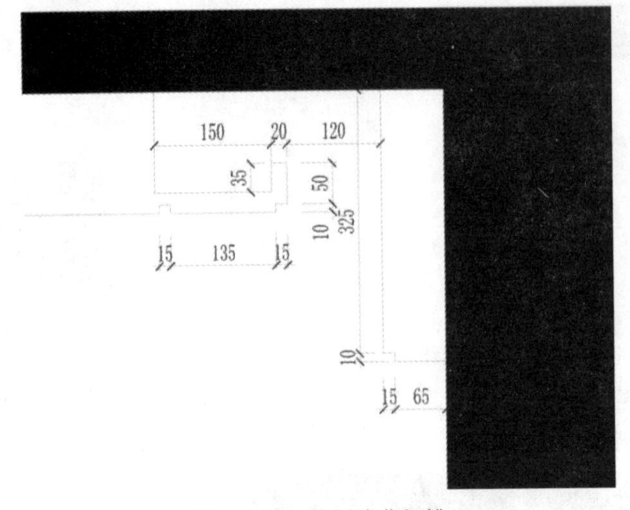

视频任务 3-1
绘制客餐厅 B 立面图(3)

图 3-1-36　绘制暗藏灯槽

(12) 镜像复制暗藏灯槽。使用 MI(镜像)、TR(修剪)等命令，镜像复制暗藏灯槽，效果如图 3-1-37 所示。

图 3-1-37　镜像复制暗藏灯槽

(13) 绘制踢脚线。使用 O(偏移)、TR(修剪)等命令，绘制踢脚线，设置踢脚线高度为 60；使用 H(填充)命令，设置填充图案为 ANSI31、填充比例为 10，填充踢脚线，效果如图 3-1-38 所示。

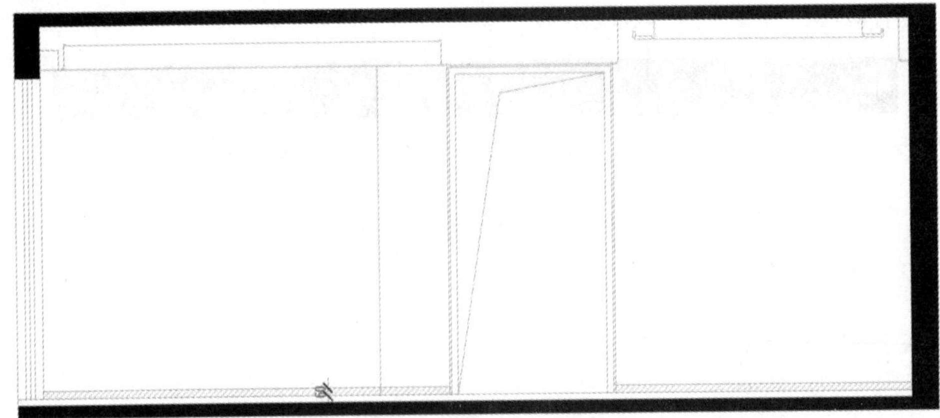

图 3-1-38　绘制踢脚线

(14) 绘制沙发背景墙线条。使用 O(偏移)、TR(修剪)等命令，根据图 3-1-39 中的尺寸绘制沙发背景墙(布艺硬包装饰造型)线条。

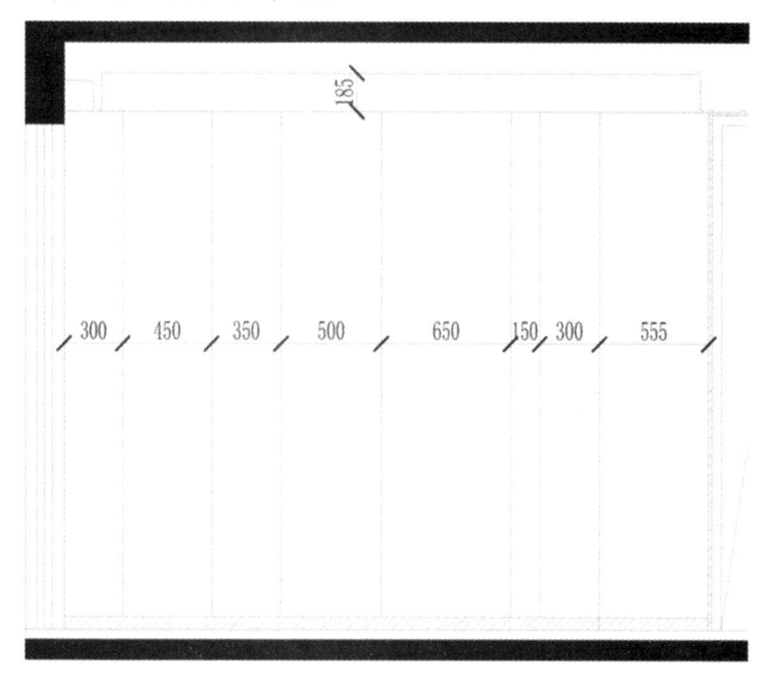

图 3-1-39　绘制沙发背景墙线条

(15) 绘制沙发背景墙造型。使用 BO(边界创建)命令，创建多个边界，然后使用 O(偏移)命令，使边界向内偏移 15 mm，采用布艺硬包造型设置沙发背景墙，效果如图 3-1-40 所示。

图 3-1-40　沙发背景墙布艺硬包造型效果

(16) 沙发背景墙边角倒圆角。输入 F(倒圆角)命令→单击空格键→输入 R(设置圆角半径)命令→单击空格键→输入 15→单击空格键→输入 M(多次)命令，对矩形边角进行多次倒圆角操作，效果如图 3-1-41 所示。

注：这里在 F 命令下使用 M 命令表示多次倒圆角。

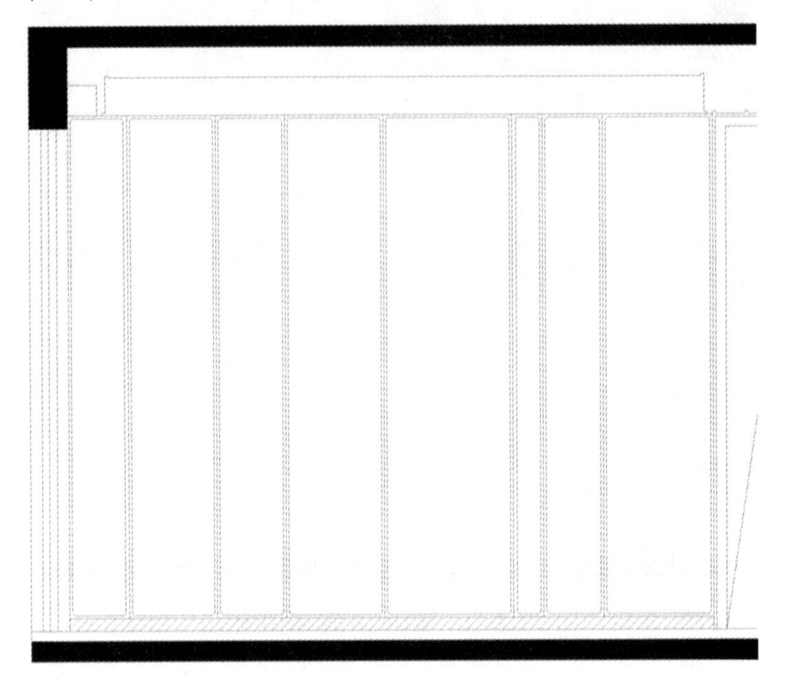

图 3-1-41　倒圆角

(17) 布置装饰画。打开“图库素材.dwg”文件，选择合适的装饰画，使用 AL(对齐)、SC(缩放)等命令布置装饰画，效果如图 3-1-42 所示。

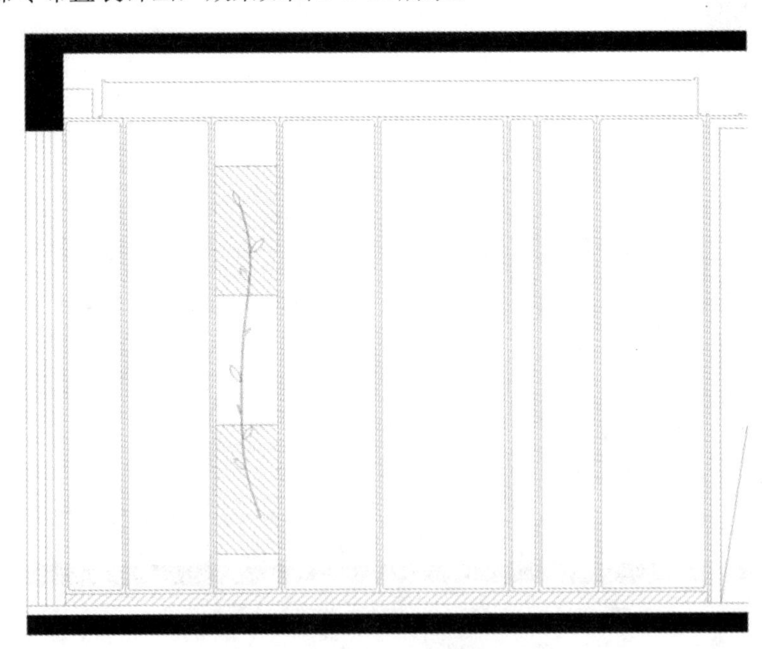

图 3-1-42　布置装饰画

(18) 填充图形。使用 H(填充)命令，设置填充图案为 DOTS、填充比例为 20，使用布艺硬包填充，效果如图 3-1-43 所示。

图 3-1-43　填充图形

(19) 绘制餐厅墙面装饰造型。使用 SPL(样条曲线)、TR(修剪)、O(偏移)、H(填充)等命令绘制餐厅墙面装饰造型，效果如图 3-1-44 所示。

图 3-1-44　绘制餐厅墙面装饰造型

(20) 布置开关、插座、窗帘。打开“图库素材.dwg”文件，选择立面窗帘、开关、插座，使用 Ctrl+C(复制)、Ctrl+V(粘贴)、M(移动)、SC(缩放)、AL(对齐)等命令，根据图 3-1-45 中的尺寸标注，布置开关、插座、窗帘。

图 3-1-45　布置开关、插座、窗帘

(21) 绘制并填充过道装饰面。使用 O(偏移)命令将线条向左偏移 45 mm，将偏移出来的线设置为点划线，线型设置为 CENTER2；使用 H(填充)命令，设置填充图案为 ANSI31、填充比例为 10，填充不锈钢装饰面；再次使用 H(填充)命令，设置填充图案为 AR-RROOF、填充比例为 1，填充木饰面，效果如图 3-1-46 所示。

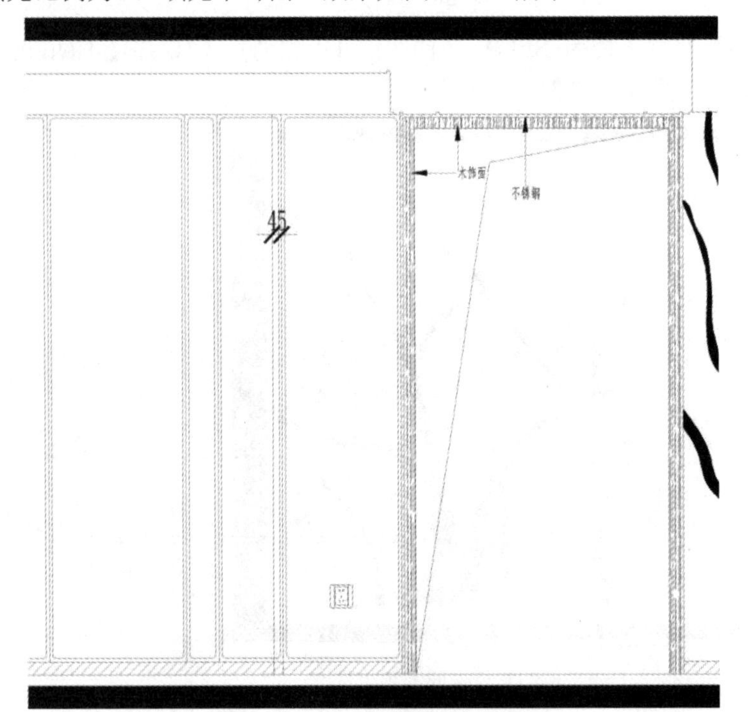

图 3-1-46　绘制并填充过道装饰面

视频任务 3-1
绘制客餐厅 B 立面图(4)

(22) 布置餐厅暗藏灯带。打开“图库素材.dwg”文件，选择暗藏灯带，使用 Ctrl+C(复制)、Ctrl+V(粘贴)、M(移动)等命令，根据图 3-1-47 布置餐厅暗藏灯带。

(23) 尺寸标注。设置要标注的图层为当前图层；使用 D(标注设置)命令，将当前标注样式设置为“JZ-30”；使用 DLI(线性标注)命令、DCO(连续标注)命令对图形进行尺寸标注，效果如图 3-1-48 所示。

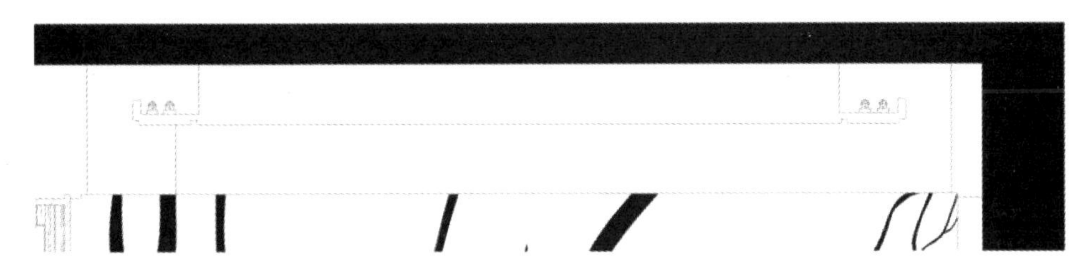

图 3-1-47　布置餐厅暗藏灯带

图 3-1-48　尺寸标注

(24) 材料、标高标注。使用 LE(引线标注)命令，使用引线对图形进行材料标注；复制客餐厅 A 立面图的标高，对图形进行标高标注，效果如图 3-1-49 所示。

图 3-1-49　材料、标高标注

(25) 保存文件。将设计图另存，文件命名为“客餐厅 B 立面图”，效果如图 3-1-50 所示。

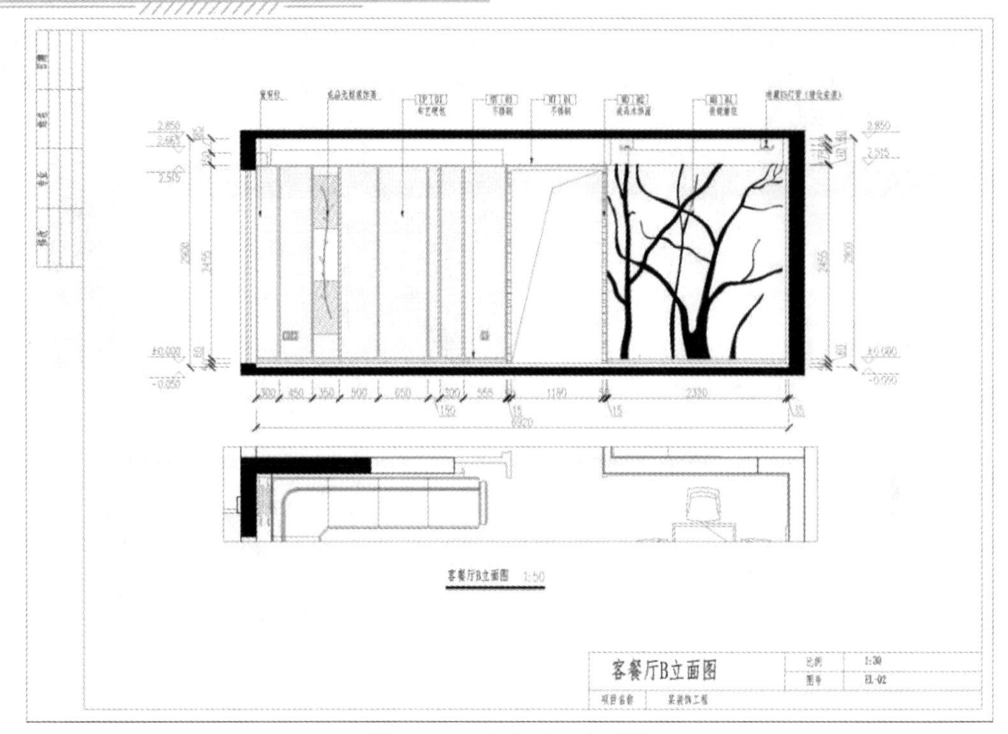

图 3-1-50 客餐厅 B 立面图

三、绘制客餐厅 C 立面图

视频任务 3-1
绘制客餐厅 C 立面图(1)

绘制客餐厅 C 立面图的具体步骤如下：

(1) 复制整理图框。打开“客餐厅 B 立面图.dwg”文件，使用 CO(复制)命令，复制客餐厅 B 立面图图框，并修改图名、标题栏和图纸目录信息，效果如图 3-1-51 所示。

图 3-1-51 复制整理图框

(2) 复制平面布置图。在平面布置图中，使用 REC(矩形)命令，将要绘制的客餐厅 C 立面部分框出来，并使用 TR(修剪)、M(移动)等命令将图形移动到客餐厅 C 立面图图框中，效果如图 3-1-52 所示。

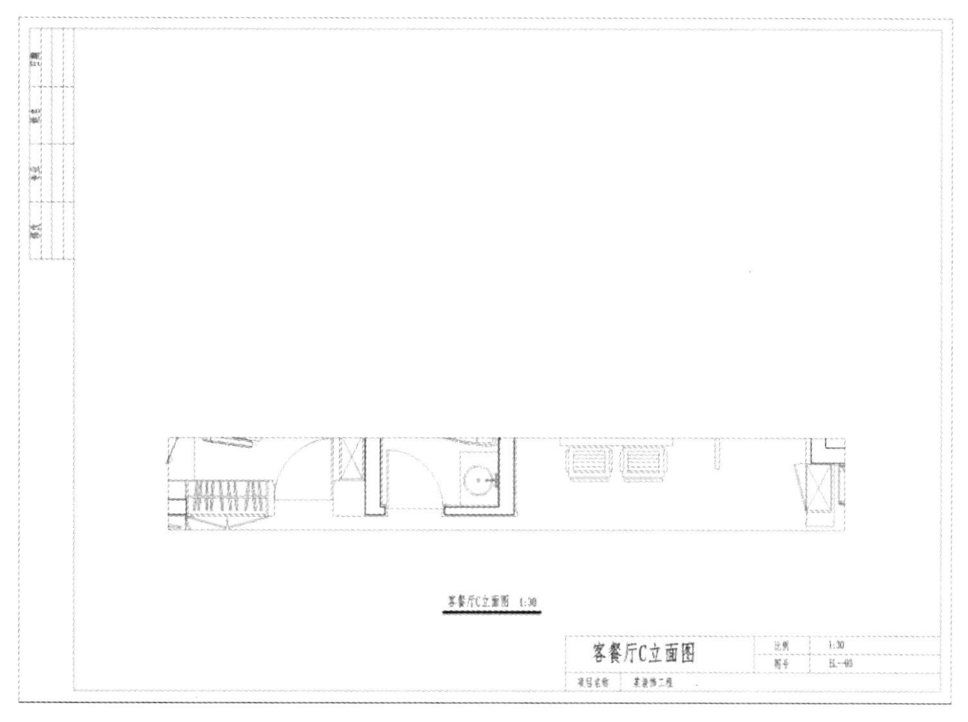

图 3-1-52　复制平面布置图

(3) 绘制构造线。将客餐厅立面图设置为当前图层，使用 XL(构造线)命令，根据墙体装饰完成面的最外侧线绘制垂直辅助线；再次使用 XL(构造线)命令，绘制水平的辅助线，表示楼板，效果如图 3-1-53 所示。

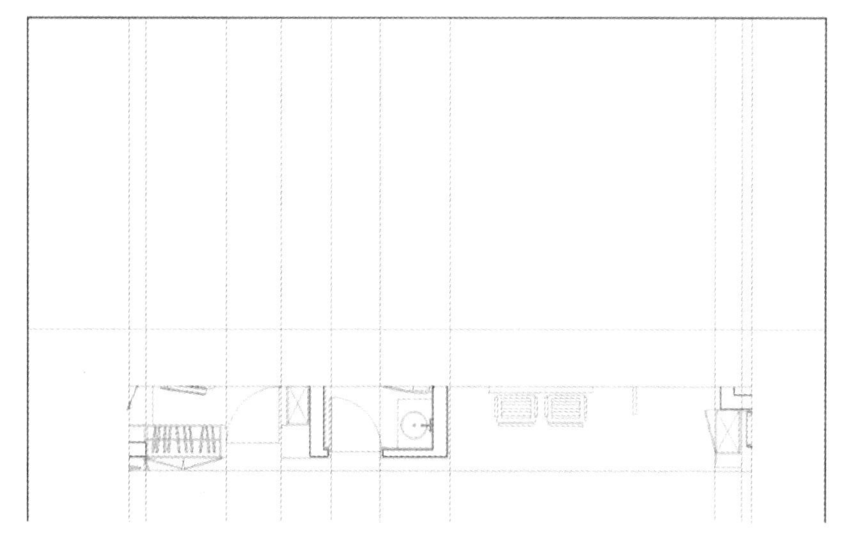

图 3-1-53　绘制构造线

(4) 偏移修剪图形。使用O(偏移)命令，将楼板线向上偏移2900 mm，使用TR(修剪)命令，对图形进行整理，效果如图3-1-54所示。

图3-1-54　偏移修剪图形

(5) 绘制楼板。使用 L(直线)命令绘制折断线；使用 O(偏移)命令，设置偏移距离为100 mm，将上、下楼板线分别向下、向上偏移，绘制楼板线条；使用TR(修剪)命令修剪图形，效果如图3-1-55所示。

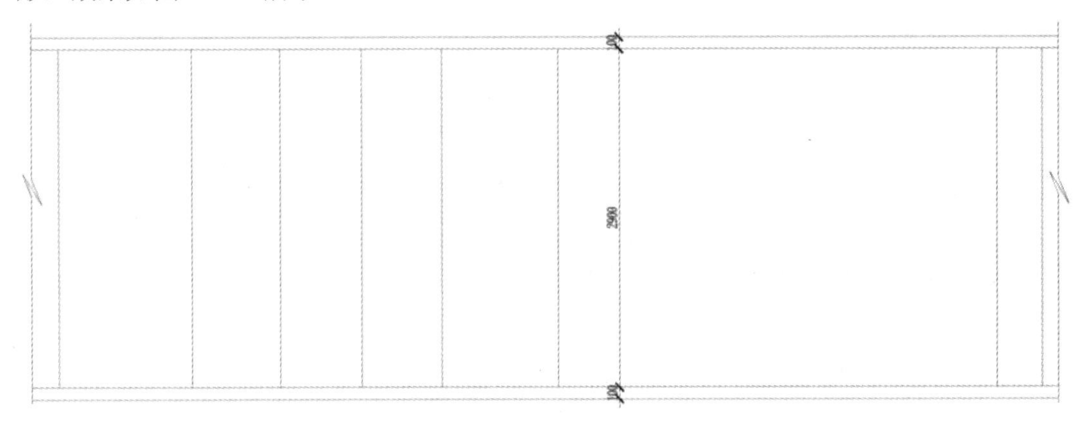

图3-1-55　绘制楼板

(6) 绘制梁。使用O(偏移)、TR(修剪)命令，根据原始结构图中梁的位置和尺寸信息，绘制梁，效果如图3-1-56所示。

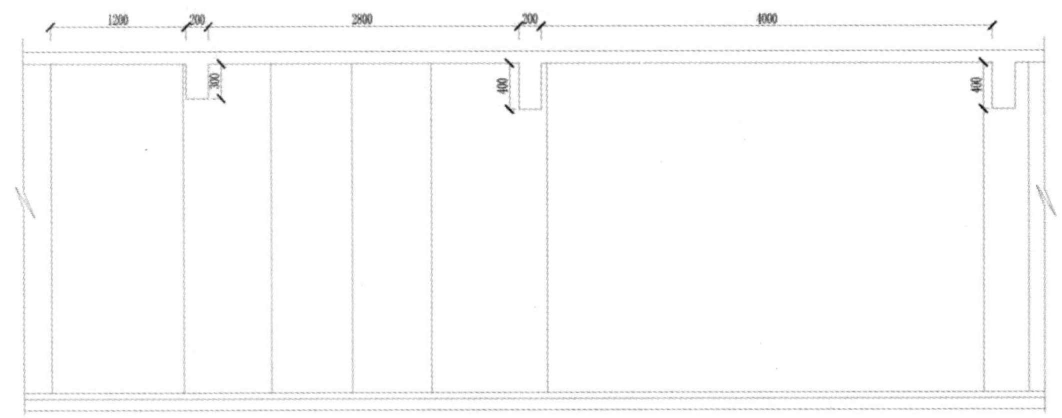

图3-1-56　绘制梁

(7) 填充楼板和梁。使用 H(填充)命令，设置填充图案为 SOLID，填充楼板和梁，效果如图 3-1-57 所示。

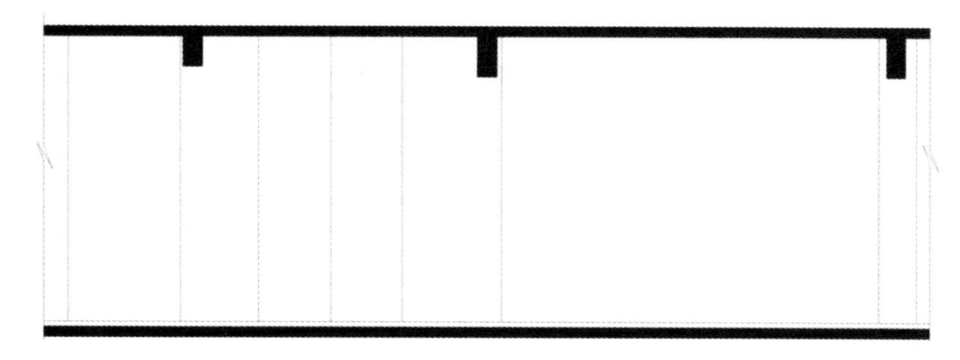

图 3-1-57　填充楼板和梁

(8) 绘制顶棚立面投影线。使用 O(偏移)命令，将下楼板线向上偏移 50 mm，绘制地面铺贴完成面厚度线；使用 TR(修剪)命令，修剪图形；根据顶棚布置图中的尺寸信息以及图 3-1-58 中的尺寸，使用 O(偏移)、TR(修剪)等命令，绘制顶棚立面投影线。

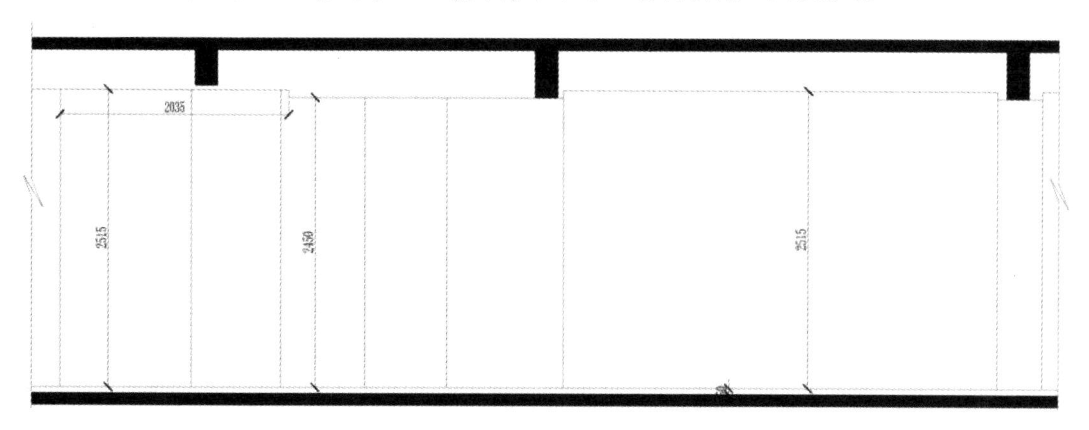

图 3-1-58　绘制顶棚立面投影线

(9) 绘制顶棚立面投影线的细节。客厅、过道、厨房的顶棚立面投影线的细节部分与客餐厅 A 立面图的细节一致，这里不再赘述，可以使用 CO(复制)、MI(镜像)等方法进行绘制，效果如图 3-1-59 所示。

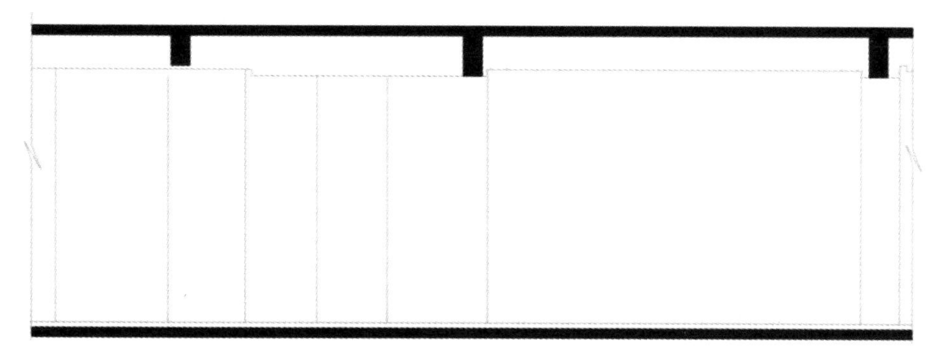

图 3-1-59　绘制顶棚立面投影线的细节

(10) 绘制书房门洞。使用 O(偏移)命令，分别向内偏移 15 mm、50 mm；使用 H(填充)命令，设置填充图案为 ANSI31、填充比例为 10，填充不锈钢装饰面；设置填充图案为 AR-RROOF、填充比例为 1，填充木饰面，效果如图 3-1-60 所示。

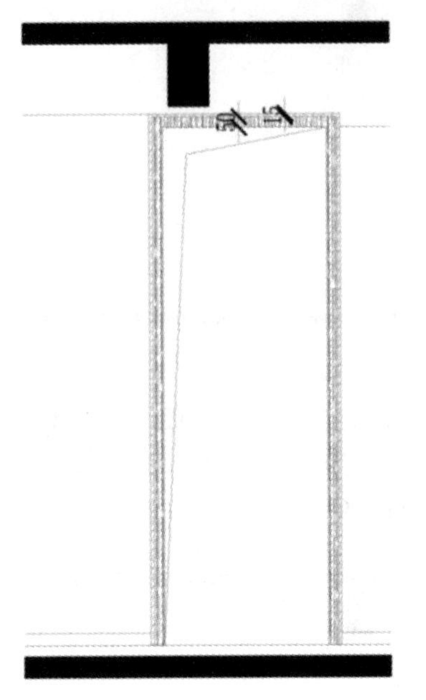

图 3-1-60　绘制书房门洞

视频任务 3-1
绘制客餐厅 C 立面图(2)

(11) 绘制卫生间门。使用 O(偏移)命令，设置偏移距离(门高度)为 2100 mm；打开“图库素材.dwg”文件，选择门立面图素材，使用 Ctrl+C(复制)、Ctrl+V(粘贴)、M(移动)、SC(缩放)、AL(对齐)、S(拉伸)等命令，对图形进行调整，效果如图 3-1-61 所示。

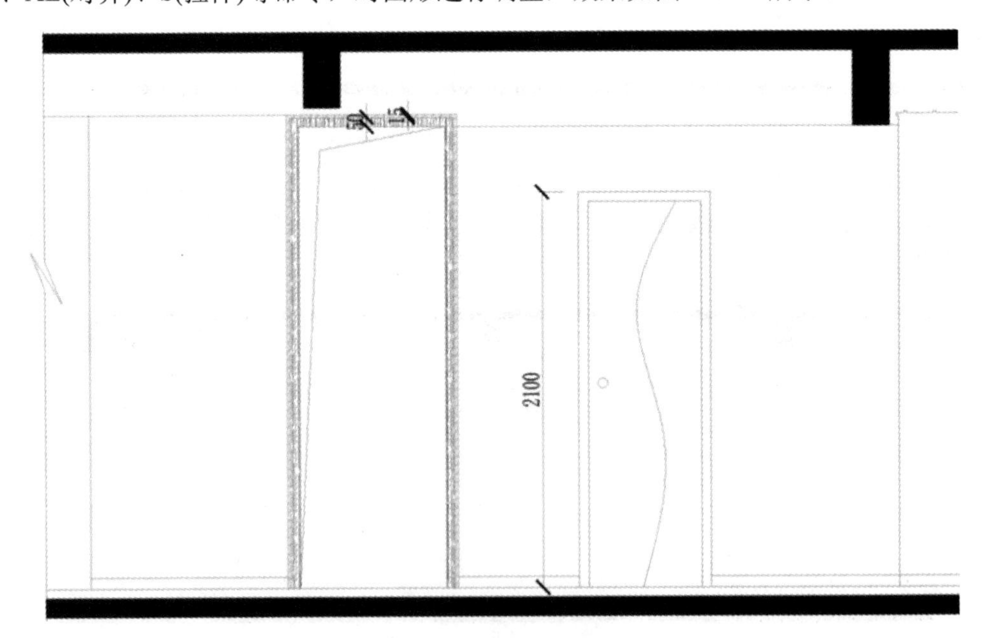

图 3-1-61　绘制卫生间门

(12) 绘制踢脚线。使用 O(偏移)、TR(修剪)等命令，绘制踢脚线线条，踢脚线高度为 60 mm；使用 H(填充)命令，设置填充图案为 ANSI31、填充比例为 10，填充踢脚线，效果如图 3-1-62 所示。

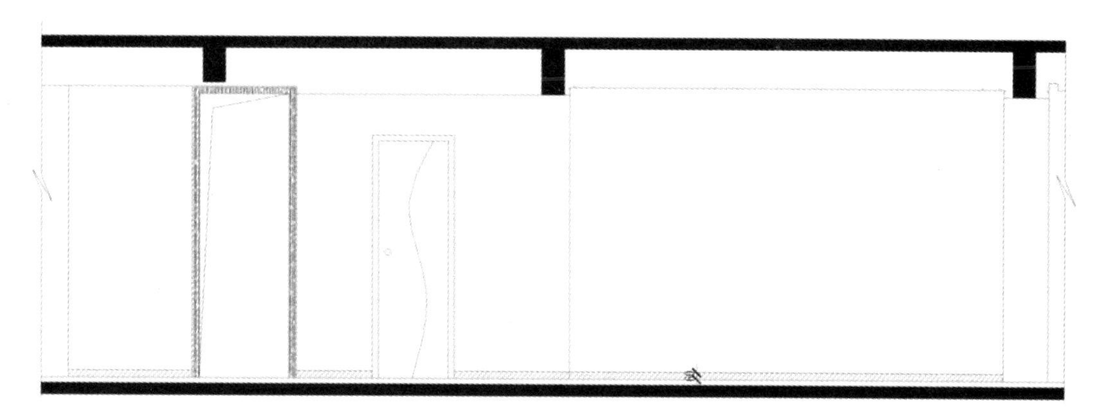

图 3-1-62　绘制踢脚线

(13) 绘制客餐厅黑镜饰面。使用 O(偏移)命令，偏移得到客餐厅墙面两侧的黑镜线条，镜宽为 650 mm；使用 H(填充)命令，设置填充图案为 AR-RROOF、填充角度为 45 度、填充比例为 15，填充黑镜饰面，效果如图 3-1-63 所示。

图 3-1-63　绘制客餐厅黑镜饰面

(14) 绘制客餐厅成品并填充木饰面。使用 DIV(定数等分)命令，将墙面等分成 6 行、3 列；使用 L(直线)命令连接等分点；使用 O(偏移)命令，将绘制的直线分别向两侧偏移 5 mm，绘制木皮凹槽收口；使用 E(删除)命令，选中并对木皮凹槽收口中间的线进行删除；使用 H(填充)命令，设置填充图案 AR-RROOF，设置角度为 0 度，设置比例为 5，填充木饰面，效果如图 3-1-64 所示。

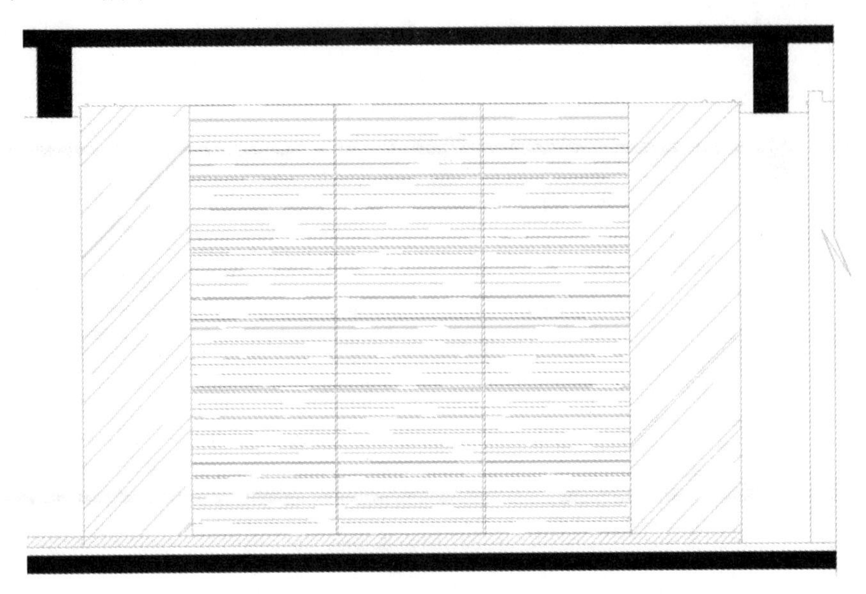

图 3-1-64 绘制客餐厅成品并填充木饰面

(15) 绘制过道的衣柜。使用 L(直线)命令、O(偏移)命令根据图 3-1-65 中的尺寸绘制衣柜，其中衣柜的开启方向线设置为 HIDDEN2，线型比例设置为 1，效果如图 3-1-65 所示。

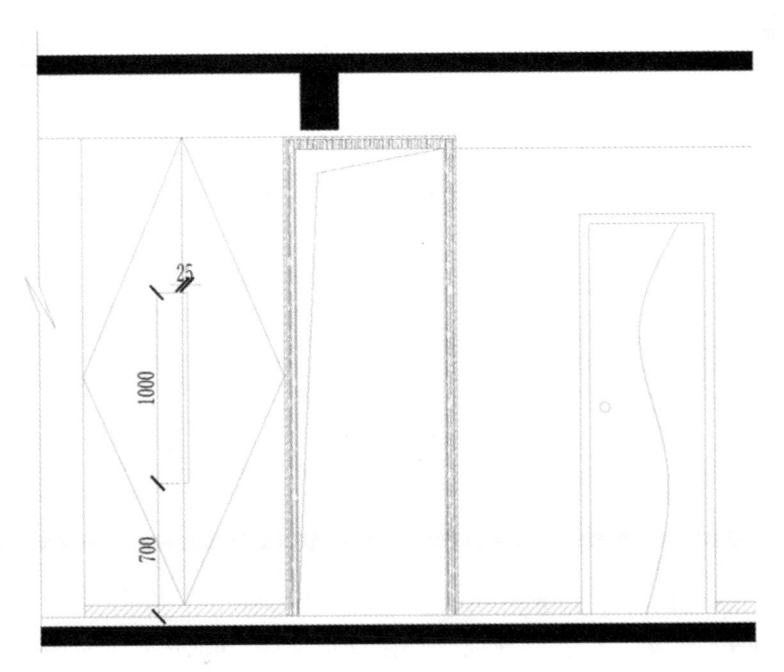

图 3-1-65 绘制过道的衣柜

(16) 再次填充木饰面。使用 H(填充)命令，设置填充图案为 AR-RROOF、填充角度为 0 度、填充比例为 5，填充木饰面，效果如图 3-1-66 所示。

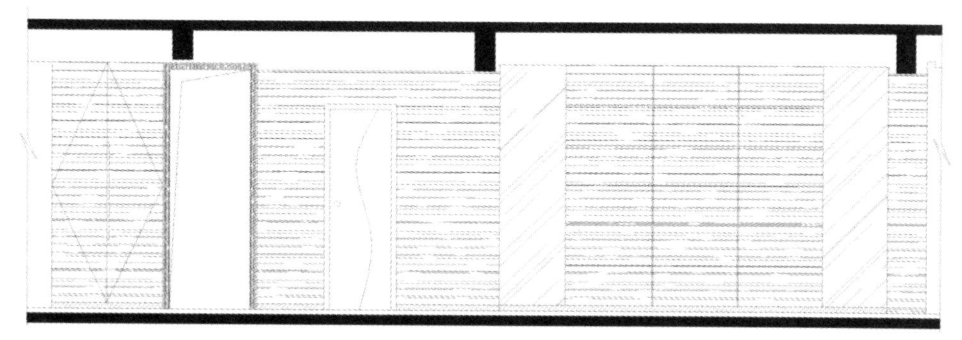

图 3-1-66　填充木饰面

(17) 布置开关、插座。打开“图库素材.dwg”文件，选择开关、插座立面图，使用 Ctrl+C(复制)、Ctrl+V(粘贴)、M(移动)、SC(缩放)、AL(对齐)等命令，根据图 3-1-67 中的尺寸，布置开关、插座(注：开关、插座面板大小为 86mm×86mm)。

视频任务 3-1
绘制客餐厅 C 立面图(3)

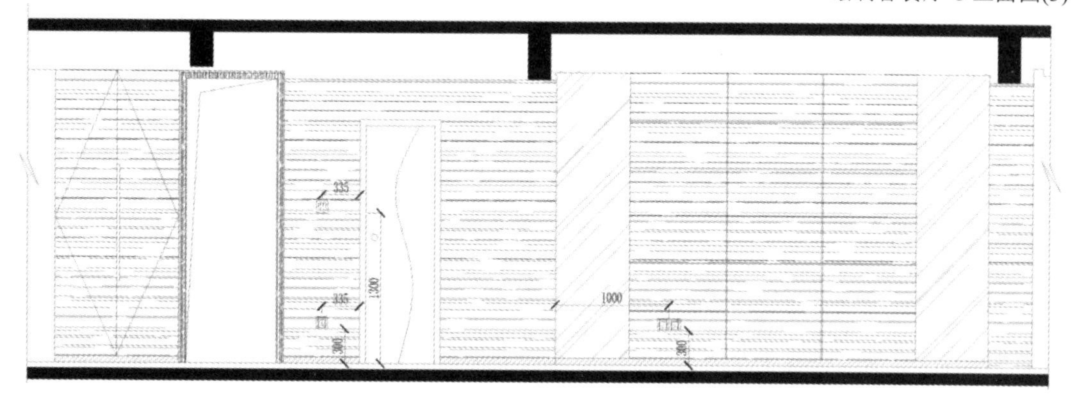

图 3-1-67　布置开关和插座

(18) 尺寸标注。设置要标注的图层为当前图层；使用 D(标注设置)命令，设置当前标注样式为“JZ-30”；使用 DLI(线性标注)命令、DCO(连续标注)命令对图形进行标注，效果如图 3-1-68 所示。

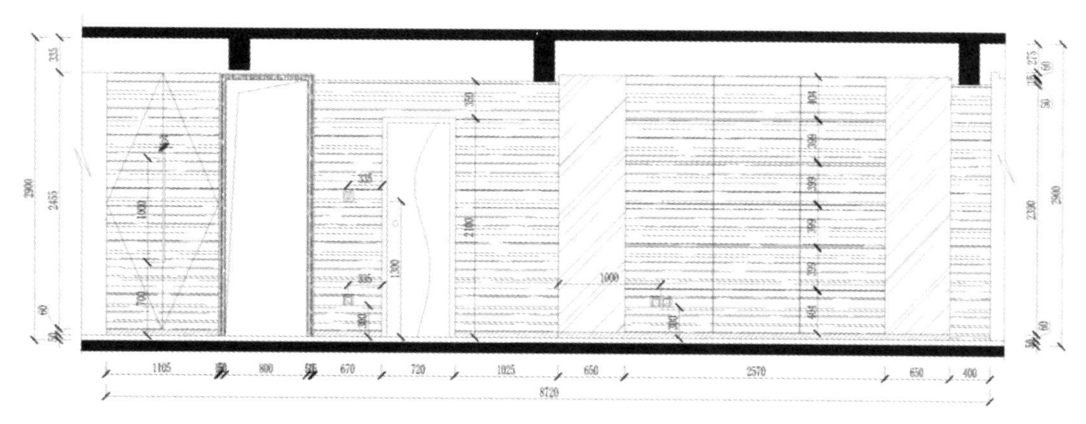

图 3-1-68　尺寸标注

(19) 材料标注。使用 LE(引线标注)命令，对图形进行材料标注，效果如图 3-1-69 所示。

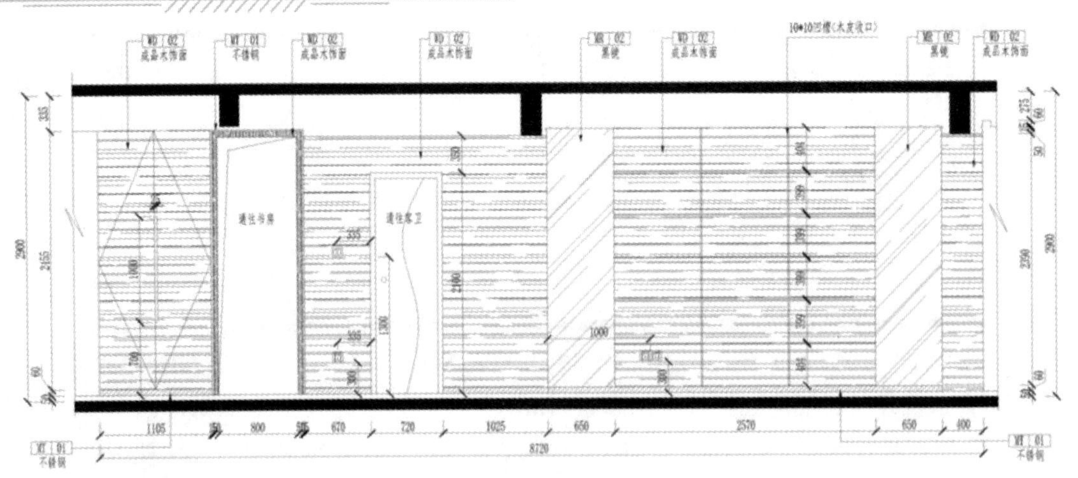

图 3-1-69 材料标注

(20) 标高标注。使用 CO(复制)命令复制客餐厅 B 立面图中的标高图例；调整标高位置，标注标高，效果如图 3-1-70 所示。

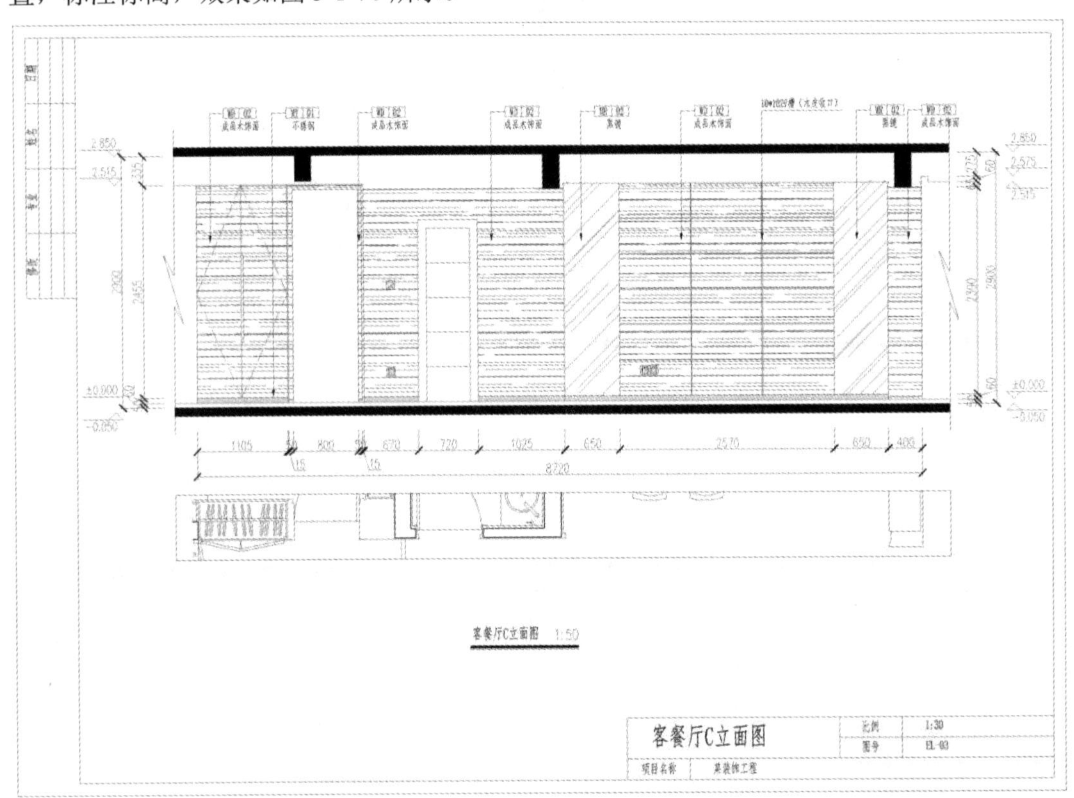

图 3-1-70 客餐厅 C 立面图

(21) 保存文件。将设计图另存，文件命名为“客餐厅 C 立面图”。

四、绘制客餐厅 D 立面图

视频任务 3-1
绘制客餐厅 D 立面图(1)

绘制客餐厅 D 立面图的具体步骤如下：

(1) 复制整理图框。使用 CO(复制)命令，复制客餐厅 C 立面图图框，修改图名、标题栏、图纸目录信息，效果如图 3-1-71 所示。

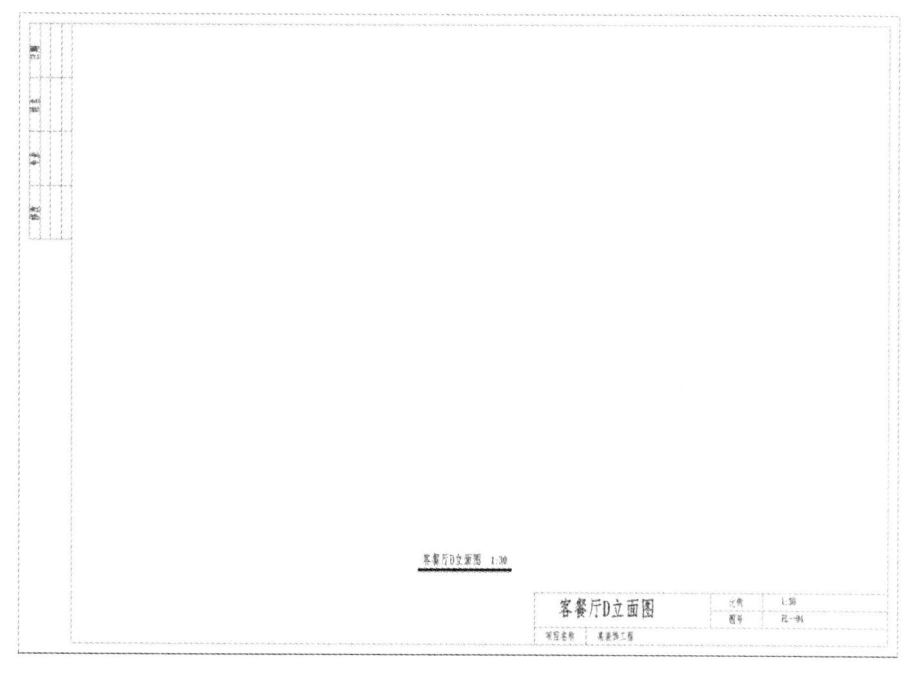

图 3-1-71　复制整理图框

(2) 复制平面布置图。在平面布置图中，使用 REC(矩形)命令，将要绘制的客餐厅 D 立面图框出来，并使用 TR(修剪)、M(移动)等命令将图形移动到客餐厅 D 立面图图框中，效果如图 3-1-72 所示。

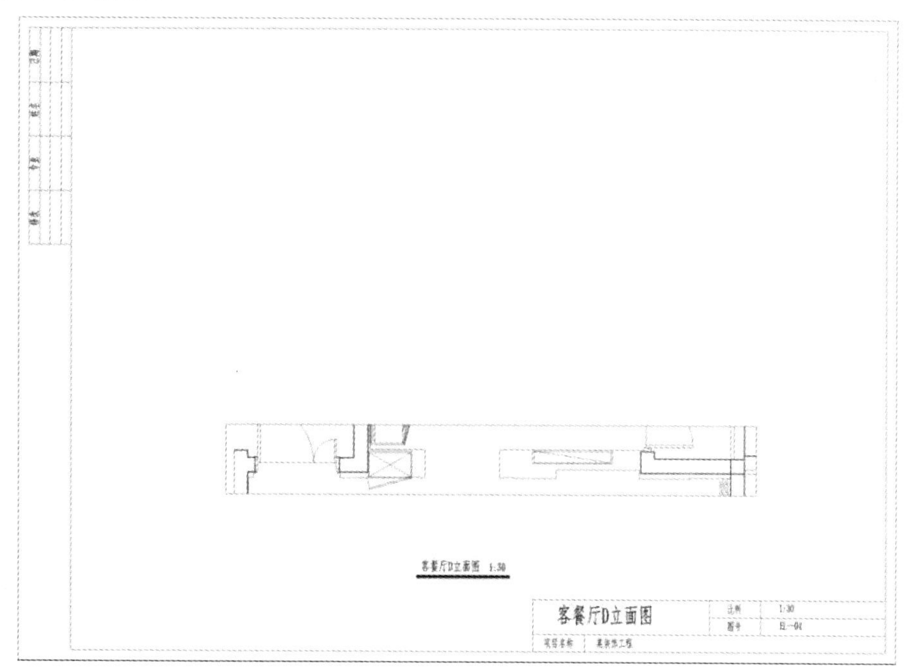

图 3-1-72　复制平面布置图

(3) 绘制构造(辅助)线。使用 XL(构造线)命令，根据墙体装饰完成面的最外侧线绘制垂直辅助线；再次使用 XL(构造线)命令，绘制水平的辅助线，表示楼板，效果如图 3-1-73 所示。

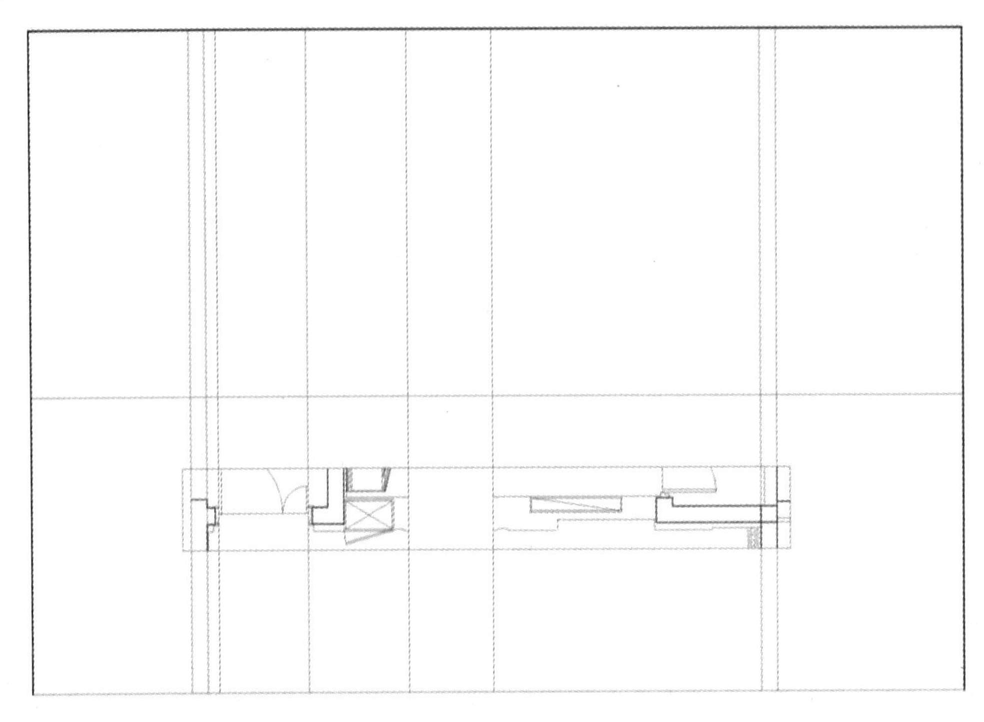

图 3-1-73　绘制构造线

(4) 整理图形。使用 O(偏移)命令，将楼板线向上偏移 2900 mm，使用 TR(修剪)命令，对图形进行修剪，效果如图 3-1-74 所示。

图 3-1-74　整理图形

(5) 绘制楼板。使用 L(直线)命令绘制折断线；使用 O(偏移)命令，设置偏移距离为 100 mm，将上、下楼板线分别向下、向上偏移，绘制楼板；使用 TR(修剪)命令修剪图形，效果如图 3-1-75 所示。

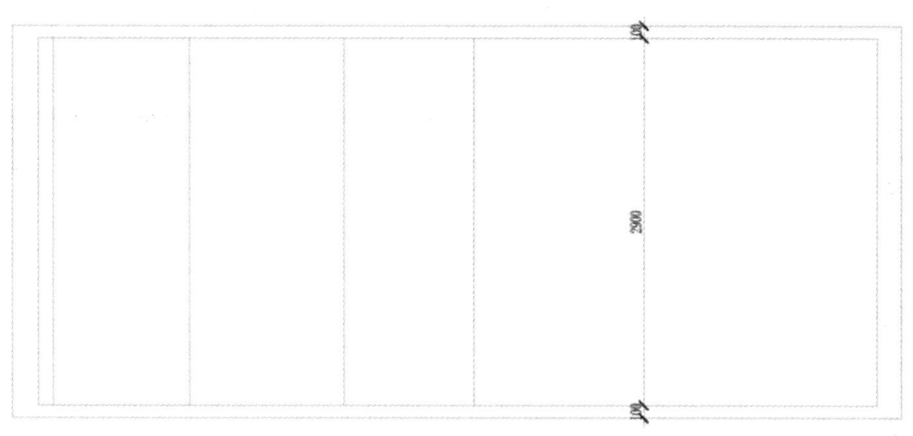

图 3-1-75　绘制楼板

(6) 绘制地面完成面、推拉门与填充楼板。使用 O(偏移)命令，将下楼板线向上偏移 50 mm，作为地面铺贴完成面厚度线，使用 TR(修剪)命令，修剪图形；使用 O(偏移)命令，将地面完成面向上偏移 2450 mm，将墙线向内偏移 80 mm，使用 TR(修剪)命令，修剪图形，绘制推拉门侧立面；使用 H(填充)命令，设置填充图案为 SOLID，填充楼板，效果如图 3-1-76 所示。

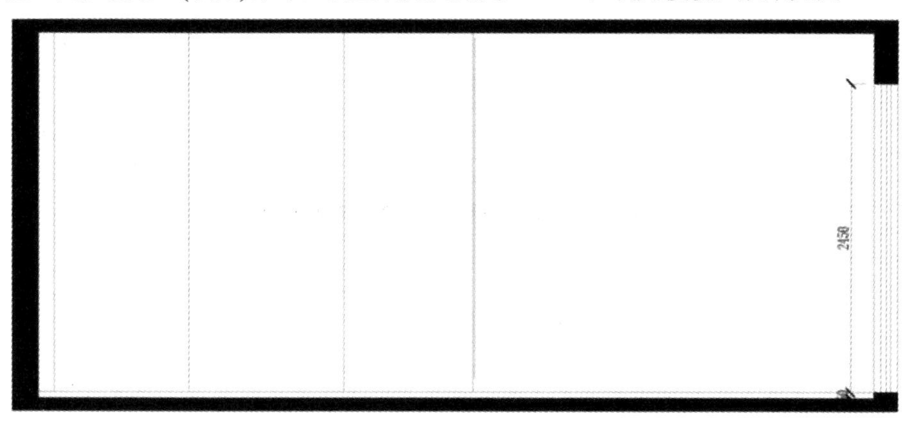

图 3-1-76　绘制地面完成面、推拉门与填充楼板

(7) 绘制顶棚。根据顶棚布置图中的尺寸信息以及图 3-1-77 中的尺寸，使用 O(偏移)、TR(修剪)等命令，绘制顶棚。

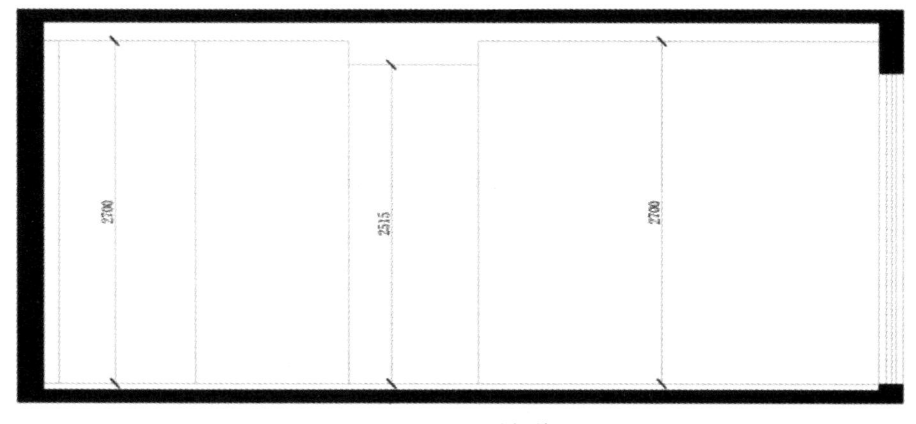

图 3-1-77　绘制顶棚

(8) 绘制窗帘盒、顶棚立面投影线。客餐厅 D 立面图中的窗帘盒、顶棚立面投影线与客餐厅 B 立面图中的参数一致，具体的画法不再赘述，效果如图 3-1-78 所示。

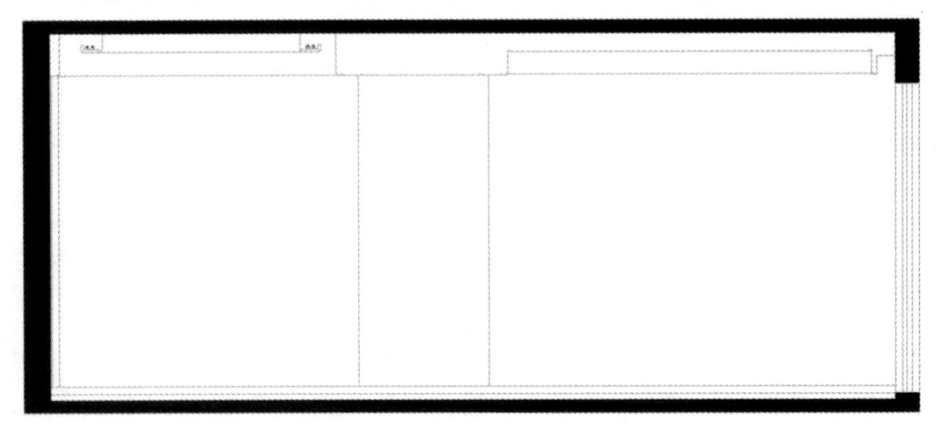

图 3-1-78 绘制窗帘盒、顶棚立面投影线

(9) 绘制入户门和踢脚线。根据平面布置图确定入户门的位置；使用 O(偏移)命令，偏移距离(入户门高度)为 2160 mm；打开“图库素材.dwg”文件，选择推拉门立面图素材，使用 Ctrl+C(复制)、Ctrl+V(粘贴)、M(移动)、SC(缩放)、AL(对齐)、S(拉伸)等命令，对图形进行调整，绘制入户门；使用 O(偏移)、TR(修剪)等命令，绘制踢脚线，其高度为 60 mm，再使用 H(填充)命令，设置填充图案为 ANSI31，设置填充比例为 10，填充踢脚线，绘制踢脚线，效果如图 3-1-79 所示。

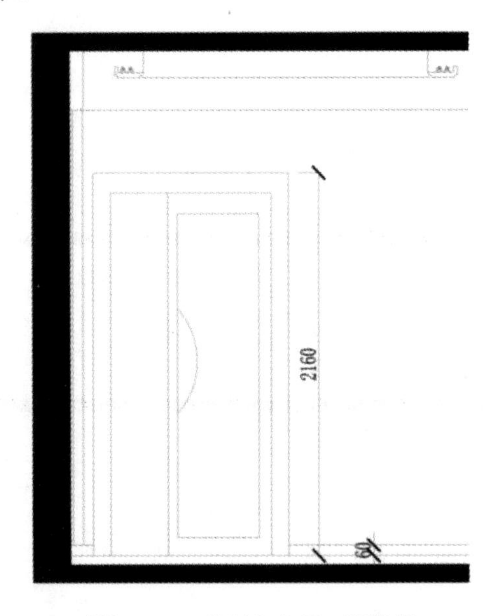

图 3-1-79 绘制入户门、踢脚线

(10) 绘制厨房门套。使用 O(偏移)命令，绘制黑镜饰面线，其宽度为 120 mm；使用 O(偏移)命令，绘制不锈钢饰面线，其宽度为 15 mm；使用 O(偏移)命令，绘制木饰面线，其宽度为 50 mm。使用 H(填充)命令，设置填充图案为 AR-RROOF、填充角度为 45 度、填充比例为 15，填充黑镜饰面；使用 H(填充)命令，设置填充图案为 ANSI31、填充比例为 10，

填充不锈钢饰面；使用 H(填充)命令，设置填充图案为 AR-RROOF、填充比例为 1，填充木饰面，效果如图 3-1-80 所示。

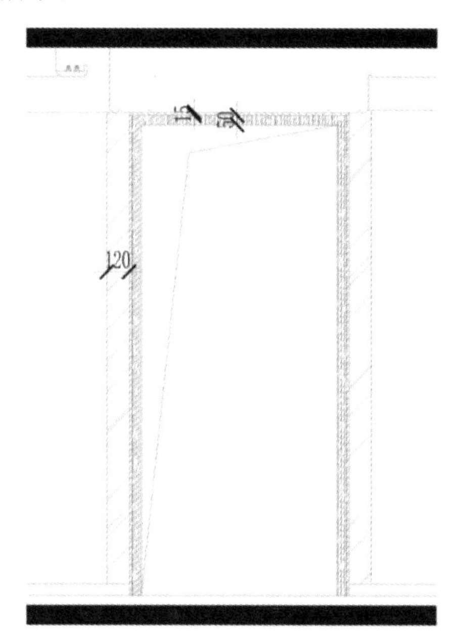

图 3-1-80　绘制厨房门套

(11) 绘制电视背景墙。使用 O(偏移)、TR(修剪)等命令，根据图 3-1-81 中的尺寸绘制电视背景墙装饰造型；使用 H(填充)命令，设置填充图案为 AR-RROOF、填充角度为 45 度、填充比例为 15，填充电视背景墙。

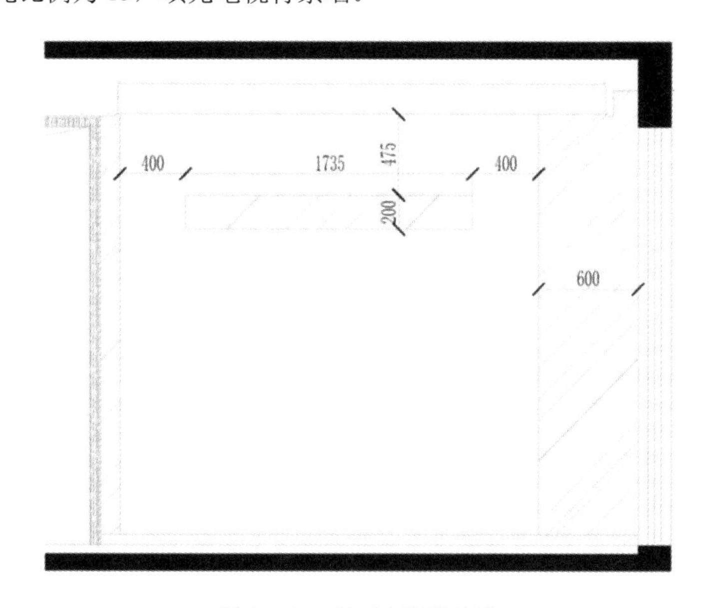

图 3-1-81　绘制电视背景墙

视频任务 3-1
绘制客餐厅 D 立面图(2)

(12) 布置电视机。打开“图库素材.dwg”文件，选择电视机图形，使用 Ctrl+C(复制)、Ctrl+V(粘贴)、M(移动)、SC(缩放)、AL(对齐)等命令，布置电视机，效果如图 3-1-82 所示。

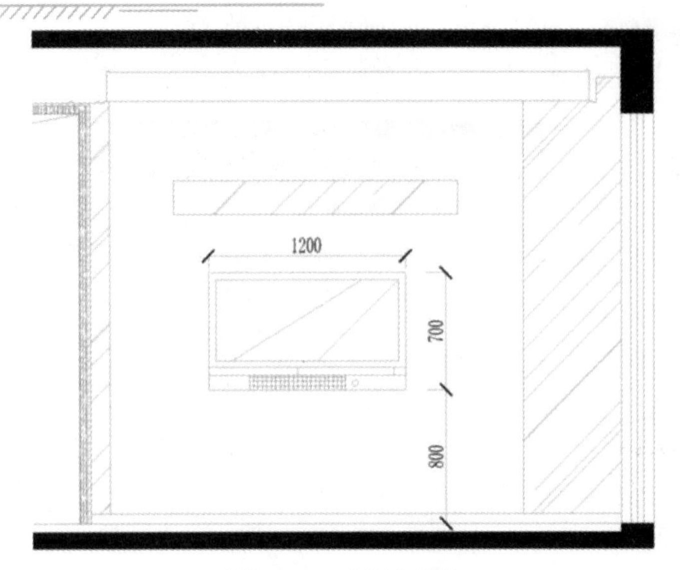

图 3-1-82　布置电视机

(13) 绘制电视柜。使用 O(偏移)、TR(修剪)等命令，根据图 3-1-83 中的尺寸绘制电视柜造型；使用 H(填充)命令，设置填充图案为 AR-RROOF、填充角度为 45 度、填充比例为 15，填充电视柜。

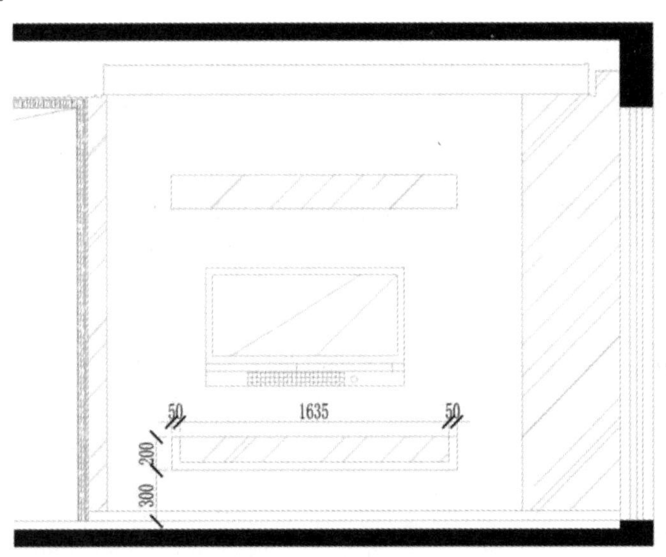

图 3-1-83　绘制电视柜

(14) 填充电视背景墙木饰面。使用 L(直线)、O(偏移)、EX(延伸)、E(删除)等命令绘制木皮凹槽收口，其宽度为 10 mm；使用 H(填充)命令，设置填充图案 AR-RROOF、填充角度为 0 度、填充比例为 5，填充电视背景墙木饰面，效果如图 3-1-84 所示。

(15) 绘制储物柜。使用 L(直线)命令根据图 3-1-85 中的尺寸绘制储物柜，设置储物柜门扇开启方向线的线型为 HIDDEN2、线型比例为 1。

(16) 填充柜面木饰面。使用 H(填充)命令，设置填充图案 AR-RROOF、填充角度为 0 度、填充比例为 5，填充柜门木饰面，效果如图 3-1-86 所示。

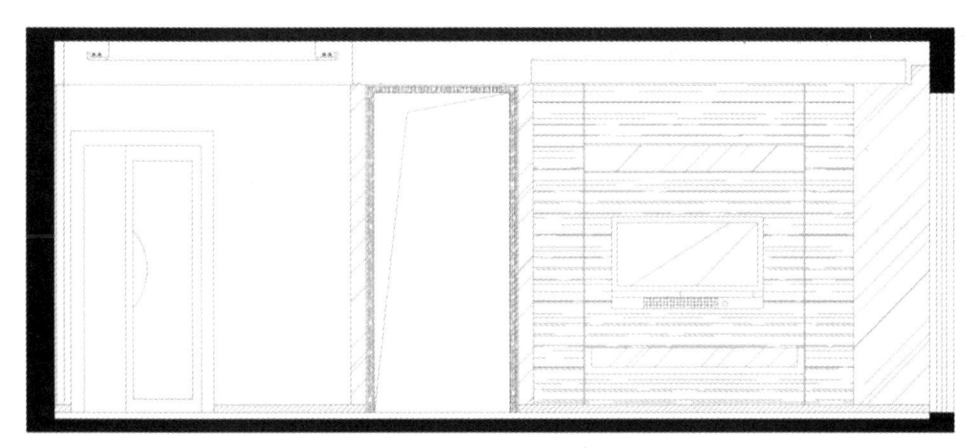

图 3-1-84　填充电视背景墙木饰面

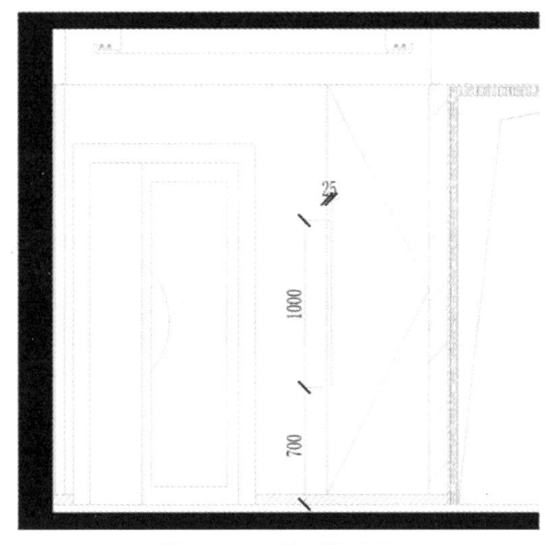

图 3-1-85　绘制储物柜

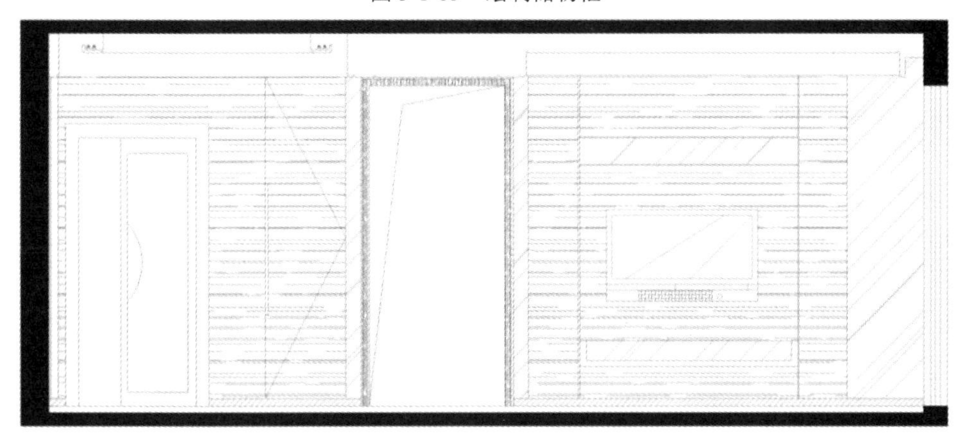

图 3-1-86　填充柜面木饰面

(17) 布置开关、插座。打开“图库素材.dwg”文件，选择开关、插座立面图，使用Ctrl+C(复制)、Ctrl+V(粘贴)、M(移动)、SC(缩放)、AL(对齐)等命令，根据图 3-1-87 中的尺寸布置开关、插座(注：开关、插座面板大小为 86 mm×86 mm)。

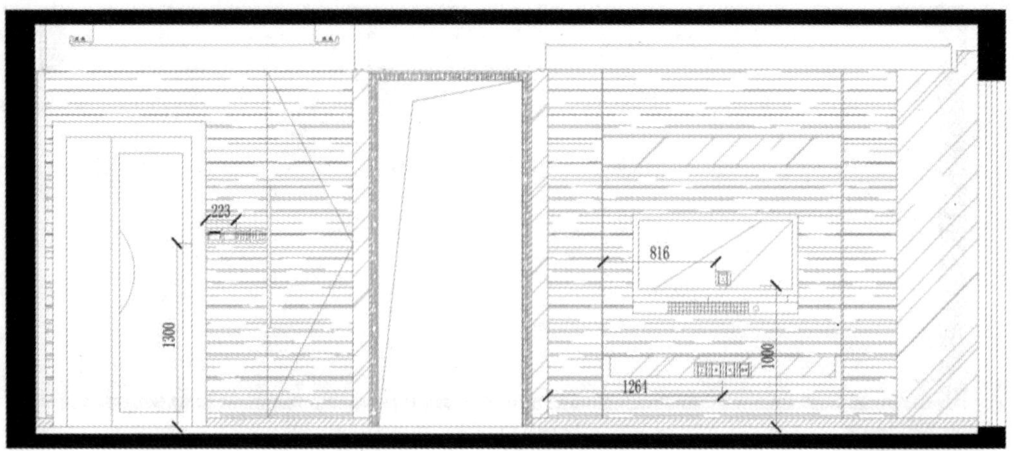

图 3-1-87　布置开关和插座

视频任务 3-1
绘制客餐厅 D 立面图(3)

(18) 布置强弱电箱。打开“图库素材.dwg”文件，选择强弱电箱图，使用 Ctrl+C(复制)、Ctrl+V(粘贴)、M(移动)、SC(缩放)、AL(对齐)等命令，根据图 3-1-88 中的尺寸布置强弱电箱。

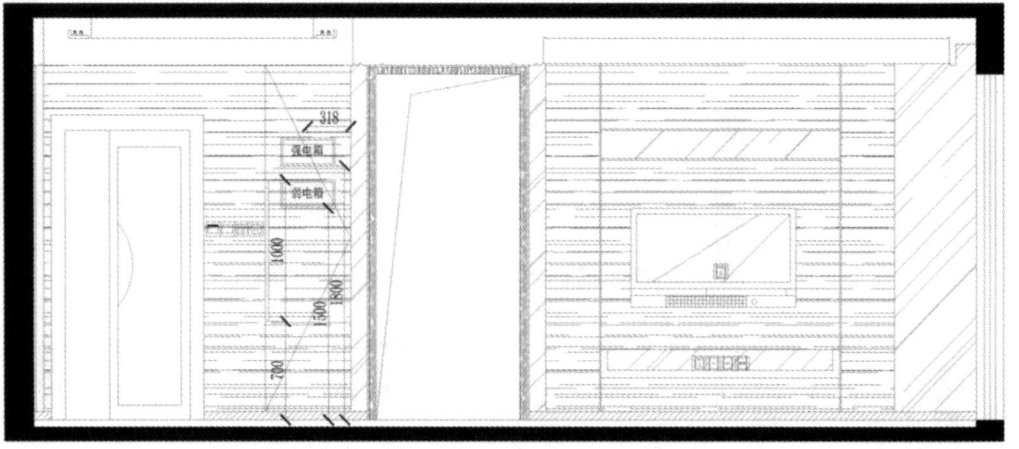

图 3-1-88　布置强弱电箱

(19) 布置电视背景墙暗藏灯带。使用 O(偏移)命令，绘制暗藏灯带；选中暗藏灯带，按下 Ctrl+1(特性)命令，打开特性设置对话框，设置暗藏灯带的线型为 CENTER2、比例为 0.2，效果如图 3-1-89 所示。

图 3-1-89　布置电视背景墙暗藏灯带

(20) 尺寸标注。设置要标注的图层为当前图层；使用 D(标注设置)命令，设置当前标注样式为“JZ-30”；使用 DLI(线性标注)命令、DCO(连续标注)命令对图形进行标注，效果如图 3-1-90 所示。

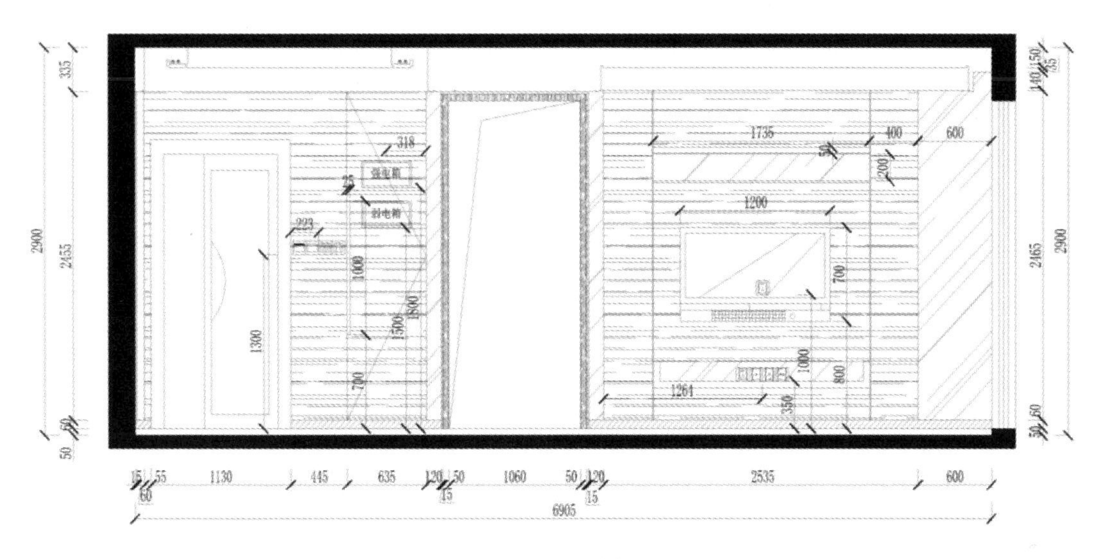

图 3-1-90　尺寸标注

(21) 材料、标高标注。使用 LE(引线标注)命令，对图形进行材料标注；使用 CO(复制)命令，复制客餐厅 C 立面图中的标高图例，根据图 3-1-91 中的尺寸进行标高标注。

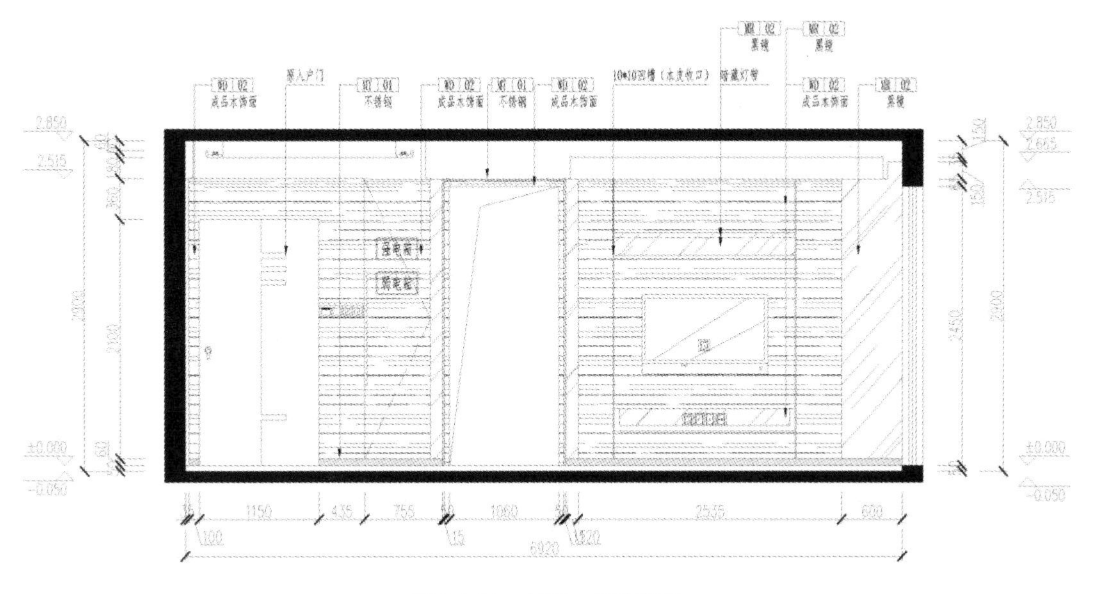

图 3-1-91　材料、标高标注

(22) 保存文件。将设计图另存，文件命名为“客餐厅 D 立面图”，效果如图 3-1-92 所示。

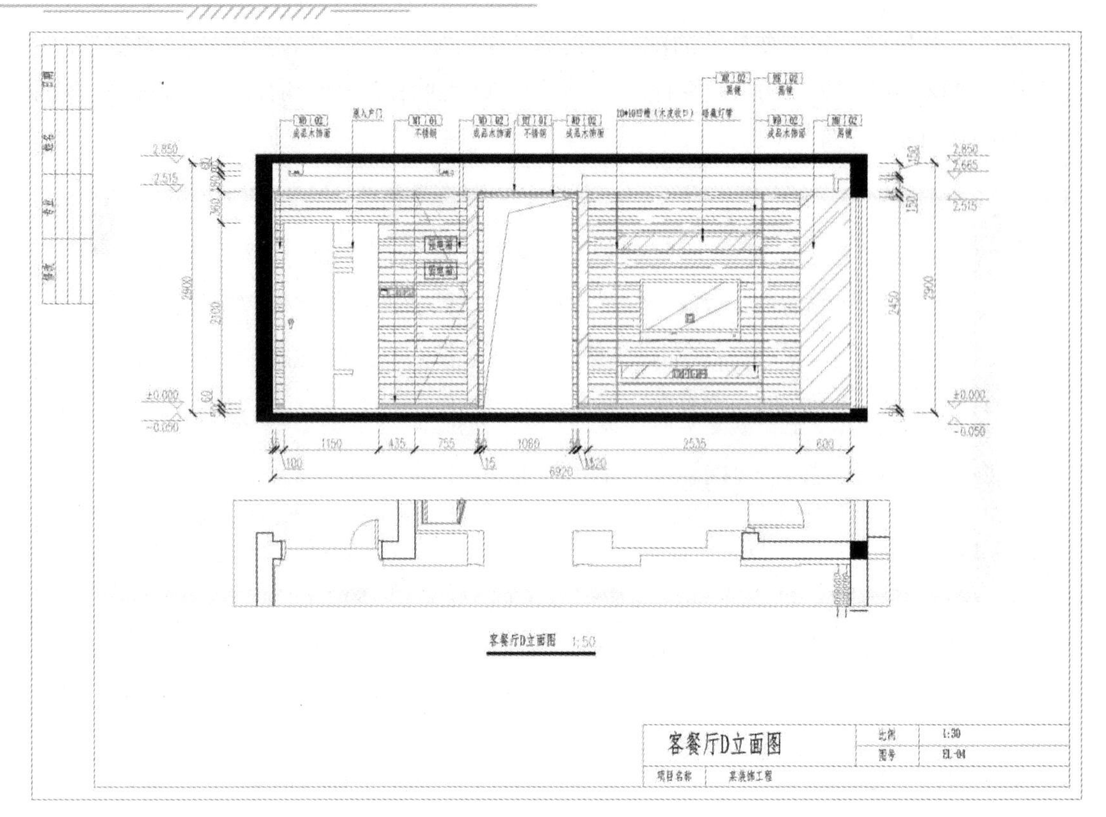

图 3-1-92　客餐厅 D 立面图

任务 3-2　绘制主卧立面图

一、卧室设计原则

卧室作为人们的主要休息场所，设计卧室时要充分考虑卧室使用功能及相关设计原则。具体而言，卧室的设计原则涵盖以下几个方面：

1) 颜色的选择

卧室的颜色应选取令人感觉舒适、宁静的色调。常见的适宜颜色有浅蓝色和淡黄色，前者能使人心情平静，后者则能营造温馨的氛围。然而，颜色的选择并非仅限于这两种，还应考虑业主的个性和喜好。

2) 材料的选用

卧室的装修材料并非越昂贵越好，而应根据其使用功能进行挑选。卧室的装修材料应具备良好的隔音和吸声性能，以保持卧室的安静，营造优质的睡眠环境。

3) 光线的处理

卧室的灯光设计应追求柔和感与温暖感，以营造安静、舒适的氛围。冷光过于刺眼，不利于休息。同时，照明方向应避免直接向下，而应通过顶部灯带照明来营造温暖、舒适的氛围。

4) 家具的布置

在选择卧室家具时，要考虑卧室的大小和形状。床和床头柜是卧室中最重要的家具，其摆放应科学、合理。在确定床和床头柜的位置和大小后，若有剩余空间，可考虑添加衣柜、梳妆台等其他家具。

二、绘制主卧 A 立面图

视频任务 3-2
绘制主卧室 A 立面图(1)

绘制主卧(室)A 立面图的具体步骤如下：

(1) 新建图层。打开“客餐厅 D 立面图.dwg”文件，新建图层：使用 LA(图层设置)命令→单击空格键→打开图层特性管理器→单击新建按钮，新建图层→将其命名为“主卧室立面图”→颜色设置为 153 蓝色，其他参数均为默认，双击将其设置为当前图层，效果如图 3-2-1 所示。

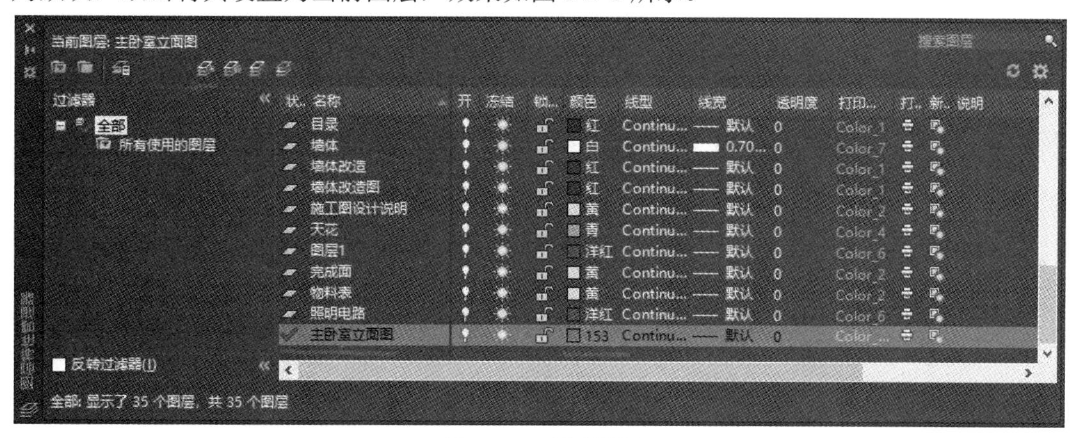

图 3-2-1　新建图层

(2) 复制整理图框。使用 CO(复制)命令，复制客餐厅 D 立面图图框，修改图名、标题栏、图纸目录信息；使用 L(直线)命令，捕捉图框的中点来绘制直线，效果如图 3-2-2 所示。

图 3-2-2　复制整理图框

(3) 复制平面布置图。在平面布置图中，使用 REC(矩形)命令，将要绘制的主卧 A 立面部分框出来，并使用 TR(修剪)、M(移动)等命令将图形移动到主卧 A 立面图图框中，效果如图 3-2-3 所示。

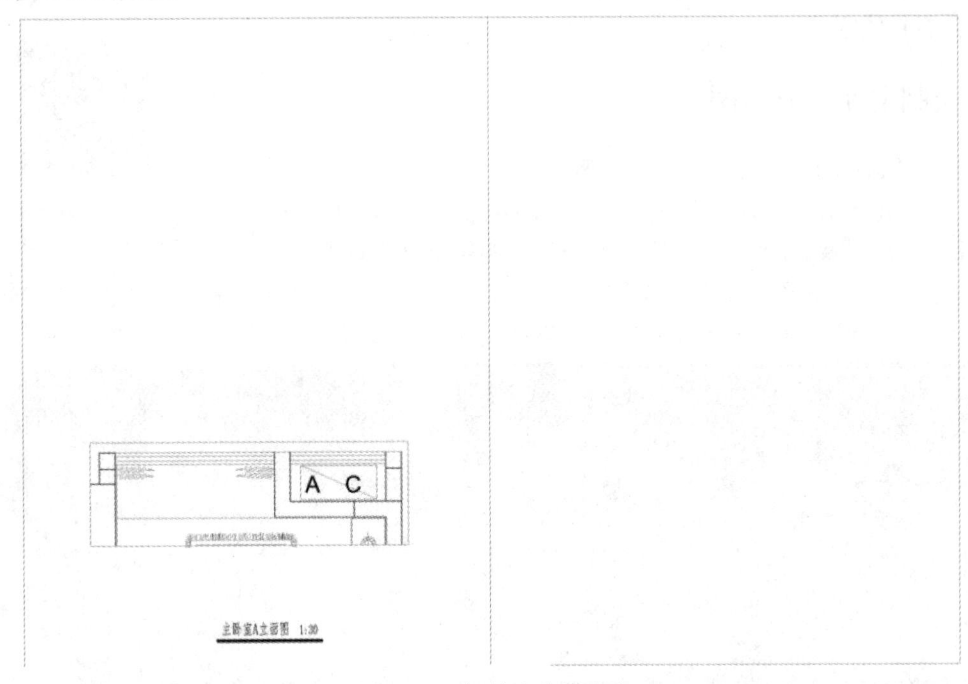

图 3-2-3　复制平面布置图

(4) 绘制辅助(构造)线。使用 XL(构造线)命令，根据墙体装饰完成面的最外侧线绘制垂直辅助线；使用 XL(构造线)命令，绘制水平的辅助线，表示楼板，效果如图 3-2-4 所示。

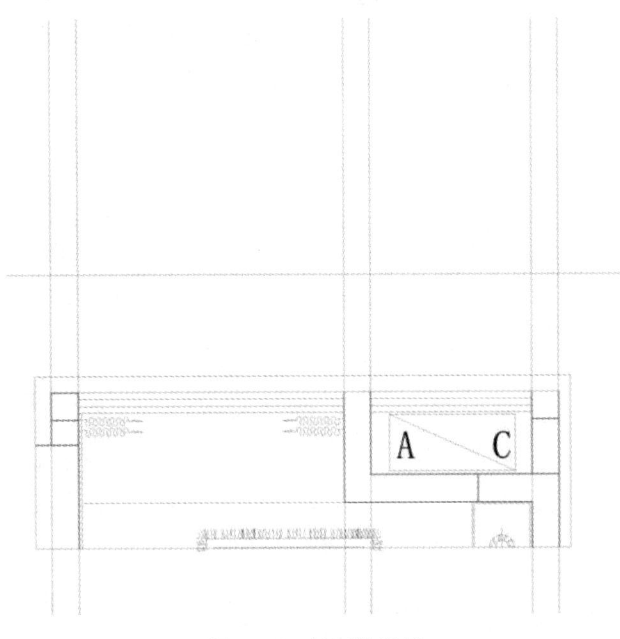

图 3-2-4　绘制构造线

(5) 整理图形。使用 O(偏移)命令，将楼板线向上偏移 2900 mm，使用 TR(修剪)命令，对图形进行修剪，效果如图 3-2-5 所示。

图 3-2-5　整理图形

(6) 绘制楼板。使用 L(直线)命令绘制折断线；使用 O(偏移)命令，设置偏移距离为 100 mm，将上、下楼板线分别向下、向上偏移，绘制楼板；使用 TR(修剪)命令修剪图形，效果如图 3-2-6 所示。

图 3-2-6　绘制楼板

(7) 绘制地面完成面。使用 O(偏移)命令，将下楼板线向上偏移 50 mm，作为地面铺贴完成面厚度线；使用 H(填充)命令，设置填充图案为 SOLID，填充楼板，效果如图 3-2-7 所示。

图 3-2-7 绘制地面完成面

(8) 绘制踢脚线。使用 O(偏移)、TR(修剪)等命令，绘制踢脚线造型，踢脚线高度为 60 mm；使用 H(填充)命令，设置填充图案为 ANSI31、填充比例为 10，填充踢脚线，效果如图 3-2-8 所示。

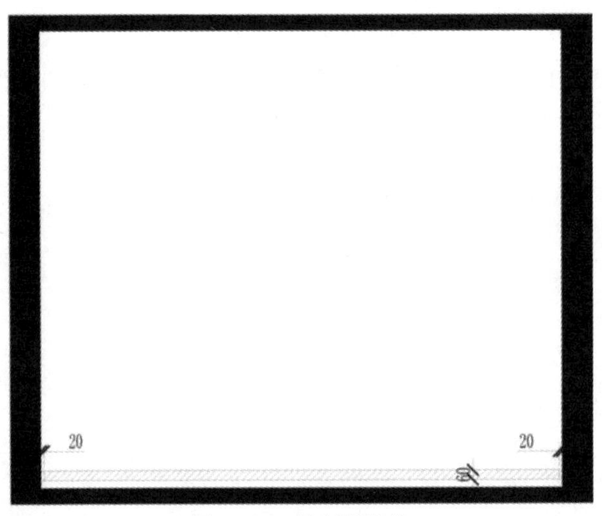

图 3-2-8 绘制踢脚线

(9) 绘制顶棚立面投影线。使用 L(直线)、F(倒圆角)、TR(修剪)、MI(镜像)等命令，根据图 3-2-9 中的尺寸(这里左右两侧造型和尺寸是一样的，仅提供一侧数据)，绘制顶棚立面投影线。

图 3-2-9 绘制顶棚立面投影线

(10) 偏移顶棚立面投影线。使用 O(偏移)命令，将地面线向上偏移 2600 mm，偏移顶棚立面投影线，效果如图 3-2-10 所示。

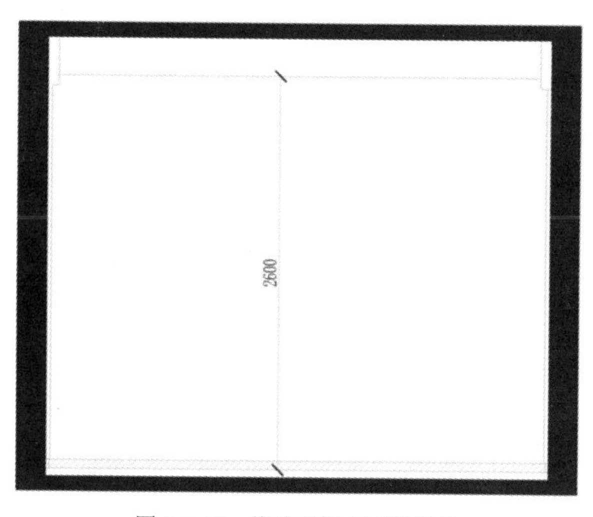

图 3-2-10　偏移顶棚立面投影线

(11) 绘制暗藏灯槽。使用 O(偏移)、L(直线)、F(倒圆角)、TR(修剪)、MI(镜像)等命令，根据图 3-2-11 中的尺寸绘制暗藏灯槽。

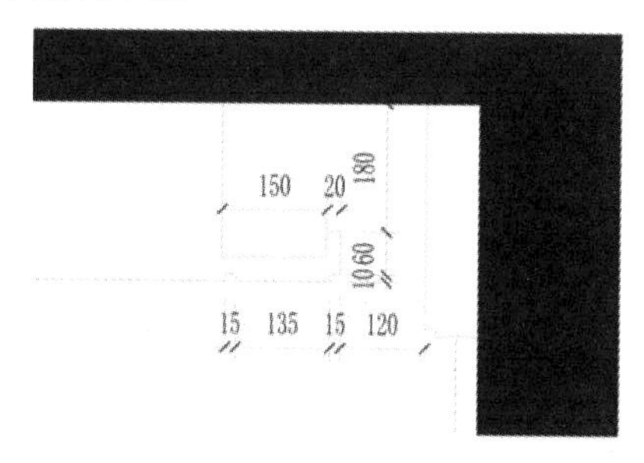

图 3-2-11　绘制暗藏灯槽

(12) 布置暗藏灯带。使用 MI(镜像)命令，绘制另一侧暗藏灯槽；打开“图库素材.dwg”，选择暗藏灯带素材，使用 Ctrl + C(复制)、Ctrl+V(粘贴)、M(移动)等命令，布置暗藏灯带，效果如图 3-2-12 所示。

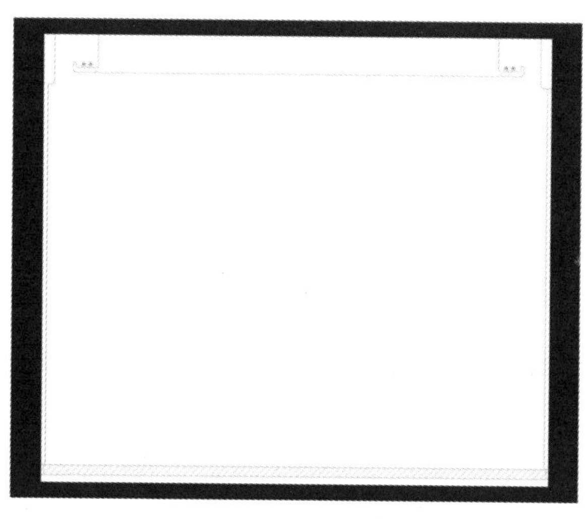

图 3-2-12　布置暗藏灯带

(13) 绘制飘窗窗洞。使用O(偏移)、TR(修剪)等命令，根据图3-2-13中的尺寸绘制飘窗窗洞。

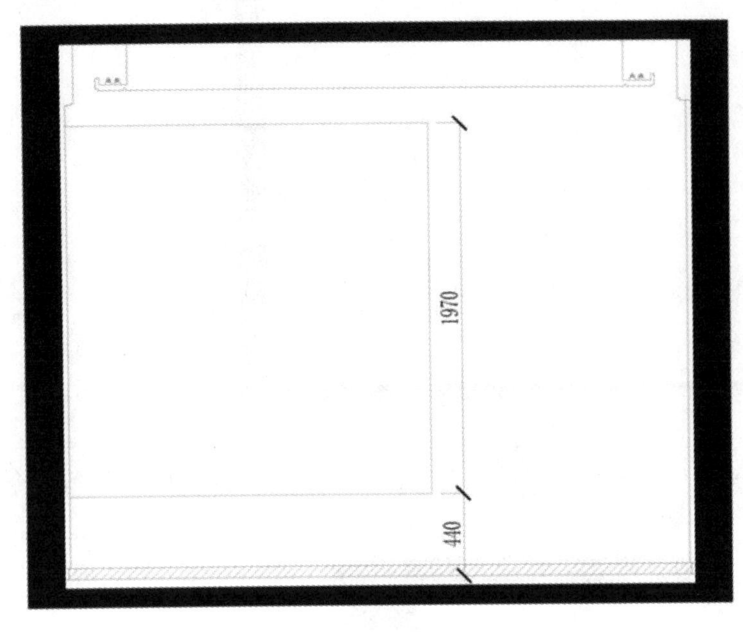

图3-2-13　绘制飘窗窗洞

视频任务3-2
绘制主卧室A立面图(2)

(14) 绘制飘窗窗台。使用O(偏移)命令绘制飘窗窗台，窗台厚度为40 mm，效果如图3-2-14所示。

图3-2-14　绘制飘窗窗台

(15) 绘制窗户。使用REC(矩形)、O(偏移)、DIV(定数等分)、L(直线)等命令绘制窗户造型；使用H(填充)命令，设置填充图案为AR-RROOF、填充角度为45度、填充比例为15，填充窗户玻璃，效果如图 3-2-15 所示。

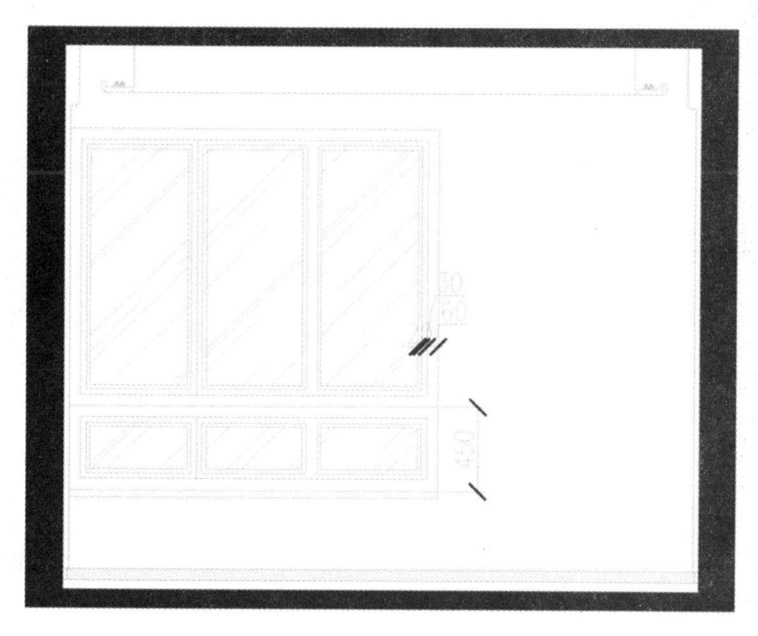

图 3-2-15　绘制窗户

(16) 绘制窗帘盒、布置窗帘。使用 O(偏移)命令绘制窗帘盒，设置窗帘盒高度为 80 mm；使用 TR(修剪)命令修剪图形；打开“图库素材.dwg”文件，选择窗帘图形，使用 Ctrl+C(复制)、Ctrl+V(粘贴)、M(移动)、SC(缩放)等命令，布置窗帘，效果如图 3-2-16 所示。

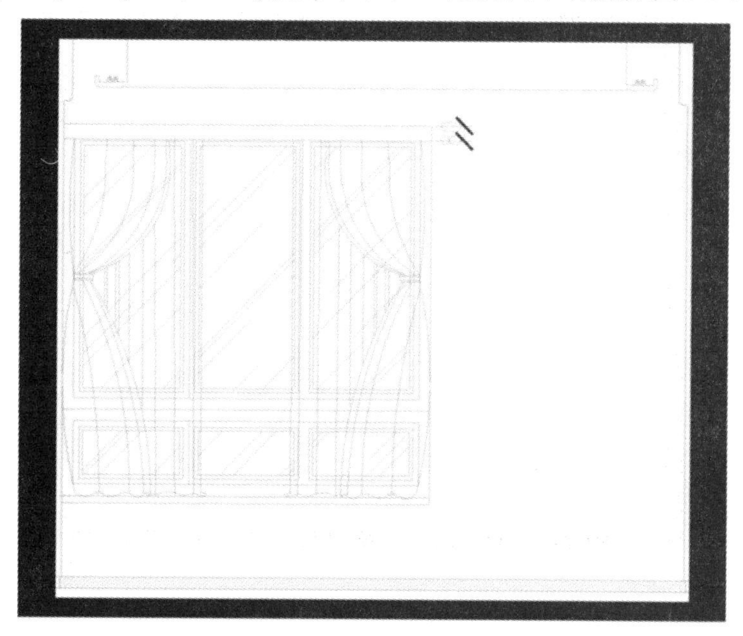

图 3-2-16　绘制窗帘盒、布置窗帘

(17) 填充壁纸。使用 H(填充)命令，设置填充图案为 CROSS、填充比例为 10，填充壁纸，效果如图 3-2-17 所示。

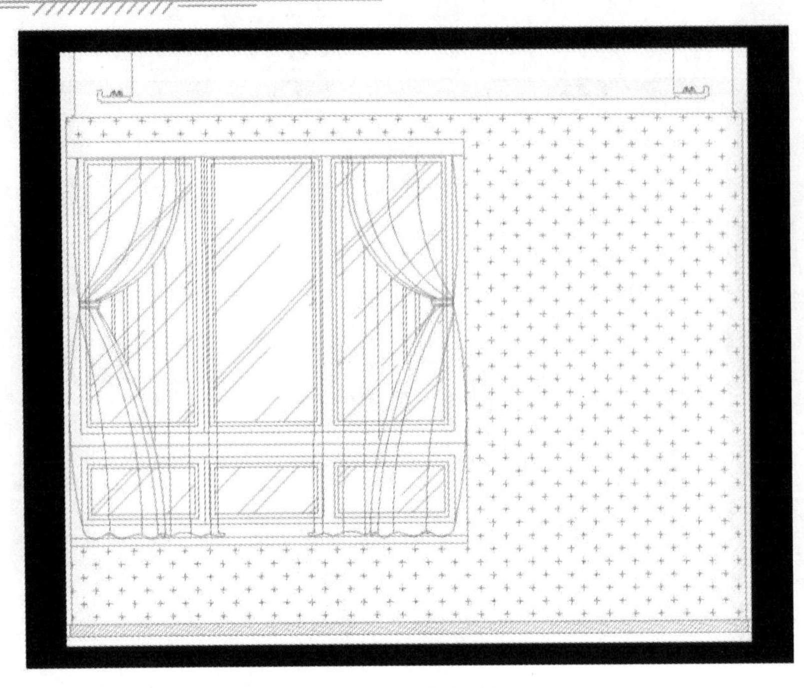

图 3-2-17　填充壁纸

(18) 尺寸标注。设置要标注的图层为当前图层；使用 D(标注设置)命令，设置当前标注样式为“JZ-30”；使用 DLI(线性标注)命令、DCO(连续标注)命令对图形进行标注，效果如图 3-2-18 所示。

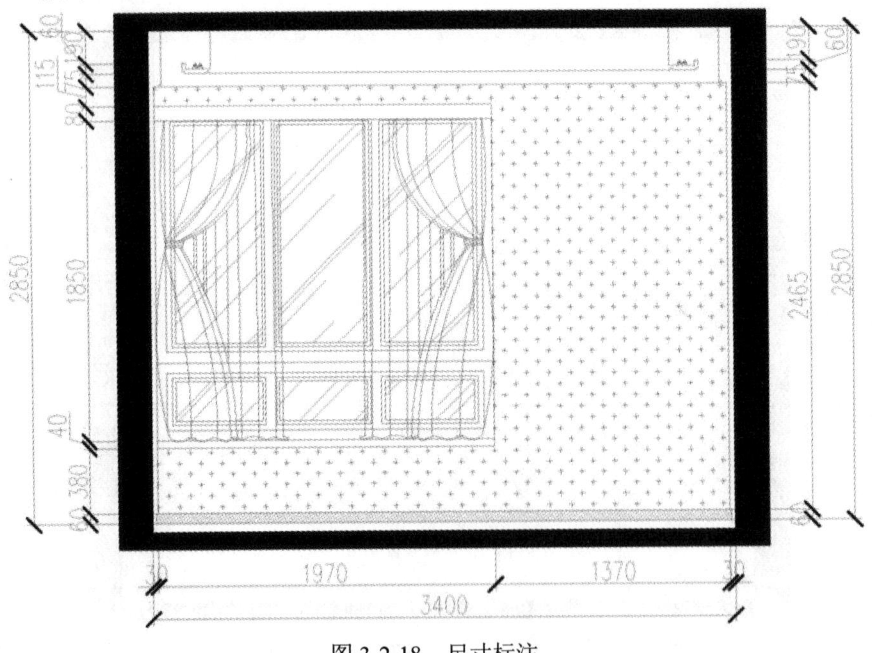

图 3-2-18　尺寸标注

(19) 材料、标高标注。使用 LE(引线标注)、CO(复制)等命令，对图形进行材料标注；使用 CO(复制)命令复制客餐厅 D 立面图中的标高图例，根据图 3-2-19 中的尺寸标注标高。

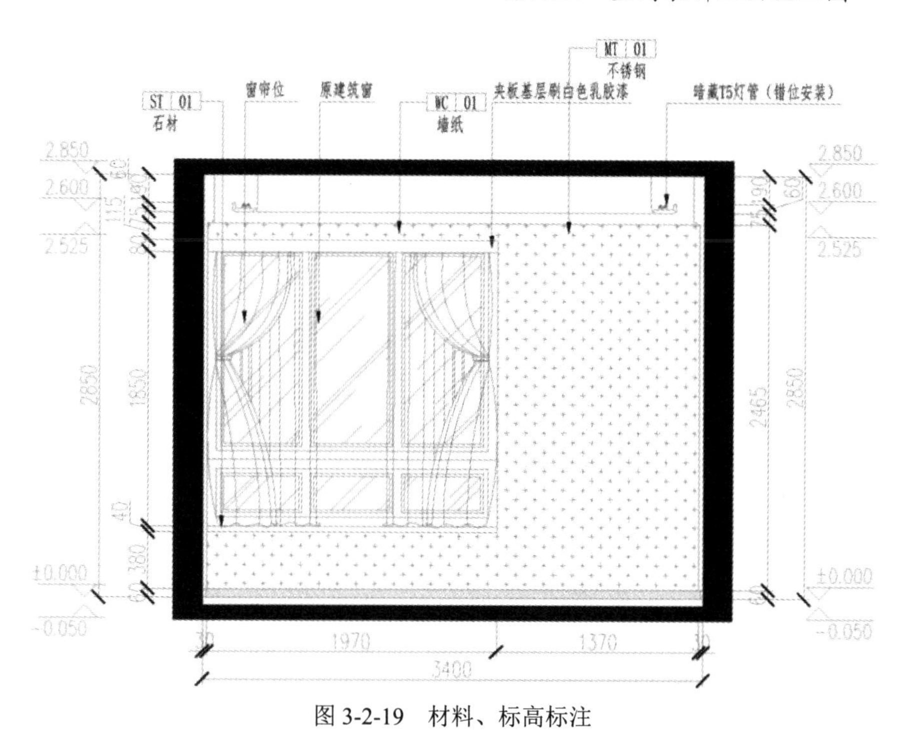

图 3-2-19 材料、标高标注

(20) 保存文件。将设计图另存，文件命名为“主卧 A(/C)立面图”，效果如图 3-2-20 所示。

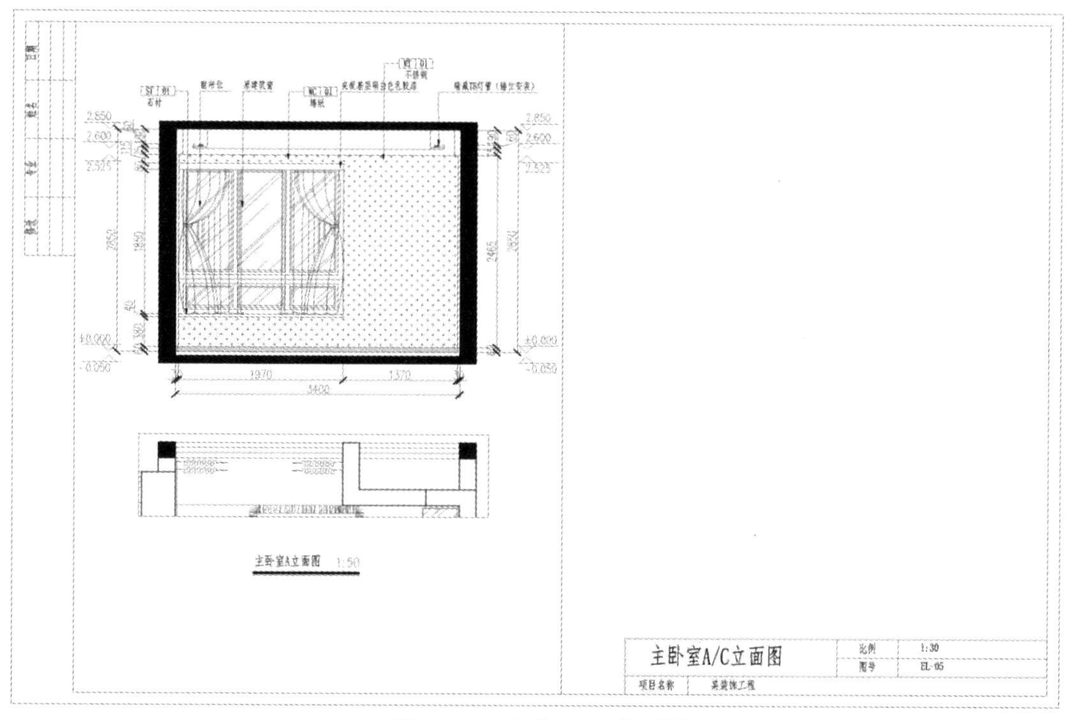

图 3-2-20 主卧 A(/C)立面图

注：主卧 A、C 在同一张图中绘制，因此这里文件名保存为主卧 A/C 立面图。/C 用括号括出以示区别。

三、绘制主卧 C 立面图

视频任务 3-2
绘制主卧室 C 立面图(1)

绘制主卧 C 立面图的具体步骤如下：

(1) 复制整理图形。在平面布置图中，使用 REC(矩形)命令，将要绘制的主卧 C 立面部分框出来，并使用 TR(修剪)、M(移动)等命令将图形移动到主卧 C 立面图图框中；使用 CO(复制)命令，复制并修改图名，效果如图 3-2-21 所示。

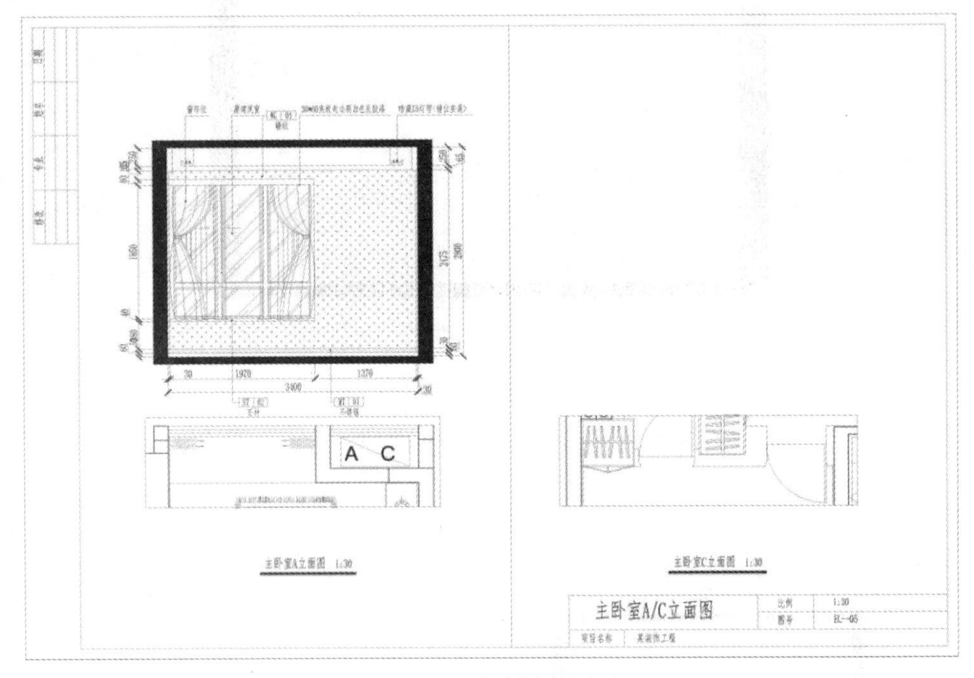

图 3-2-21　复制整理图形

(2) 绘制构造线。使用 XL(构造线)命令，根据墙体装饰完成面的最外侧线绘制垂直辅助线；再次使用 XL(构造线)命令，绘制水平的辅助线，表示楼板线，效果如图 3-2-22 所示。

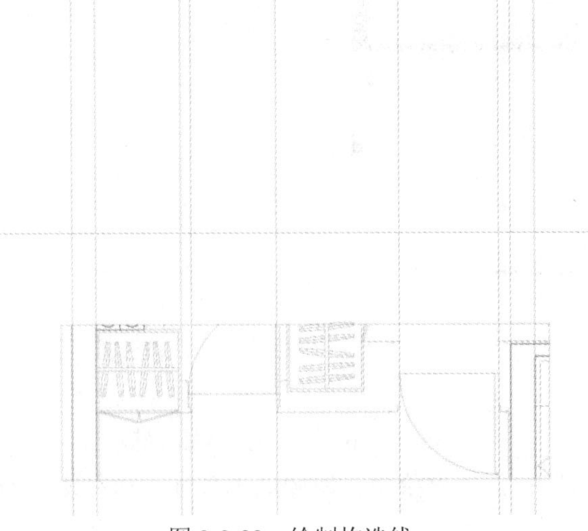

图 3-2-22　绘制构造线

(3) 整理图形。使用 O(偏移)命令，将楼板线向上偏移 2900 mm，使用 TR(修剪)命令，对图形进行修剪，效果如图 3-2-23 所示。

图 3-2-23　整理图形

(4) 绘制楼板。使用 L(直线)命令绘制折断线；使用 O(偏移)命令，设置偏移距离为 100 mm，将上、下楼板线分别向下、向上偏移，绘制楼板；使用 TR(修剪)命令修剪图形，效果如图 3-2-24 所示。

图 3-2-24　绘制楼板

(5) 绘制地面完成面与填充楼板。使用 O(偏移)命令，将下楼板线向上偏移 50 mm，作为地面铺贴完成面厚度线；使用 H(填充)命令，设置填充图案为 SOLID，填充楼板，效果如图 3-2-25 所示。

图 3-2-25　绘制地面完成面与填充楼板

(6) 绘制顶棚立面投影线。主卧 C 的立面和主卧 A 的立面是两个镜像的面，顶棚造型与尺寸均一致，具体画法不再赘述(注：可使用镜像复制的方法进行绘制)，效果如图 3-2-26 所示。

图 3-2-26　绘制顶棚立面投影线

(7) 绘制主卧门套。使用 O(偏移)命令，将门框线依次向内偏移 15 mm、50 mm、15 mm，绘制主卧门套线；使用 H(填充)命令，设置填充图案为 ANSI31、填充比例为 10、填充宽度为 15，填充不锈钢饰面；使用 H(填充)命令，设置填充图案为 AR-RROOF、填充比例为 1、填充宽度为 50，填充木饰面，效果如图 3-2-27 所示。

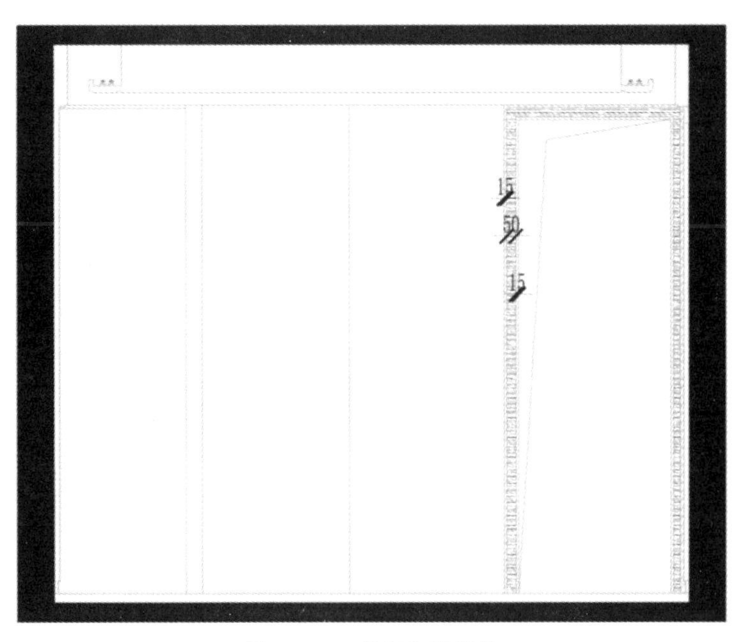

图 3-2-27　绘制主卧门套

(8) 绘制踢脚线。使用 O(偏移)、TR(修剪)等命令，绘制踢脚线造型，设置踢脚线高度为 60 mm；使用 H(填充)命令，设置填充图案为 ANSI31、填充比例为 10，填充踢脚线，效果如图 3-2-28 所示。

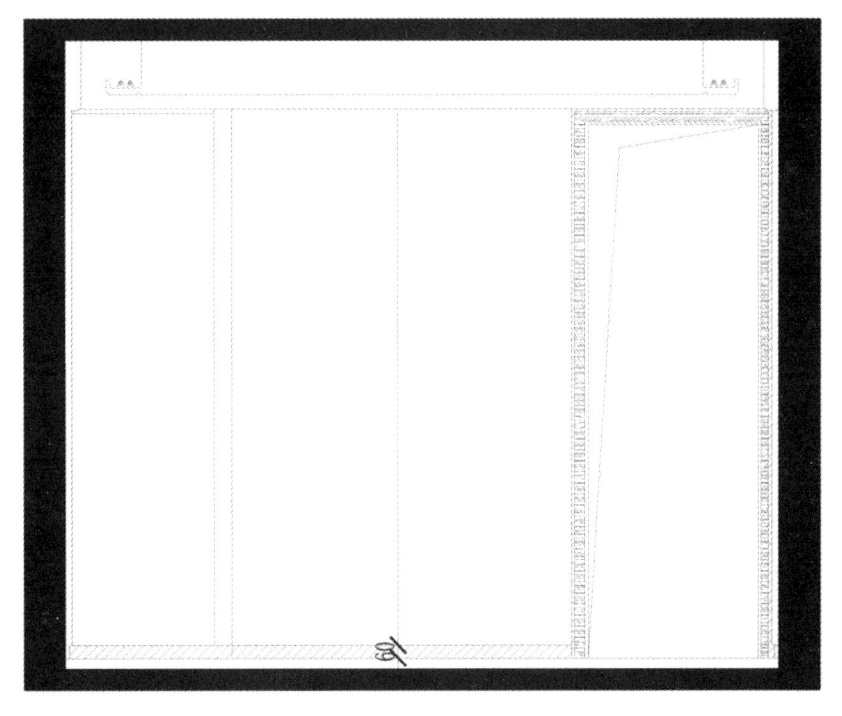

图 3-2-28　绘制踢脚线

(9) 绘制主卫门。使用 O(偏移)命令，设置偏移距离为 85 mm，绘制主卫门造型；使用 H(填充)命令，设置填充图案为 AR-RROOF、填充比例为 5、填充角度为 45 度，填充黑镜饰面，效果如图 3-2-29 所示。

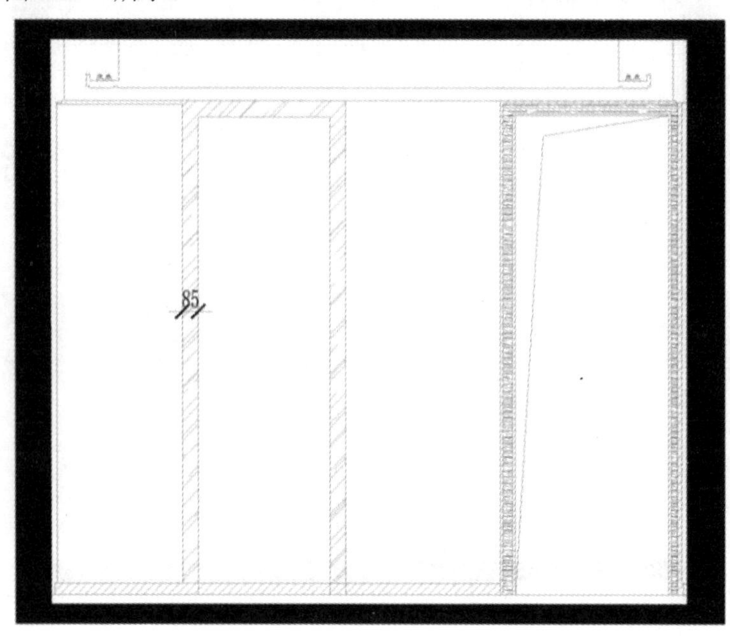

图 3-2-29　绘制主卫门

(10) 绘制衣柜。使用 O(偏移)、TR(修剪)等命令绘制衣柜，设置衣柜开启方向线的线型为 HIDDEN2，线型比例为 0.2，效果如图 3-2-30 所示。

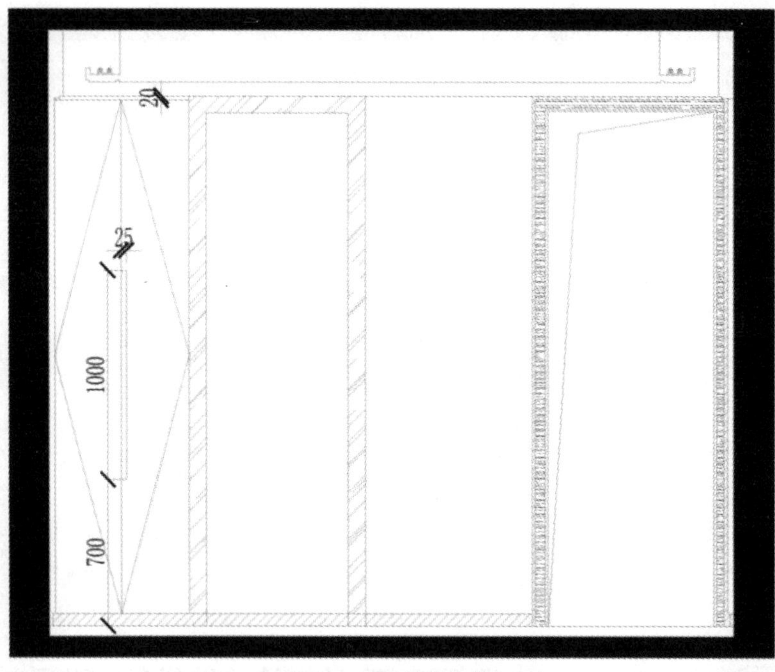

图 3-2-30　绘制衣柜

(11) 布置开关。打开“图库素材.dwg”文件，选择开关立面图，使用 Ctrl+C(复制)、Ctrl+V(粘贴)、M(移动)、SC(缩放)、AL(对齐)等命令，根据图 3-1-18 中的尺寸布置开关(注：开关面板大小为 86mm×86mm)，效果如图 3-2-31 所示。

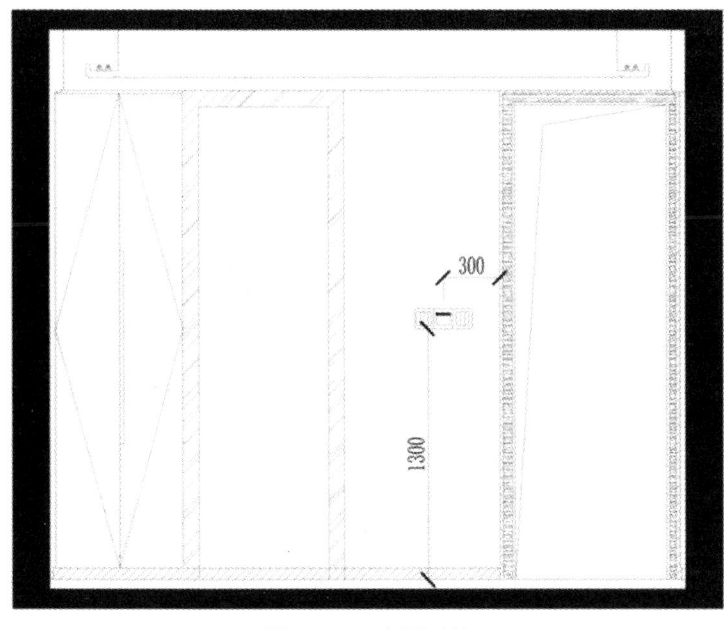

图 3-2-31　布置开关

视频任务 3-2
绘制主卧室 C 立面图(2)

(12) 填充衣柜门。使用 H(填充)命令，设置填充图案为 AR-RROOF、填充比例为 5，使用木饰面填充，效果如图 3-2-32 所示。

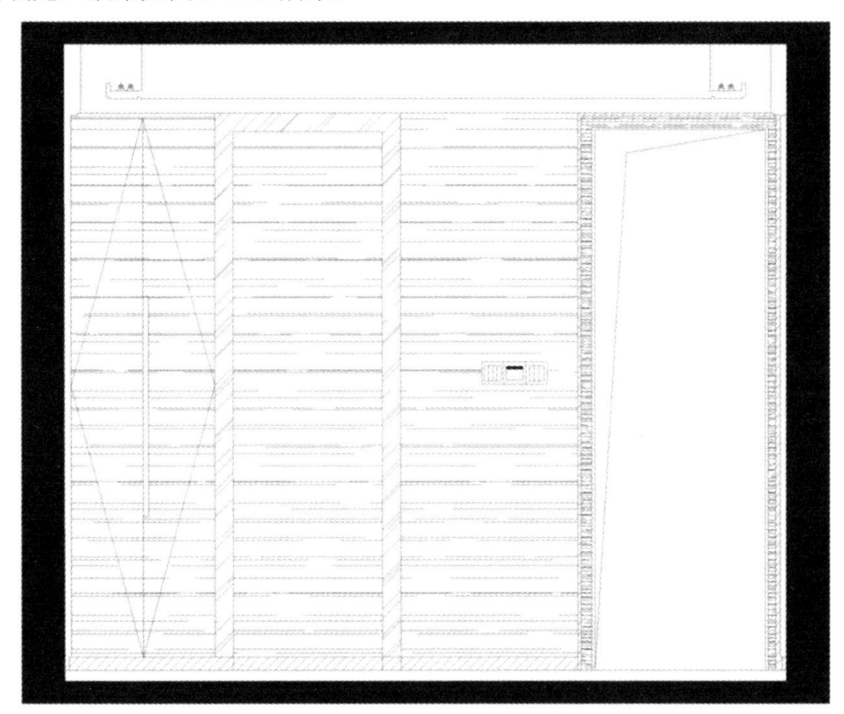

图 3-2-32　填充衣柜门

(13) 尺寸标注。设置要标注的图层为当前图层；使用 D(标注设置)命令，设置当前标注样式为“JZ-30”；使用 DLI(线性标注)命令、DCO(连续标注)命令对图形进行标注，效果如图 3-2-33 所示。

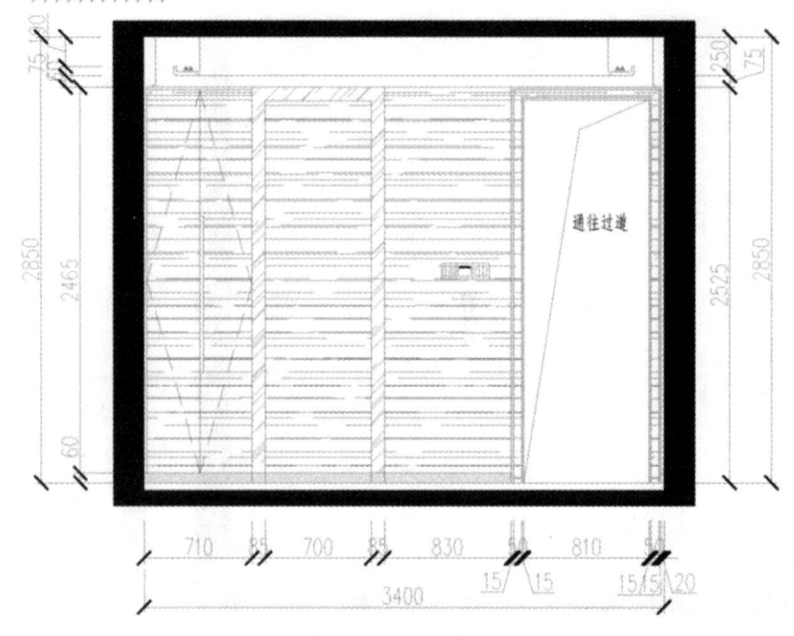

图 3-2-33 尺寸标注

(14) 材料、标高标注。使用 LE(引线标注)、CO(复制)命令，对图形进行材料标注；使用 CO(复制)命令，复制主卧 A 立面图中的标高图例，根据图 3-2-34 中的尺寸进行标高标注。

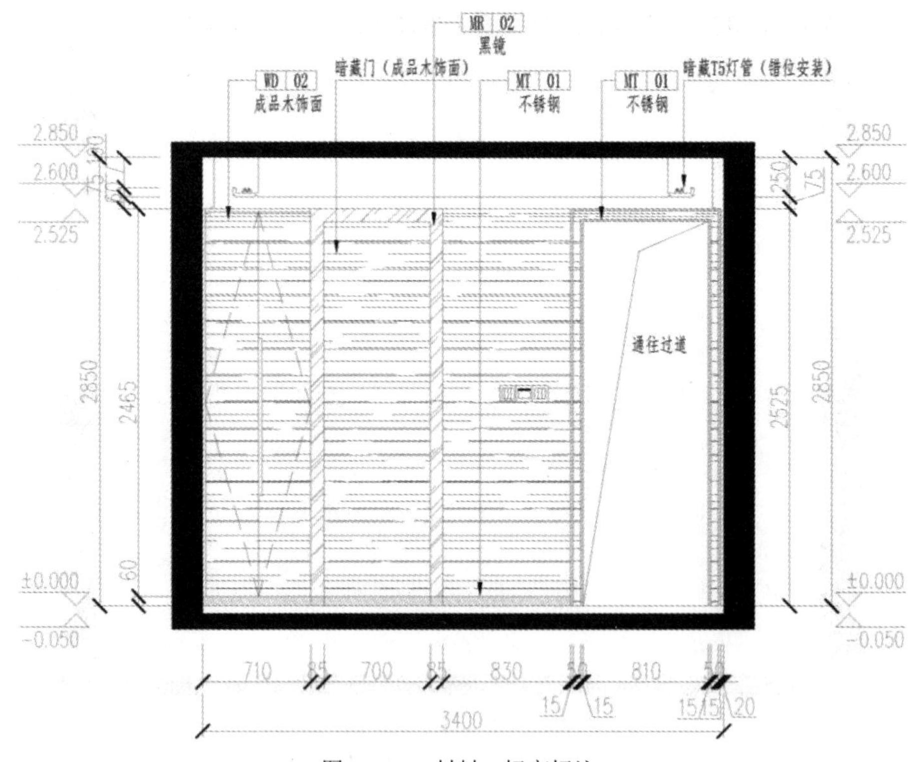

图 3-2-34 材料、标高标注

(15) 保存文件。将设计图另存，文件命名为“主卧(A/)C 立面图”，效果如图 3-2-35 所示。

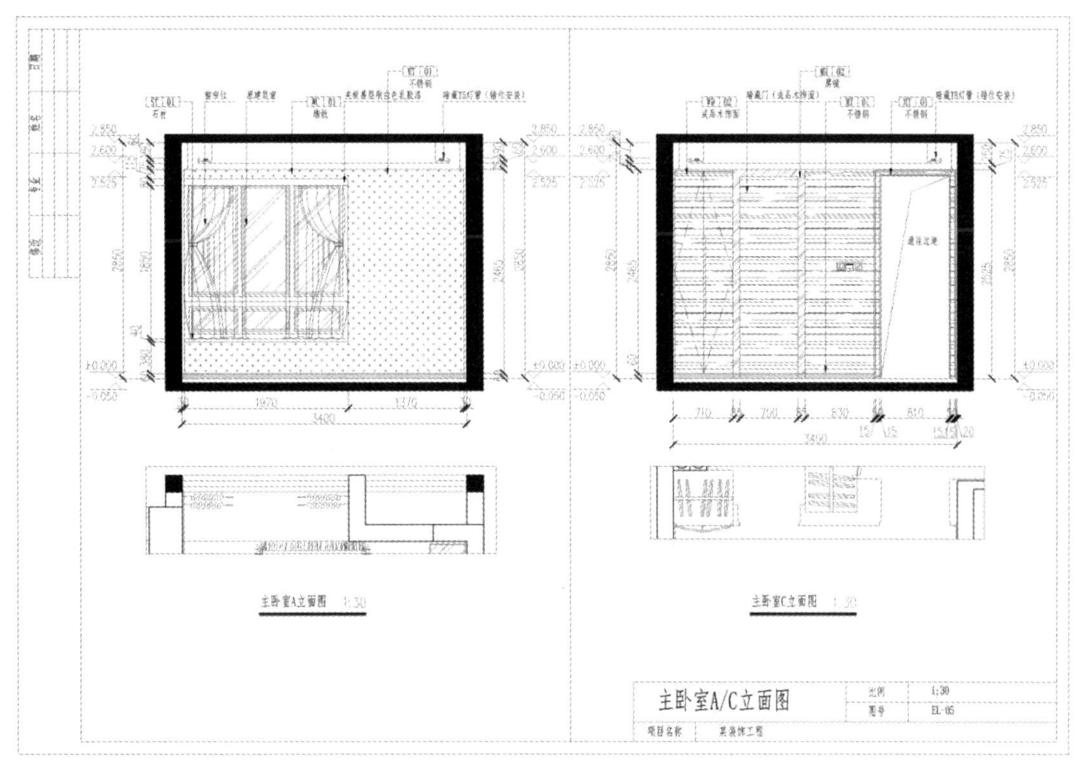

图 3-2-35　主卧(A/)C 立面图

四、绘制主卧 B 立面图

绘制主卧 B 立面图的具体步骤如下：

(1) 复制整理图形。打开“主卧 A/C 立面图.dwg”文件，使用 CO(复制)命令，复制主卧 A/C 立面图图框内容；修改图名、标题栏信息、图纸目录信息；在平面布置图中，使用 REC(矩形)命令，将要绘制的主卧 B 的立面部分框出来，并使用 TR(修剪)、M(移动)等命令将图形移动到主卧 B 立面图图框(下图左侧)中，效果如图 3-2-36 所示。

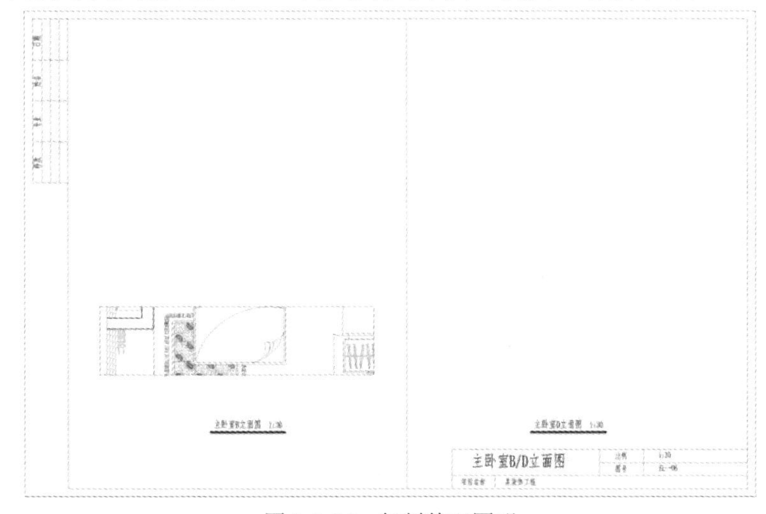

图 3-2-36　复制整理图形

视频任务 3-2
绘制主卧室 B 立面图(1)

(2) 绘制构造线。使用 XL(构造线)命令，根据墙体装饰完成面的最外侧线绘制垂直辅助线；再次使用 XL(构造线)命令，绘制水平的辅助线，表示楼板基线，效果如图 3-2-37 所示。

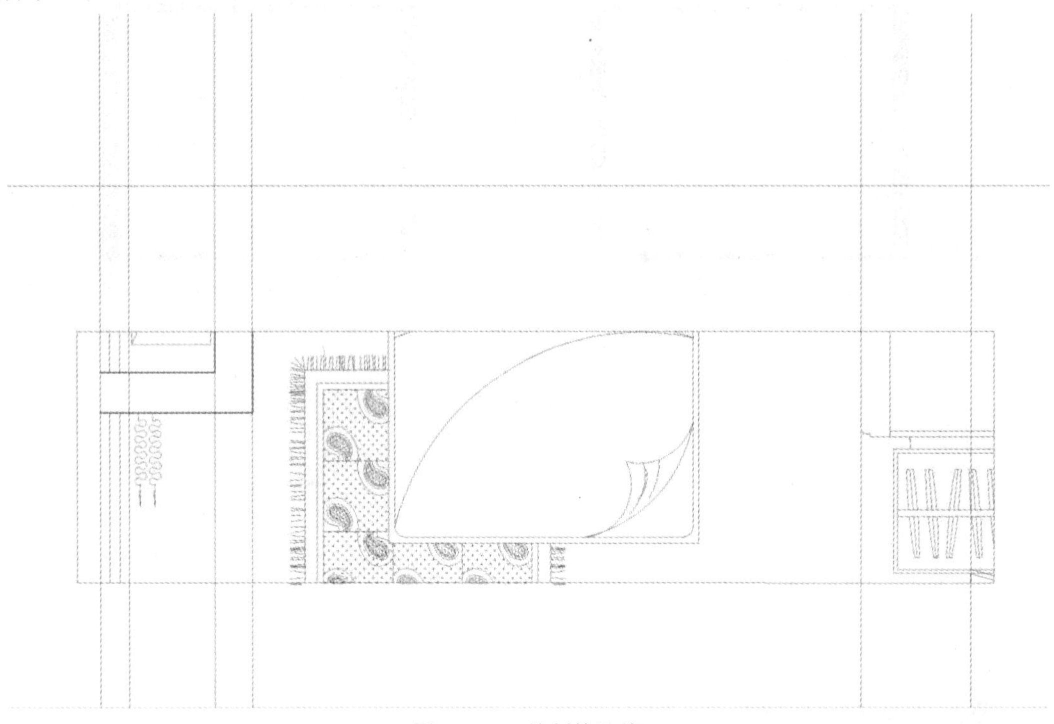

图 3-2-37　绘制构造线

(3) 绘制飘窗。使用 O(偏移)命令，将楼板线向上偏移 2900 mm，使用 TR(修剪)命令，对图形进行修剪；使用 O(偏移)、TR(修剪)、F(倒圆角)等命令，绘制飘窗，效果如图 3-2-38 所示。

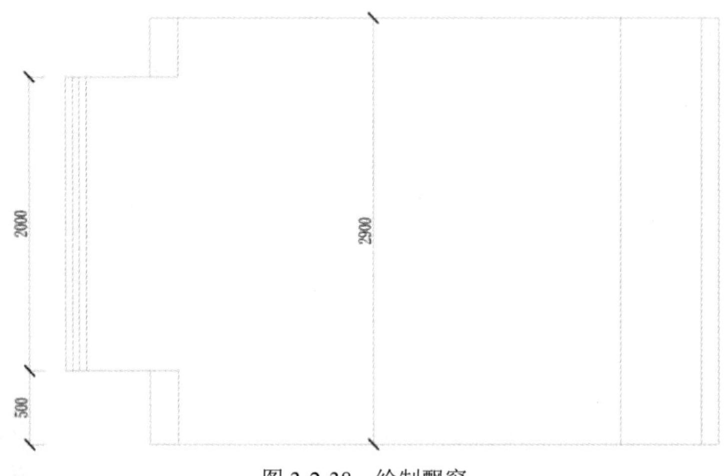

图 3-2-38　绘制飘窗

(4) 绘制楼板。使用 L(直线)命令绘制楼板折断线；使用 O(偏移)命令，设置偏移距离为 100 mm，将上、下楼板线分别向下、向上偏移；使用 TR(偏移)命令修剪图形，效果如图 3-2-39 所示。

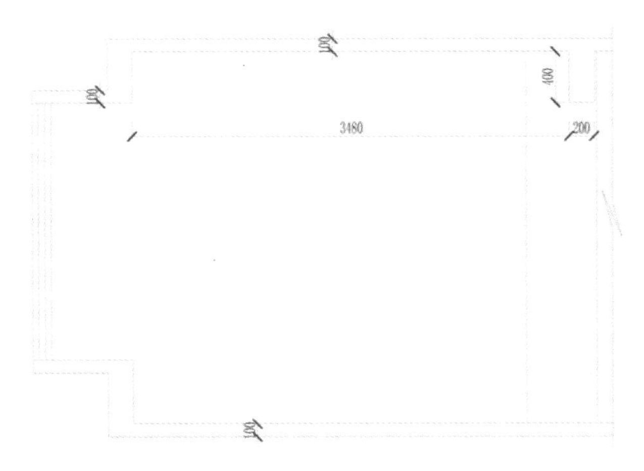

图 3-2-39　绘制楼板

(5) 绘制地面完成面和填充楼板。使用 O(偏移)命令，将下楼板线向上偏移 50 mm，作为地面铺贴完成面厚度线；使用 TR(修剪)命令，修剪图形；使用 H(填充)命令，设置填充图案为 SOLID，填充楼板，效果如图 3-2-40 所示。

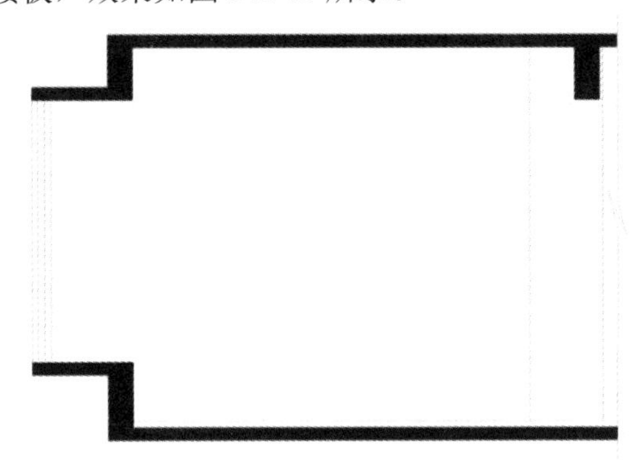

图 3-2-40　绘制地面完成面和填充楼板

(6) 绘制顶棚轮廓线。根据顶棚布置图中的尺寸信息以及图 3-2-41 中的尺寸，使用 O(偏移)、TR(修剪)等命令，绘制顶棚轮廓线。

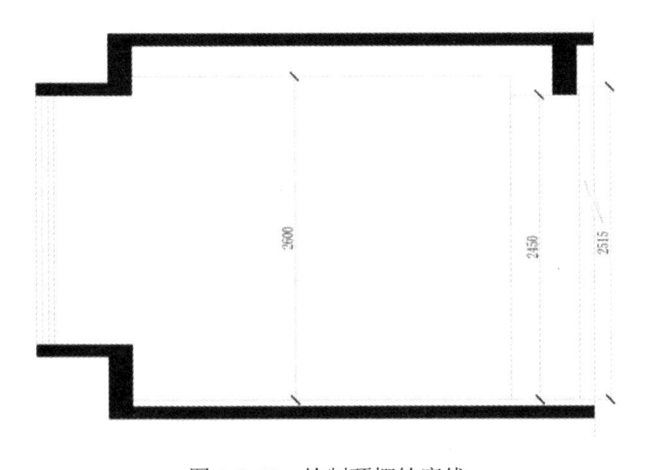

图 3-2-41　绘制顶棚轮廓线

视频任务 3-2
绘制主卧室 B 立面图(2)

(7) 绘制顶棚一角。根据顶棚布置图中的尺寸信息以及图 3-2-42 中的尺寸，使用 O(偏移)、TR(修剪)等命令，绘制顶棚一角。

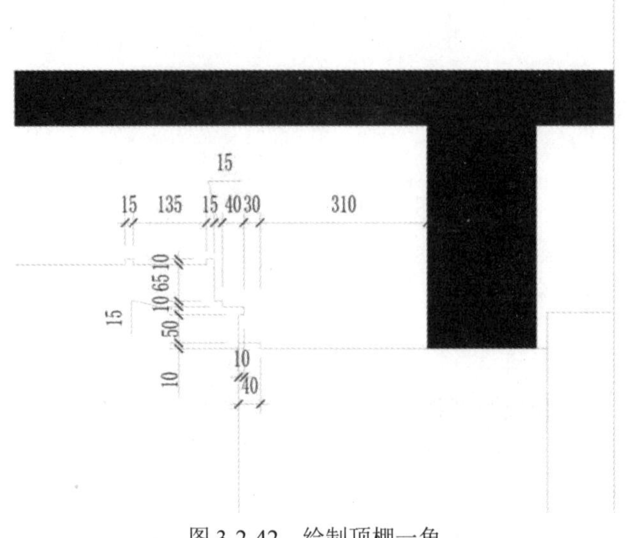

图 3-2-42　绘制顶棚一角

(8) 绘制顶棚另一角。根据顶棚布置图中的尺寸信息以及图 3-2-43 中的尺寸，使用 O(偏移)、TR(修剪)等命令，绘制顶棚另一角。

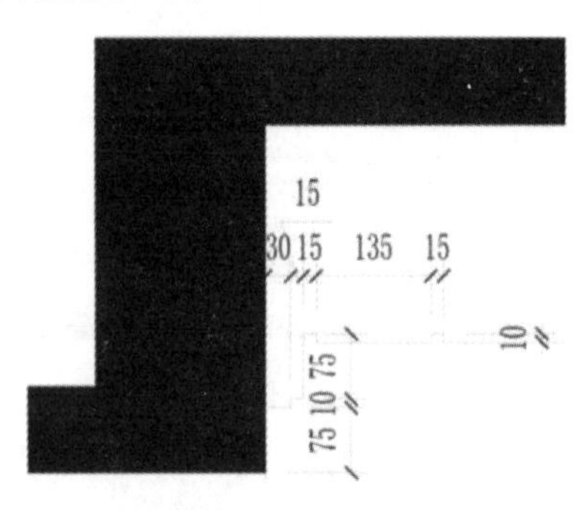

图 3-2-43　绘制顶棚另一角

(9) 绘制窗帘盒。使用 O(偏移)、TR(修剪)等命令，根据图 3-2-44 中的尺寸绘制窗帘盒。

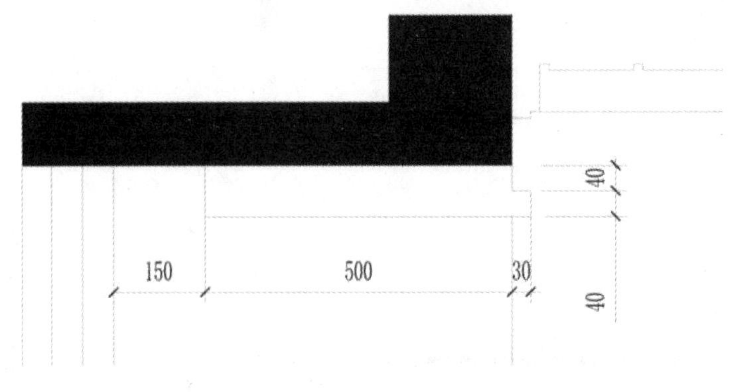

图 3-2-44　绘制窗帘盒

(10) 绘制飘窗台面。使用 O(偏移)、TR(修剪)等命令，根据图 3-2-45 中的尺寸，绘制飘窗台面。

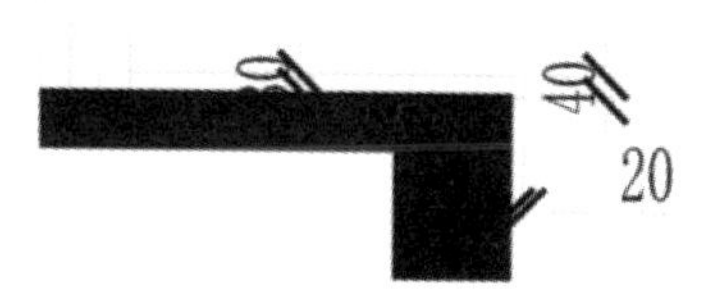

图 3-2-45　绘制飘窗台面

(11) 绘制踢脚线。使用 O(偏移)、TR(修剪)等命令，设置踢脚线高度为 60 mm，绘制踢脚线造型；使用 H(填充)命令，设置填充图案为 ANSI31、填充比例为 10，填充踢脚线，效果如图 3-2-46 所示。

图 3-2-46　绘制踢脚线

(12) 绘制床头背景墙造型。使用 O(偏移)、L(直线)、EX(延伸)等命令，根据图 3-2-47 中的尺寸绘制床头背景墙。

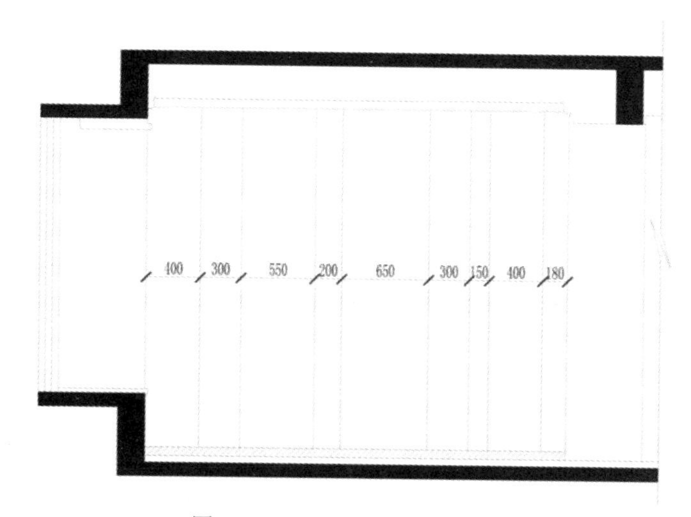

图 3-2-47　绘制床头背景墙造型

(13) 绘制床头背景墙细节。使用BO(边界创建)命令，创建边界；使用O(偏移)命令，将边界向内偏移，设置偏移距离为15；使用F(倒圆角)命令，对矩形进行倒圆角操作，设置圆角半径为15 mm，效果如图3-2-48所示。

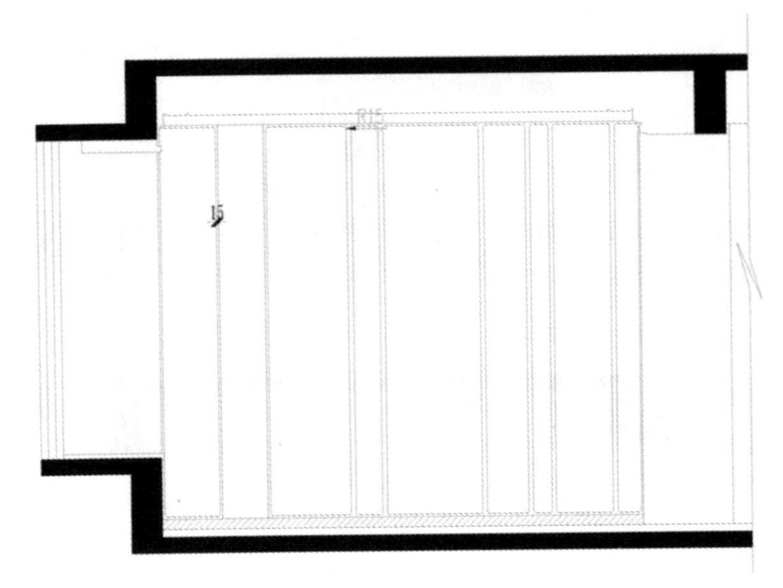

图3-2-48　绘制床头背景墙细节

(14) 绘制壁灯。O(偏移)、L(直线)、EX(延伸)等命令，根据图3-2-49中的尺寸绘制壁灯。

图3-2-49　绘制壁灯

视频任务3-2
绘制主卧室B立面图(3)

(15) 布置开关、插座。打开“图库素材.dwg”文件，选择开关、插座立面图，使用Ctrl + C(复制)、Ctrl+V(粘贴)、M(移动)、SC(缩放)、AL(对齐)等命令，根据图3-1-18中的尺寸布置开关、插座(注：开关、插座面板大小为86mm×86mm)，效果如图3-2-50所示。

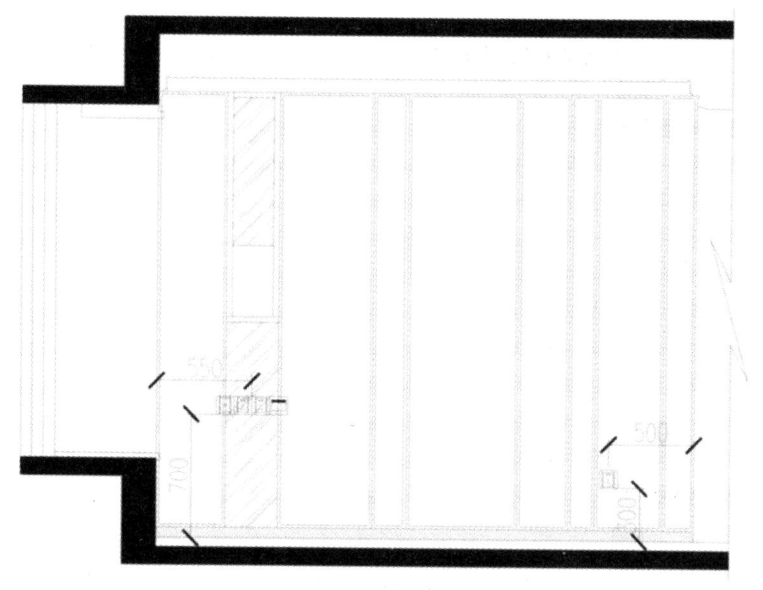

图 3-2-50　布置开关和插座

(16) 填充床头背景墙。使用 H(填充)命令，设置填充图案为 CROSS、填充比例为 10，填充墙纸饰面；使用 H(填充)命令，设置填充图案为 AR-RROOF、填充角度为 45 度、填充比例为 5，填充黑镜饰面；使用 H(填充)命令，设置填充图案为 DOTS、填充比例为 20，填充布艺硬包饰面；使用 H(填充)命令，设置填充图案为 AR-RROOF、填充比例为 5，填充木饰面，效果如图 3-2-51 所示。

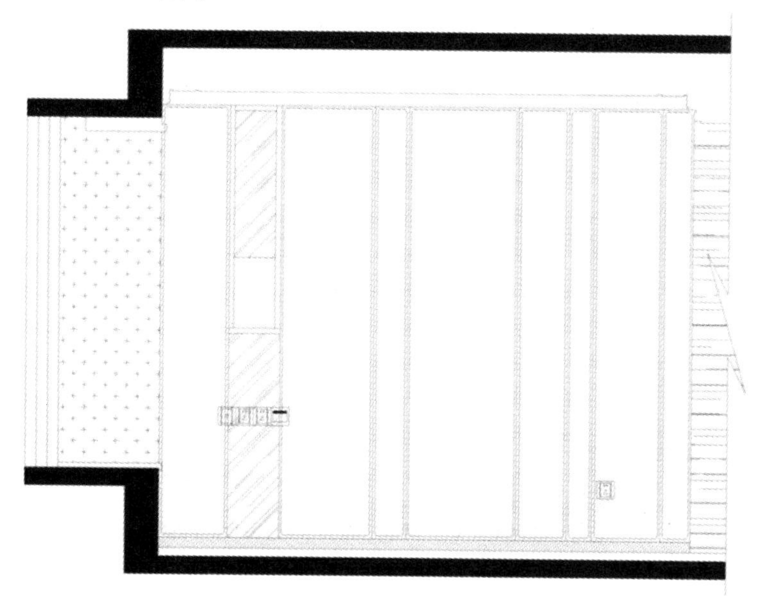

图 3-2-51　填充床头背景墙

(17) 布置窗帘。打开“图库素材.dwg”文件，选择要填充的窗帘图案，使用 Ctrl+C(复制)、Ctrl+V(粘贴)、M(移动)、SC(缩放)、AL(对齐)等命令，布置窗帘，效果如图 3-2-52 所示。

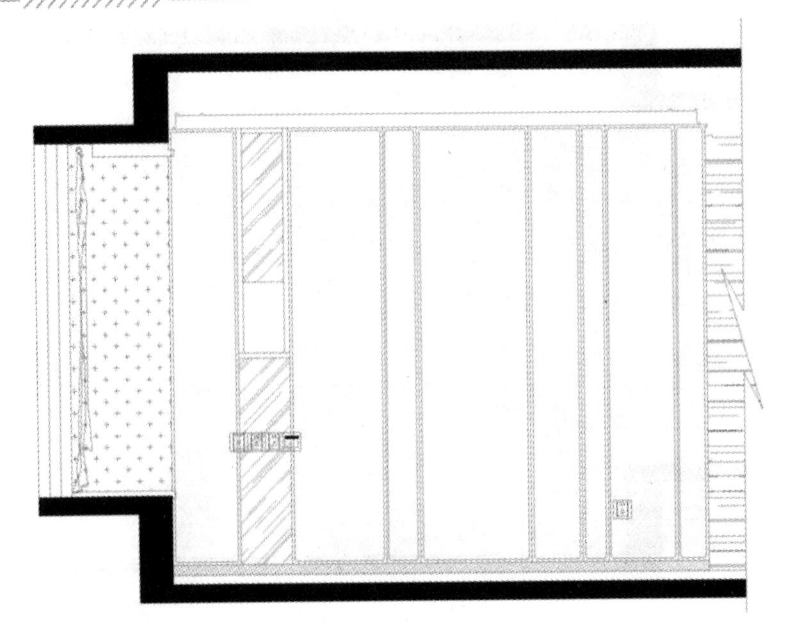

图 3-2-52 布置窗帘

(18) 尺寸标注。设置要标注的图层为当前图层；使用 D(标注设置)命令，将当前标注样式设置为“JZ-30”；使用 DLI(线性标注)命令、DCO(连续标注)命令对图形进行标注，效果如图 3-2-53 所示。

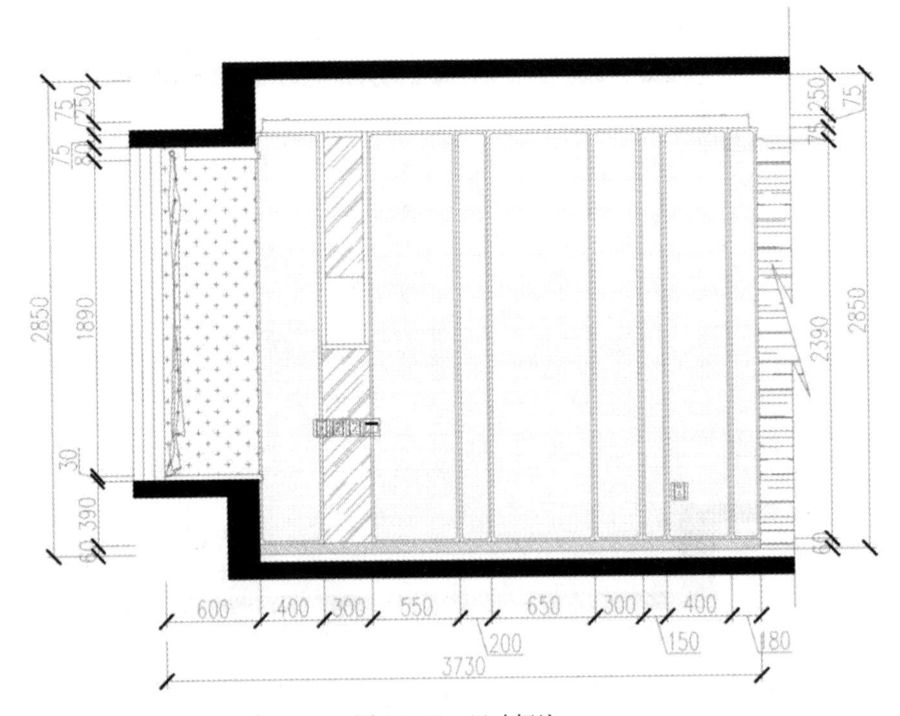

图 3-2-53 尺寸标注

(19) 材料、标高标注。使用 LE(引线标注)命令，对图形进行材料标注；使用 CO(复制)命令，复制主卧 C 立面图中的标高图例，根据图 3-2-54 中的尺寸进行标高标注。

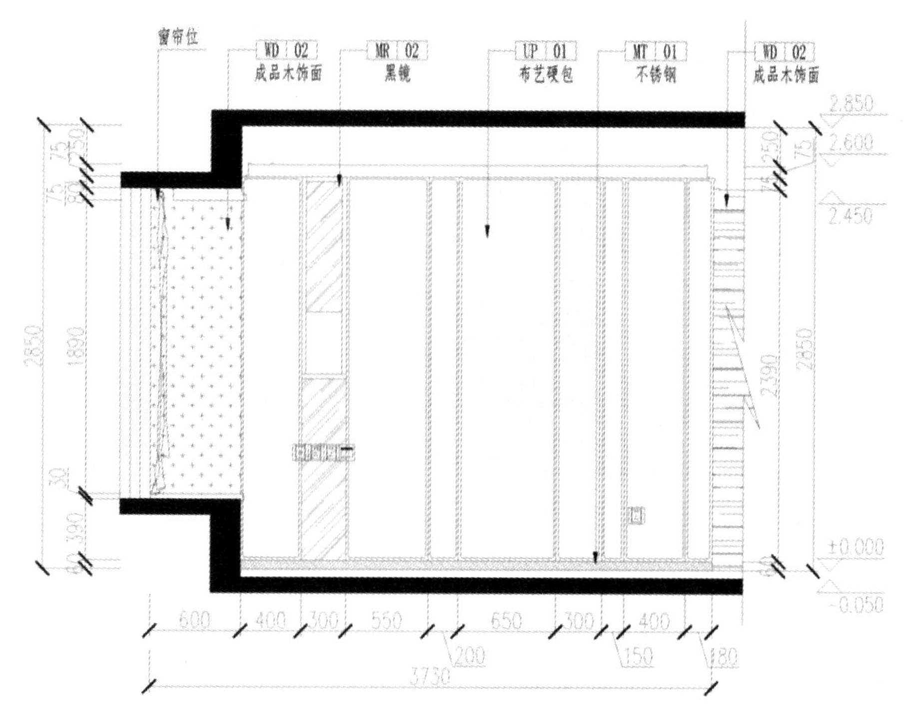

图 3-2-54 材料、标高标注

(20) 保存文件。将设计图另存，文件命名为“主卧 B(/D)立面图”，效果如图 3-2-55 所示。

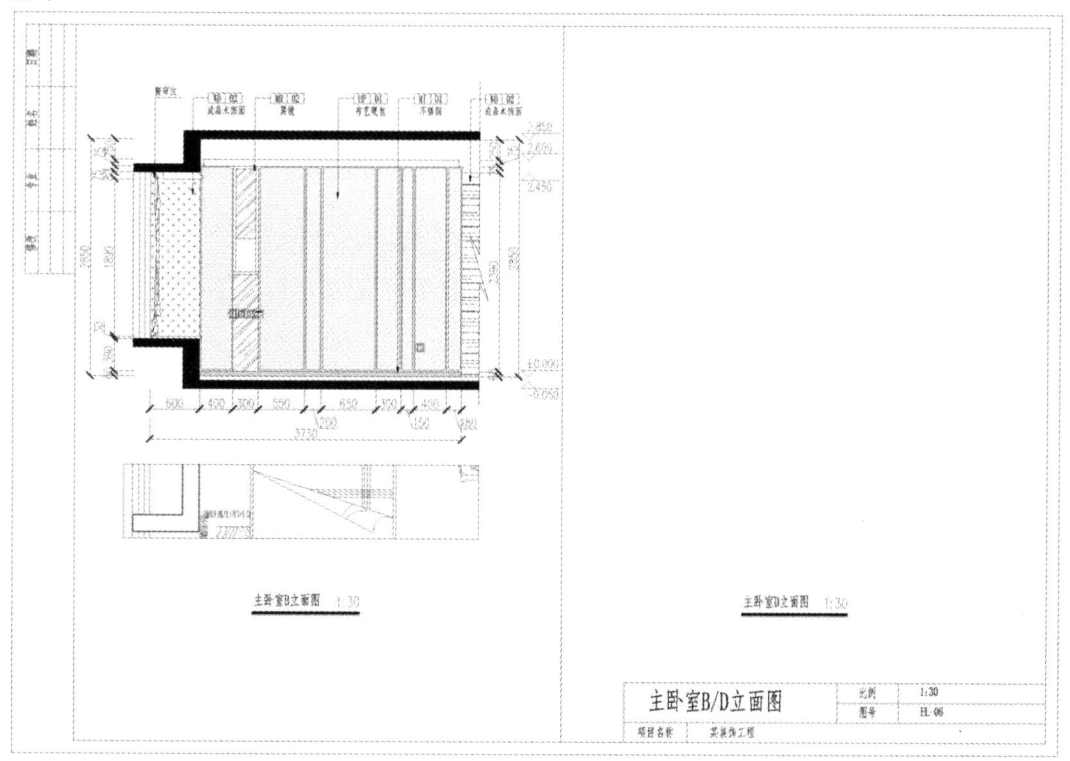

图 3-2-55 主卧 B(/D)立面图

五、绘制主卧 D 立面图

视频任务 3-2
绘制主卧室 D 立面图

绘制主卧 D 立面图的具体步骤如下：

(1) 复制整理图形。在平面布置图中，使用 REC(矩形)命令，将要绘制的主卧 D 的立面部分框出来，并使用 TR(修剪)、M(移动)等命令将图形移动到主卧 D 立面图图框中，效果如图 3-2-56 所示。

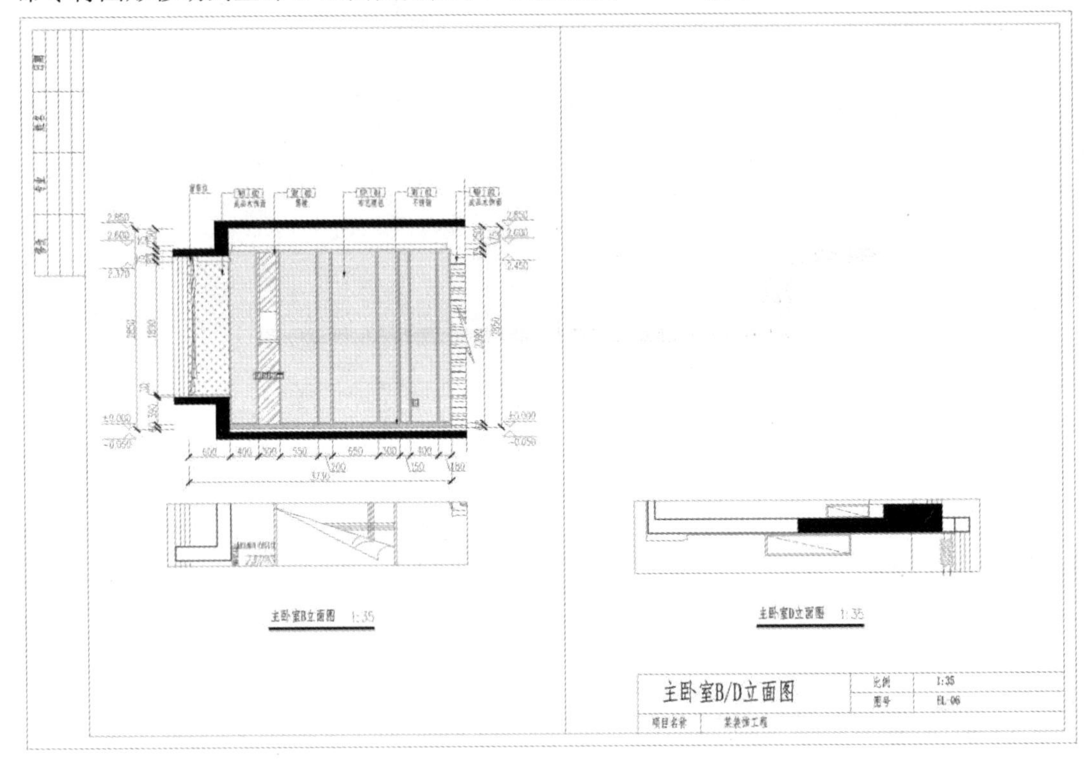

图 3-2-56　复制整理图形

(2) 绘制构造线。使用 XL(构造线)命令，根据墙体装饰完成面的最外侧线绘制垂直辅助线；使用 XL(构造线)命令，绘制水平的辅助线，表示楼板，效果如图 3-2-57 所示。

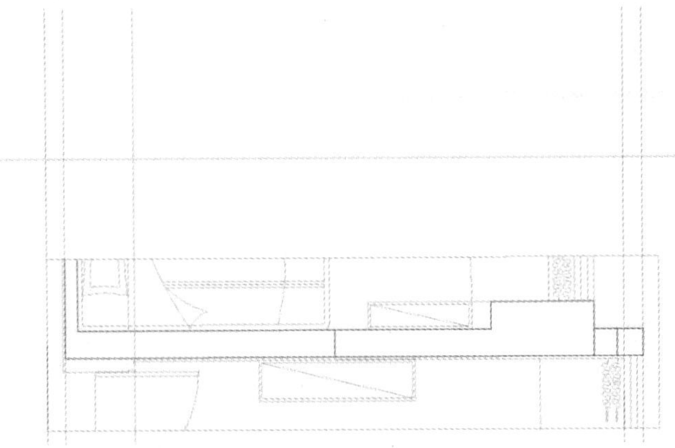

图 3-2-57　绘制构造线

(3) 整理图形。使用 O(偏移)命令，将楼板线向上偏移 2900 mm，使用 TR(修剪)命令，对图形进行修剪，得到室内净空尺寸；主卧 D 立面与主卧 B 立面的飘窗尺寸相同，这里对主卧室 D 飘窗绘制不再赘述。效果如图 3-2-58 所示。

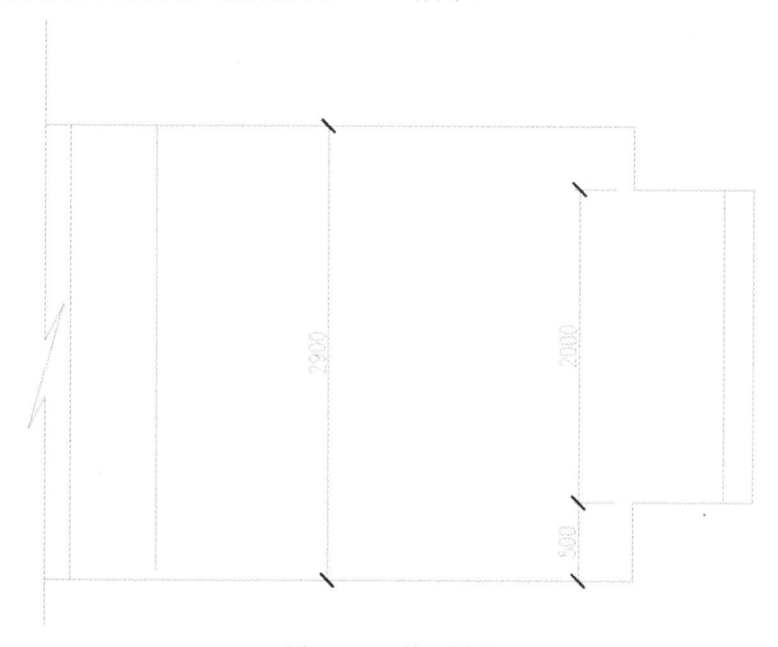

图 3-2-58　整理图形

(4) 绘制楼板与梁。使用 L(直线)命令绘制折断线；使用 O(偏移)命令，设置偏移距离为 100 mm，将上、下楼板线分别向下、向上偏移，绘制得到楼板、梁的厚度、宽度等；使用 TR(修剪)命令修剪图形，效果如图 3-2-59 所示。

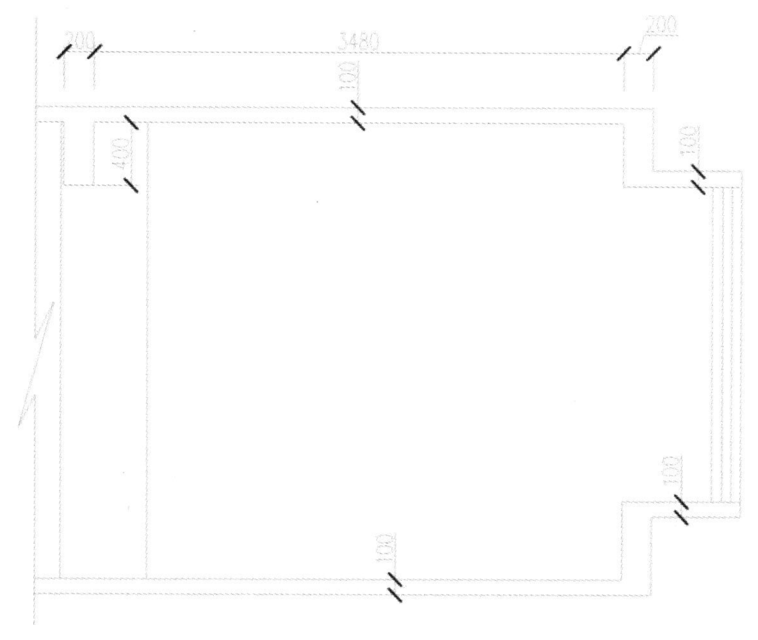

图 3-2-59　绘制楼板与梁

(5) 填充楼板。使用 O(偏移)命令，将下楼板线向上偏移 50 mm，作为地面铺贴完成面厚度线；使用 H(填充)命令，设置填充图案为 SOLID，填充楼板，效果如图 3-2-60 所示。

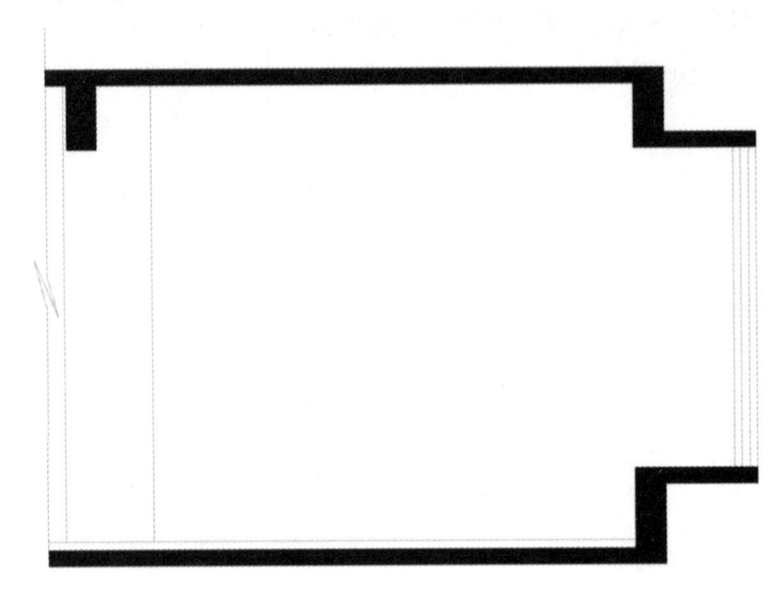

图 3-2-60　填充楼板

(6) 绘制顶棚、窗帘盒和飘窗台面。主卧 D 和主卧 B 的立面的顶棚、窗帘盒、飘窗台面的造型参数一致，具体画法不再赘述(注：可使用 MI(镜像)命令复制图形)，效果如图 3-2-61 所示。

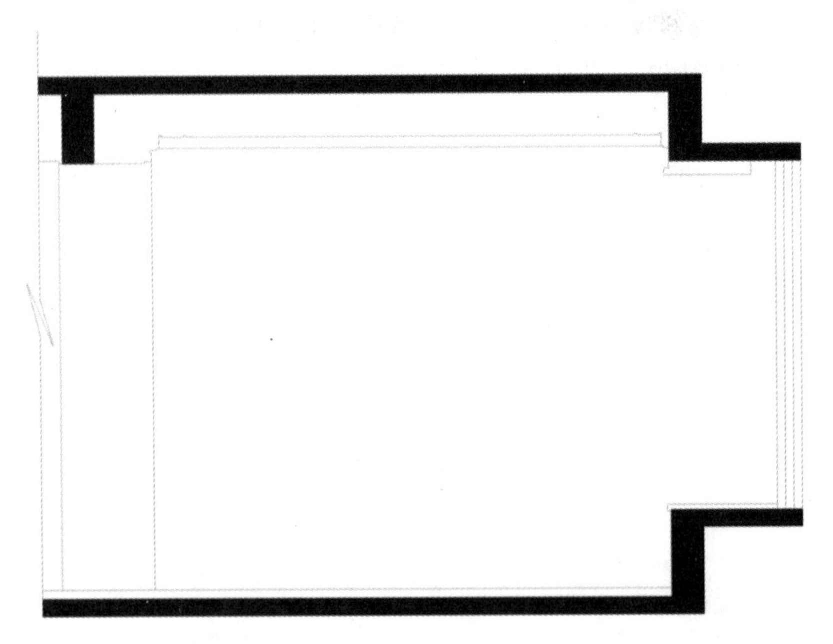

图 3-2-61　绘制顶棚、窗帘盒、飘窗台面

(7) 绘制踢脚线。使用 O(偏移)、TR(修剪)等命令，绘制踢脚线，设置踢脚线高度为 60 mm；使用 H(填充)命令，设置填充图案为 ANSI31、填充比例为 10，填充踢脚线，效果如图 3-2-62 所示。

图 3-2-62　绘制踢脚线

(8) 绘制主卧电视背景墙。使用 O(偏移)、F(倒圆角)、TR(修剪)等命令，根据图 3-2-63 中的尺寸，绘制主卧电视背景墙装饰造型；使用 H(填充)命令，设置填充图案为 ANSI31、填充比例为 10、填充宽度为 10，填充不锈钢饰面；再使用 H(填充)命令，设置填充图案为 AR-RROOF、填充角度为 45 度、填充比例为 10，填充镜面饰面。

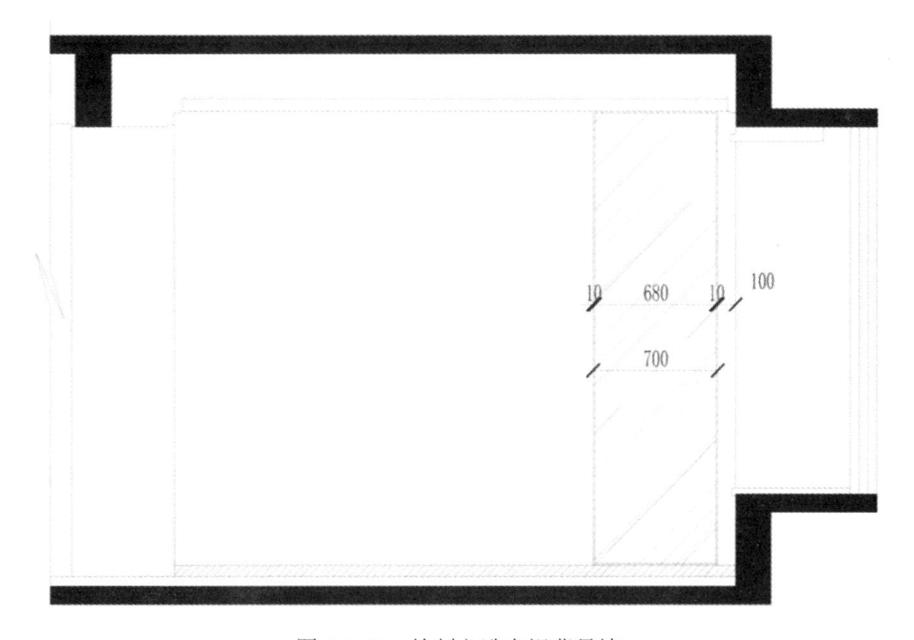

图 3-2-63　绘制主卧电视背景墙

(9) 布置插座。打开“图库素材.dwg”文件，选择插座立面图，使用 Ctrl+C(复制)、Ctrl+V (粘贴)、M(移动)、SC(缩放)、AL(对齐)等命令，根据图 3-1-18 中的尺寸布置插座(注：

插座面板大小为86mm×86mm)，效果如图3-2-64所示。

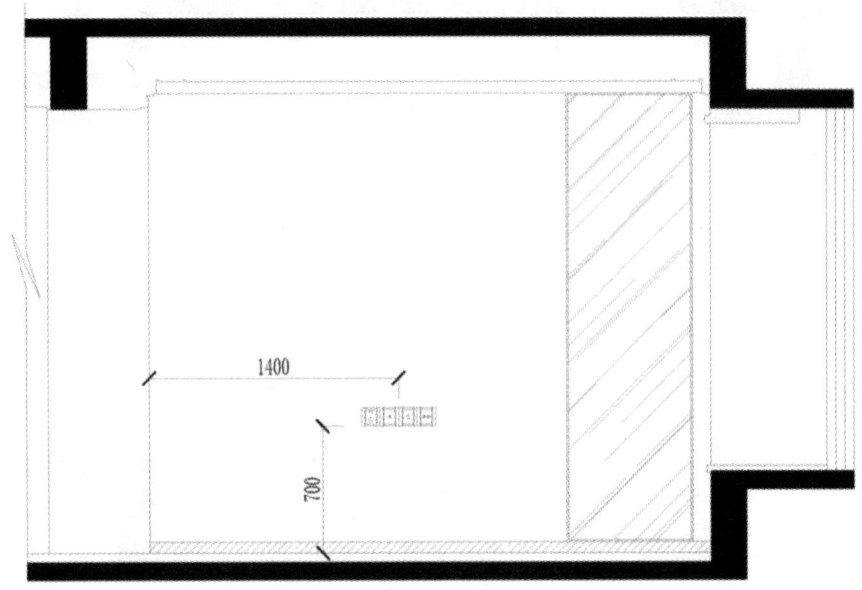

图3-2-64 布置插座

(10) 填充主卧电视背景墙。使用H(填充)命令，设置填充图案为CROSS、填充比例为10，填充壁纸饰面；再使用H(填充)命令，设置填充图案为AR-RROOF、填充比例为5，填充木饰面，效果如图3-2-65所示。

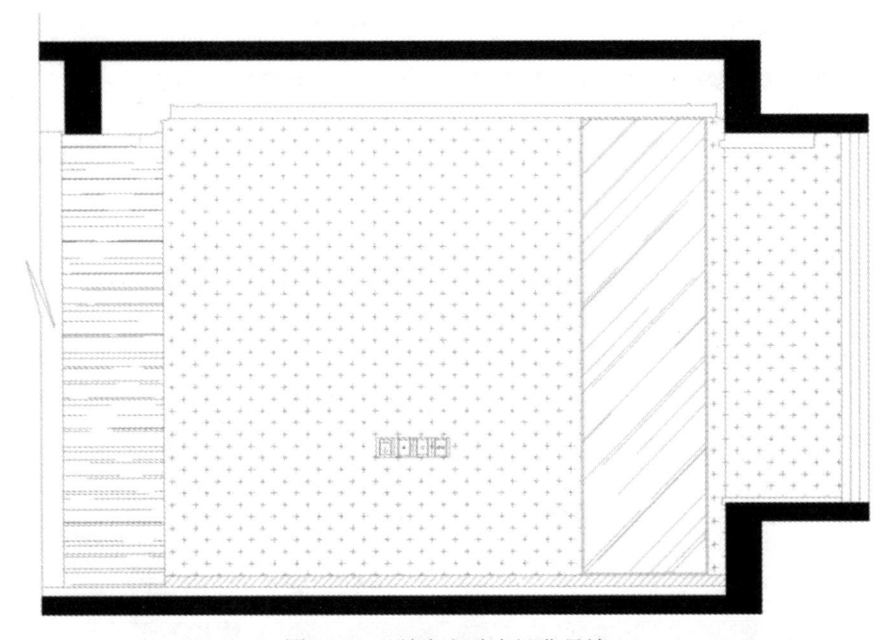

图3-2-65 填充主卧电视背景墙

(11) 布置窗帘和尺寸标注。打开“图库素材.dwg”文件，选择窗帘图案，使用Ctrl+C(复制)、Ctrl+V(粘贴)、M(移动)、SC(缩放)、AL(对齐)等命令，布置窗帘；将待标注图层设置为当前图层；使用D(标注设置)命令，将当前标注样式设置为“JZ-30”；使用DLI(线性标注)命令、DCO(连续标注)命令对图形进行尺寸标注，效果如图 3-2-66 所示。

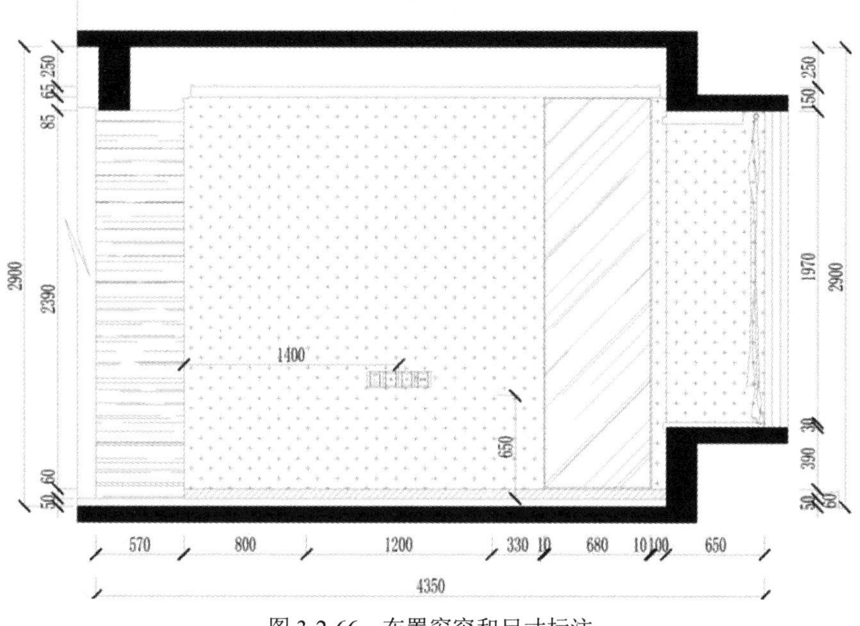

图 3-2-66　布置窗帘和尺寸标注

(12) 材料、标高标注。使用 LE(引线标注)、CO(复制)、T(文字)命令，对图形进行材料标注；使用 CO(复制)命令复制主卧 B 立面图中的标高图例，根据图 3-2-67 中的尺寸标注标高。

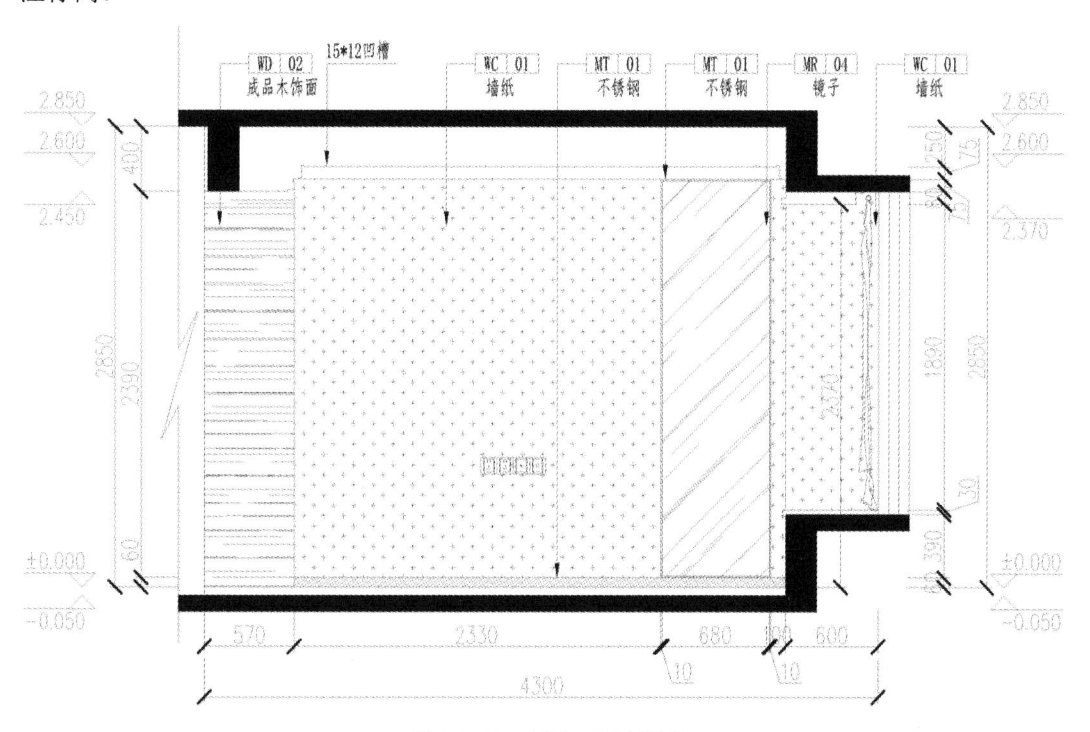

图 3-2-67　材料、标高标注

(13) 调整图框比例。主卧(B/)D 立面图的图框比例为 1∶35，输入 SC(缩放)命令→单击空格键→选择复制出来的图框→单击空格键→选择基点(选择左下角点)→单击空格键→输入比例因子(图框要放大的倍数)(35/30)→单击空格键，完成图框缩放。完成后的主卧(B/)D 立面图效果如图 3-2-68 所示。

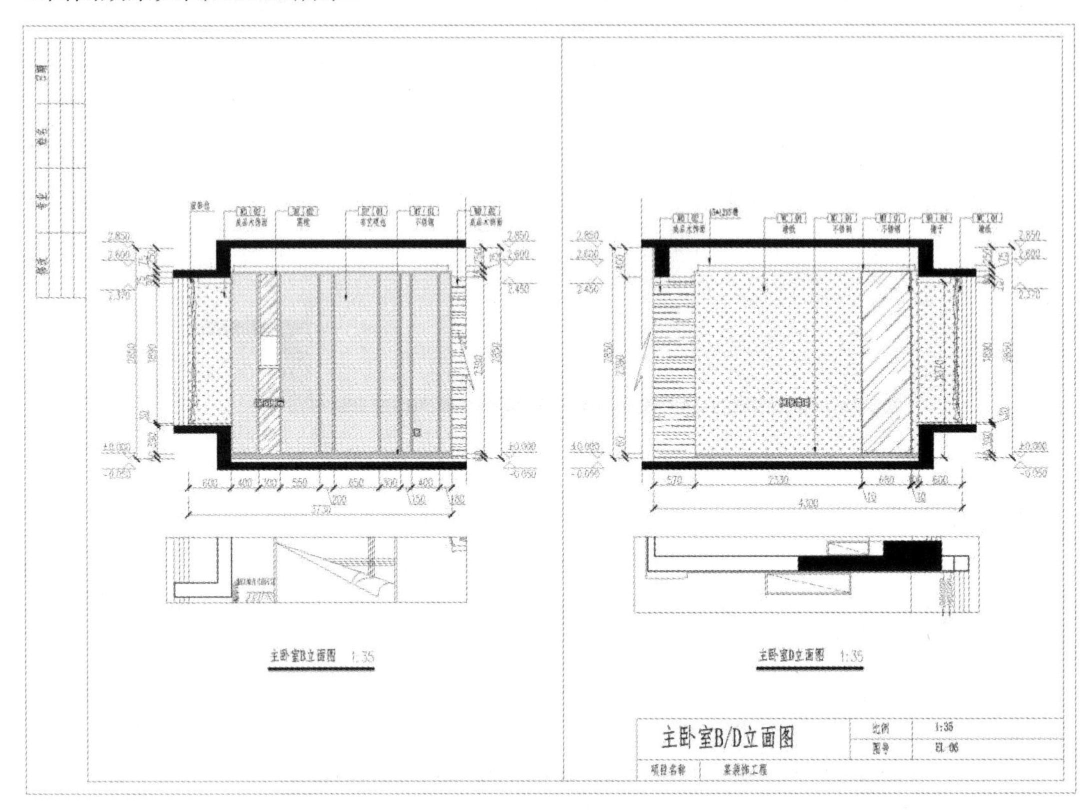

图 3-2-68　主卧(B/)D 立面图

(14) 保存文件。将设计图另存，文件命名为“主卧(B/)D 立面图”。

任务 3-3　绘制主卫生间立面图

一、绘制主卫生间 A 立面图

视频任务 3-3
绘制主卫生间 A 立面图(1)

绘制主卫生间 A 立面图的具体步骤如下：

(1) 复制整理图形。使用 CO(复制)命令，复制主卧 A/C 立面图图框，修改图名、标题栏信息、图纸目录信息；在平面布置图中，使用 REC(矩形)命令，将要绘制的主卫生间 A 的立面部分框出来，并使用 TR(修剪)、M(移动)等命令将图形移动到主卫生间 A 立面图图框中，效果如图 3-3-1 所示。

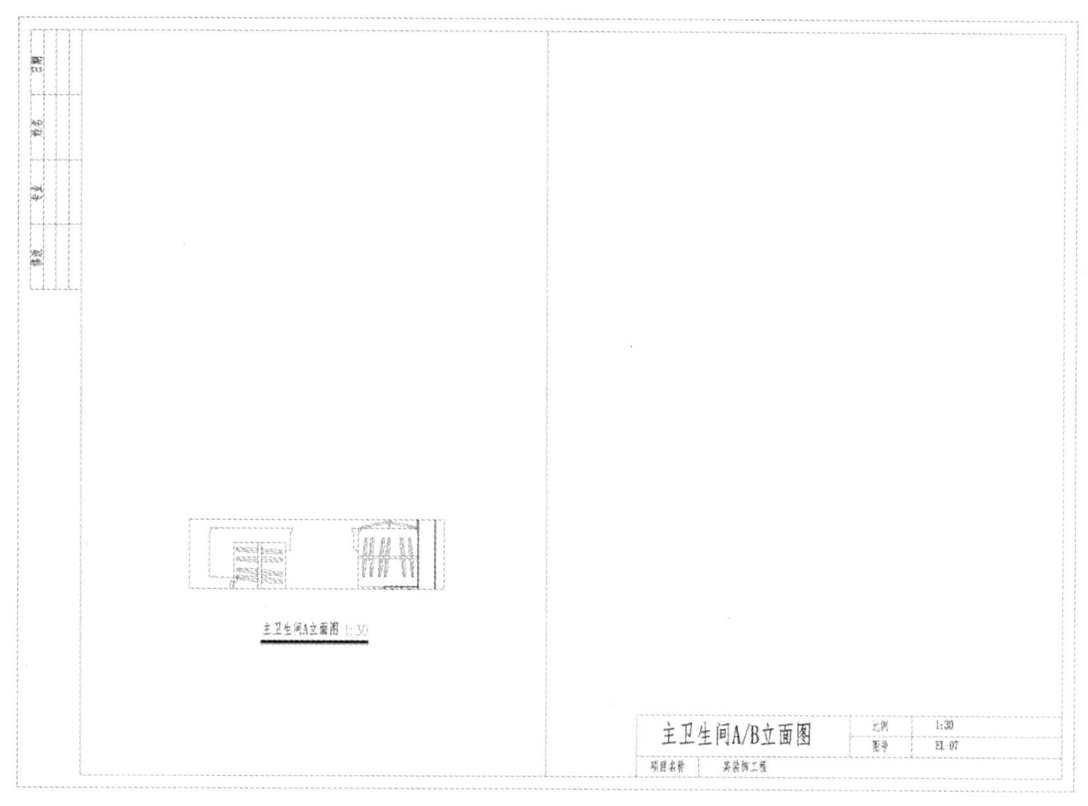

图 3-3-1　复制整理图形

(2) 绘制构造线。使用 XL(构造线)命令，根据墙体装饰完成面的最外侧线绘制垂直辅助线；使用 XL(构造线)命令绘制水平的辅助线，表示楼板，效果如图 3-3-2 所示。

图 3-3-2　绘制构造线

(3) 整理图形。使用 O(偏移)、F(倒圆角)、TR(修剪)等命令，根据图 3-3-3 中的尺寸偏移修剪图形。

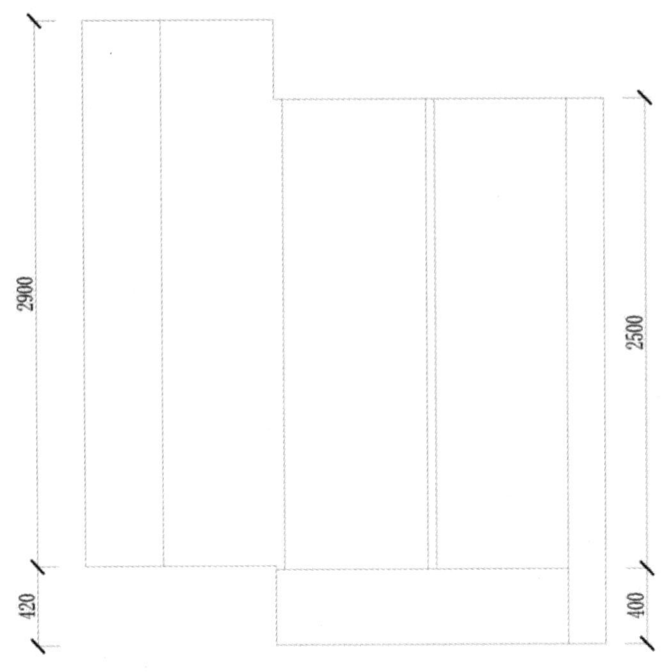

图 3-3-3　整理图形

(4) 绘制楼板和梁。使用 L(直线)命令绘制折断线；使用 O(偏移)命令，设置偏移距离为 100 mm，将上、下楼板线分别向下、向上偏移，绘制楼板；再使用 O(偏移)命令，设置偏移距离为 200 mm，绘制梁，使用 TR(修剪)命令修剪图形，效果如图 3-3-4 所示。

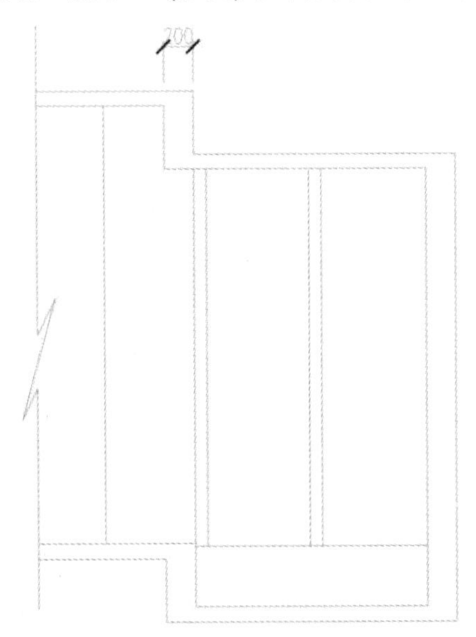

图 3-3-4　绘制楼板和梁

(5) 绘制地面完成面并填充楼板和梁。使用 O(偏移)命令，将下楼板线向上偏移 50 mm，作为地面铺贴完成面厚度线；使用 H(填充)命令，设置填充图案为 SOLID，填充楼板和梁，效果如图 3-3-5 所示。

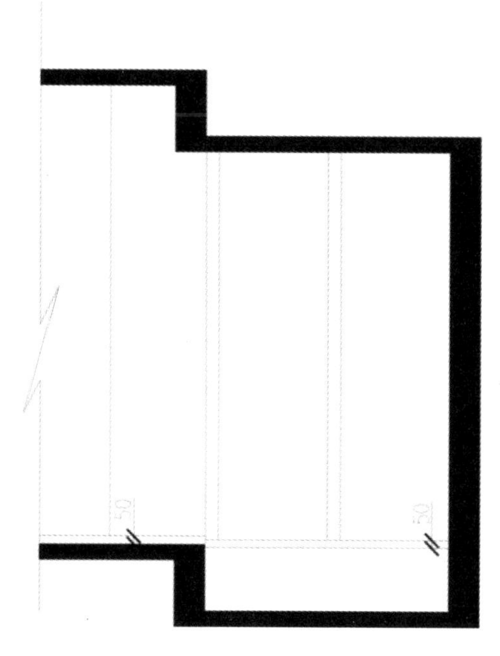

图 3-3-5　绘制地面完成面并填充楼板和梁

(6) 绘制顶棚立面投影线。根据顶棚尺寸图中的尺寸信息以及图 3-3-6 中的尺寸，使用 O(偏移)、TR(修剪)等命令，绘制顶棚立面投影线。

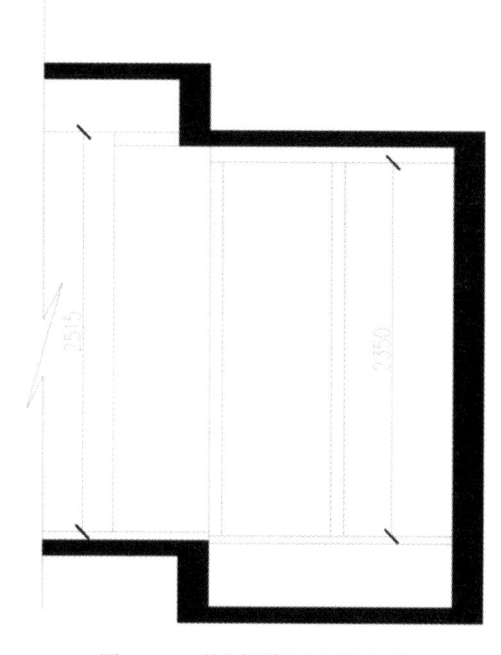

图 3-3-6　绘制顶棚立面投影线

(7) 绘制衣柜及门槛石。使用 L(直线)命令，绘制衣柜；使用 O(偏移)命令，绘制门槛石，其厚度(偏移距离)为 20 mm，效果如图 3-3-7 所示。

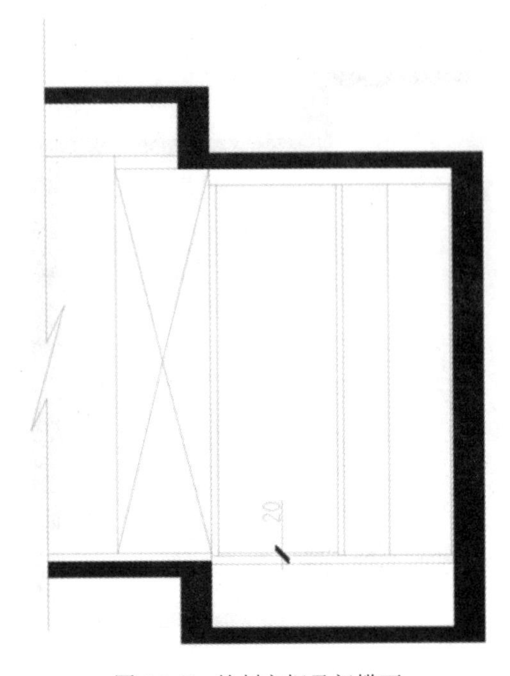

图 3-3-7　绘制衣柜及门槛石

(8) 绘制门套。使用 O(偏移)命令，根据图 3-3-8 中的尺寸绘制门套。

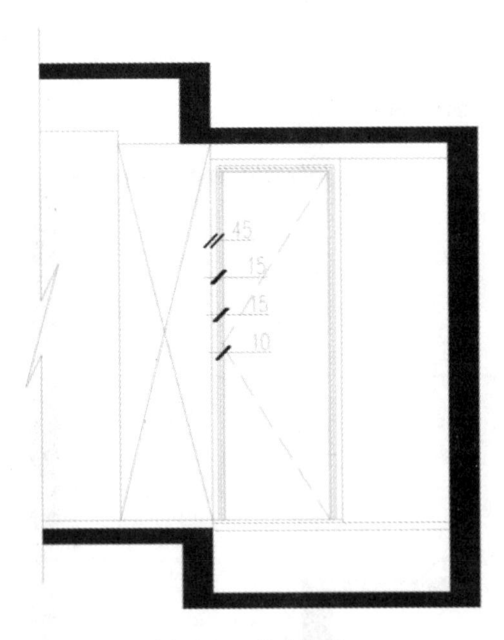

图 3-3-8　绘制门套

(9) 绘制墙面。使用 O(偏移)、TR(修剪)等命令，根据图 3-3-9 中的尺寸绘制墙面。

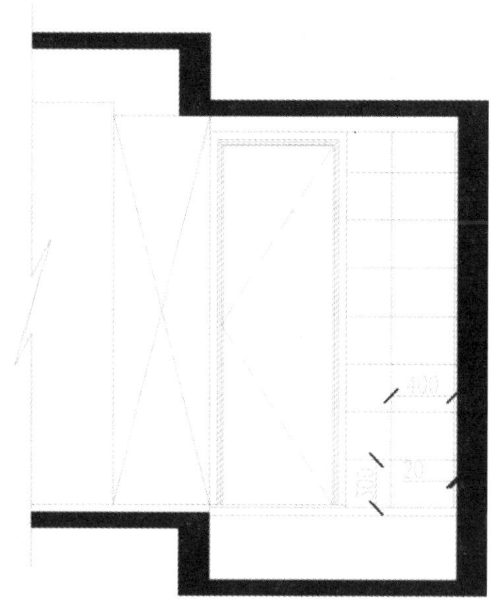

视频任务 3-3
绘制主卫生间 A 立面图(2)

图 3-3-9　绘制墙面

(10) 填充墙面。使用 H(填充)命令，设置填充图案为 AR-RROOF、填充比例为 5，填充木饰面；使用 H(填充)命令，设置填充图案为 AR-SAND、填充比例为 1，填充瓷砖饰面，效果如图 3-3-10 所示。

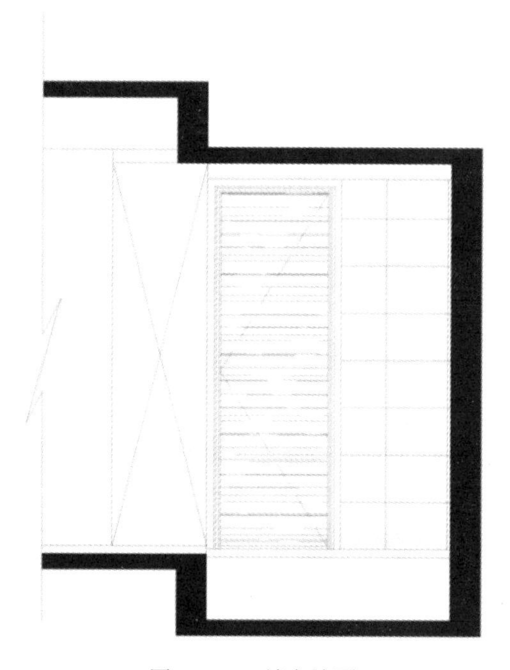

图 3-3-10　填充墙面

(11) 填充卫生间陶粒回填图案。本例中卫生间为下沉式，回填材料为陶粒。使用 T(文字)命令，在图中标注材料名称，设置文字样式为汉字、字体大小为 100、文字颜色为黄色。使用 H(填充)命令，设置填充图案为 HEX、填充比例为 5，填充图案，效果如图 3-3-11 所示。

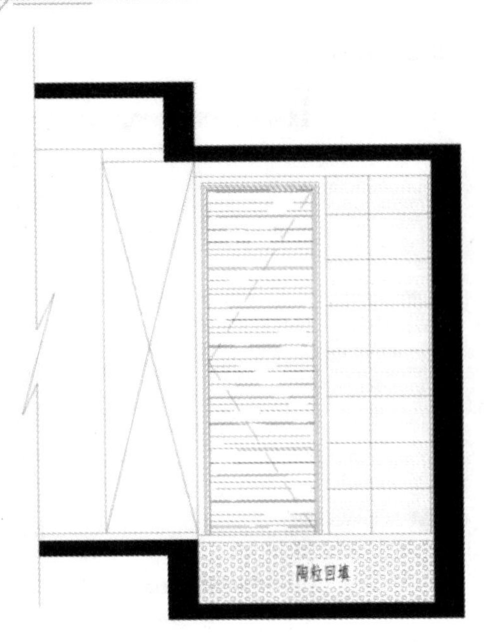

图 3-3-11　填充卫生间陶粒回填图案

(12) 尺寸标注。设置要标注的图层为当前图层；使用 D(标注设置)命令，将当前标注样式设置为“JZ-30”；使用 DLI(线性标注)命令、DCO(连续标注)命令对图形进行尺寸标注，效果如图 3-3-12 所示。

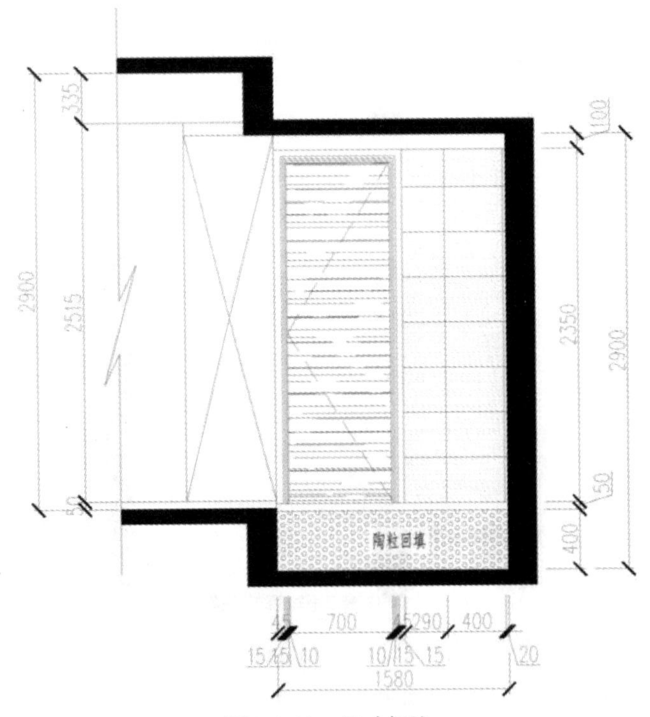

图 3-3-12　尺寸标注

(13) 材料、标高标注。使用 LE(引线标注)、T(文字)命令，对图形进行材料标注；使用 CO(复制)命令，复制主卧 B/D 立面图中的标高图例，根据图 3-3-13 中的尺寸标注标高。

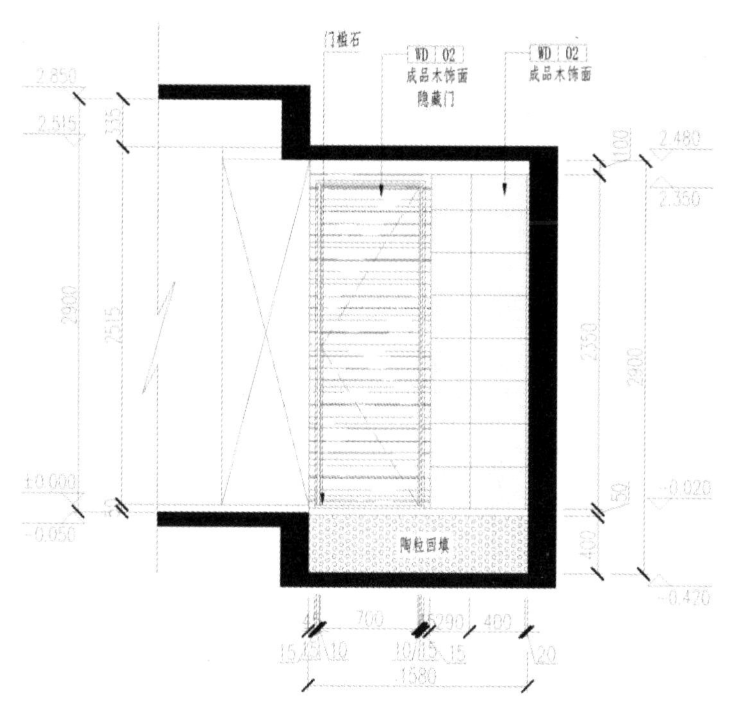

图 3-3-13 材料、标高标注

(14) 保存文件。将设计图另存，文件命名为“主卫生间 A(/B)立面图”，效果如图 3-3-14 所示。

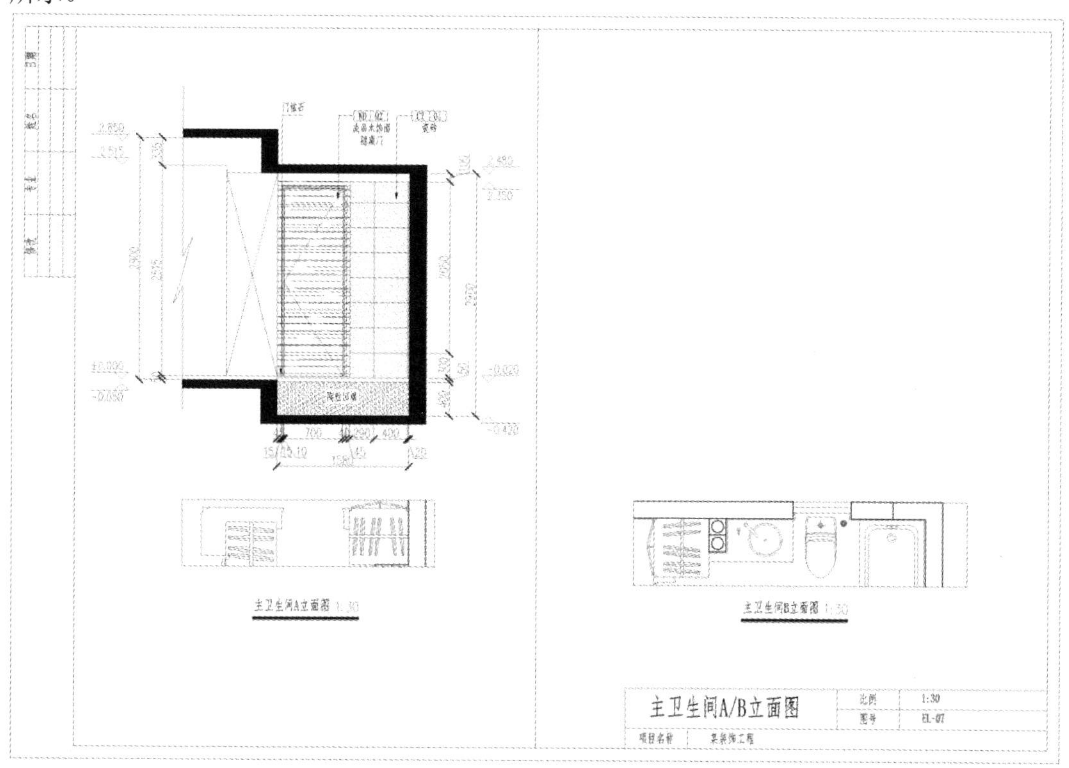

图 3-3-14 主卫生间 A(/B)立面图

二、绘制主卫生间 B 立面图

视频任务 3-3
绘制主卫生间 B 立面图(1)

绘制主卫生间 B 立面图的具体步骤如下：

(1) 复制整理图形。在平面布置图中，使用 REC(矩形)命令，将要绘制的主卫生间 B 的立面部分框出来，并使用 TR(修剪)、M(移动)等命令将图形移动到主卫生间 B 立面图图框中，效果如图 3-3-15 所示。

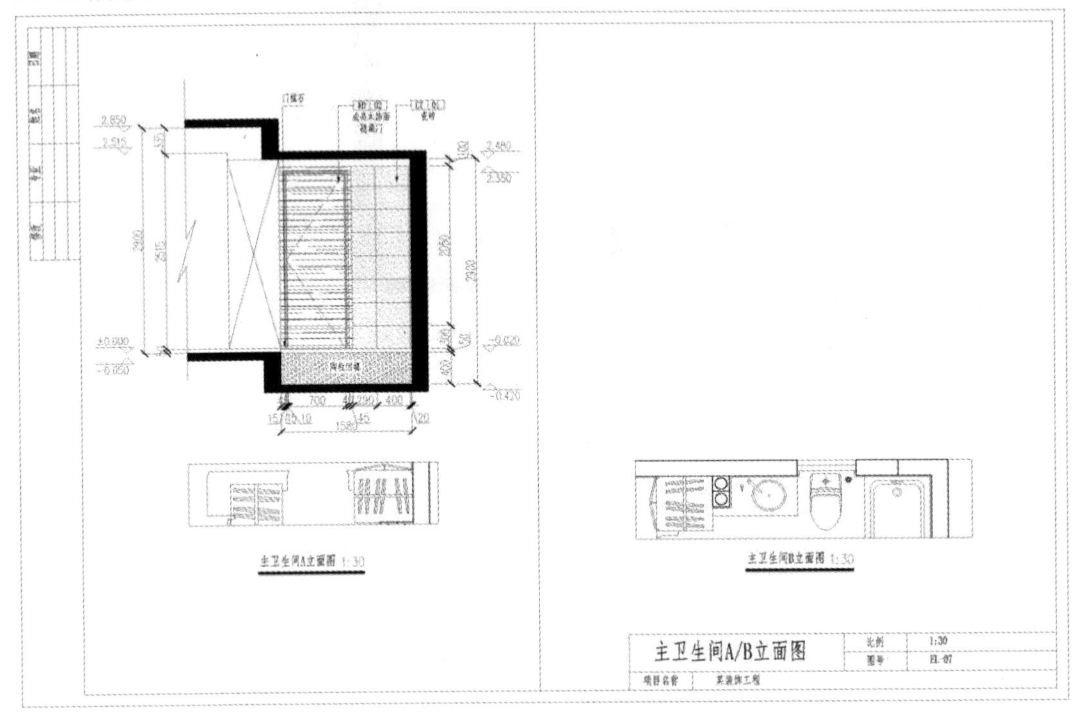

图 3-3-15 复制整理图形

(2) 绘制辅助线。使用 XL(构造线)命令，根据墙体装饰完成面的最外侧线绘制垂直辅助线；使用 XL(构造线)命令绘制水平的辅助线，表示楼板，效果如图 3-3-16 所示。

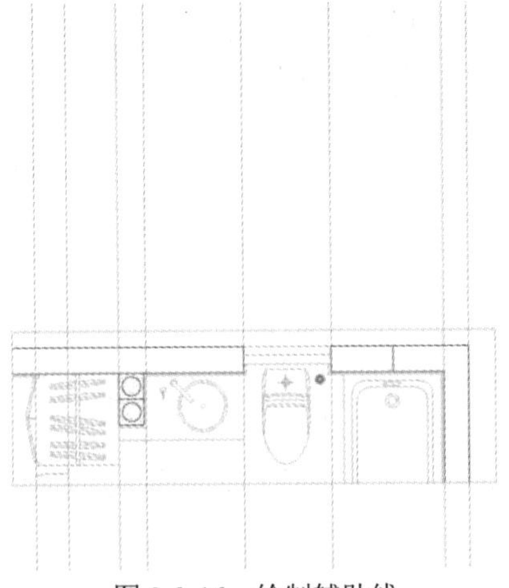

图 3-3-16 绘制辅助线

(3) 偏移修剪图形。使用 O(偏移)、F(倒圆角)、TR(修剪)等命令，根据图 3-3-3 中的尺寸偏移修剪图形。效果如图 3-3-17 所示。

图 3-3-17　偏移修剪图形

(4) 绘制楼板和梁。使用 L(直线)命令绘制折断线；使用 O(偏移)命令，设置偏移距离为 100 mm，将上、下楼板线分别向下、向上偏移，绘制楼板；使用 O(偏移)命令，设置偏移距离为 200 mm，绘制梁线条，使用 TR(修剪)命令修剪图形，效果如图 3-3-18 所示。

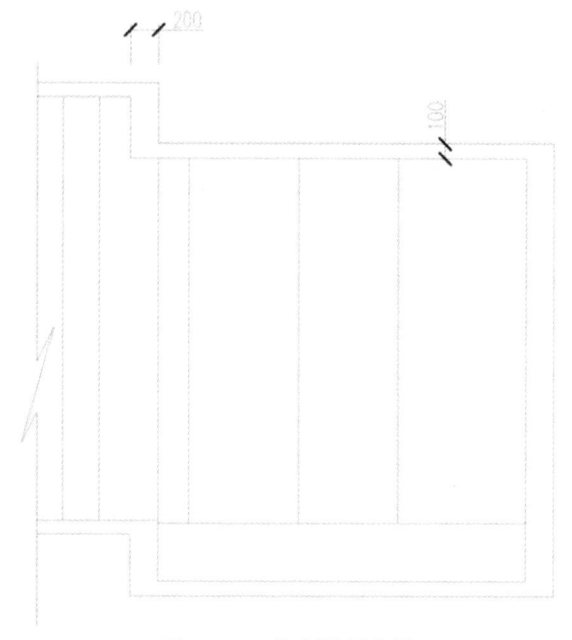

图 3-3-18　绘制楼板和梁

(5) 绘制地面完成面与填充楼板和梁。使用 O(偏移)命令，将下楼板线向上偏移 50 mm，作为地面铺贴完成面厚度线；使用 H(填充)命令，设置填充图案为 SOLID，填充楼板和梁，效果如图 3-3-19 所示。

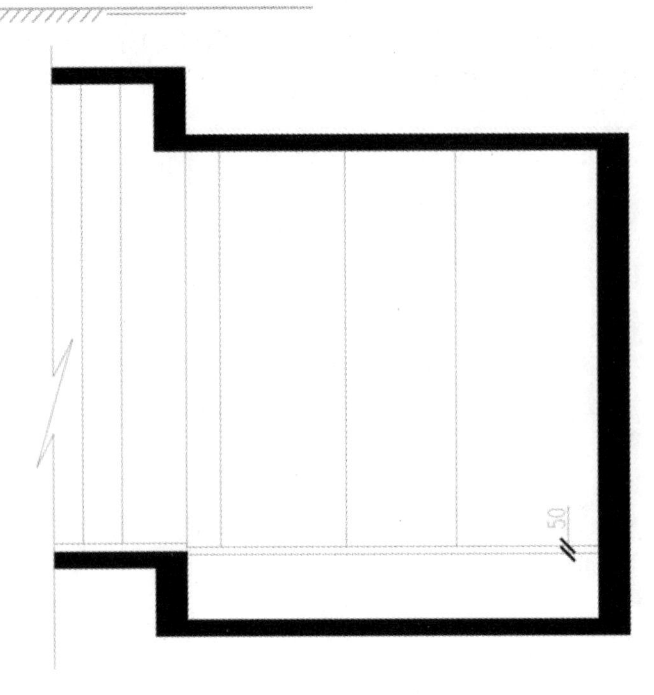

图 3-3-19　绘制地面完成面与填充楼板和梁

(6) 绘制顶棚立面投影线。根据顶棚尺寸图中的尺寸信息以及图 3-3-20 中的尺寸，使用 O(偏移)、TR(修剪)等命令，绘制顶棚立面投影线。

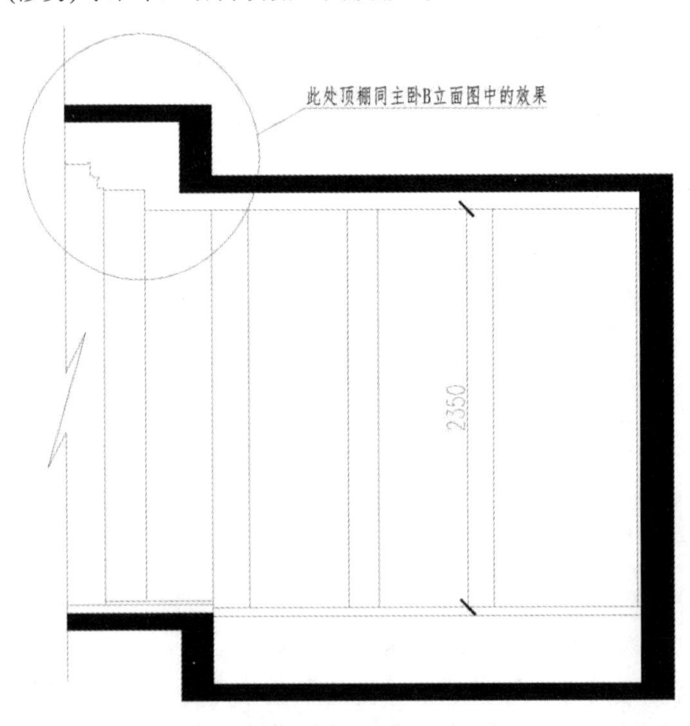

图 3-3-20　绘制顶棚立面投影线

(7) 绘制窗户。使用 O(偏移)、TR(修剪)等命令，根据图 3-3-21 中的尺寸绘制窗户。

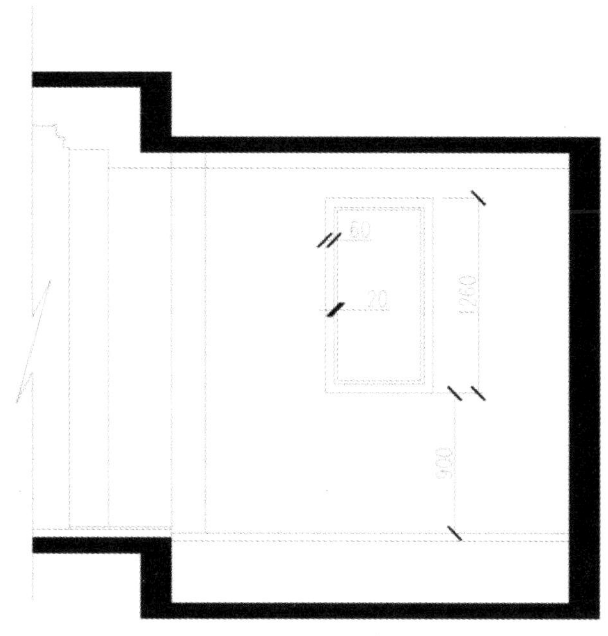

图 3-3-21　绘制窗户

(8) 绘制墙面。使用 O(偏移)、TR(修剪)等命令，根据图 3-3-22 中的尺寸绘制墙面。

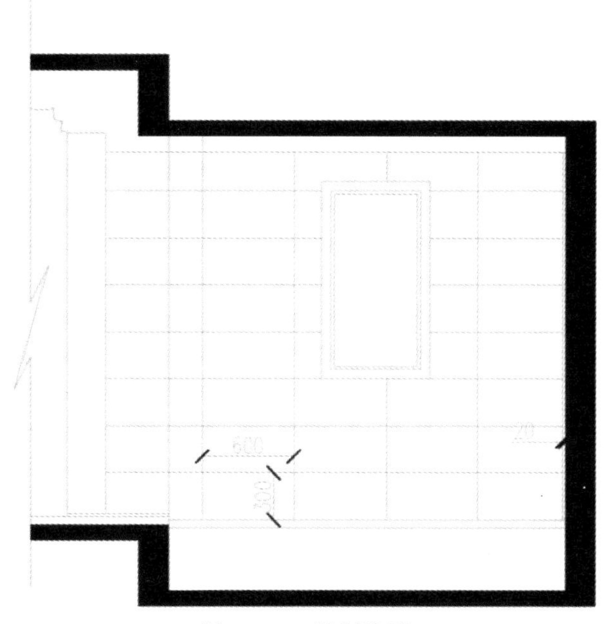

图 3-3-22　绘制墙面

(9) 填充图形。使用 H(填充)命令，设置填充图案为 AR-RROOF、填充比例为 5，填充木饰面；使用 H(填充)命令，设置填充图案为 AR-SAND、填充比例为 1，填充瓷砖饰面；使用 H(填充)命令，设置填充图案为 AR-RROOF、填充比例为 10、填充角度为 45 度，填充窗户玻璃。使用 T(文字)命令，设置文字样式为汉字、字体大小为 100、文字颜色为黄色，在图中标注陶粒回填材料名称。使用 H(填充)命令，设置填充图案为 HEX、填充比例为 5，填充陶粒，效果如图 3-3-23 所示。

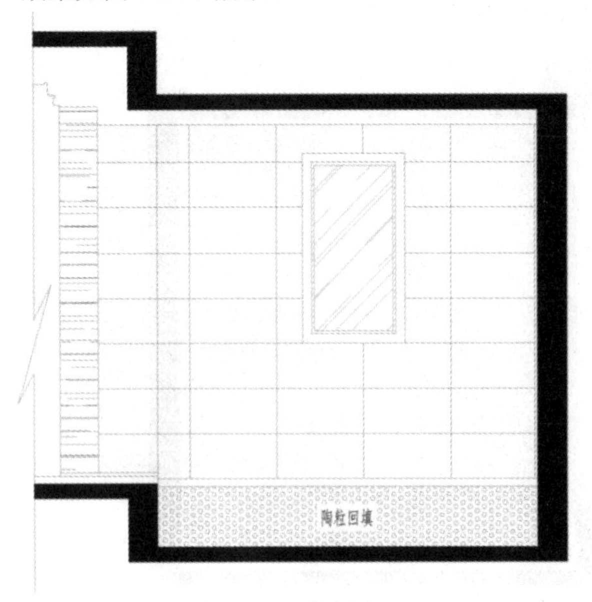

图 3-3-23 填充图形

视频任务 3-3
绘制主卫生间 B 立面图(2)

(10) 尺寸标注。设置待标注图层为当前图层；使用 D(标注设置)命令，将当前标注样式设置为“JZ-30”；使用 DLI(线性标注)命令、DCO(连续标注)命令对图形进行标注，效果如图 3-3-24 所示。

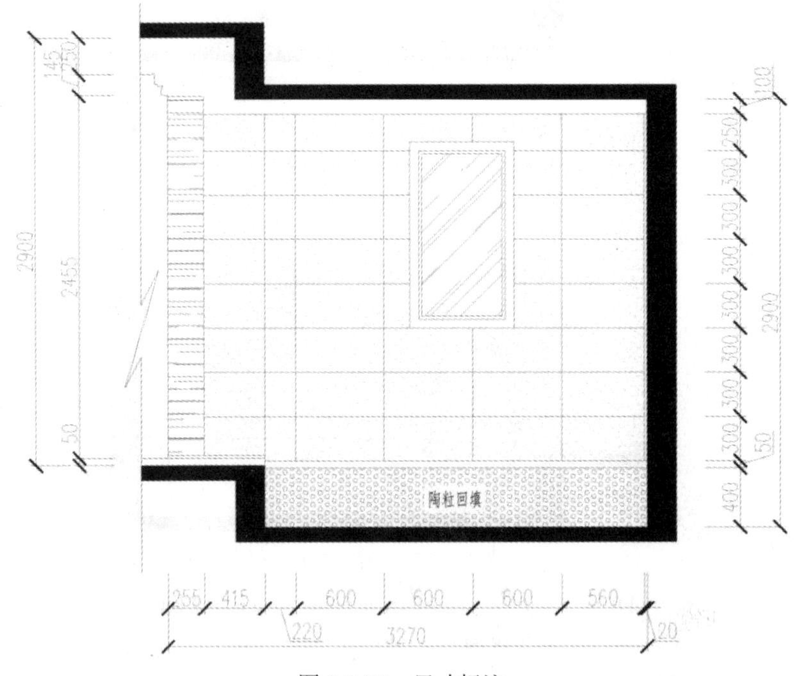

图 3-3-24 尺寸标注

(11) 材料、标高标注。使用 LE(引线标注)、T(文字)命令，对图形进行材料标注；使用 CO(复制)命令，复制主卫生间 A 立面图中的标高图例，根据图 3-3-25 中的尺寸标注标高。

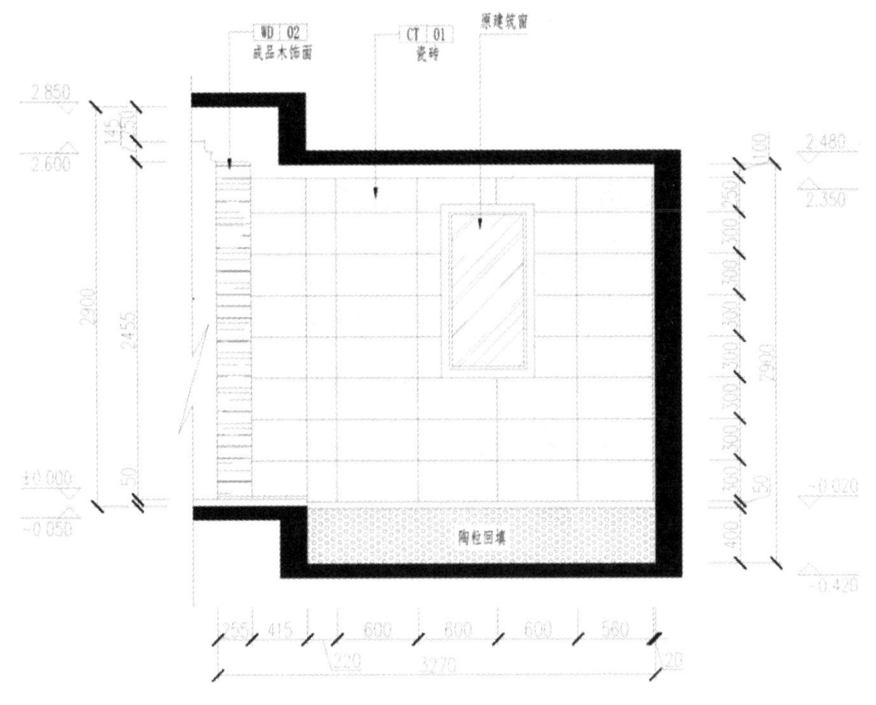

图 3-3-25　材料、标高标注

(12) 保存文件。将设计图另存，文件命名为“主卫生间(A/)B 立面图”，效果如图 3-3-26 所示。

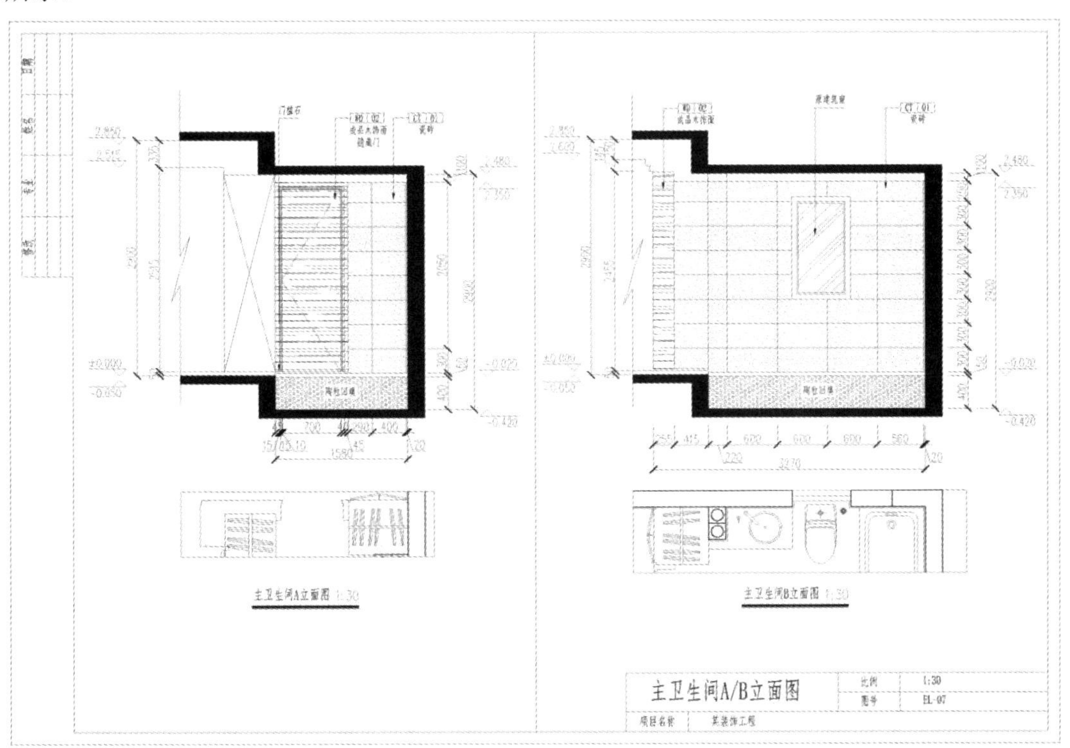

图 3-3-26　主卫生间(A/)B 立面图

三、绘制主卫生间 C 立面图

视频任务 3-3
绘制主卫生间 C 立面图

绘制主卫生间 C 立面图的具体步骤如下：

(1) 复制整理图形。使用 CO(复制)命令，复制主卫生间 A/B 立面图框，修改图名、标题栏信息、图纸目录信息；在平面布置图中，使用 REC(矩形)命令，将要绘制的主卫生间 C 的立面部分框出来，并使用 TR(修剪)、M(移动)等命令将图形移动到主卫生间 C 立面图图框中，效果如图 3-3-27 所示。

图 3-3-27　复制整理图形

(2) 绘制辅助线。使用 XL(构造线)命令，根据墙体装饰完成面的最外侧线绘制垂直辅助线；使用 XL(构造线)命令绘制水平的辅助线，表示楼板，效果如图 3-3-28 所示。

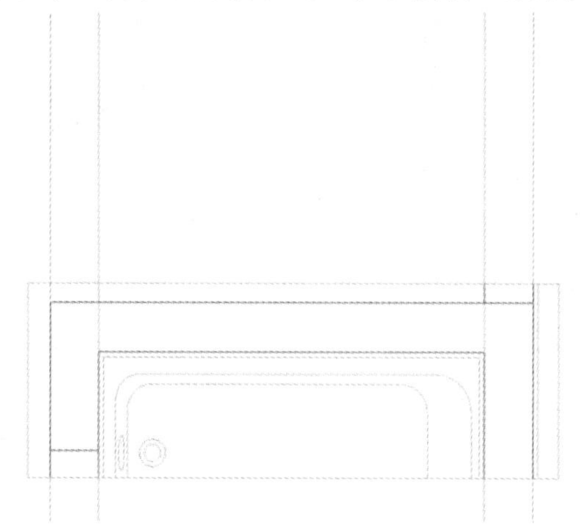

图 3-3-28　绘制辅助线

(3) 偏移修剪图形。使用 O(偏移)、F(倒圆角)、TR(修剪)等命令，根据图 3-3-29 中的尺寸偏移修剪图形。

(4) 绘制楼板。使用 O(偏移)命令，设置偏移距离为 100 mm，将上、下楼板线分别向下、向上偏移，绘制楼板，效果如图 3-3-30 所示。

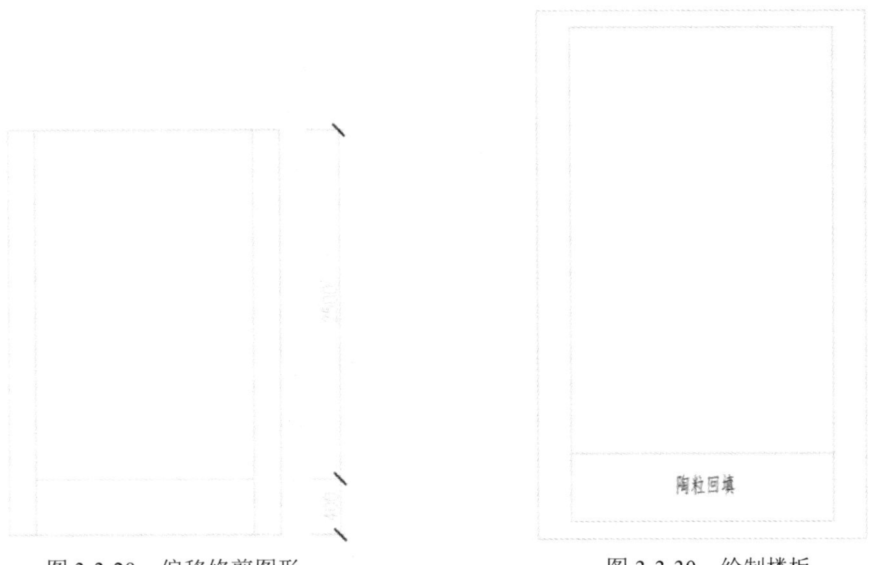

图 3-3-29　偏移修剪图形　　　　图 3-3-30　绘制楼板

(5) 绘制地面完成面并填充楼板。使用 O(偏移)命令，将下楼板线向上偏移 50 mm，作为地面铺贴完成面厚度线；使用 H(填充)命令，设置填充图案为 SOLID，填充楼板，效果如图 3-3-31 所示。

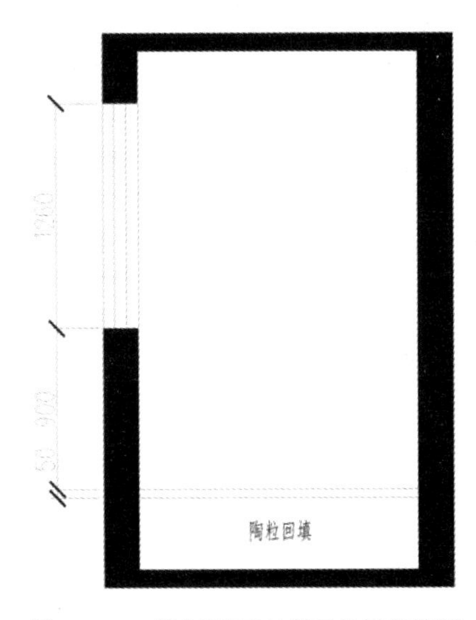

图 3-3-31　绘制地面完成面并填充楼板

(6) 绘制顶棚立面投影线。根据顶棚尺寸图中的尺寸信息以及图 3-3-32 中的尺寸，使用 O(偏移)、TR(修剪)等命令绘制顶棚立面投影线。

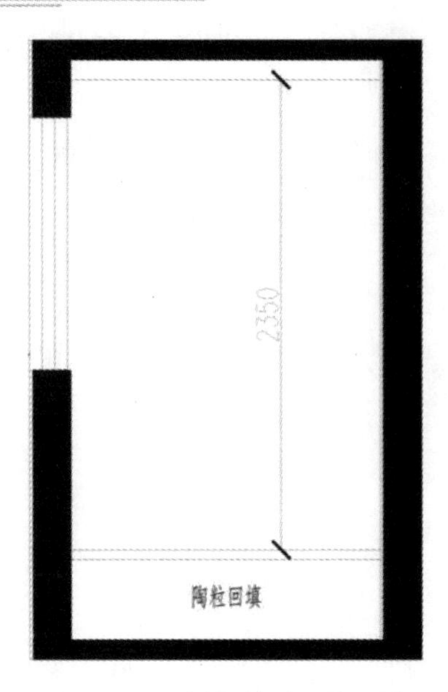

图 3-3-32　绘制顶棚立面投影线

(7) 绘制墙面瓷砖。使用 O(偏移)、TR(修剪)等命令，根据图 3-3-33 中的尺寸绘制墙面瓷砖。

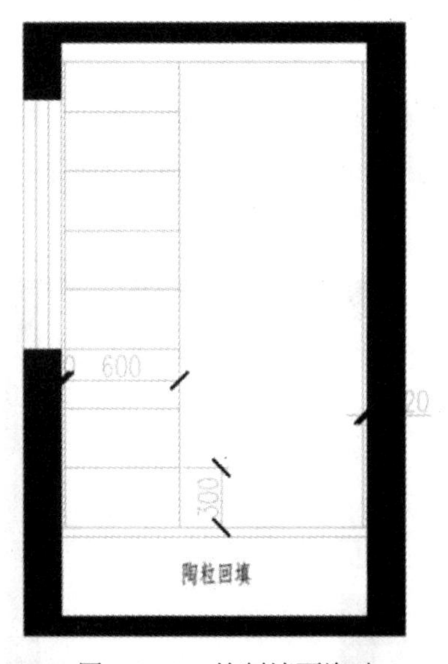

图 3-3-33　绘制墙面瓷砖

(8) 填充墙面装饰造型。使用 O(偏移)命令，绘制不锈钢饰面，设置不锈钢收边条宽度为 10；使用 H(填充)命令，设置填充图案为 AR-SAND、填充比例为 1，填充瓷砖饰面；使用 T(文字)命名，设置文字样式为汉字，设置字体大小为 100、字体颜色为黄色，在图中标注陶粒回填材料名称；使用 H(填充)命令，设置填充图案为 HEX、填充比例为 5，填充陶粒；使用 H(填充)命令，设置填充图案为 AR-RROOF、填充比例为 15、填充角度为 45 度，填充灰镜饰面；使用 H(填充)命令，设置填充图案为 ANSI31、填充比例为 10、填充宽度为 10 mm，填充不锈钢饰面(收边条)，效果如图 3-3-34 所示。

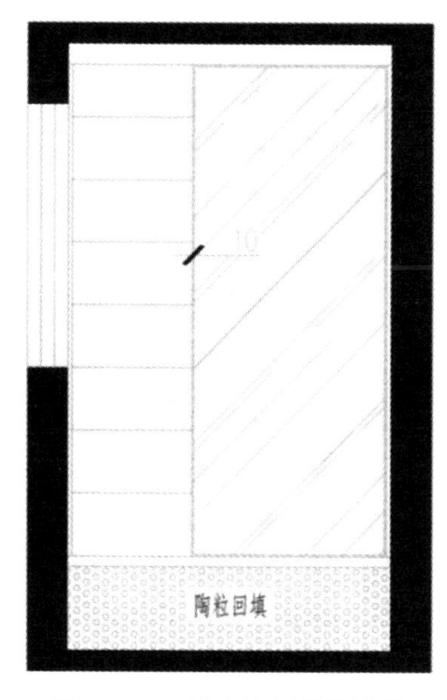

图 3-3-34　填充墙面装饰造型

(9) 尺寸标注。设置待标注图层为当前图层；使用 D(标注设置)命令，将当前标注样式设置为“JZ-30”；使用 DLI(线性标注)命令、DCO(连续标注)命令对图形进行标注，效果如图 3-3-35 所示。

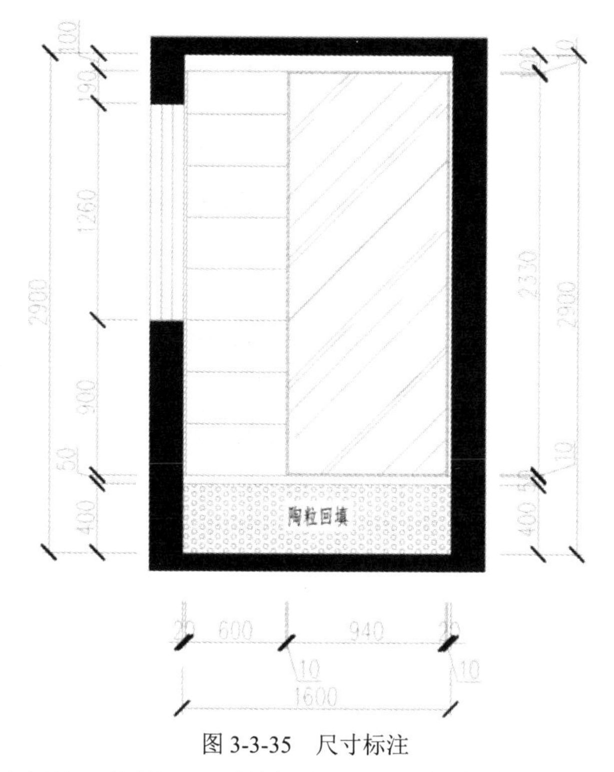

图 3-3-35　尺寸标注

(10) 材料、标高标注。使用 LE(引线标注)、T(文字)命令，对图形进行材料标注；使用 CO(复制)命令，复制主卧 D 立面图中的标高图例，根据图 3-3-36 中的尺寸标注标高。

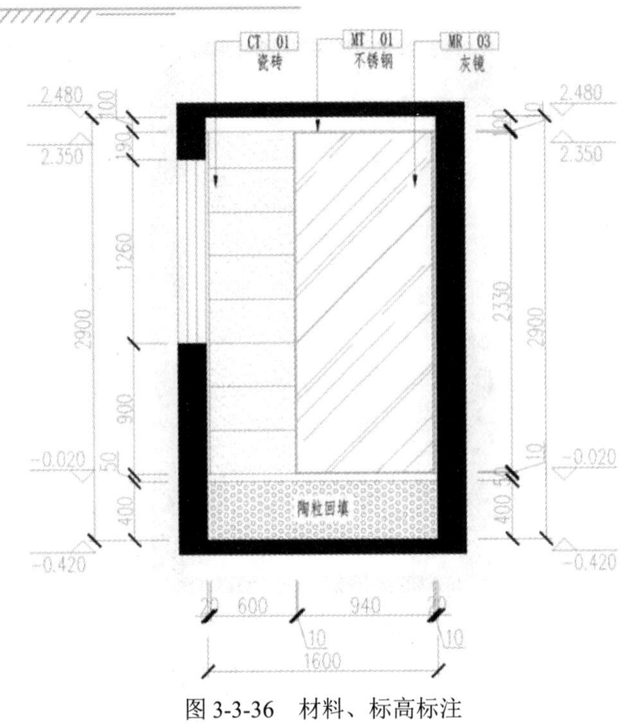

图 3-3-36　材料、标高标注

(11) 保存文件。将设计图另存，文件命名为“主卫生间 C(/D)立面图”，效果如图 3-3-37 所示。

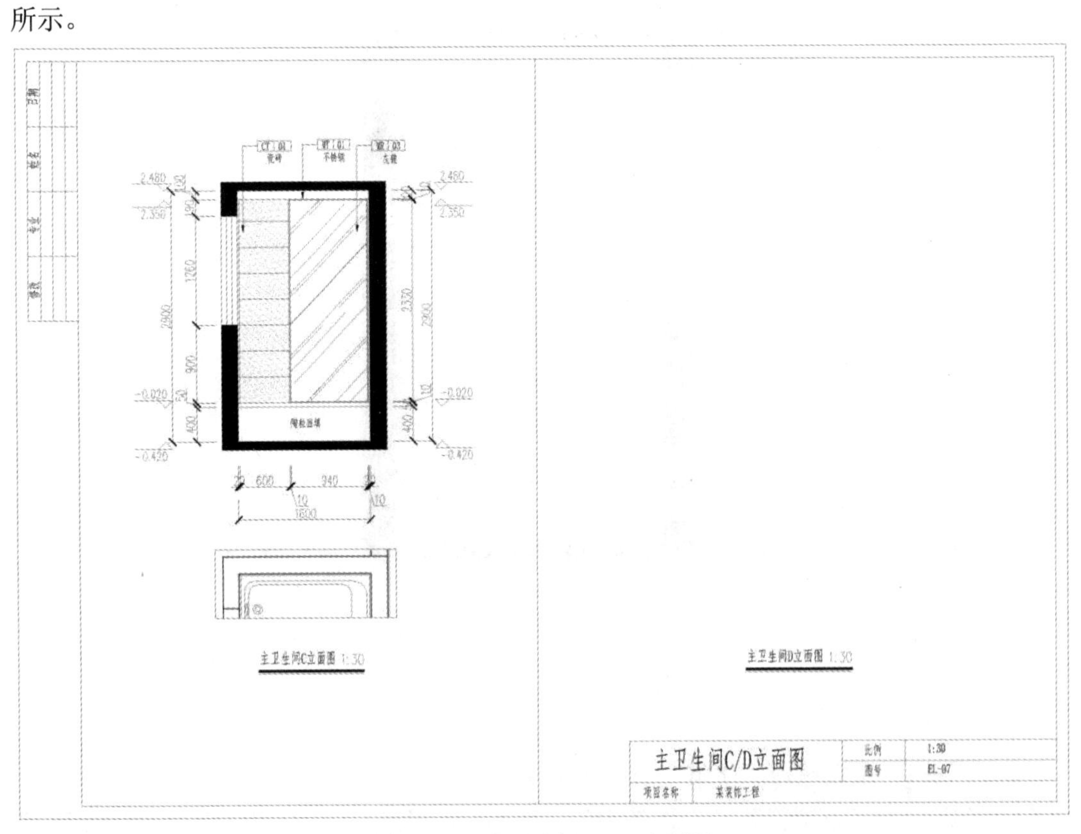

图 3-3-37　主卫生间 C(/D)立面图

四、绘制主卫生间 D 立面图

视频任务 3-3
绘制主卫生间 D 立面图

绘制主卫生间 D 立面图的具体步骤如下：

(1) 复制平面布置图并绘制辅助线。在平面布置图中，使用 REC(矩形)命令，将要绘制的主卫生间 D 的立面部分框出来，并使用 TR(修剪)、M(移动)等命令将图形移动到主卫生间 D 立面图图框中；使用 XL(构造线)命令，根据墙体装饰完成面的最外侧线绘制垂直辅助线；使用 XL(构造线)命令绘制水平辅助线，表示楼板，效果如图 3-3-38 所示。

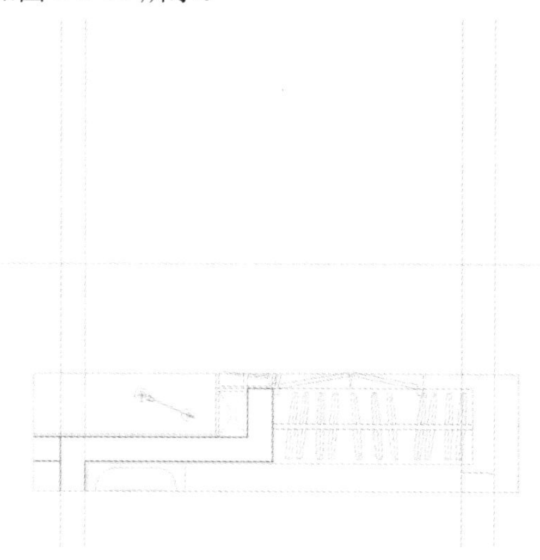

图 3-3-38　复制平面布置图并绘制辅助线

(2) 绘制卫生间 D 的立面顶棚投影。卫生间 B 立面和 D 立面顶棚投影造型一致，具体画法不再赘述(注：可使用镜像复制的方法绘制图形)，效果如图 3-3-39 所示。

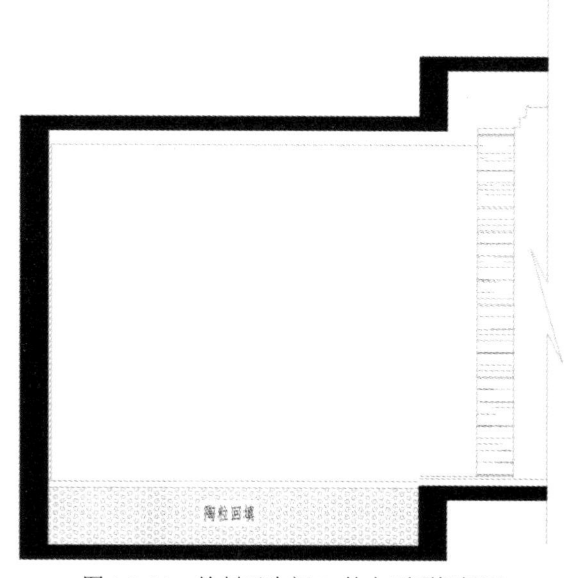

图 3-3-39　绘制卫生间 D 的立面顶棚投影

(3) 绘制墙面装饰造型。使用 O(偏移)、F(倒圆角)、TR(修剪)等命令，根据图 3-3-40 中的尺寸绘制墙面装饰造型。

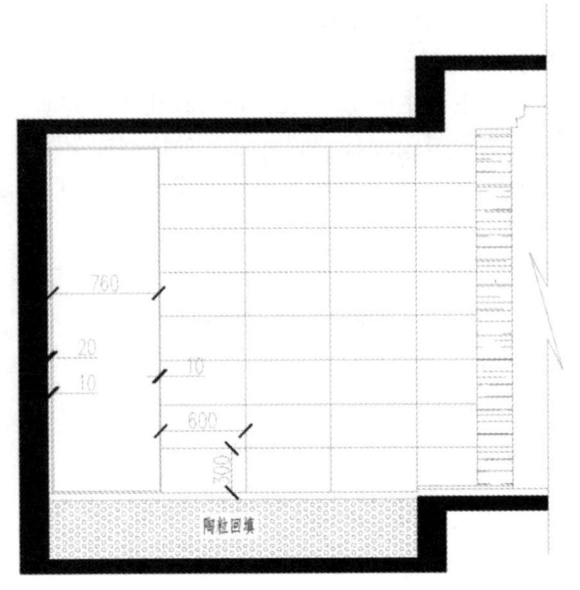

图 3-3-40 绘制墙面装饰造型

(4) 填充墙面装饰造型。使用 O(偏移)命令，设置偏移距离为 10 mm；使用 H(填充)命令，设置填充图案为 AR-SAND、填充比例为 1，填充瓷砖饰面；使用 H(填充)命令，设置填充图案为 AR-RROOF、填充比例为 15、填充角度 45 度、填充宽度为 10 mm，填充灰镜饰面；使用 H(填充)命令，设置填充图案 ANSI31、填充比例为 10、填充宽度为 10 mm，填充不锈钢饰面，效果如图 3-3-41 所示。

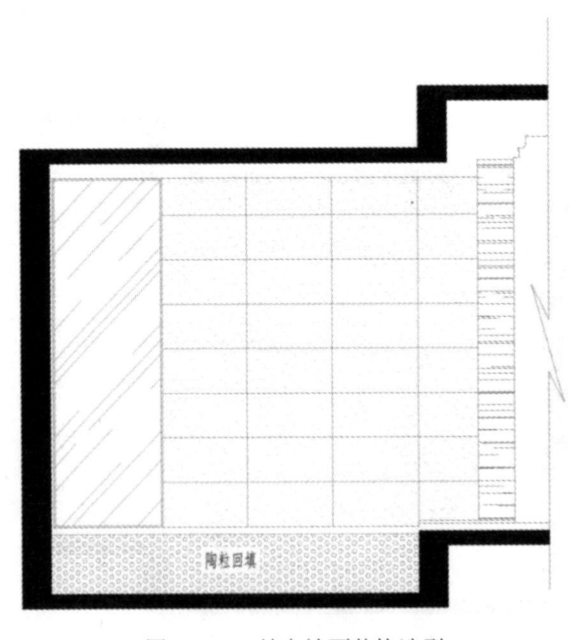

图 3-3-41 填充墙面装饰造型

(5) 尺寸标注。设置待标注图层为当前图层；使用 D(标注设置)命令，将当前标注样式设置为“JZ-30”；使用 DLI(线性标注)命令、DCO(连续标注)命令对图形进行尺寸标注，效果如图 3-3-42 所示。

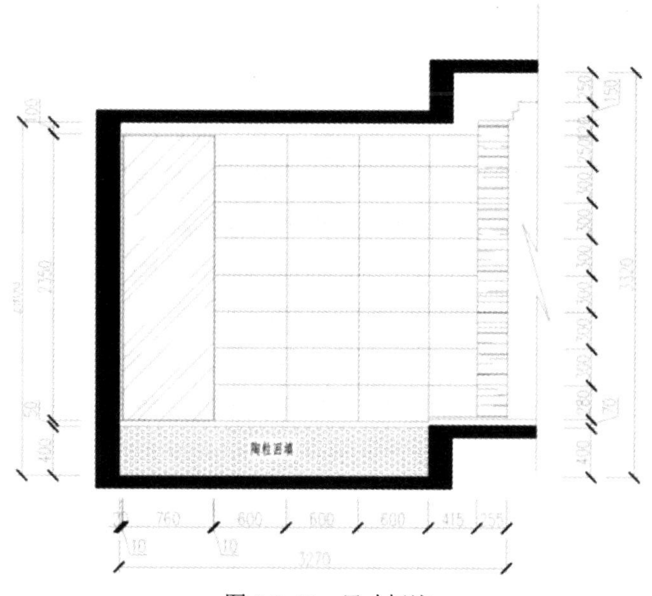

图 3-3-42　尺寸标注

(6) 材料、标高标注。使用 LE(引线标注)、T(文字)命令，对图形进行材料标注；使用 CO(复制)命令，复制主卧 D 立面图中的标高图例，根据图 3-3-43 中的尺寸标注标高。

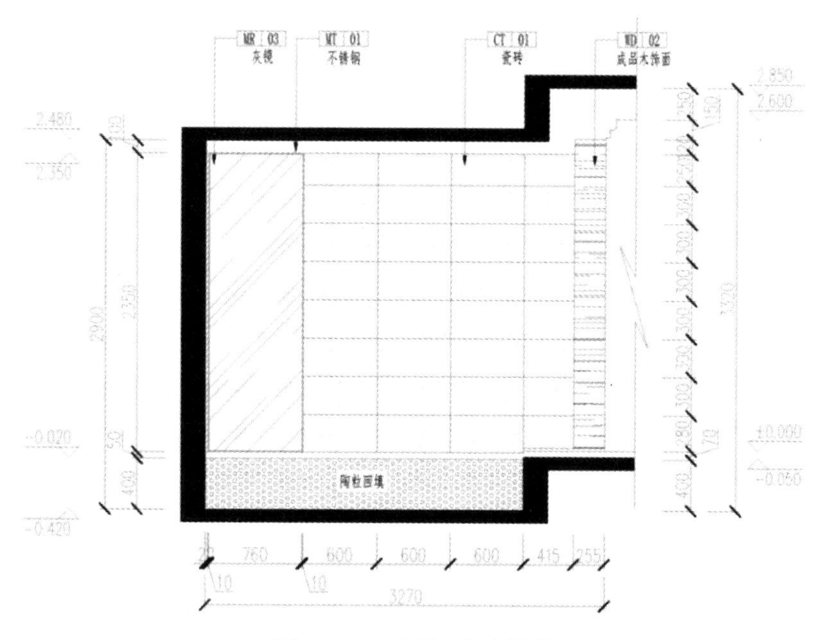

图 3-3-43　材料、标高标注

(7) 保存文件。将设计图另存，文件命名为“主卫生间(C/)D 立面图”，效果如图 3-3-44 所示。

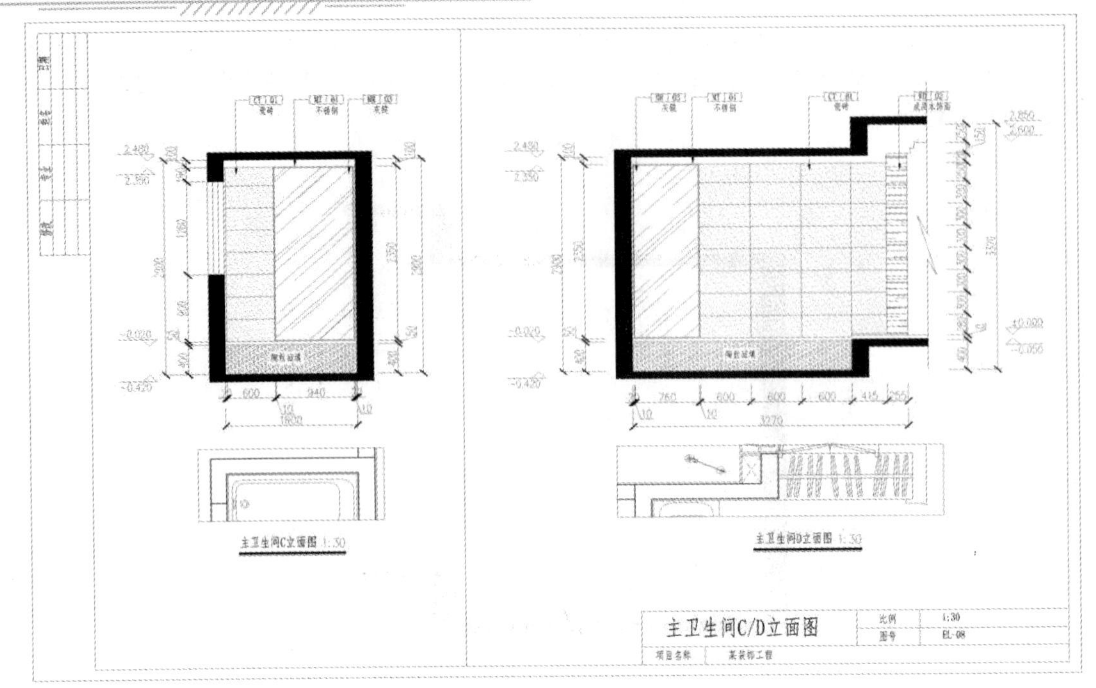

图 3-3-44　主卫生间(C/)D 立面图

任务 3-4　绘制厨房立面图

一、厨房概述

厨房作为房屋的重要功能区域，被誉为“房屋的心脏”。它主要承载了住户备餐、烹调餐食、餐后整理、清洗等一系列活动。厨房空间通常包括准备空间、储藏空间、设备空间、烹调空间、清洗空间和通行空间等多个部分。

在厨房设计中，橱柜作为存放厨具的主要平台，要精心规划其尺寸与布局。一般来说，地柜的标准高度在 800～900 mm 之间，这一高度通常根据使用者的身高进行计算，公式为“身高/2+5～10 cm”。地柜台面的厚度通常为 50 mm。吊柜的高度则根据人体工学原理计算，以便使用者轻松开关柜门并存取物品。常见的吊柜高度有 650 mm、780 mm、910 mm 等，若厨房吊顶高度超过 2300 mm，则可以考虑使用高度为 910 mm 的吊柜。此外，地柜与吊柜之间的距离一般控制在 500 mm～600 mm 之间，以确保使用时的舒适性和便利性。

在绘制橱柜立面图时，需要注意地柜与吊柜的进深差异。通常，地柜的进深为 560 mm (包含台面则为 600 mm)，而吊柜的进深则一般为 320 mm。

水槽的布置也是厨房设计中不可忽视的一环。一般来说，水槽的高度设置在 900～950 mm 较为适宜。若考虑成本因素，可以选择将橱柜分段抬高，使含有水槽的部分达到 950 mm 的高度，这样既经济，又符合人性化设计原则。

厨房内的开关、插座位置也需要精确标注。普通插座通常离地 300 mm，高位插座(如冰箱插座)则离地 1300 mm，而油烟机插座的离地高度应在 1800～2200 mm 之间。若厨房内安装有燃气热水器，插座应距离热水器 500 mm 以上，以确保安全。

二、绘制厨房 A 立面图

视频任务 3-4
绘制厨房 A 立面图(1)

绘制厨房 A 立面图的具体步骤如下：

(1) 新建图层。新建厨房图层，输入 LA(图层设置)命令→单击空格键→单击新建按钮→新建图层，将该图层命名为厨房立面图→设置图层颜色为 153，其他参数均为默认→双击厨房立面图图层，将其置为当前图层，效果如图 3-4-1 所示。

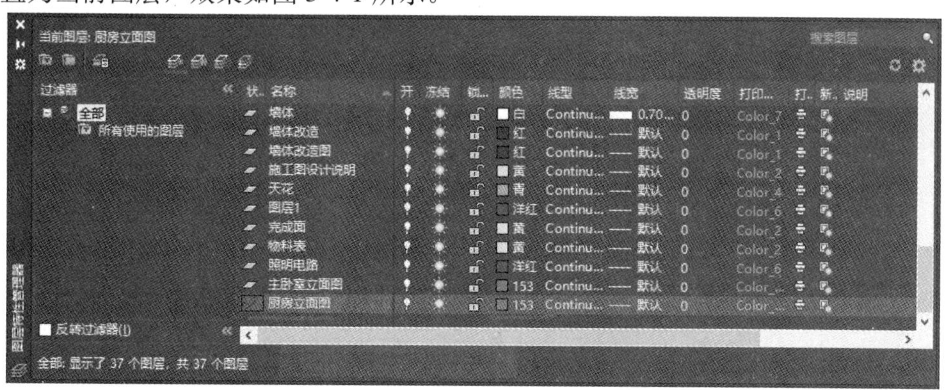

图 3-4-1　新建厨房立面图图层

(2) 复制整理图框。使用 CO(复制)命令，复制卫生间 C/D 立面图图框，修改图名、标题栏信息、图纸目录信息，效果如图 3-4-2 所示。

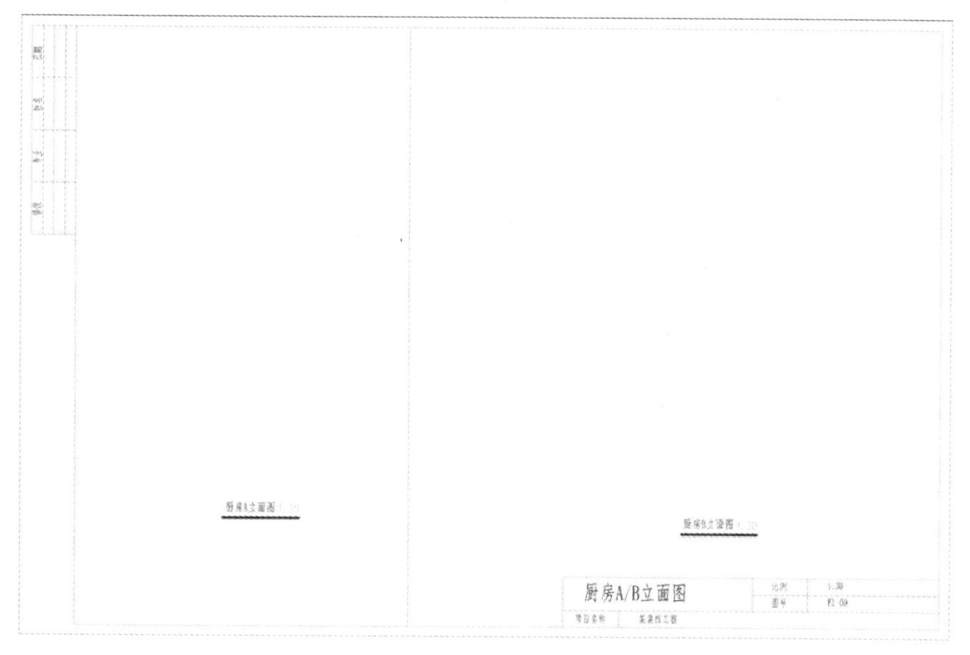

图 3-4-2　复制整理图框

(3) 复制平面布置图并绘制辅助线。在平面布置图中，使用 REC(矩形)命令，将要绘制的厨房 A 的立面部分框出来，并使用 TR(修剪)、M(移动)等命令将图形移动到厨房 A 立面图的图框中；使用 XL(构造线)命令，根据墙体装饰完成面的最外侧线绘制垂直辅助线；使用 XL(构造线)命令绘制水平辅助线，表示楼板，效果如图 3-4-3 所示。

(4) 偏移修剪图形。使用 O(偏移)、F(倒圆角)、TR(修剪)等命令，根据图 3-4-4 中的尺寸偏移修剪图形。

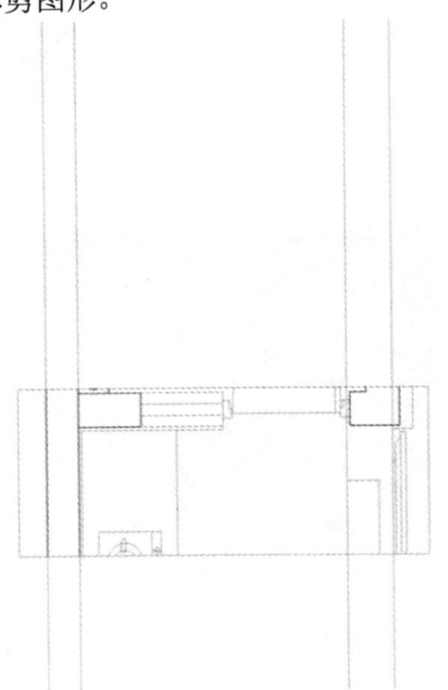

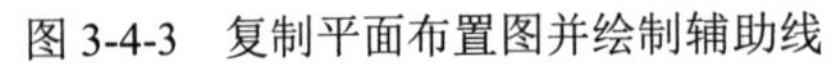

图 3-4-3　复制平面布置图并绘制辅助线　　　　图 3-4-4　偏移修剪图形

(5) 绘制楼板和梁。使用 L(直线)命令绘制折断线；使用 O(偏移)命令，设置偏移距离为 100 mm，将上、下楼板线分别向下、向上偏移，绘制楼板；使用 O(偏移)命令，绘制梁；使用 TR(修剪)命令修剪图形；使用 H(填充)命令，设置填充图案为 SOLID，填充楼板和梁，效果如图 3-4-5 所示。

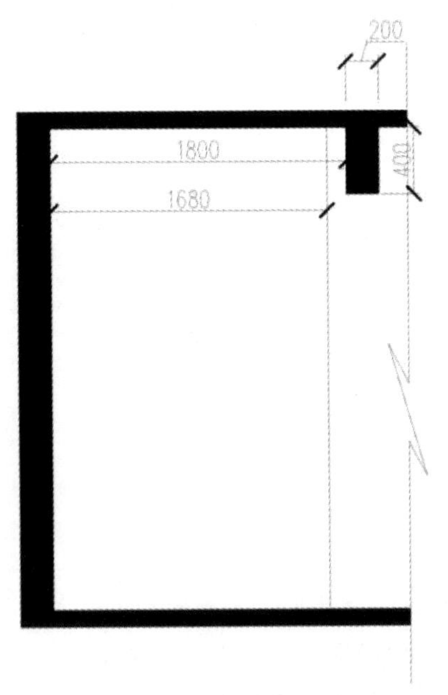

图 3-4-5　绘制楼板和梁

(6) 绘制地面完成面和顶棚立面投影线。使用 O(偏移)命令，将下楼板线向上偏移 50 mm，作为地面铺贴完成面厚度线；绘制顶棚立面投影线：根据顶棚尺寸图中的尺寸信息以及图 3-4-6 中的尺寸，使用 O(偏移)、TR(修剪)等命令，绘制顶棚立面投影线。(厨房 A 的顶棚立面投影线参数参考客餐厅 A 立面图中的)，效果如图 3-4-6 所示。

(7) 绘制门窗洞。使用 O(偏移)命令、TR(修剪)命令，根据图 3-4-7 中的尺寸绘制门窗洞。

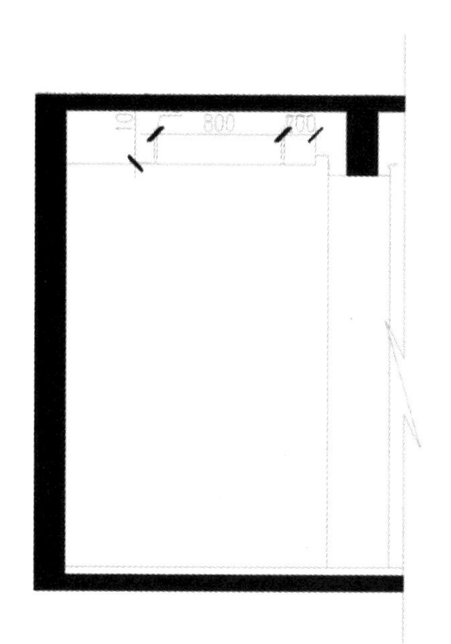

图 3-4-6　绘制地面完成面和顶棚立面投影线

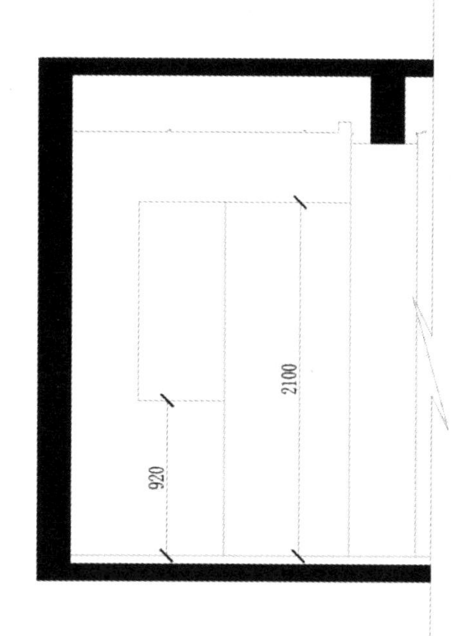

图 3-4-7　绘制门窗洞

(8) 绘制门窗。使用 O(偏移)命令、TR(修剪)命令，根据图 3-4-8 中的尺寸绘制门窗。

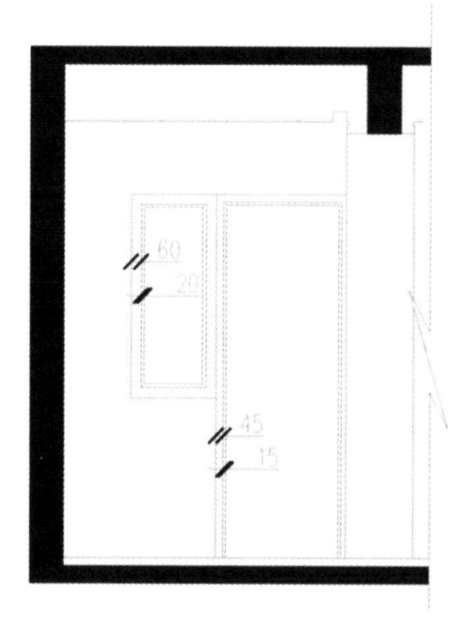

图 3-4-8　绘制门窗

视频任务 3-4
绘制厨房 A 立面图(2)

(9) 绘制地柜。使用 O(偏移)、TR(修剪)、L(直线)等命令，根据图 3-4-9 中的尺寸绘制地柜。

(10) 绘制吊柜。使用 O(偏移)、TR(修剪)、L(直线)等命令，根据图 3-4-10 中的尺寸绘制吊柜。

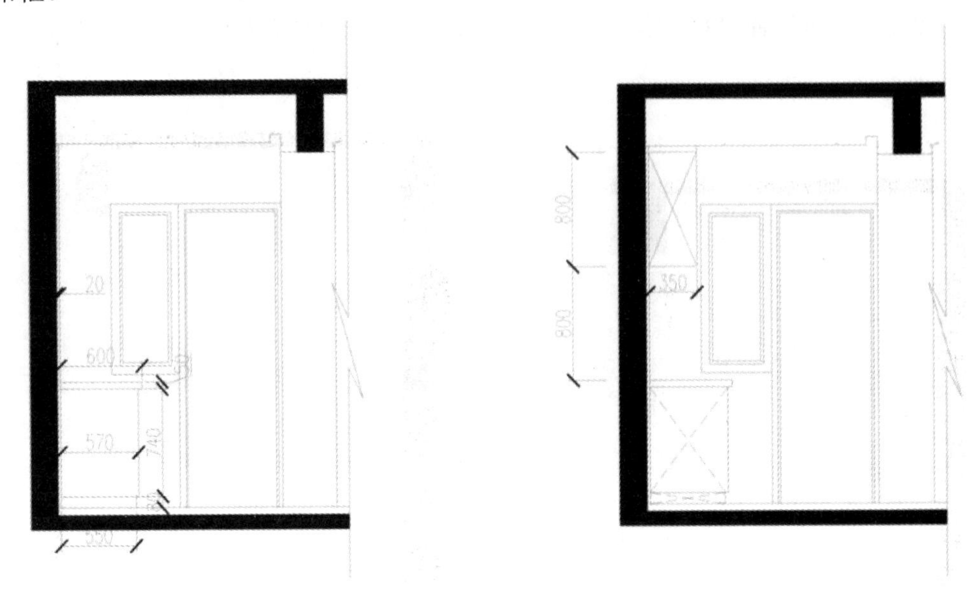

图 3-4-9　绘制地柜　　　　图 3-4-10　绘制吊柜

(11) 绘制油烟机。使用 O(偏移)、TR(修剪)、L(直线)等命令，根据图 3-4-11 中的尺寸绘制油烟机。

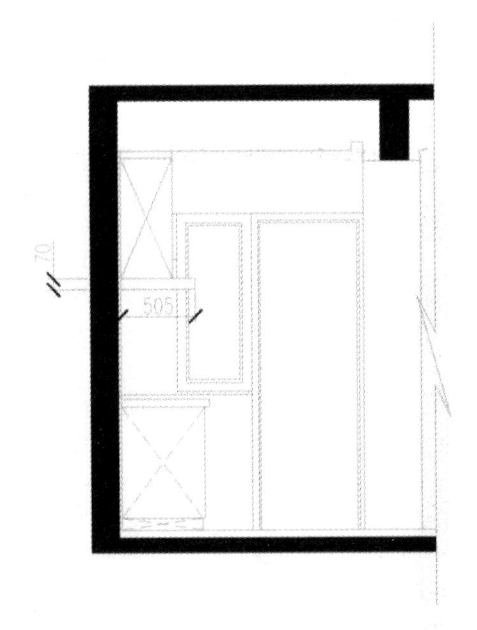

图 3-4-11　绘制油烟机

(12) 绘制墙面瓷砖。使用 O(偏移)、TR(修剪)等命令，根据图 3-4-12 中的尺寸绘制墙面瓷砖。

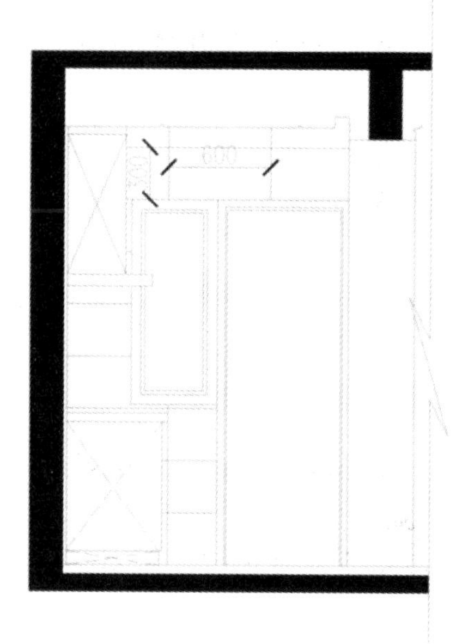

图 3-4-12 绘制墙面瓷砖

(13) 填充门窗和墙面。使用 H(填充)命令，设置填充图案为 AR-RROOF、填充比例为5，使用木饰面填充；使用 H(填充)命令，设置填充图案为 ARROOF、填充比例为 10、填充角度为 45 度，填充门窗玻璃；使用 H(填充)命令，设置填充图案为 AR-ANSID、填充比例为 1，使用墙面瓷砖饰面填充，效果如图 3-4-13 所示。

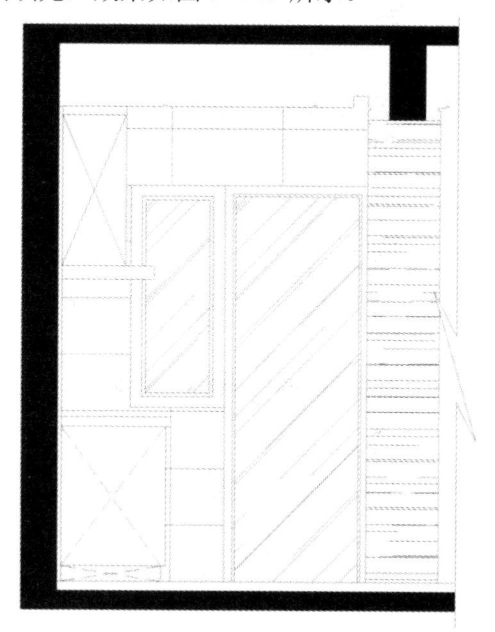

图 3-4-13 填充门窗和墙面

(14) 尺寸标注。设置待标注图层为当前图层；使用 D(标注设置)命令，将当前标注样式设置为“JZ-30”；使用 DLI(线性标注)命令、DCO(连续标注)命令对图形进行尺寸标注，效果如图 3-4-14 所示。

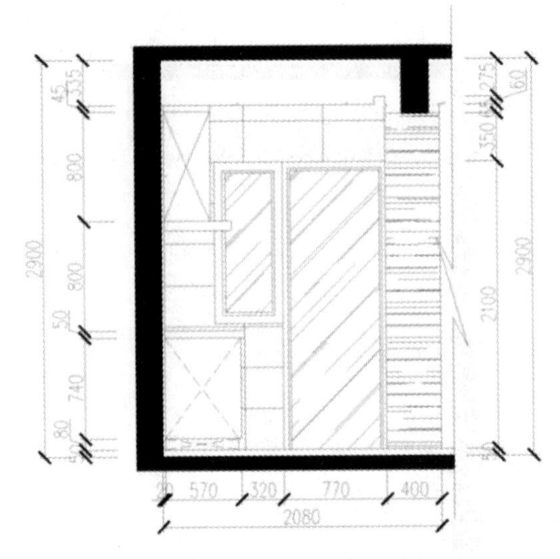

图 3-4-14　尺寸标注

(15) 材料、标高标注。使用 LE(引线标注)、T(文字)命令对图形进行材料标注；使用 CO(复制)命令，复制主卫生间 C/D 立面图中的标高图例，根据图 3-4-15 中的尺寸标注标高。

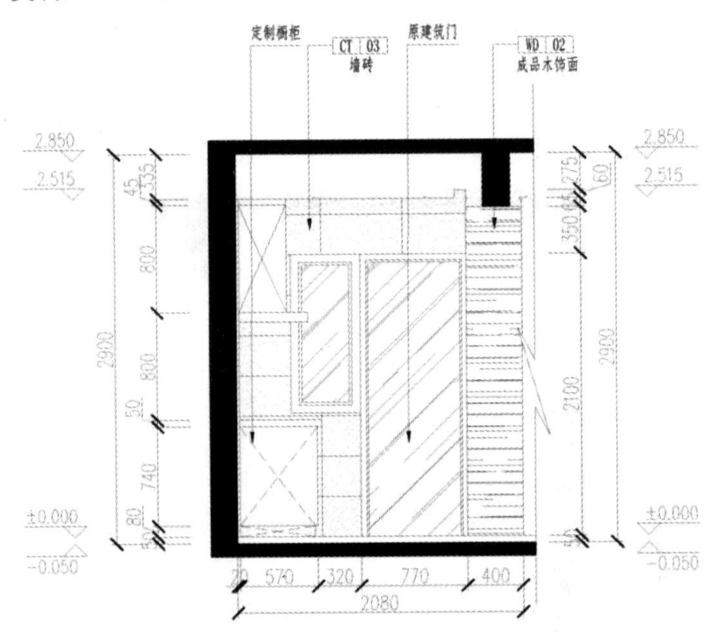

图 3-4-15　文字标注

(16) 保存文件。将设计图另存，文件命名为“厨房 A(/B)立面图”。

三、绘制厨房 B 立面图

视频任务 3-4
绘制厨房 B 立面图(1)

绘制厨房 B 立面图的具体步骤如下：

(1) 复制整理图形。在平面布置图中，使用 REC(矩形)命令，将要绘制的厨房 B 的立面部分框出来，并使用 TR(修剪)、M(移动)等命令将图形移动到厨房 B 立面图的图框中，效果如图 3-4-16 所示。

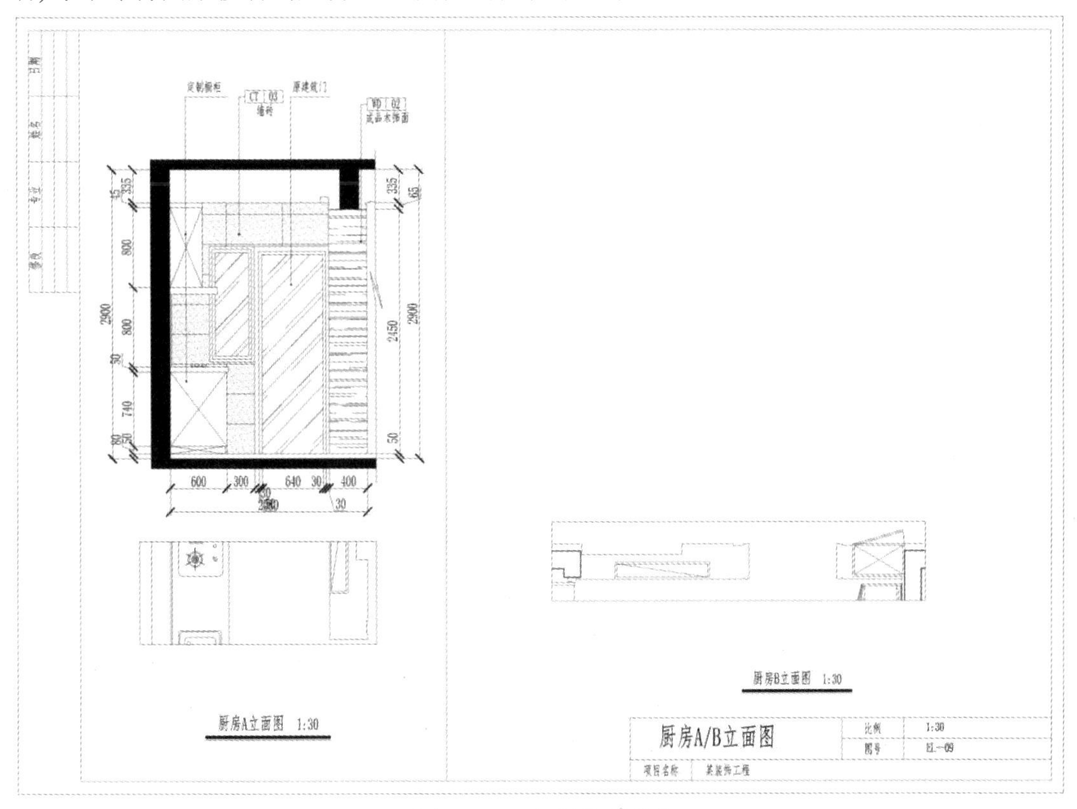

图 3-4-16　复制整理图形

(2) 绘制辅助线。使用 XL(构造线)命令，根据墙体装饰完成面的最外侧线绘制垂直辅助线；使用 XL(构造线)命令绘制水平的辅助线，表示楼板，效果如图 3-4-17 所示。

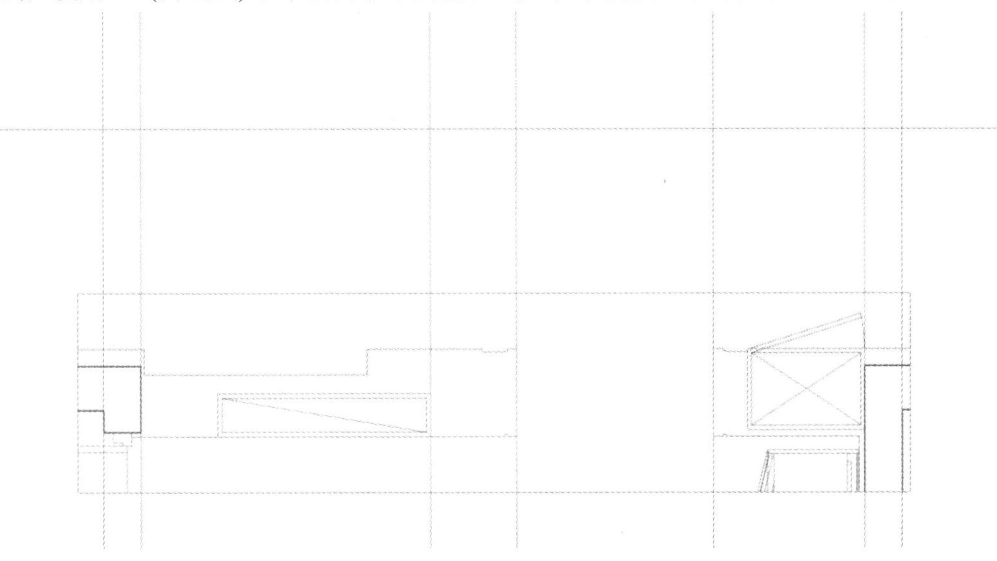

图 3-4-17　绘制辅助线

(3) 偏移修剪图形。使用 O(偏移)、F(倒圆角)、TR(修剪)等命令，根据图 3-4-18 中的尺寸偏移修剪图形。

图 3-4-18　偏移修剪图形

(4) 绘制楼板和地面铺贴完成面。使用 O(偏移)命令，设置偏移距离为 100 mm，将上、下楼板线分别向下、向上偏移，绘制楼板；使用 O(偏移)命令，将下楼板线向上偏移 50 mm，作为地面铺贴完成面厚度线，效果如图 3-4-19 所示。

图 3-4-19　绘制楼板和地面铺贴完成面

(5) 绘制门洞和顶棚立面投影线。使用 O(偏移)命令，绘制厨房门洞，门洞高度为 2080 mm；根据顶棚尺寸图中的尺寸信息以及图 3-4-20 中的尺寸，使用 O(偏移)、TR(修剪)

等命令绘制顶棚立面投影线。

图 3-4-20 绘制门洞、顶棚立面投影线

(6) 绘制门套线。使用 O(偏移)命令，根据图 3-4-21 中的尺寸绘制门套线。

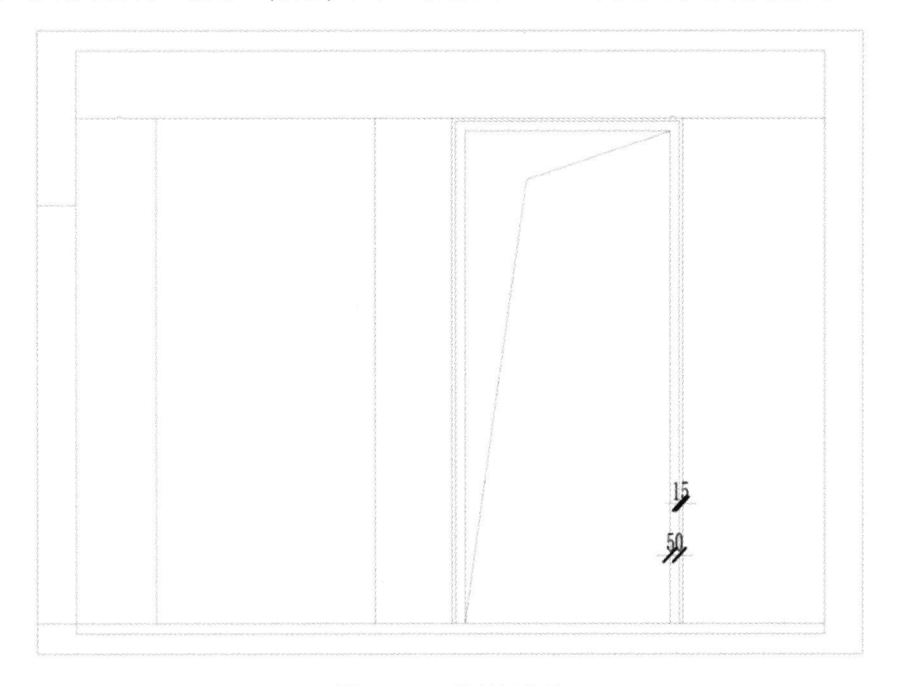

图 3-4-21 绘制门套线

(7) 绘制壁柜。使用 L(直线)、O(偏移)、TR(修剪)等命令，根据图 3-4-22 中的尺寸绘制壁柜。

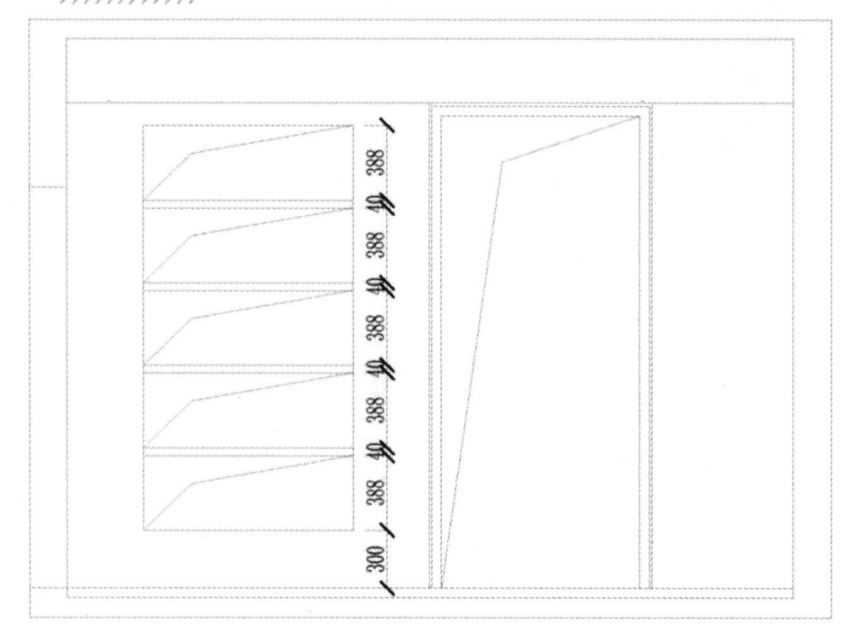

图 3-4-22　绘制壁柜

(8) 布置开关。打开“图库素材.dwg”文件，选择开关立面图，使用 Ctrl+C(复制)、Ctrl+V(粘贴)、M(移动)、SC(缩放)等命令，根据图 3-4-23 中的尺寸布置开关(注：插座面板大小为 86 mm × 86 mm)。

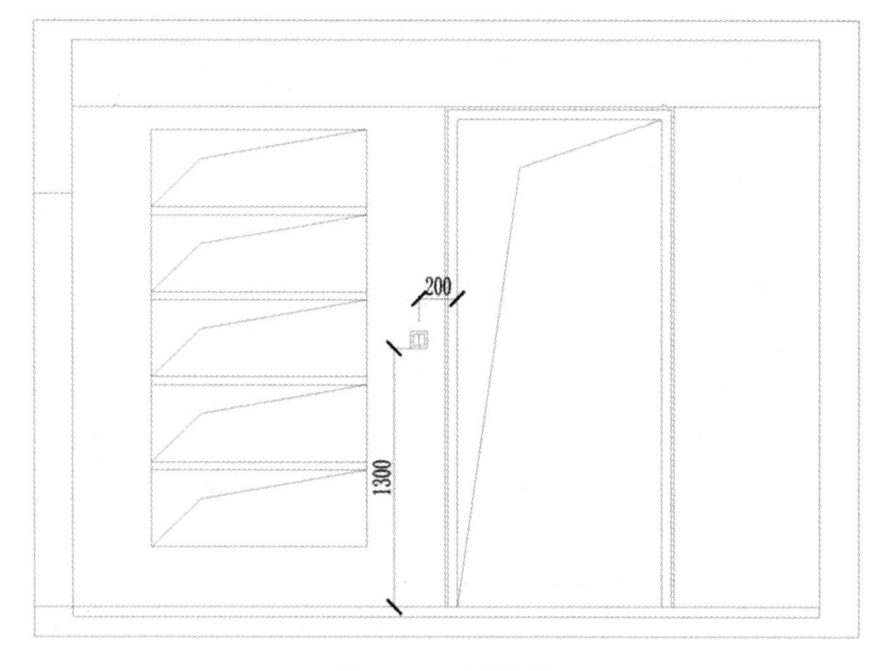

图 3-4-23　布置开关

(9) 绘制墙面瓷砖。使用 O(偏移)、TR(修剪)等命令，根据图 3-4-24 中的尺寸绘制墙面瓷砖。

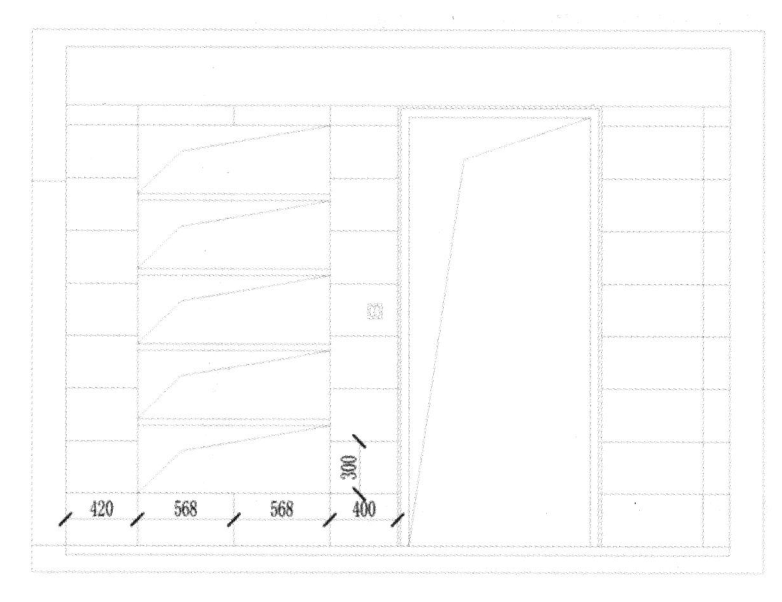

图 3-4-24 绘制墙面瓷砖

视频任务 3-4
绘制厨房 B 立面图(2)

(10) 填充图案。使用 H(填充)命令，设置填充图案为 SOLID，填充楼板和墙体；设置填充图案为 AR-SAND、填充比例为 1，填充瓷砖饰面；设置填充图案为 ANSI31、填充比例为 10，使用不锈钢饰面填充；设置填充图案为 AR-RROOF、填充比例为 5，填充木饰面；设置填充图案为 AR-RROOF、填充比例为 1，填充壁柜木饰面；设置填充图案为 AR-RROOF、填充比例为 20、填充角度为 45 度，填充壁柜玻璃门板，效果如图 3-4-25 所示。

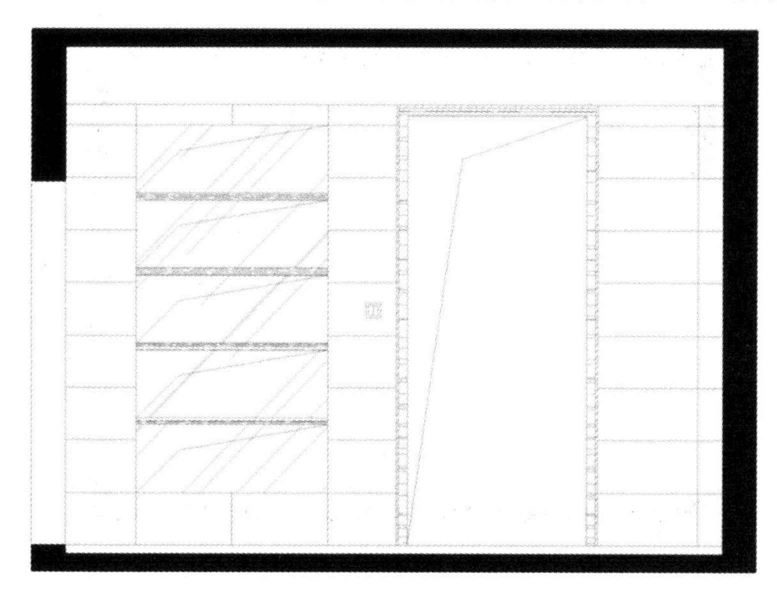

图 3-4-25 填充图案

(11) 尺寸标注。设置待标注图层为当前图层；使用 D(标注设置)命令，将当前标注样式设置为“JZ-30”；使用 DLI(线性标注)命令、DCO(连续标注)命令对图形进行尺寸标注，效果如图 3-4-26 所示。

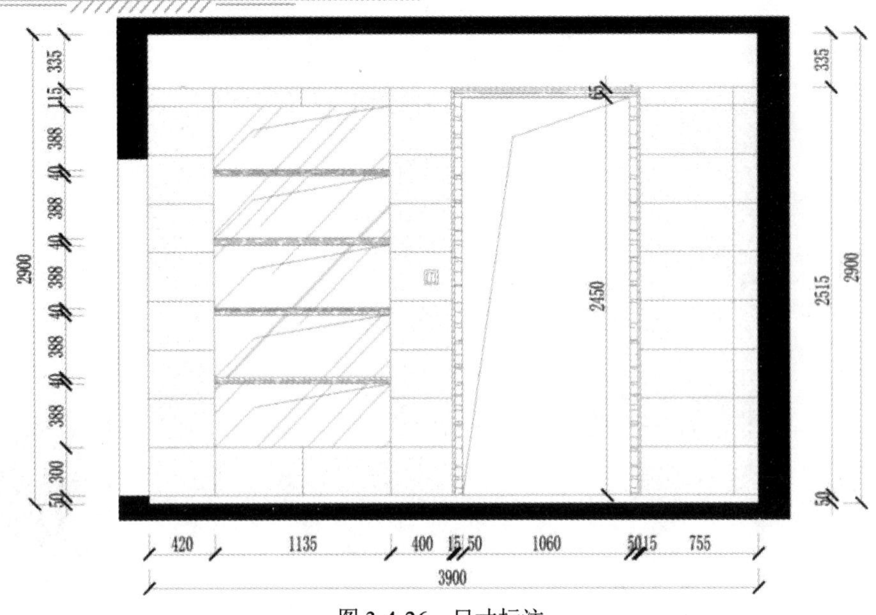

图 3-4-26　尺寸标注

(12) 材料、标高标注。使用 LE(引线标注)、CO(复制)、T(文字)命令，对图形进行材料标注；使用 CO(复制)命令，复制厨房 A 立面图中的标高图例，根据图 3-4-27 中的尺寸标注标高。

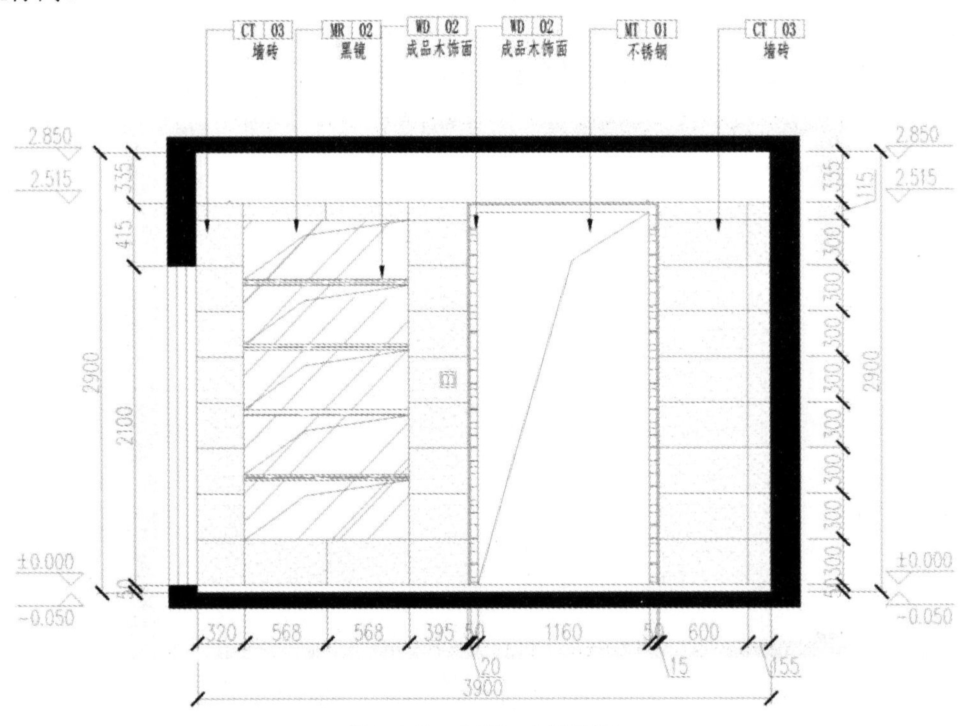

图 3-4-27　材料、标高标注

(13) 保存文件。将设计图另存，文件命名为“厨房(A/)B 立面图”，效果如图 3-4-28 所示。

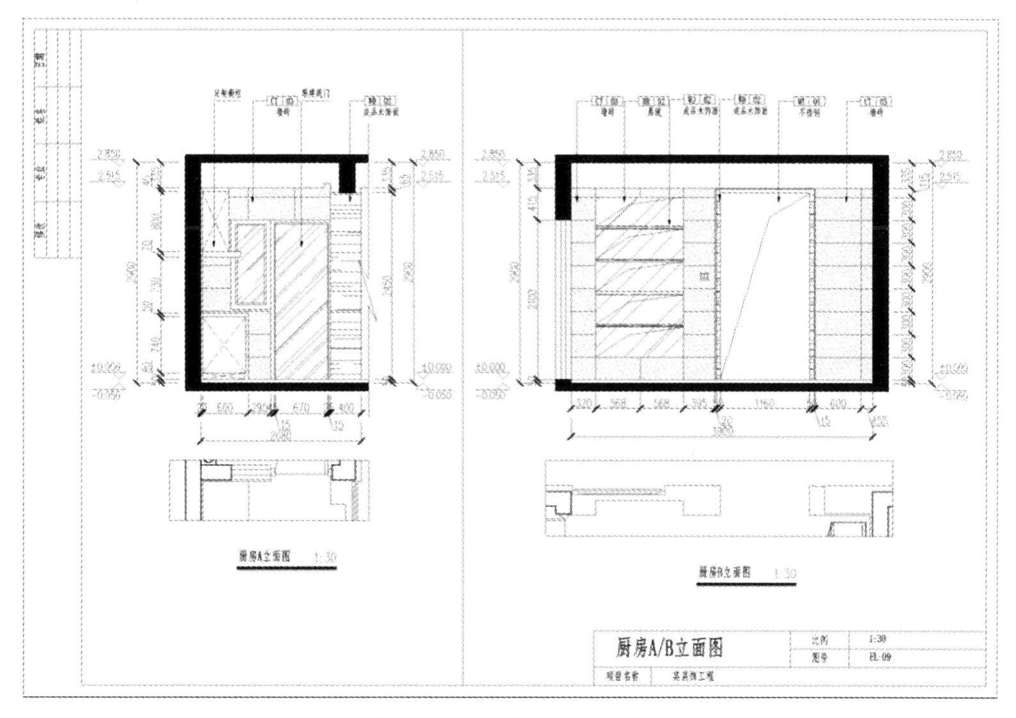

图 3-4-28　厨房(A/)B 立面图

四、绘制厨房 C 立面图

视频任务 3-4
绘制厨房 C 立面图

绘制厨房 C 立面图的具体步骤如下：

(1) 复制整理图框。使用 CO(复制)命令，复制厨房 A/B 立面图图框；修改图名、标题栏、图纸目录等信息，效果如图 3-4-29 所示。

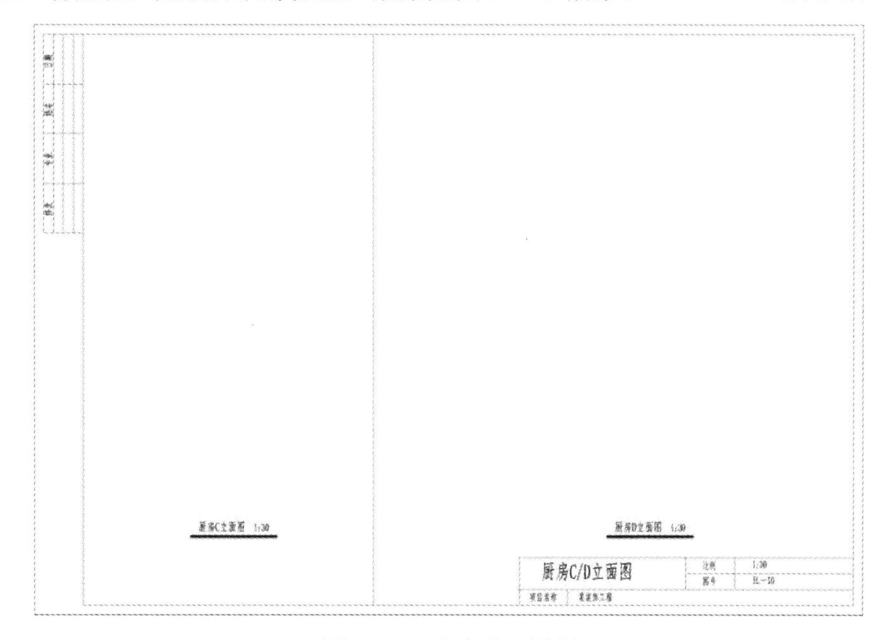

图 3-4-29　复制整理图框

(2) 复制平面布置图。在平面布置图中，使用 REC(矩形)命令，将要绘制的厨房 C 的立面部分框出来，并使用 TR(修剪)、M(移动)等命令将图形移动到厨房 C 的立面图图框中，效果如图 3-4-30 所示。

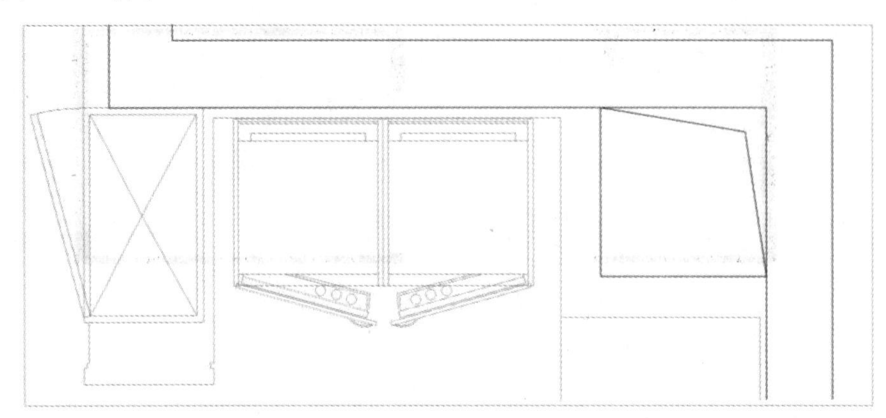

图 3-4-30 复制平面布置图

(3) 镜像复制并整理图形。使用 MI(镜像)命令，镜像复制厨房 A 立面图；使用 M(移动)、XL(构造线)、E(删除)等命令，整理图形，效果如图 3-4-31 所示。

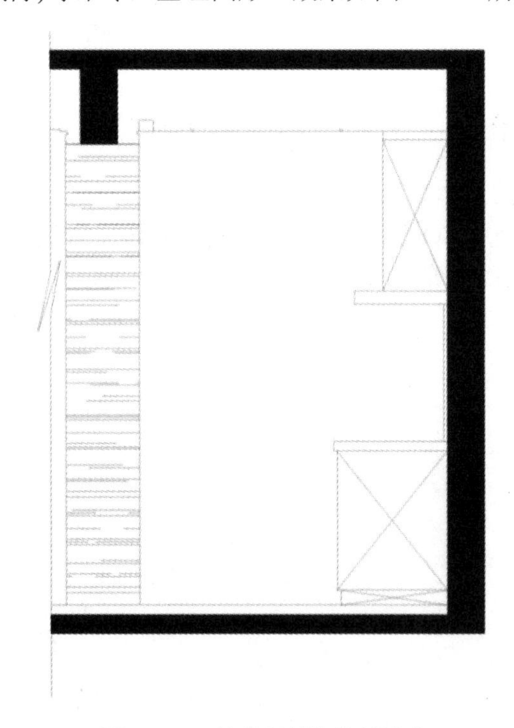

图 3-4-31 镜像复制并整理图形

(4) 绘制墙面瓷砖。使用 O(偏移)、TR(修剪)等命令，根据图 3-4-32 中的尺寸绘制墙面瓷砖。

(5) 填充墙面图案。使用 H(填充)命令，设置填充图案为 AR-SAND、填充比例为 1，使用瓷砖饰面填充墙面，效果如图 3-4-33 所示。

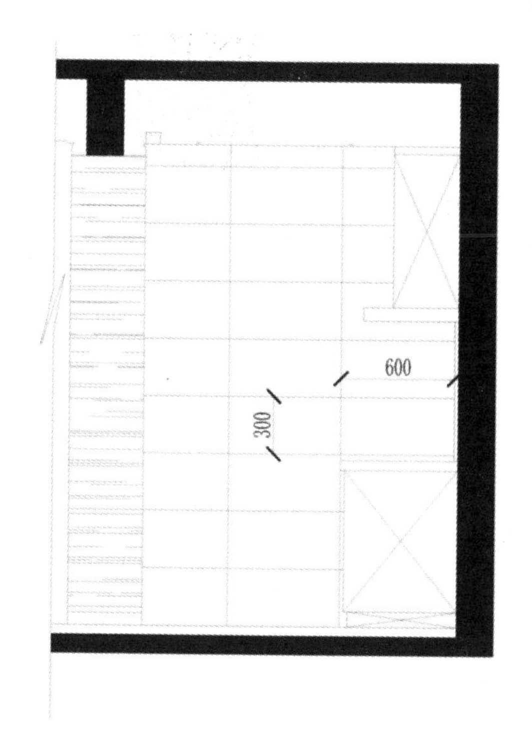

图 3-4-32　绘制墙面瓷砖

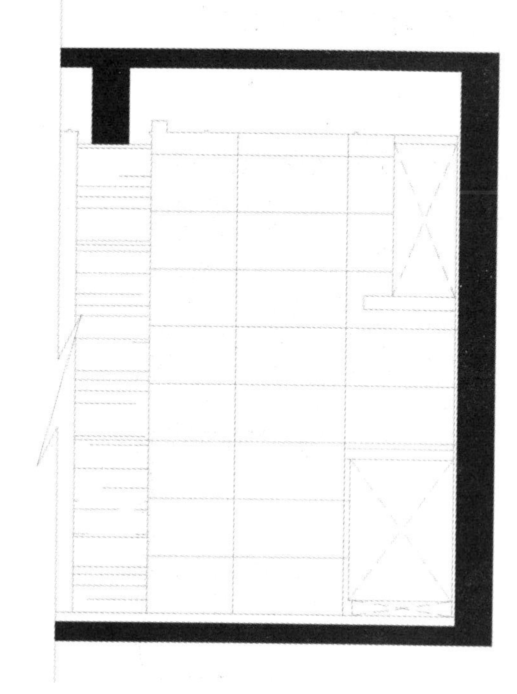

图 3-4-33　填充墙面图案

(6) 尺寸标注。设置待标注图层为当前图层；使用 D(标注设置)命令，将当前标注样式设置为“JZ-30”；使用 DLI(线性标注)命令、DCO(连续标注)命令对图形进行尺寸标注，效果如图 3-4-34 所示。

(7) 材料、标高标注。使用 LE(引线标注)、T(文字)命令，对图形进行材料标注；使用 CO(复制)命令，复制厨房 B 立面图中的标高图例，根据图 3-4-35 中的尺寸标注厨房 C 的标高。

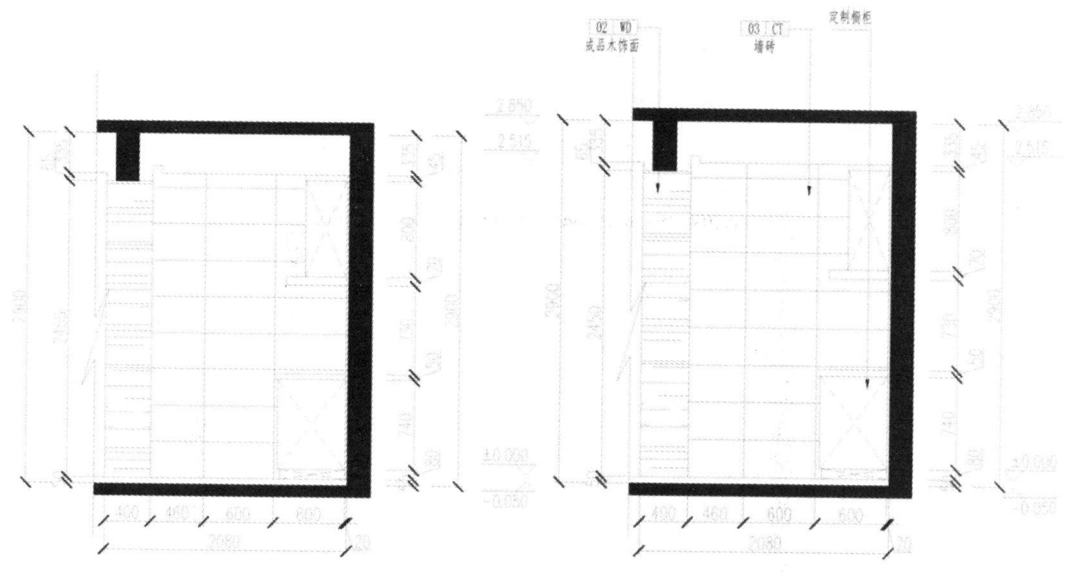

图 3-4-34　尺寸标注　　图 3-4-35　材料、标高标注

(8) 保存文件。将设计图另存，文件命名为“厨房 C(/D)立面图”。

五、绘制厨房 D 立面图

视频任务 3-4
绘制厨房 D 立面图(1)

绘制厨房 D 立面图的具体步骤如下：

(1) 复制平面布置图。在平面布置图中，使用 REC(矩形)命令，将要绘制的厨房 D 的立面部分框出来，并使用 TR(修剪)、M(移动)等命令将图形移动到厨房 D 立面图的图框中，效果如图 3-4-36 所示。

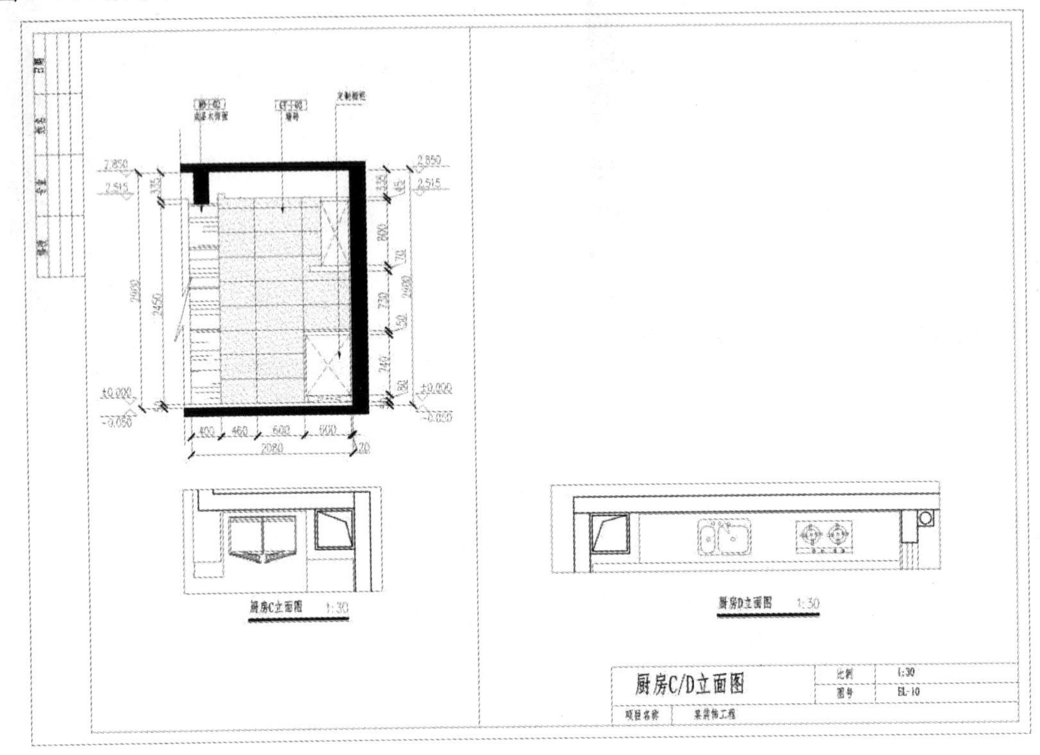

图 3-4-36　复制平面布置图

(2) 镜像复制并整理图形。使用 MI(镜像)命令，镜像复制厨房 B 立面图；使用 M(移动)、XL(构造线)、E(删除)等命令，整理图形，效果如图 3-4-37 所示。

图 3-4-37　镜像复制并整理图形

(3) 绘制烟道和橱柜。使用 O(偏移)命令、TR(修剪)命令，根据图 3-4-38 中的尺寸绘制烟道和橱柜。

图 3-4-38　绘制烟道和橱柜

(4) 绘制橱柜柜体。使用 DIV(定数等分)命令，将地柜和吊柜等分成 8 等分；使用 L(直线)命令绘制橱柜柜体，效果如图 3-4-39 所示。

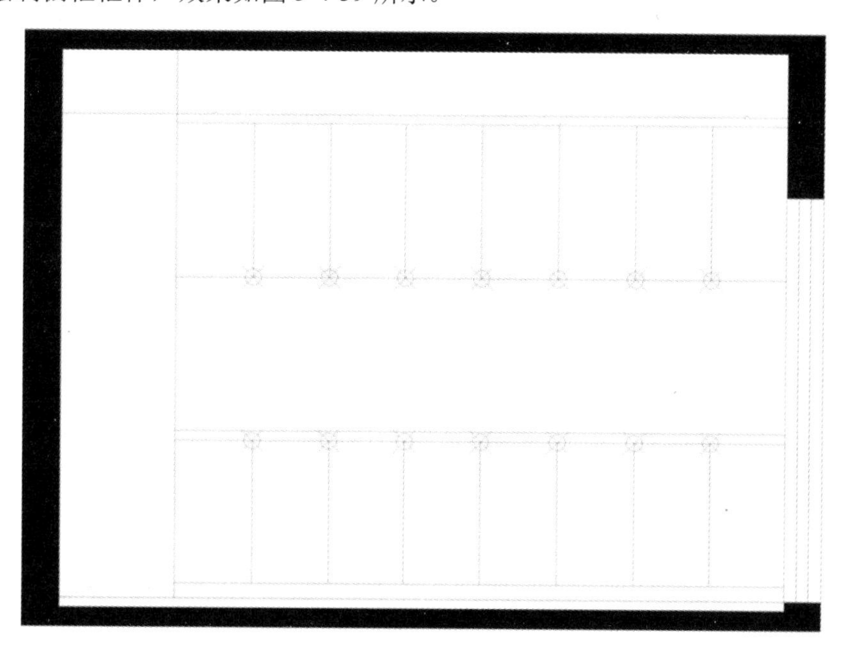

图 3-4-39　绘制橱柜柜体

(5) 绘制橱柜细节。使用 L(直线)命令，设置橱柜门开启方向和橱柜隔板线型为 HIDDEN2、线型比例为0.5，效果如图3-4-40所示。

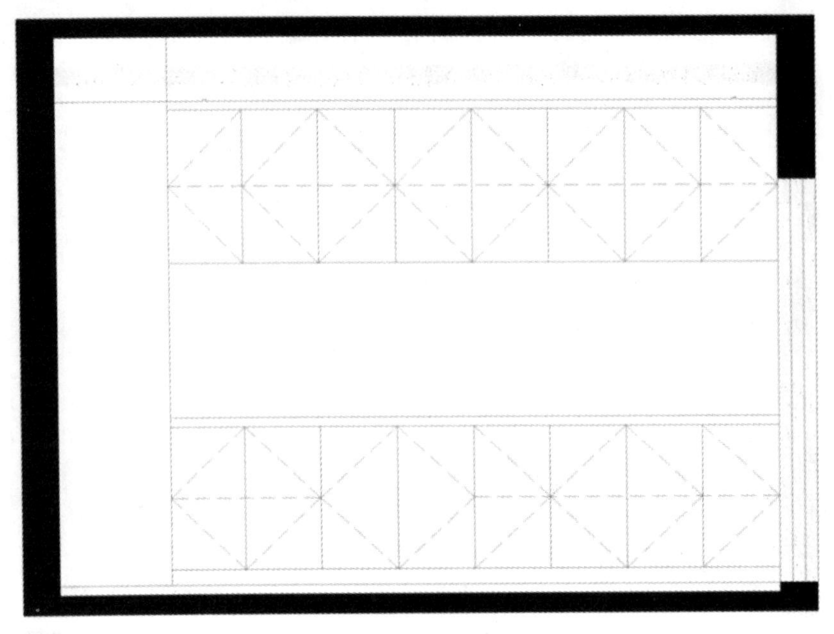

图3-4-40 绘制橱柜细节

(6) 绘制抽油烟机。使用O(偏移)、TR(修剪)、L(直线)命令，根据图3-4-41中的尺寸绘制抽油烟机。

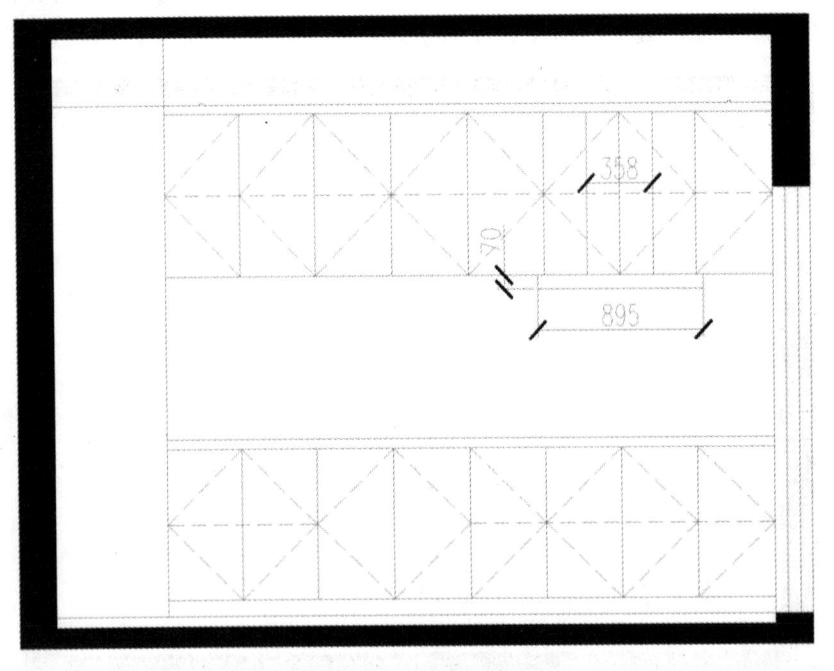

图3-4-41 绘制抽油烟机

(7) 绘制墙面瓷砖。使用O(偏移)、TR(修剪)等命令，根据图3-4-42中的尺寸绘制墙面瓷砖。

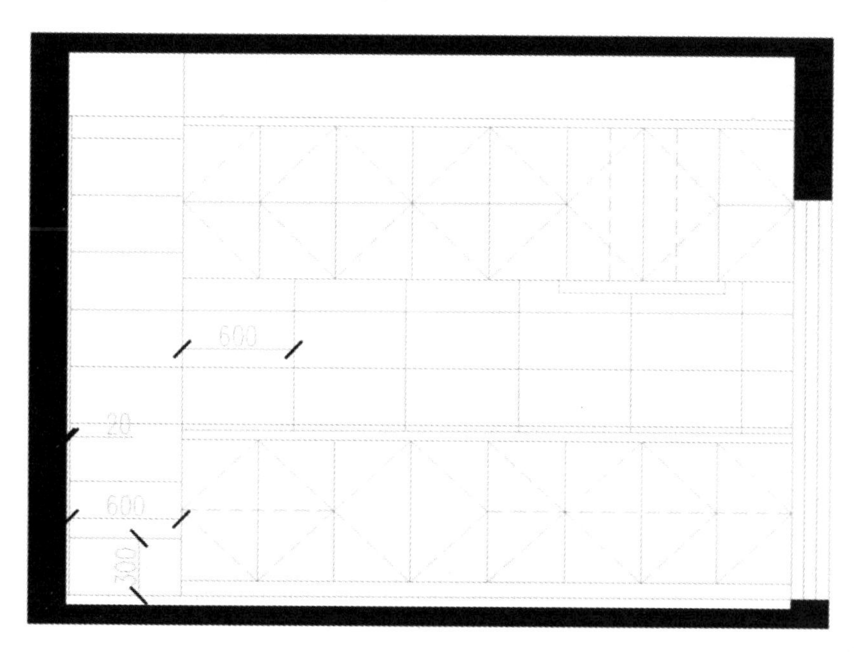

图 3-4-42　绘制墙面瓷砖

(8) 布置插座。打开“图库素材.dwg”文件，选择插座立面图，使用 Ctrl+C(复制)、Ctrl+V(粘贴)、M(移动)、SC(缩放)等命令，根据图 3-4-43 中的尺寸布置插座(注：插座面板大小为 86 mm × 86 mm)。

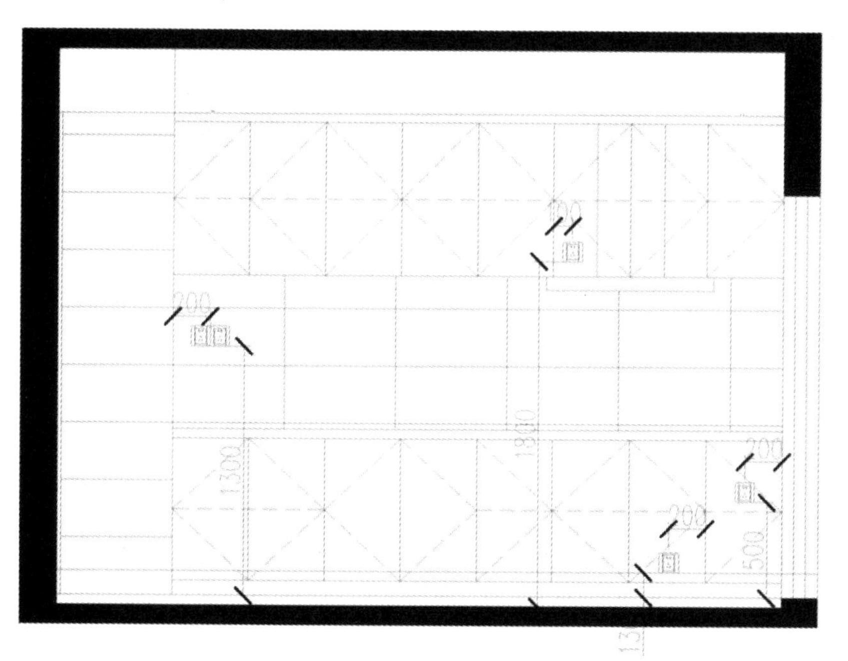

图 3-4-43　布置插座

视频任务 3-4
绘制厨房 D 立面图(2)

(9) 填充墙面图案。使用 H(填充)命令，设置填充图案为 AR-SAND、填充比例为 1，使用瓷砖饰面填充墙面，效果如图 3-4-44 所示。

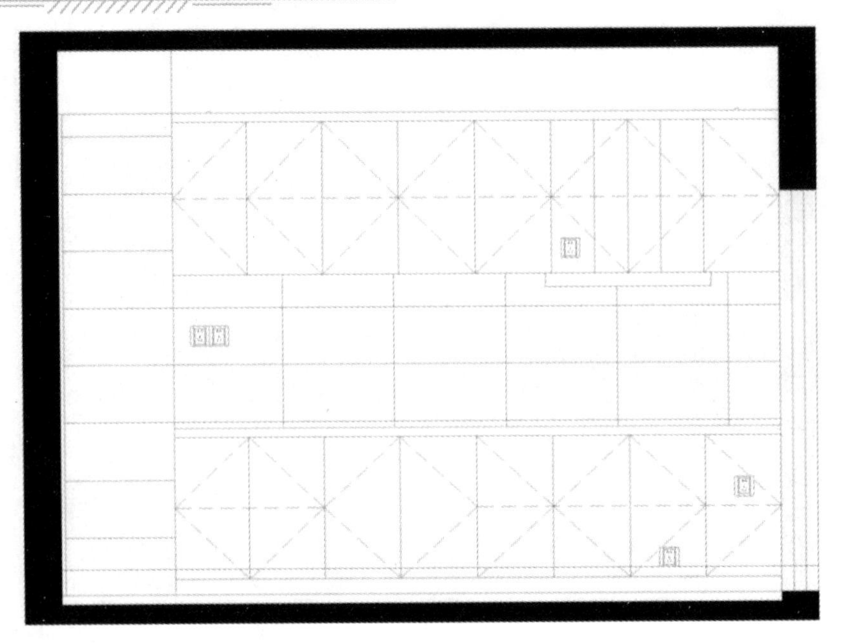

图 3-4-44　填充墙面图案

(10) 尺寸标注。设置待标注图层为当前图层；使用 D(标注设置)命令，将当前标注样式设置为“JZ-30”；使用 DLI(线性标注)命令、DCO(连续标注)命令对图形进行尺寸标注，效果如图 3-4-45 所示。

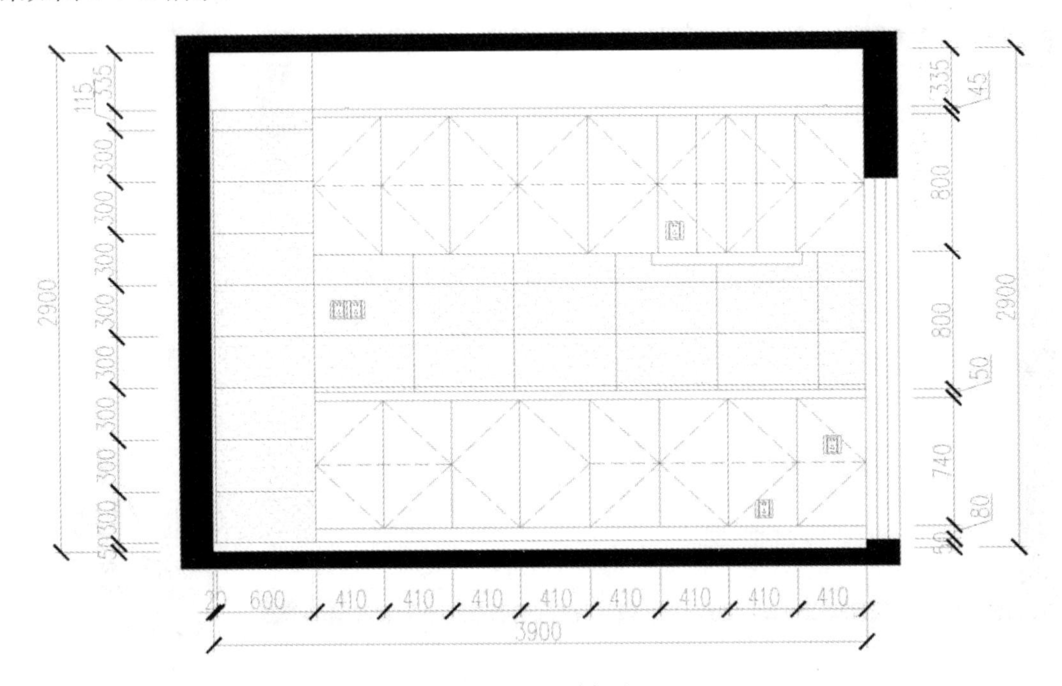

图 3-4-45　尺寸标注

(11) 材料、标高标注。使用 LE(引线标注)、T(文字)命令，对图形进行材料标注；使用 CO(复制)命令，复制厨房 A/B 立面图中的标高图例，根据图 3-4-46 中的尺寸标注标高。

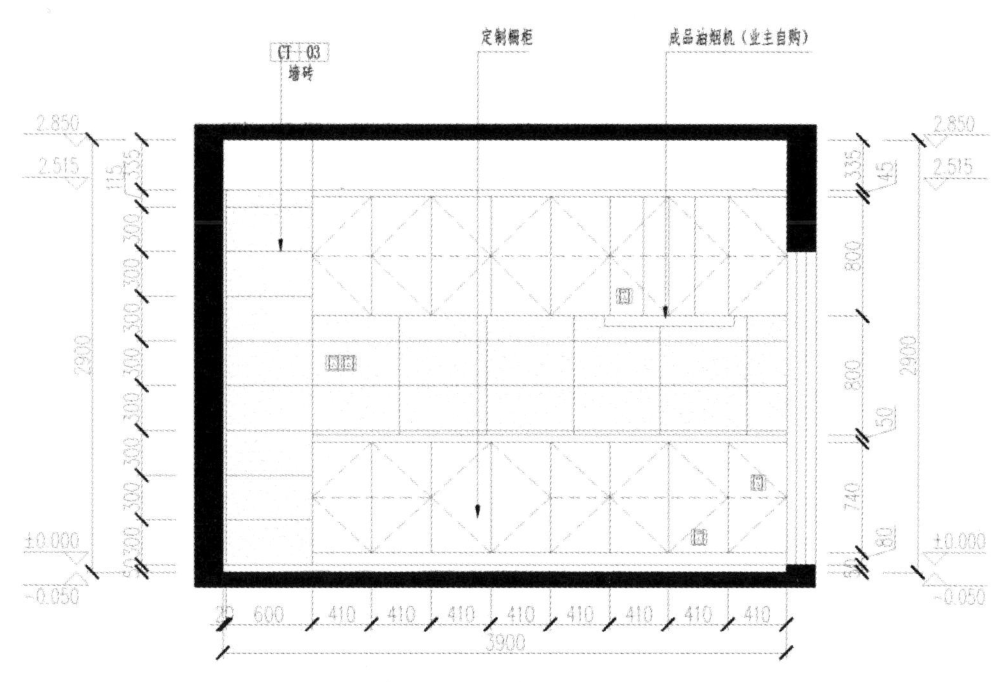

图 3-4-46　材料、标高标注

(12) 保存文件。将设计图另存，文件命名为“厨房(C/)D 立面图”，效果如图 3-4-47 所示。

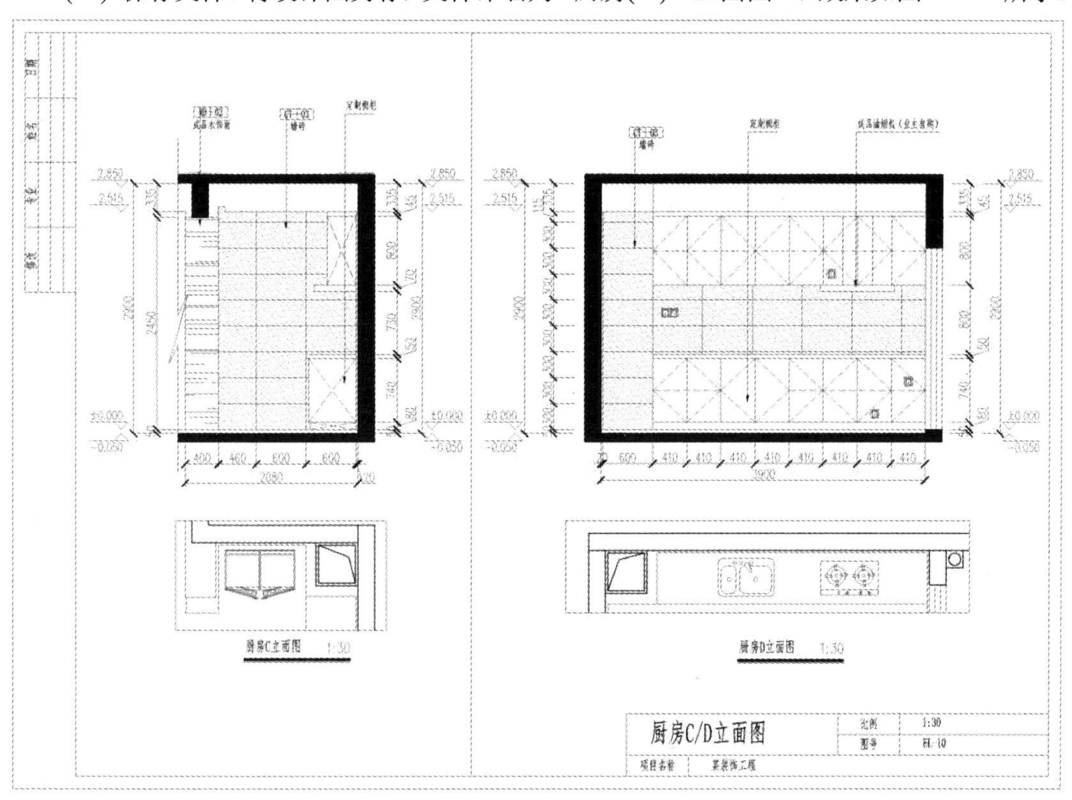

图 3-4-47　厨房(C/)D 立面图

项目四　室内装饰剖面详图

任务 4-1　绘制顶棚剖面详图

以主卧为例，介绍顶棚剖面详图的绘制方法。绘制主卧顶棚剖面详图的步骤如下：

(1) 新建图层。打开“厨房 C/D 立面图.dwg”文件，新建图层：输入 LA(图层设置)命令→单击空格键→打开图层特性管理→单击新建按钮→新建图层，设置图层名为剖面图，设置图层颜色为 132，其他设置保持默认→双击将该图层置为当前图层→单击关闭按钮，效果如图 4-1-1 所示。

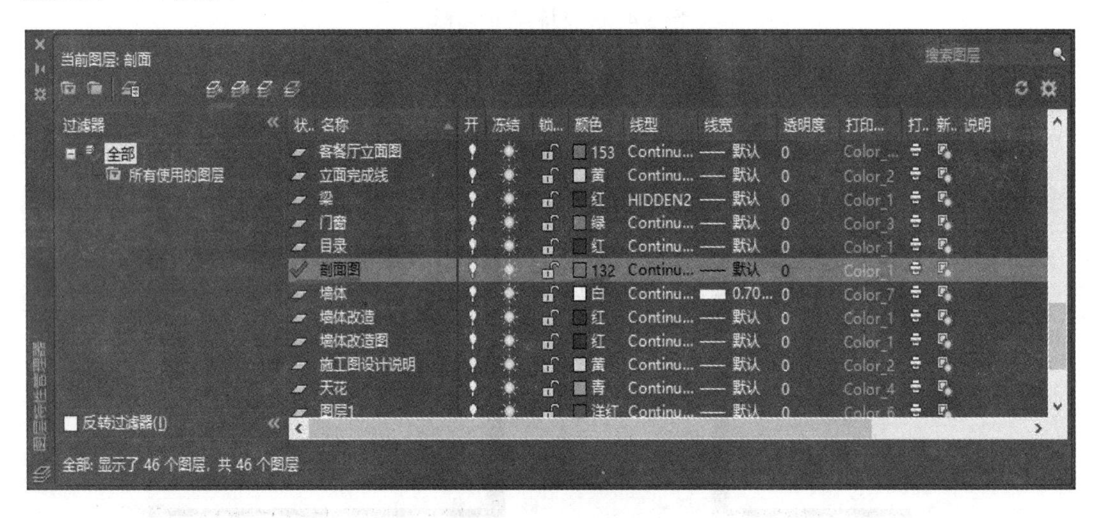

图 4-1-1　新建图层

(2) 绘制剖面索引符号。在顶棚布置图中补充绘制剖面索引符号：首先绘制剖切位置线，使用 PL(多段线)命令，设置线宽为 20 mm，长度为 500 mm，使用 CO(复制)命令，复制多段线，位置如图 4-1-2 所示；其次绘制剖视方向线，使用 PL(多段线)命令，设置线宽为 1 mm，长度根据图形位置自行确定。再使用 CO(复制)命令，复制立面索引图中立面索引符号；修改索引符号中的文字标注，效果如图 4-1-2 所示。

(3) 复制、修改、缩放图框。使用 CO(复制)命令，复制厨房 C/D 立面图图框，修改图名、标题栏、图纸封面信息；输入 SC(缩放)命令→单击空格键→选择复制出来的图框→单击空格键→选择基点(选择左下角点)→单击空格键→输入比例因子(15/30)→单击空格键，完成图框缩放，效果如图 4-1-3 所示。

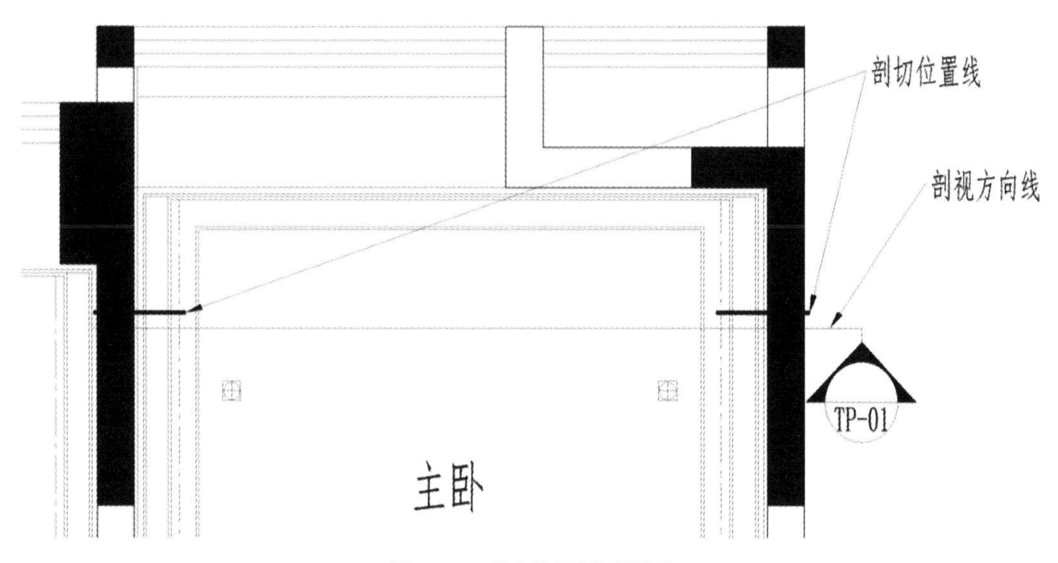

图 4-1-2　绘制剖面索引符号

图 4-1-3　复制、修改、缩放图框

(4) 复制主卧顶棚立面投影图。在主卧 A 立面图中，使用 REC(矩形)命令，将要绘制的主卧顶棚立面投影图框出来，并使用 TR(修剪)、M(移动)等命令将图形移动到主卧顶棚剖面图的图框中，效果如图 4-1-4 所示。

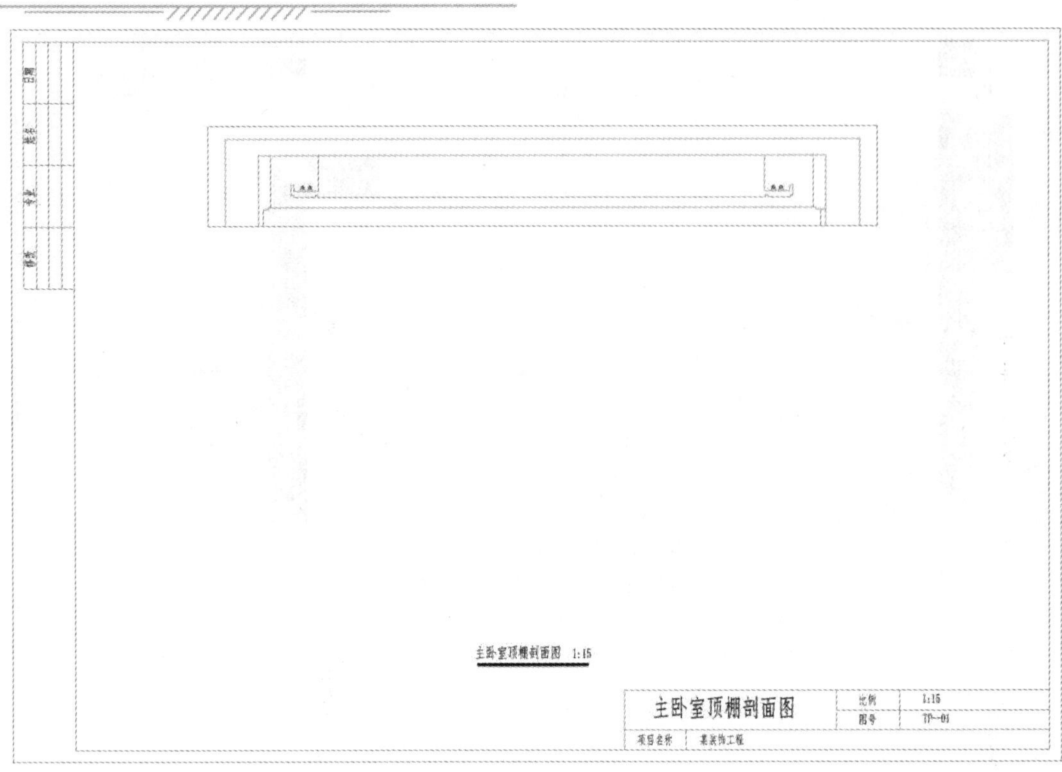

图 4-1-4　复制主卧顶棚立面投影图

(5) 新建标注样式。使用 D(标注设置)命令，打开标注样式管理器→单击空格键→选中“JZ-30”样式→单击新建按钮→设置新样式名为“JZ-15”→单击继续按钮→在调整选项卡中，使用全局比例，将其调整为 15，其余参数不变→单击确定按钮→单击置为当前按钮→单击关闭按钮，完成标注样式新建，效果如图 4-1-5 所示。

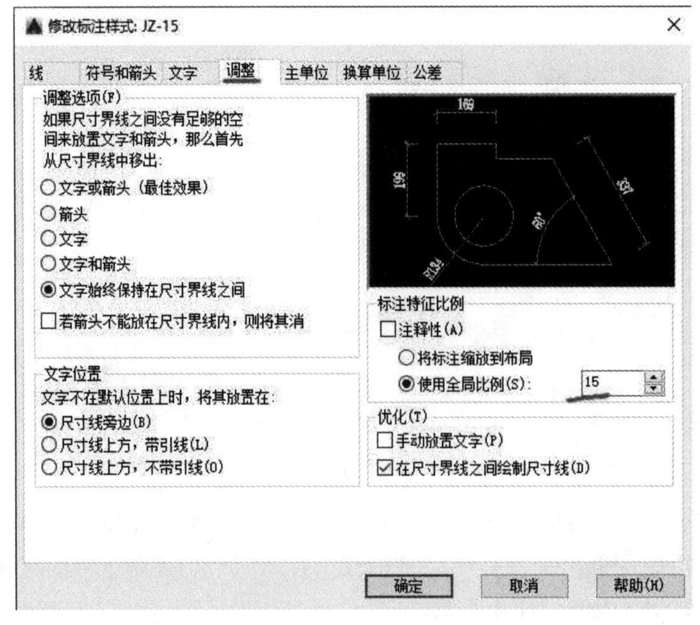

图 4-1-5　新建标注样式

(6) 绘制主卧一侧顶棚剖面详图。使用 REC(矩形)、L(直线)、TR(修剪)、O(偏移)等命令，根据图 4-1-6 中的尺寸绘制主卧一侧顶棚剖面详图。

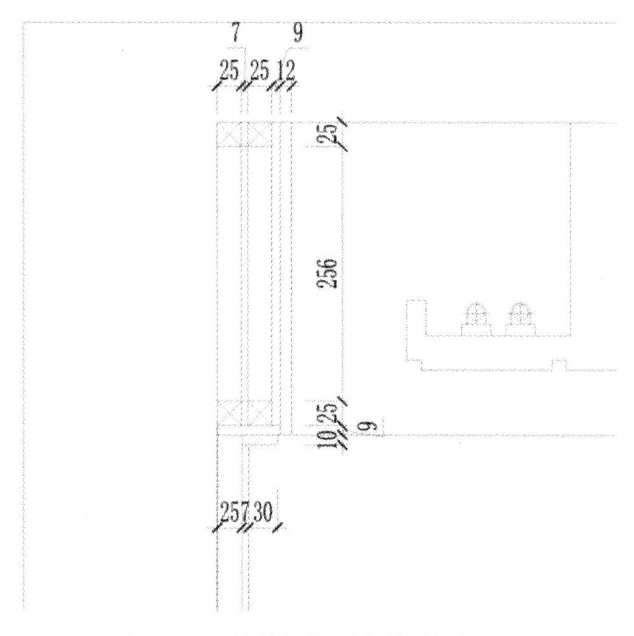

图 4-1-6　绘制主卧一侧顶棚剖面详图

(7) 镜像绘制主卧另一侧顶棚剖面详图。使用 MI(镜像)命令，绘制另一侧顶棚剖面详图；使用 L(直线)、TR(修剪)、O(偏移)等命令，根据图 4-1-7 中的尺寸细化图例。

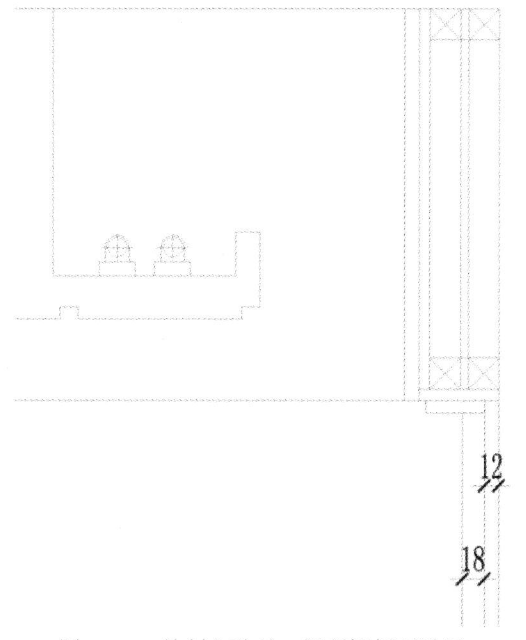

图 4-1-7　绘制主卧另一侧顶棚剖面详图

(8) 增加主卧顶棚剖面详图内容。使用 REC(矩形)、L(直线)、TR(修剪)、O(偏移)等命令，根据图 4-1-8 中的尺寸绘制顶棚剖面详图。

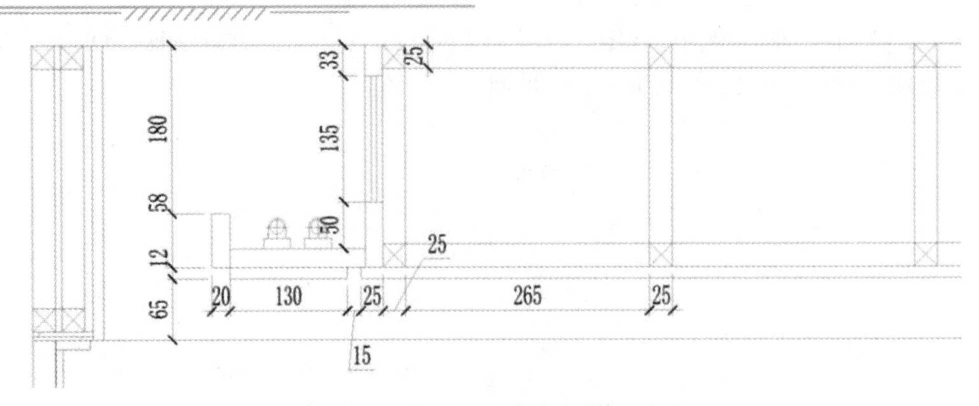

图 4-1-8 增加主卧顶棚剖面详图内容

(9) 镜像复制主卧顶棚剖面详图中增加的内容。使用 MI(镜像)、CO(复制)等命令，镜像绘制顶棚剖面图，效果如图 4-1-9 所示。

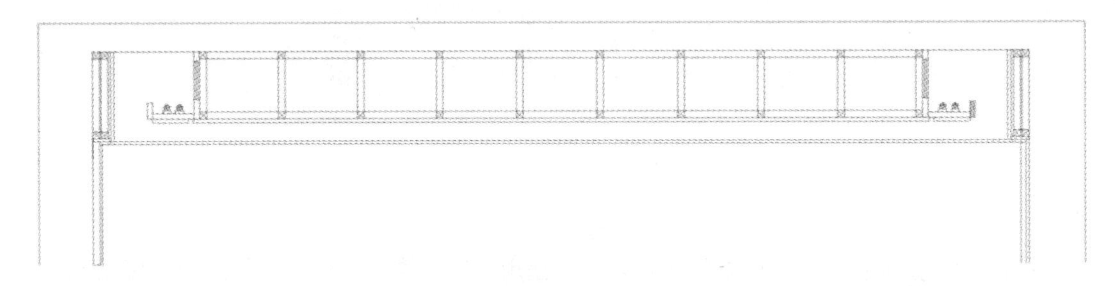

图 4-1-9 镜像复制主卧顶棚剖面详图中增加的内容

(10) 填充夹板基层。使用 H(填充)命令，设置填充图案为 DOLMIT、填充比例为 1，填充夹板基层，效果如图 4-1-10 所示。

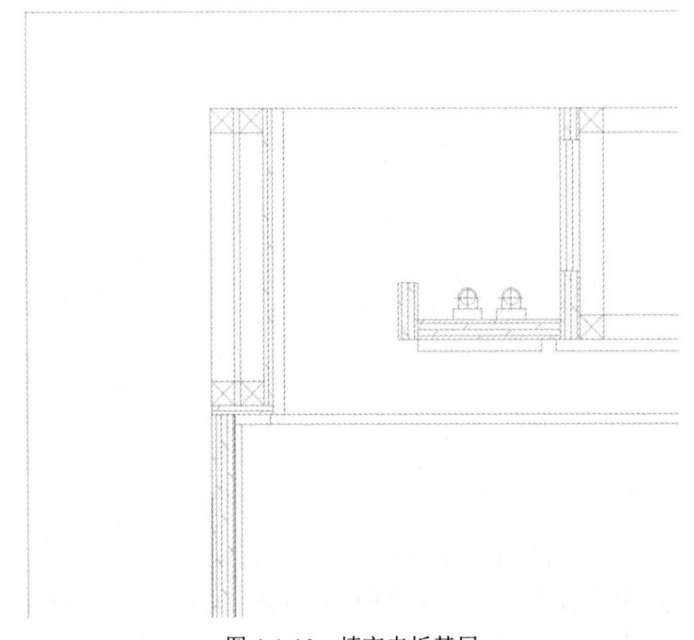

图 4-1-10 填充夹板基层

(11) 填充石膏板。使用 H(填充)命令，设置填充图案为 HONEY、填充比例为 1，填充石膏板，效果如图 4-1-11 所示。

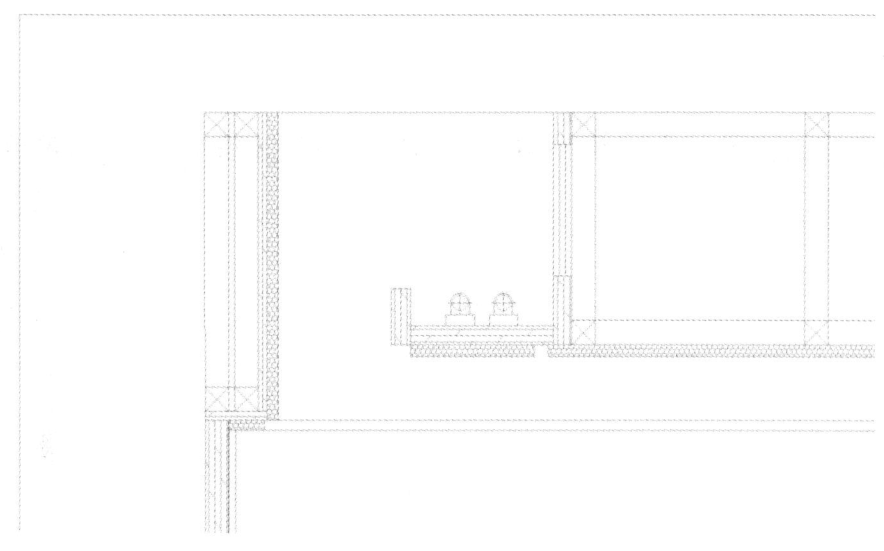

图 4-1-11　填充石膏板

(12) 填充墙体和楼板。使用 H(填充)命令，设置填充图案为 SOLID，填充墙体和楼板，效果如图 4-1-12 所示。

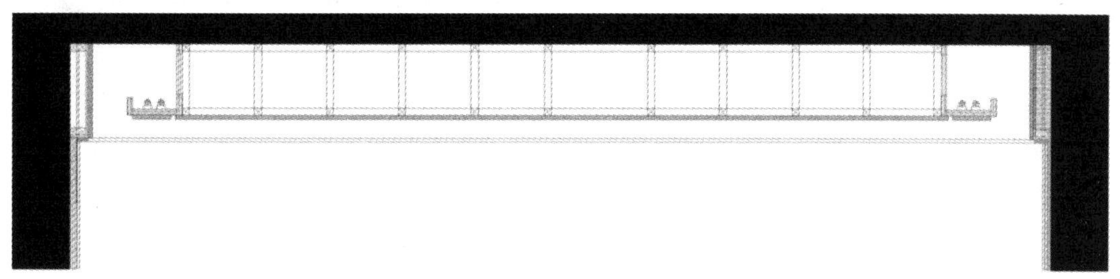

图 4-1-12　填充墙体和楼板

(13) 尺寸标注。设置待标注图层为当前图层；使用 D(标注设置)命令，将当前标注样式设置为“JZ-15”；使用 DLI(线性标注)命令、DCO(连续标注)命令对图形进行尺寸标注，效果如图 4-1-13 所示。

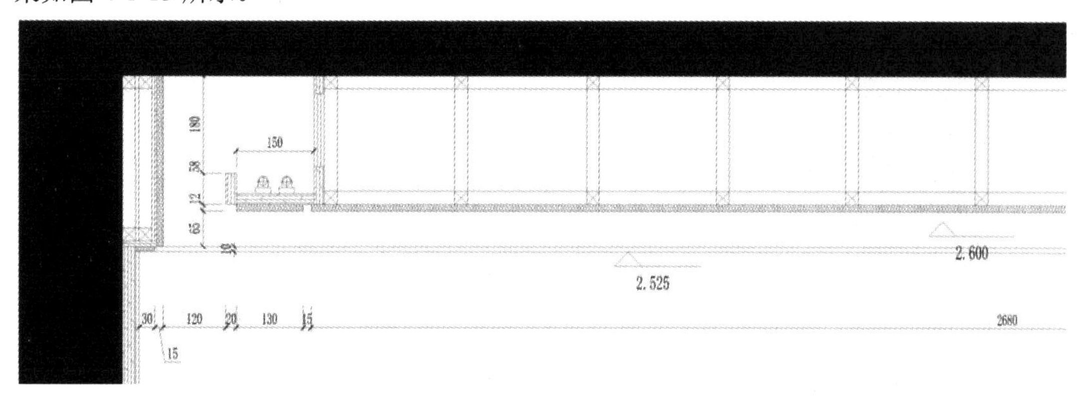

图 4-1-13　尺寸标注

(14) 材料、标高标注。使用 LE(引线标注)、T(文字)命令，对图形进行材料标注；使用 CO(复制)命令，复制厨房 D 立面图中的标高图例，根据图 4-1-14 中的尺寸标注标高。

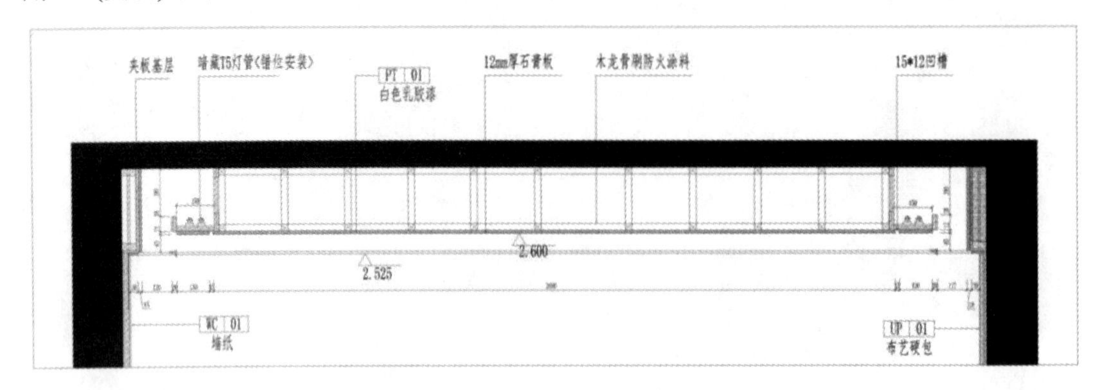

图 4-1-14　材料、标高标注

(15) 框出顶棚大样图。使用 REC(矩形)命令，在顶棚剖面详图中将需要绘制顶棚大样图的部分用虚线框出来，设置虚线线型为 DASHED2，效果如图 4-1-15 所示。

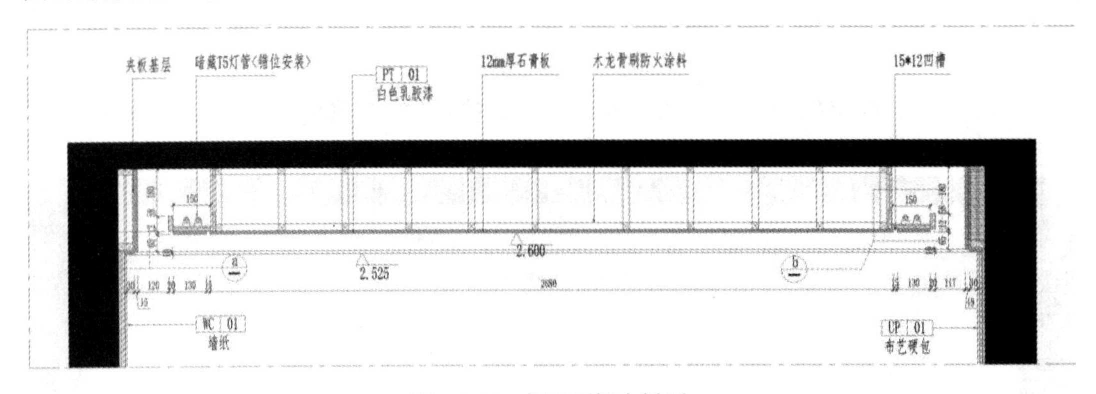

图 4-1-15　框出顶棚大样图

(16) 复制整理图形。使用 CO(复制)命令复制顶棚大样图；使用 SC(缩放)命令，选中复制后的顶棚大样图，将其放大 4 倍；使用 REC(矩形)命令，绘制 1000 mm×700 mm 的矩形；使用 M(移动)命令，将大样图移动相应位置；使用 TR(修剪)命令，修剪图形，效果如图 4-1-16 所示。

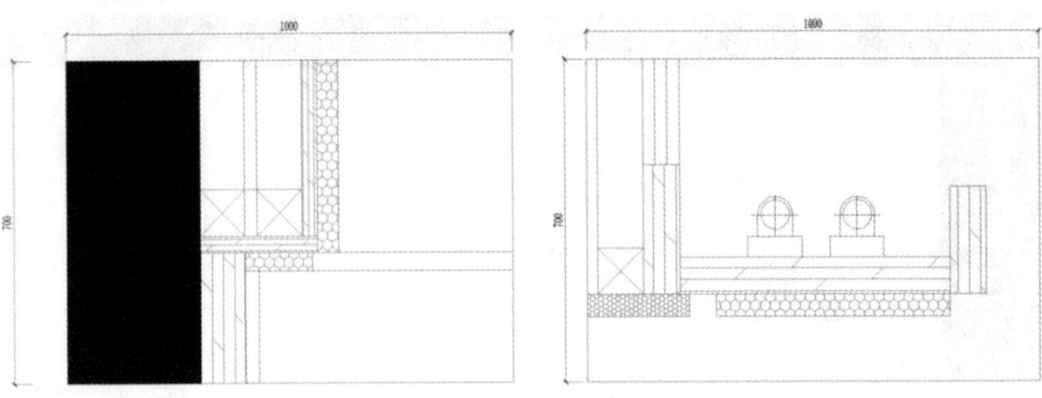

图 4-1-16　复制整理图形

(17) 新建标注样式。使用 D(标注设置)命令，打开标注样式管理器→单击空格键→选中“JZ-15”样式→单击新建按钮→设置新样式名为“JZ-4”→单击继续按钮→在主单位选项卡中，将测量单位比例因子设置为 0.25，其余参数保持不变→单击确定按钮→单击置为当前按钮→单击关闭按钮，完成标注样式新建，效果如图 4-1-17 所示。

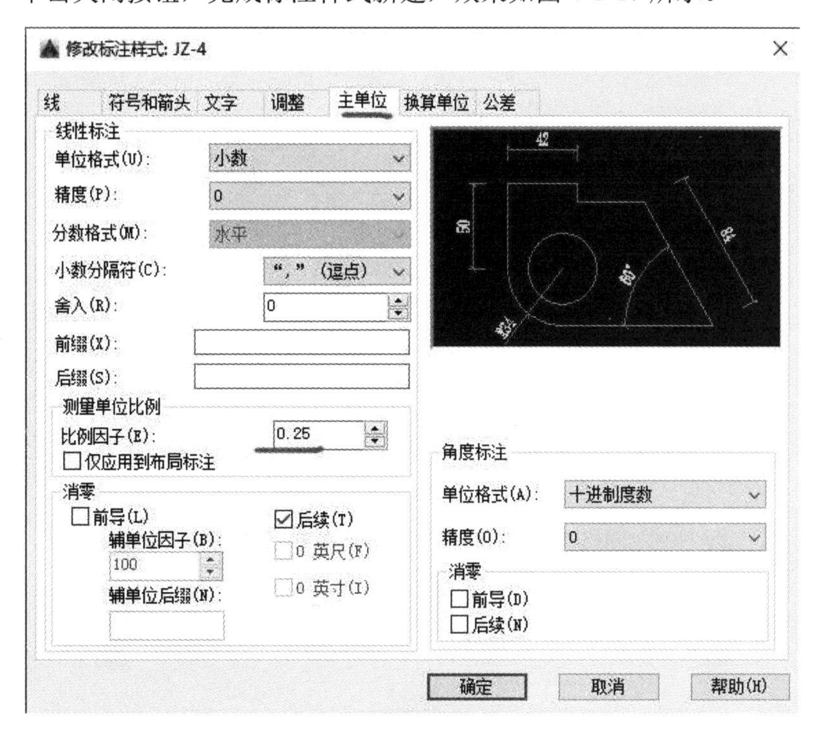

图 4-1-17　新建标注样式

(18) 尺寸标注。设置待标注图层为当前图层；使用 D(标注设置)命令，将当前标注样式设置为“JZ-4”；使用 DLI(线性标注)命令、DCO(连续标注)命令对图形进行尺寸标注，效果如图 4-1-18 所示。

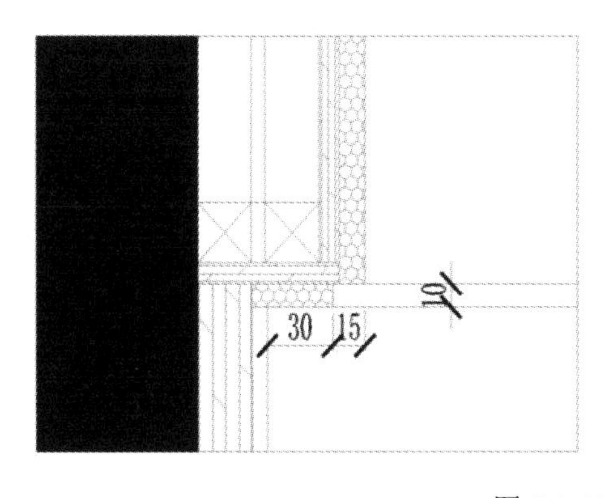

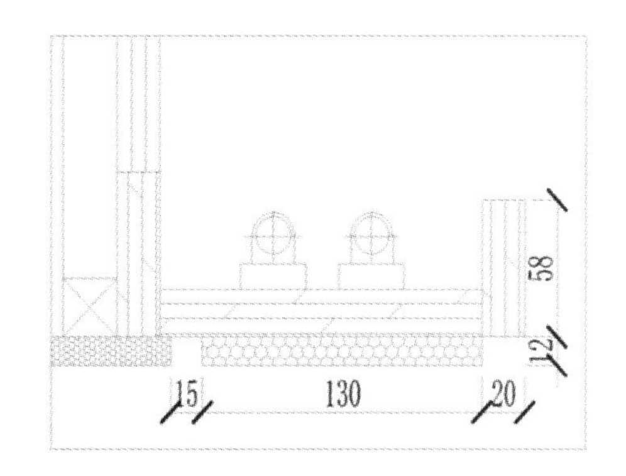

图 4-1-18　尺寸标注

(19) 材料标注。使用 LE(引线标注)、T(文字)命令，复制修改图名，对图形进行材料标注，效果如图 4-1-19 所示。

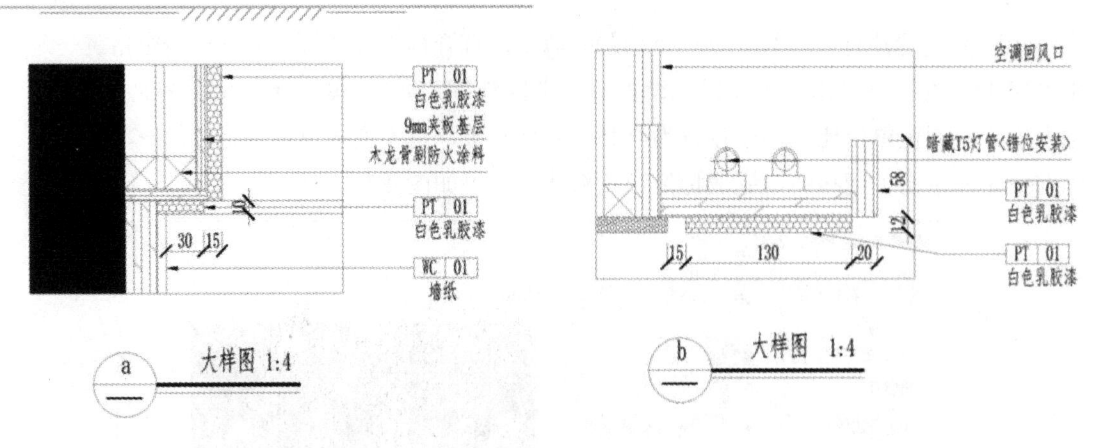

图 4-1-19 材料标注

(20) 保存文件。将设计图另存，文件命名为“主卧顶棚剖面详图”，效果如图 4-1-20 所示。

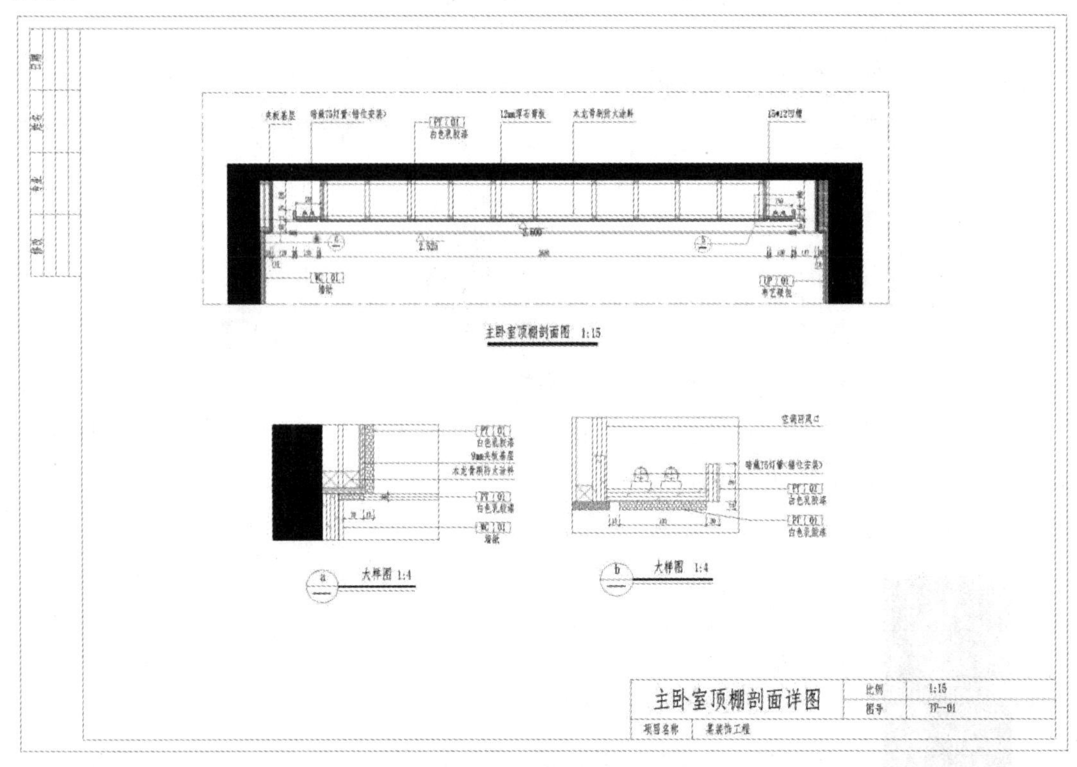

图 4-1-20 主卧顶棚剖面详图

任务 4-2 绘制墙面剖面详图

以客餐厅沙发背景墙为例，绘制墙面剖面详图，下面具体介绍绘制客餐厅沙发背景墙剖面详图的步骤。

(1) 绘制剖面索引符号。打开“主卧顶棚剖面详图.dwg”文件，使用PL(多段线)命令，在客餐厅B立面图中补充绘制剖面索引符号：首先绘制剖切位置线，使用PL(多段线)命令，设置线宽为20 mm，长度为300 mm，使用CO(复制)命令，复制多段线，位置如图4-2-1所示；其次绘制剖视方向线，使用PL(多段线)命令，设置线宽为1 mm，长度根据图形位置自行确定。使用CO(复制)命令，复制立面索引图中的立面索引符号；修改索引符号中的文字标注，效果如图4-2-1所示。

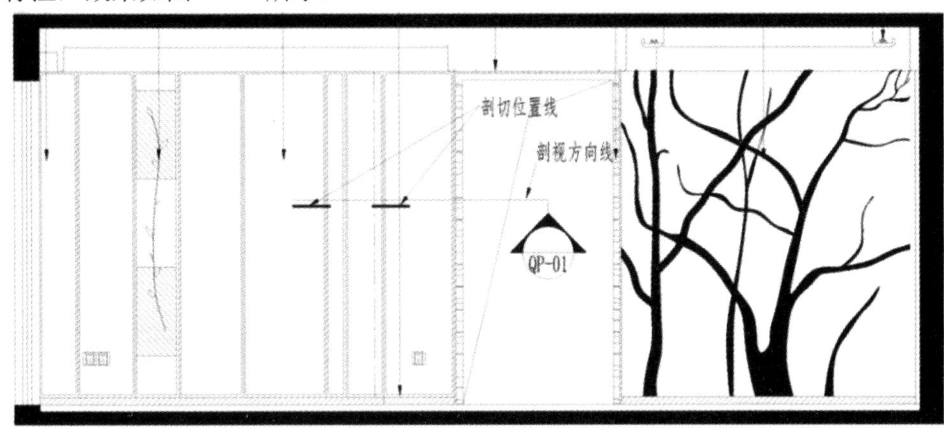

图4-2-1 绘制剖面索引符号

(2) 复制、修改、缩放图框。使用CO(复制)命令，复制主卧顶棚剖面详图的图框，修改图名、标题栏、图纸封面信息；输入SC(缩放)命令→单击空格键→选择复制出来的图框→单击空格键→选择基点(选择左下角点)→单击空格键→输入比例因子(5/15)→单击空格键，完成图框缩放，效果如图4-2-2所示。

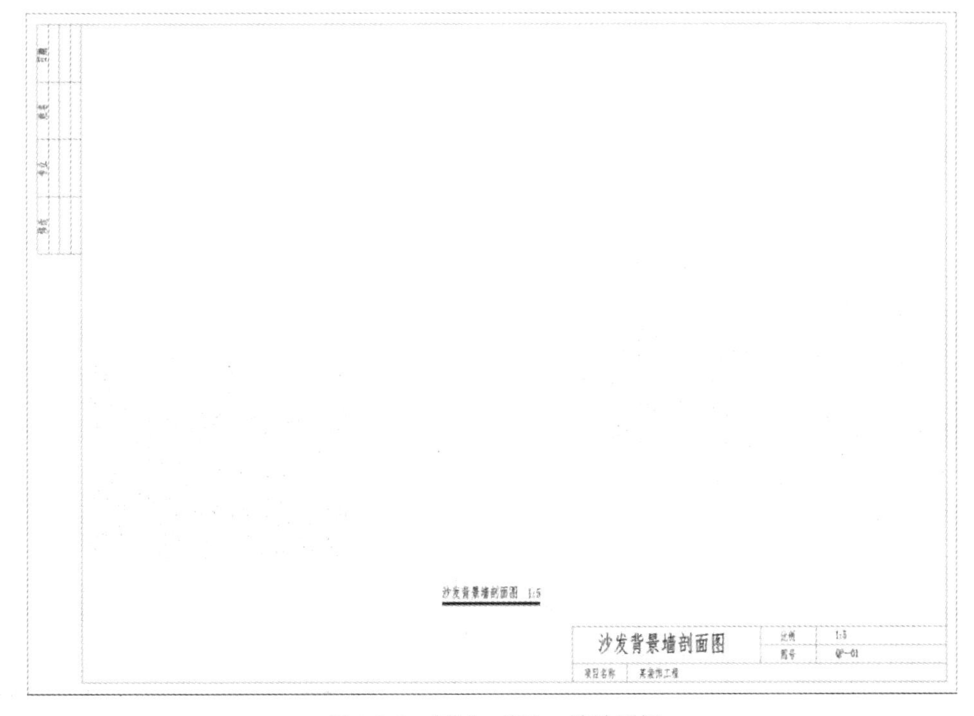

图4-2-2 复制、修改、缩放图框

(3) 复制、整理平面布置图。使用 REC(矩形)命令，从平面布置图中将要绘制的客餐厅沙发背景墙剖面详图图框出来，并使用 TR(修剪)、M(移动)等命令将图形移动到客餐厅沙发背景墙剖面详图的图框中，并对图形进行整理，效果如图 4-2-3 所示。

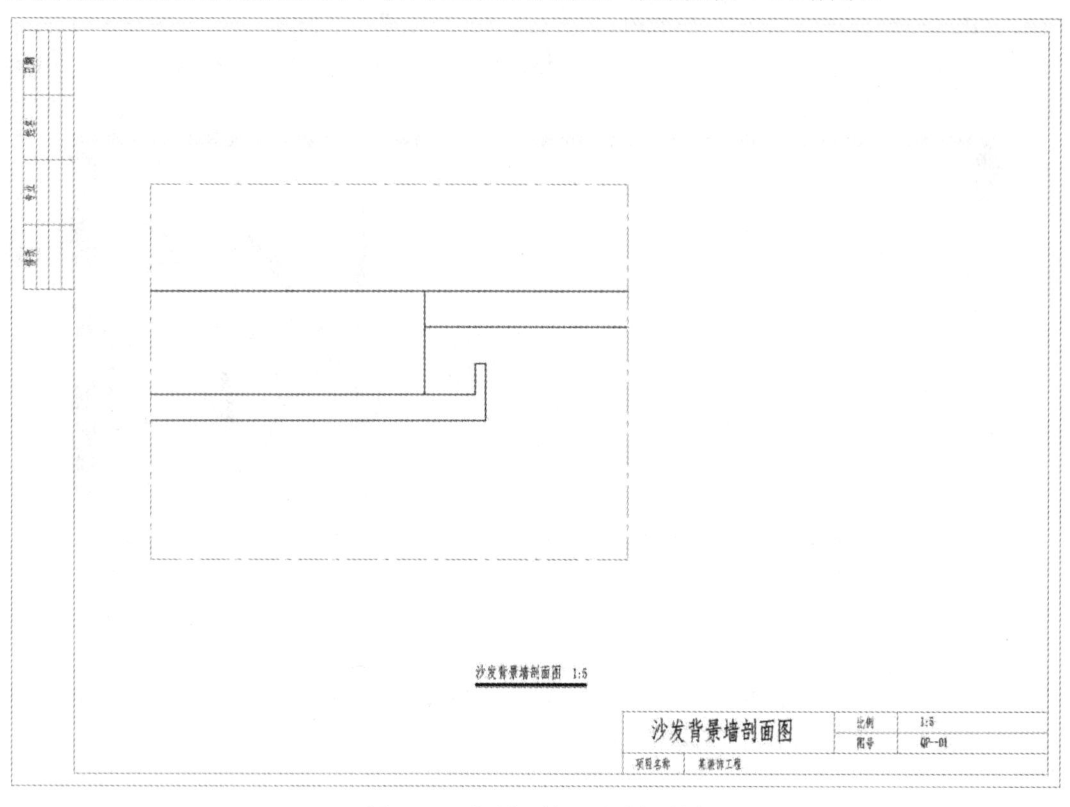

图 4-2-3　复制、整理平面布置图

(4) 新建标注样式。使用 D(标注设置)命令，打开标注样式管理器→单击空格键→选中“JZ-30”样式→单击新建按钮→设置新样式名为“JZ-10”→单击继续按钮→在调整选项卡中，将全局比例调整为 10，其余参数保持不变→单击确定按钮→单击置为当前按钮→单击关闭按钮，完成标注样式新建，效果如图 4-2-4 所示。

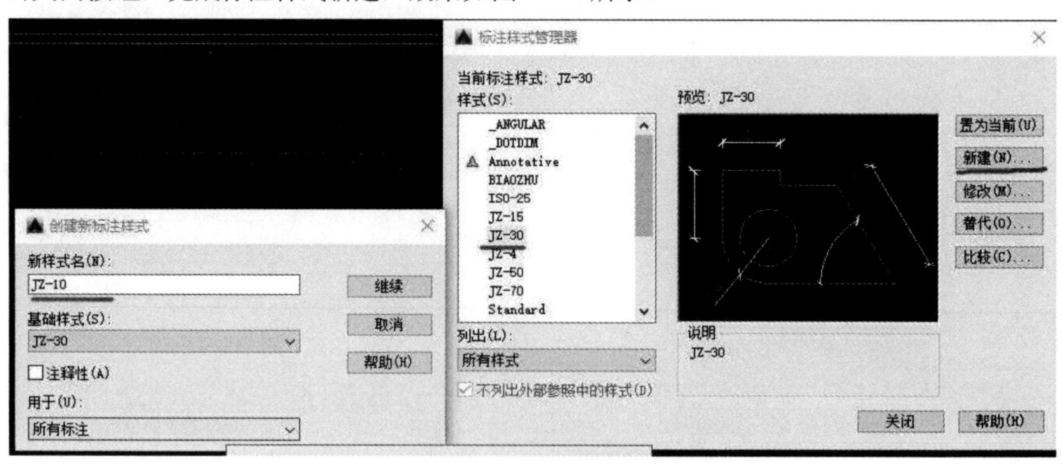

图 4-2-4　新建标注样式

(5) 绘制墙面剖面详图。使用 O(偏移)、L(直线)、TR(修剪)等命令，根据图 4-2-5 中的尺寸绘制墙面剖面详图。

图 4-2-5　绘制墙面剖面详图

(6) 继续绘制墙面剖面详图。使用 O(偏移)、L(直线)、TR(修剪)等命令，根据图 4-2-6 中的尺寸继续绘制墙面剖面详图。

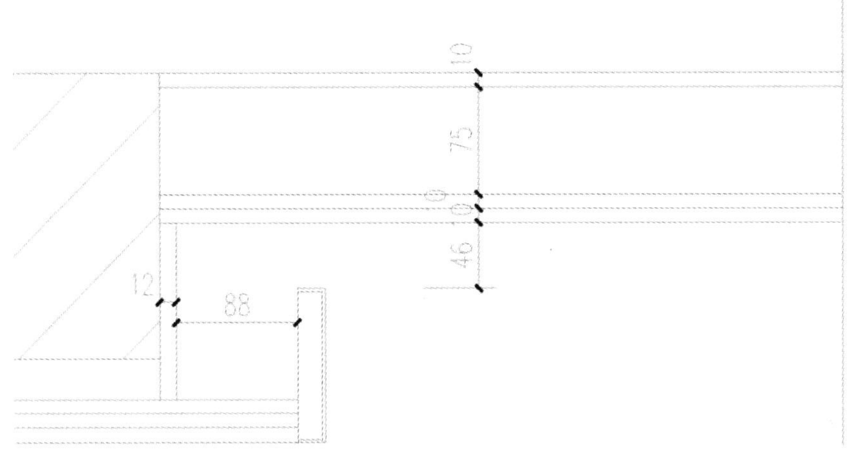

图 4-2-6　继续绘制墙面剖面详图

(7) 绘制墙面硬包。使用 O(偏移)、L(直线)、TR(修剪)等命令，根据图 4-2-7 中的尺寸绘制墙面硬包。

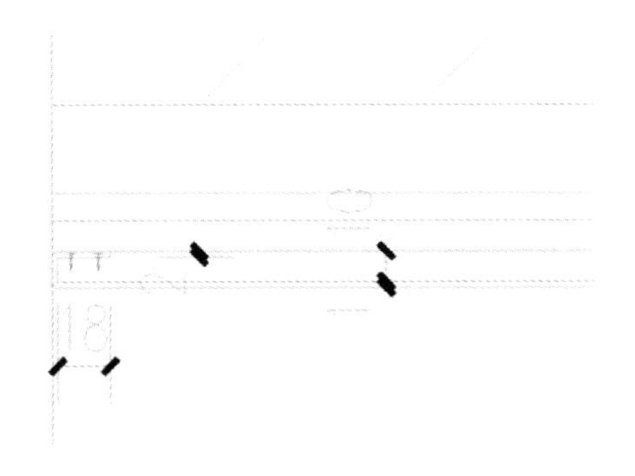

图 4-2-7　绘制墙面硬包

(8) 布置紧固件。使用 O(偏移)、L(直线)、TR(修剪)等命令，根据客餐厅 B 立面图以及图 4-2-8 中的尺寸布置紧固件。

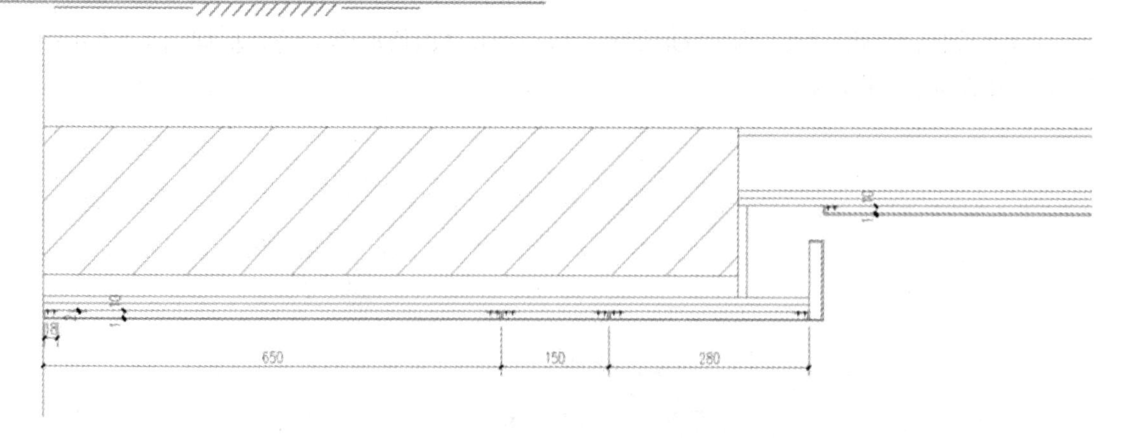

图 4-2-8 布置紧固件

(9) 绘制龙骨。使用 O(偏移)、L(直线)、TR(修剪)等命令，根据图 4-2-9 中的尺寸绘制龙骨。

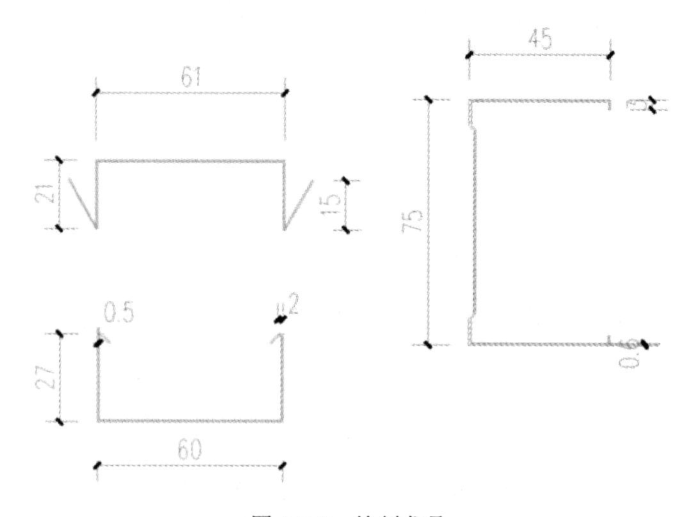

图 4-2-9 绘制龙骨

(10) 布置龙骨。使用 CO(复制)、M(移动)等命令，布置龙骨，效果如图 4-2-10 所示。

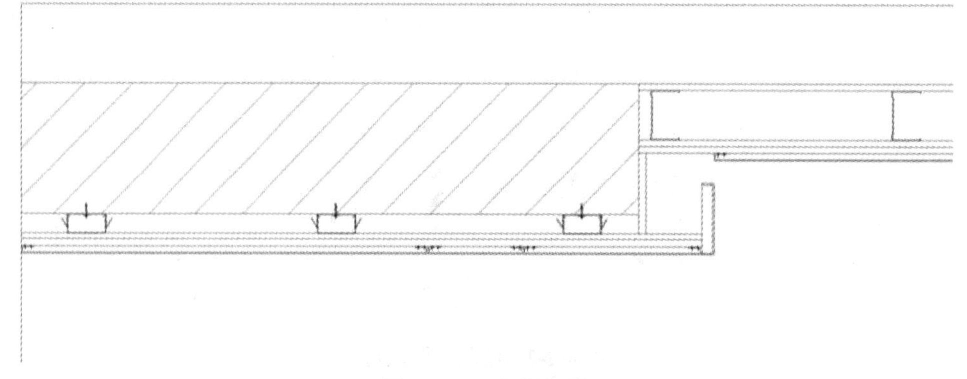

图 4-2-10 布置龙骨

(11) 绘制贯通龙骨。使用 O(偏移)、L(直线)、TR(修剪)等命令，根据图 4-2-11 中的尺寸绘制贯通龙骨。

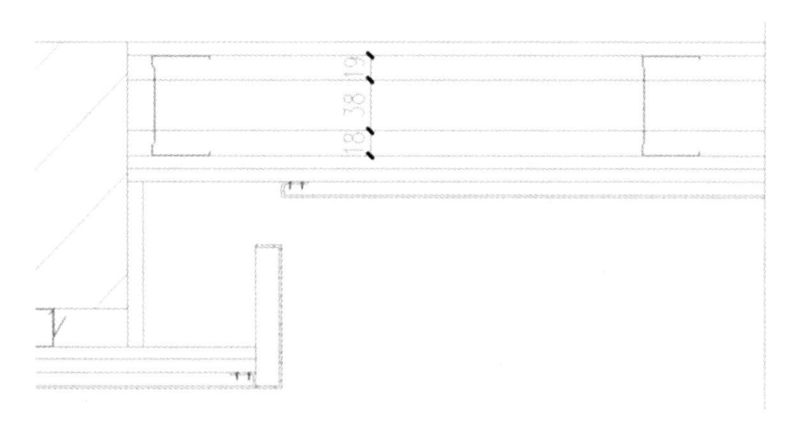

图 4-2-11　绘制贯通龙骨

(12) 填充基层阻燃板。使用 H(填充)命令，设置填充图案为 CORKL、填充比例为 1，填充基层阻燃板，效果如图 4-2-12 所示。

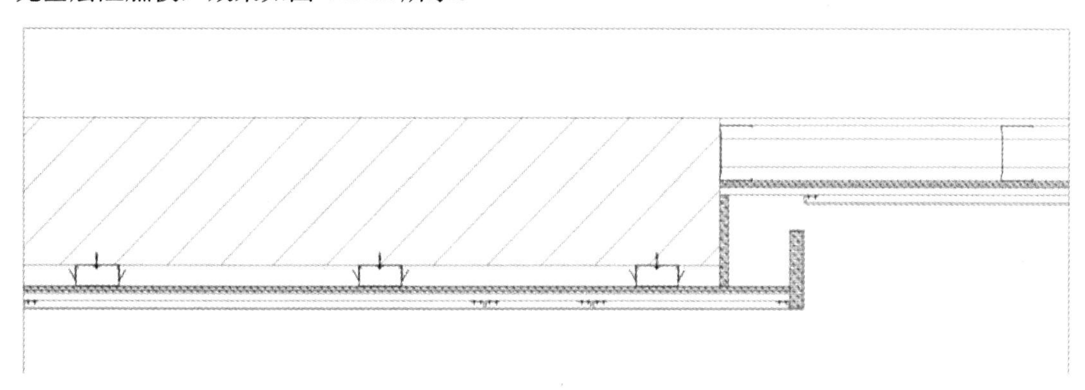

图 4-2-12　填充基层阻燃板

(13) 填充木挂条。使用 H(填充)命令，设置填充图案为木板、填充比例为 5，填充木挂条，效果如图 4-2-13 所示。

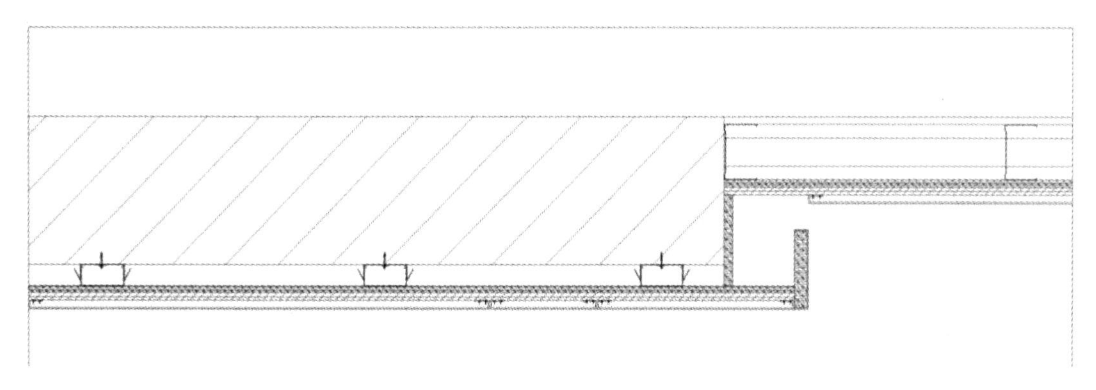

图 4-2-13　填充木挂条

(14) 填充硬包基层龙骨。使用 H(填充)命令，设置填充图案为木材、填充比例为 3，填充硬包基层龙骨，效果如图 4-2-14 所示。

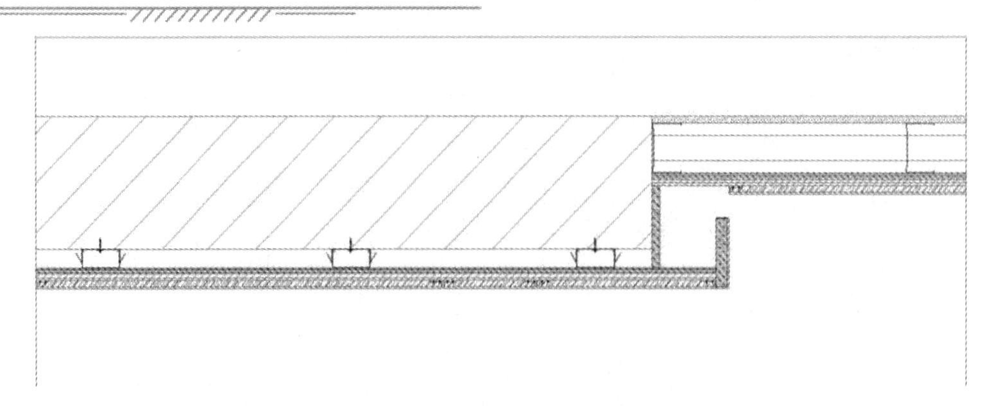

图 4-2-14 填充硬包基层龙骨

(15) 填充石膏板及隔音棉。使用 H(填充)命令，设置填充图案为 CROSS、填充比例为 10，填充石膏板；设置填充图案为隔热材料 01、填充比例为 10，填充隔音棉，效果如图 4-2-15 所示。

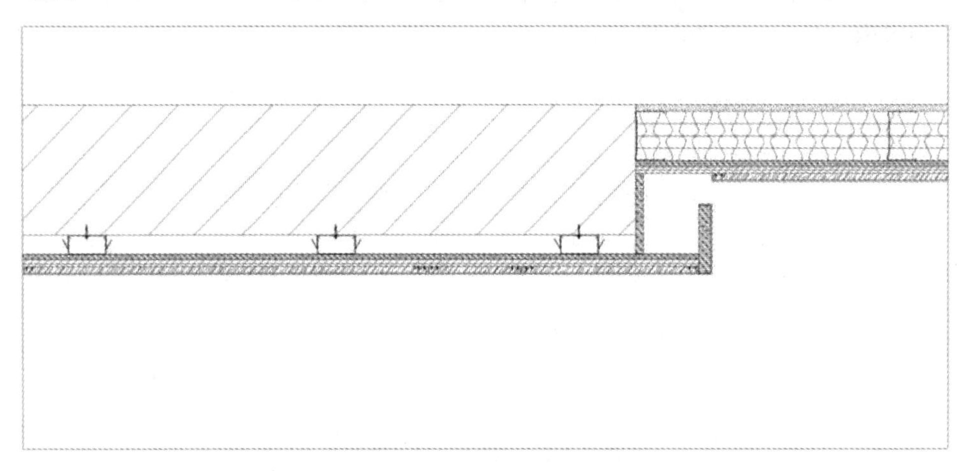

图 4-2-15 填充石膏板及隔音棉

(16) 绘制暗藏 LED 灯带。使用 C(圆)、REC(矩形)、M(移动)等命令，根据图 4-2-16 中的尺寸绘制暗藏 LED 灯带。

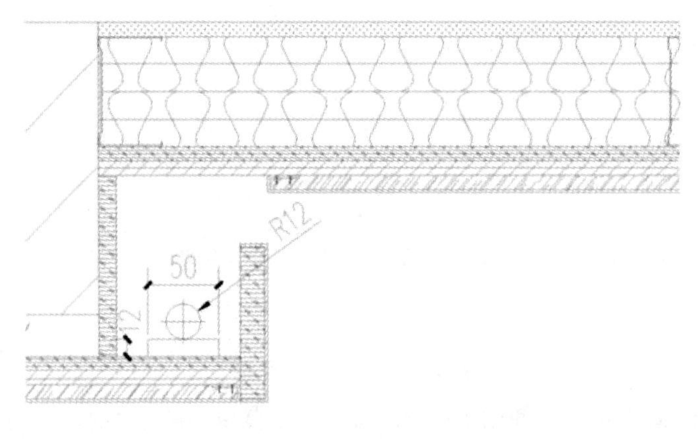

图 4-2-16 绘制暗藏 LED 灯带

(17) 尺寸标注。设置待标注图层为当前图层；使用 D(标注设置)命令，将当前标注样式设置为“JZ-10”；使用 DLI(线性标注)命令、DCO(连续标注)命令对图形进行尺寸标注，效果如图 4-2-17 所示。

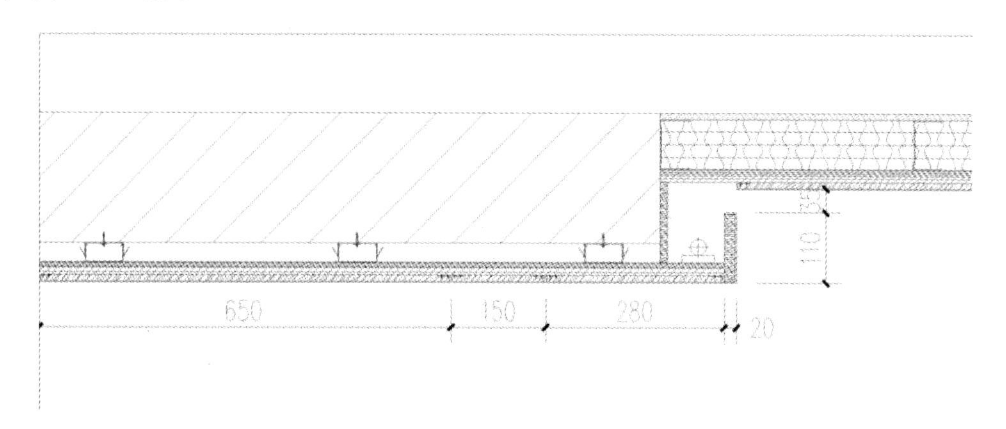

图 4-2-17　尺寸标注

(18) 材料标注。使用 LE(引线标注)、T(文字)命令，对图形进行材料标注，设置标注文字大小为 3.5，效果如图 4-2-18 所示。

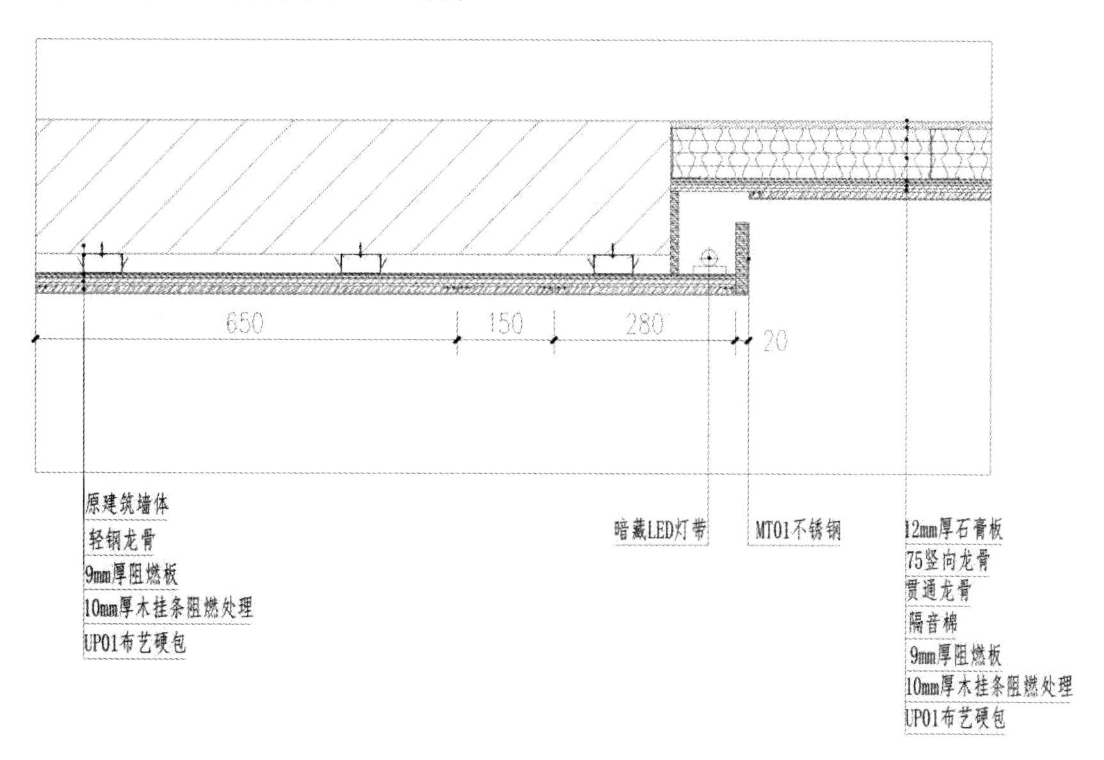

图 4-2-18　材料标注

(19) 框出沙发背景墙大样图。使用 C(圆)命令，在沙发背景墙剖面图中将需要绘制大样图的部分用虚线框出来，设置虚线线型为 DASHED2，效果如图 4-2-19 所示。

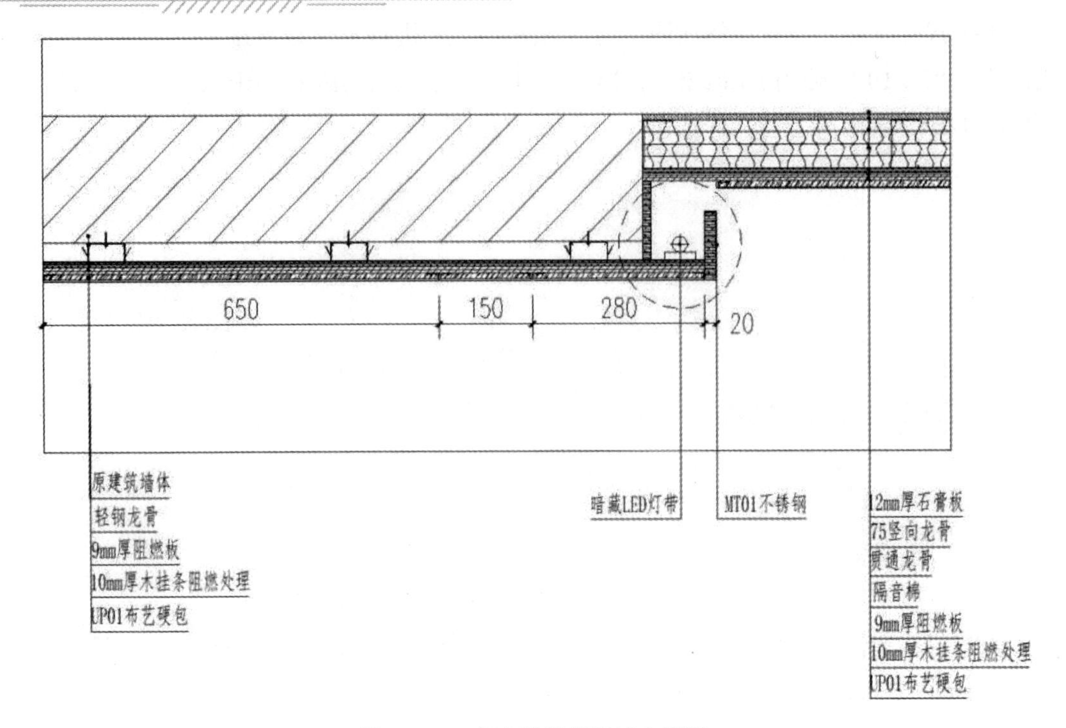

图 4-2-19 框出沙发背景墙大样图

(20) 复制、调整沙发背景墙大样图。使用 CO(复制)复制大样图；使用 SC(缩放)命令，选中复制出来的大样图，将其放大 2 倍，效果如图 4-2-20 所示。

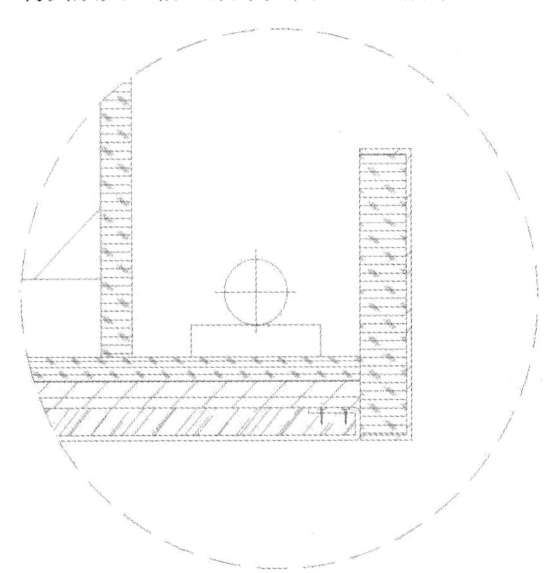

图 4-2-20 复制、调整沙发背景墙大样图

(21) 新建标注样式。使用 D(标注设置)命令，打开标注样式管理器→单击空格键→选中“JZ-10”样式→单击新建按钮→设置新样式名为“JZ-2”→单击继续按钮→在主单位选项卡中，将测量单位比例因子设置为 0.5，其余参数保持不变→单击确定按钮→单击置为当前按钮→单击关闭按钮，完成标注样式新建，效果如图 4-2-21 所示。

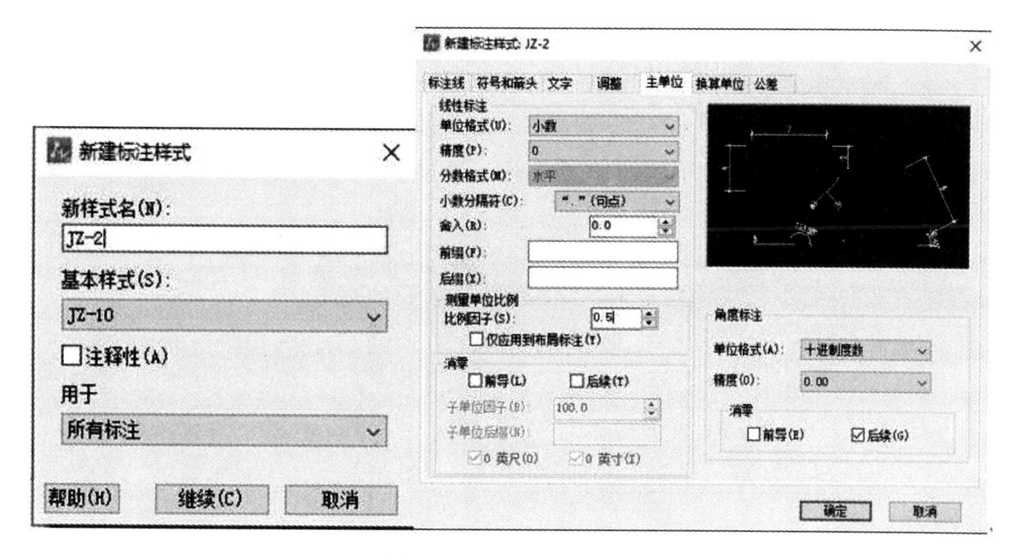

图 4-2-21　新建标注样式

(22) 尺寸标注。设置待标注图层为当前图层；使用 D(标注设置)命令，将当前标注样式设置为“JZ-2”；使用 DLI(线性标注)命令对图形进行尺寸标注，效果如图 4-2-22 所示。

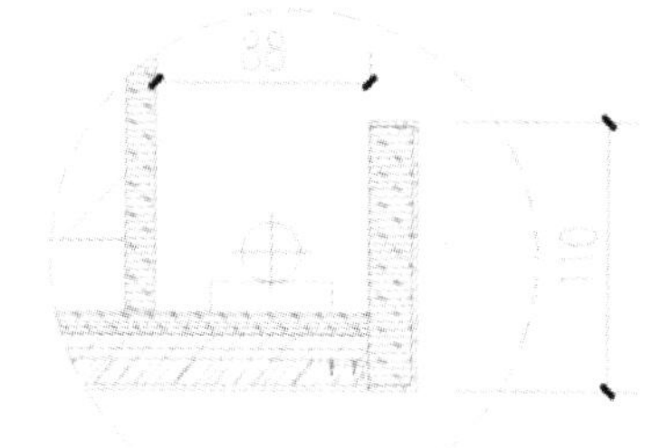

图 4-2-22　尺寸标注

(23) 材料标注。使用 LE(引线标注)、T(文字)命令，对图形进行材料标注，设置文字大小 3.5；复制修改图名，效果如图 4-2-23 所示。

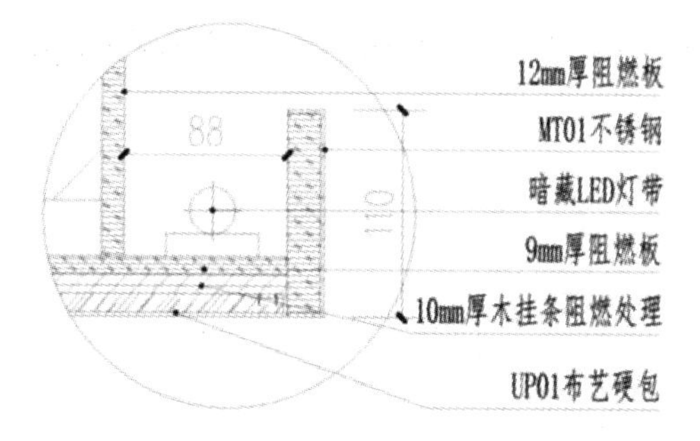

图 4-2-23　材料标注

(24) 保存文件。将设计图另存，文件命名为“墙面剖面详图”，效果如图 4-2-24 所示。

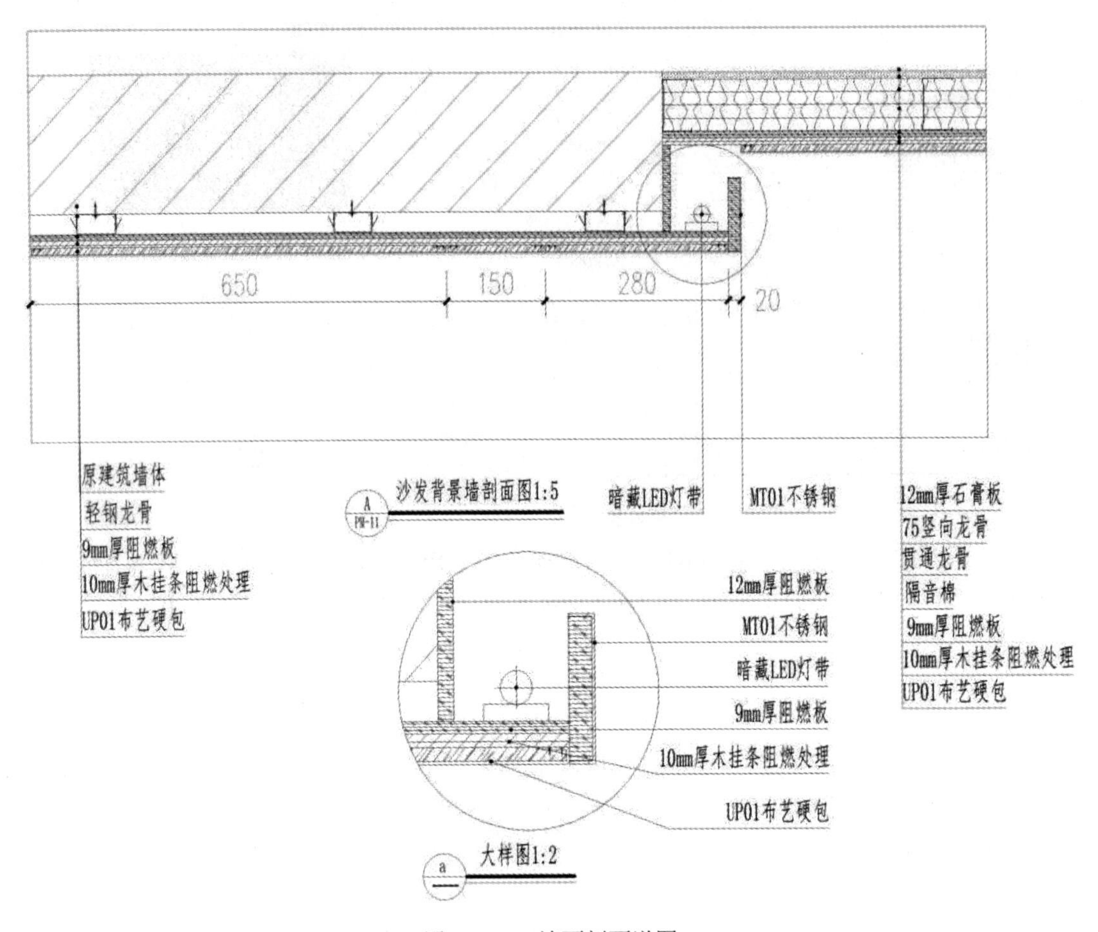

图 4-2-24　墙面剖面详图

任务 4-3　绘制地面剖面详图

以主卧木地板与过门石剖面为例，介绍地面剖面详图绘制。绘制主卧木地板与过门石剖面详图的步骤如下：

(1) 绘制剖面索引符号。打开“墙面剖面详图.dwg”文件，在地面铺装图中补充绘制剖面索引符号：首先绘制剖切位置线，使用 PL(多段线)命令，设置线宽为 20 mm，长度为 500 mm；其次绘制剖视方向线，使用 PL(多段线)命令，设置线宽为 1 mm，长度根据图形位置自行确定。使用 CO(复制)命令，复制立面索引图中立面索引符号；修改索引符号中的文字标注，效果如图 4-3-1 所示。

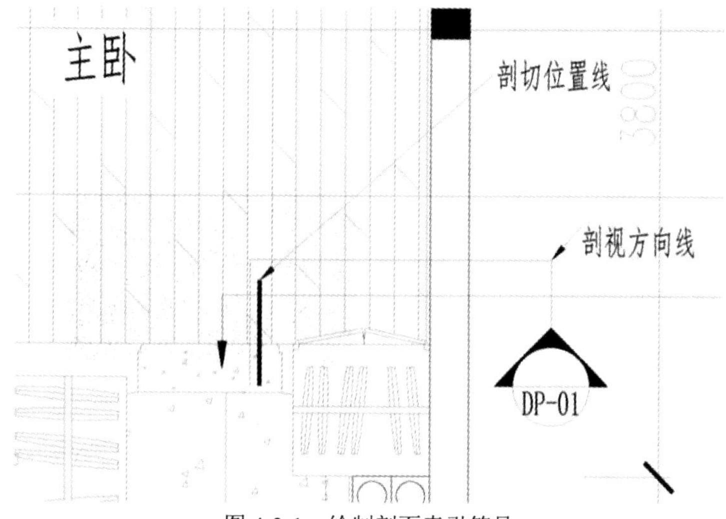

图 4-3-1　绘制剖面索引符号

(2) 复制修改图框。使用 CO(复制)命令，复制墙面剖面详图的图框，修改图名、标题栏、图纸封面信息；输入 SC(缩放)命令→单击空格键→选择复制出来的图框→单击空格键→选择基点(选择左下角点)→单击空格键→输入比例因子(3/5)→单击空格键，完成图框缩放，效果如图 4-3-2 所示。

图 4-3-2　复制修改图框

(3) 新建标注样式。使用 D(标注设置)命令，打开标注样式管理器→单击空格键→选中“JZ-30”样式→单击新建按钮→设置新样式名为“JZ-5”→单击继续按钮→在调整选项卡中，将全局比例调整为 5，其余参数保持不变→单击确定按钮→单击置为当前按钮→单击关闭按钮，完成标注样式新建，效果如图 4-3-3 所示。

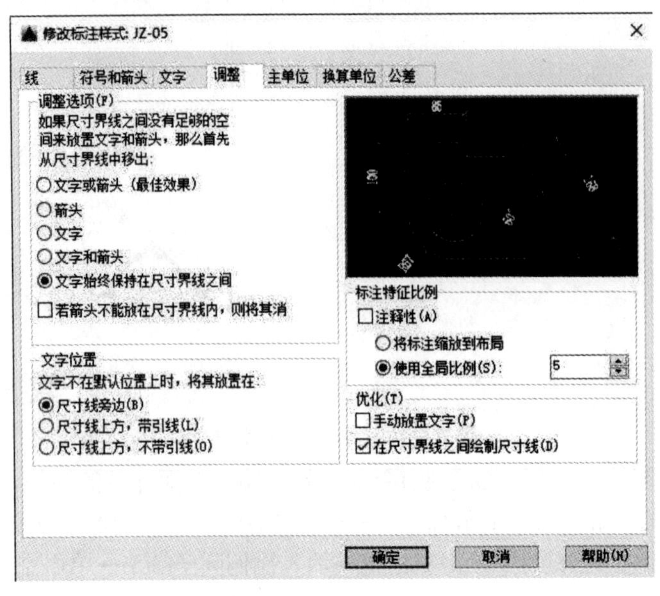

图 4-3-3　新建标注样式

(4) 绘制主卧木地板与过门石剖面详图。使用 REC(矩形)、L(直线)、TR(修剪)、O(偏移)等命令，根据图 4-3-4 中的尺寸绘制主卧木地板与过门石剖面详图。

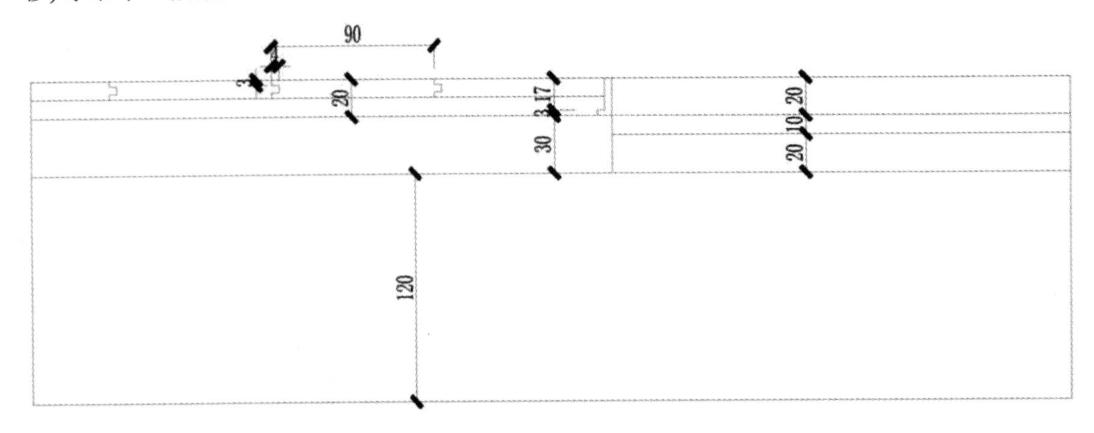

图 4-3-4　绘制主卧木地板与过门石剖面详剖面图

(5) 绘制木龙骨和紧固件。使用 REC(矩形)、L(直线)、TR(修剪)等命令，绘制木龙骨和紧固件，效果如图 4-3-5 所示。

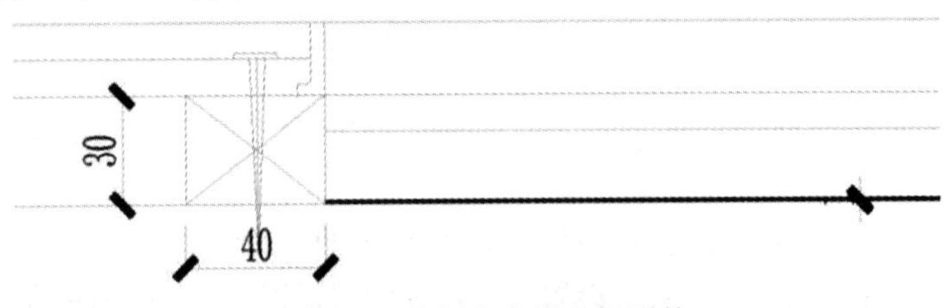

图 4-3-5　绘制木龙骨和紧固件

(6) 填充图案。使用 H(填充)命令，设置填充图案为 CORK、填充比例为 0.5，填充木地板饰面；设置填充图案为 LINE、填充比例为 5，填充阻燃板；设置填充图案为 AR-CONC、填充比例为 0.5，填充大理石饰面；设置填充图案为 SOLID，填充粘结剂；设置填充图案为 AR-SAND、填充比例为 2，填充水泥砂浆结合层；设置填充图案为 ANSI31、填充比例为 5，填充建筑楼板，效果如图 4-3-6 所示。

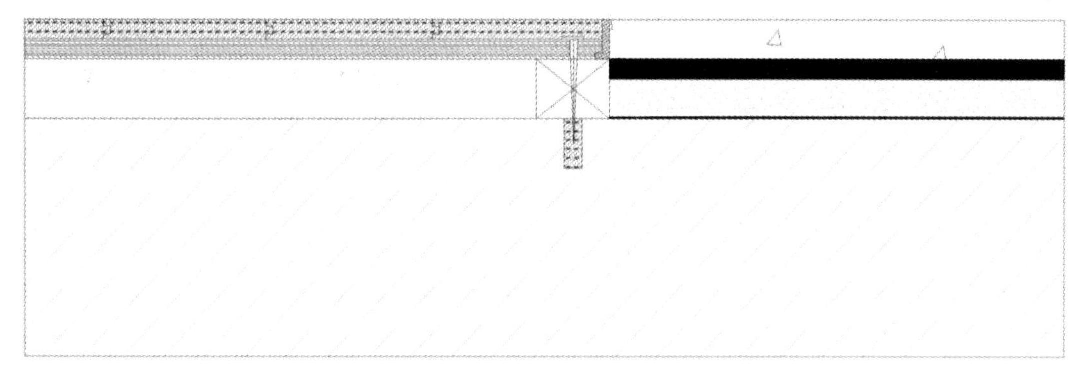

图 4-3-6　填充图案

(7) 尺寸、材料标注。设置待标注图层为当前图层，使用 D(标注设置)命令，将当前标注样式设置为“JZ-5”；使用 DLI(线性标注)命令、DCO(连续标注)命令对图形进行尺寸标注；使用 LE(引线标注)、T(文字)命令，对图形进行材料标注，效果如图 4-3-7 所示。

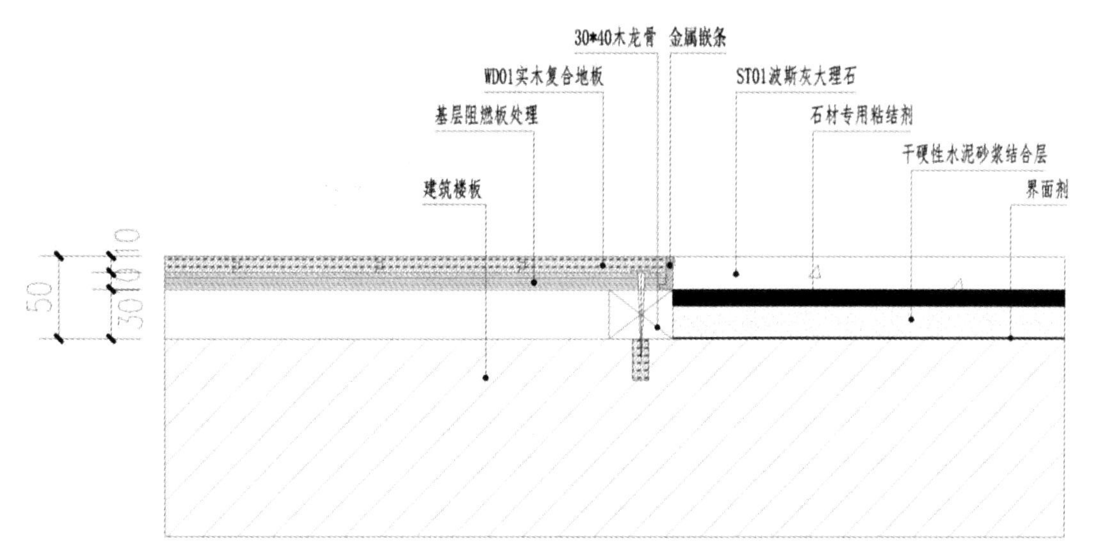

图 4-3-7　尺寸、材料标注

(8) 框出主卧木地板与过门石剖面大样图。使用 C(圆)命令，在主卧木地板与过门石剖面图中，将需要绘制大样图的部分用虚线框框出来，设置虚线线型为 DASHED2、线型比例为 3，效果如图 4-3-8 所示。

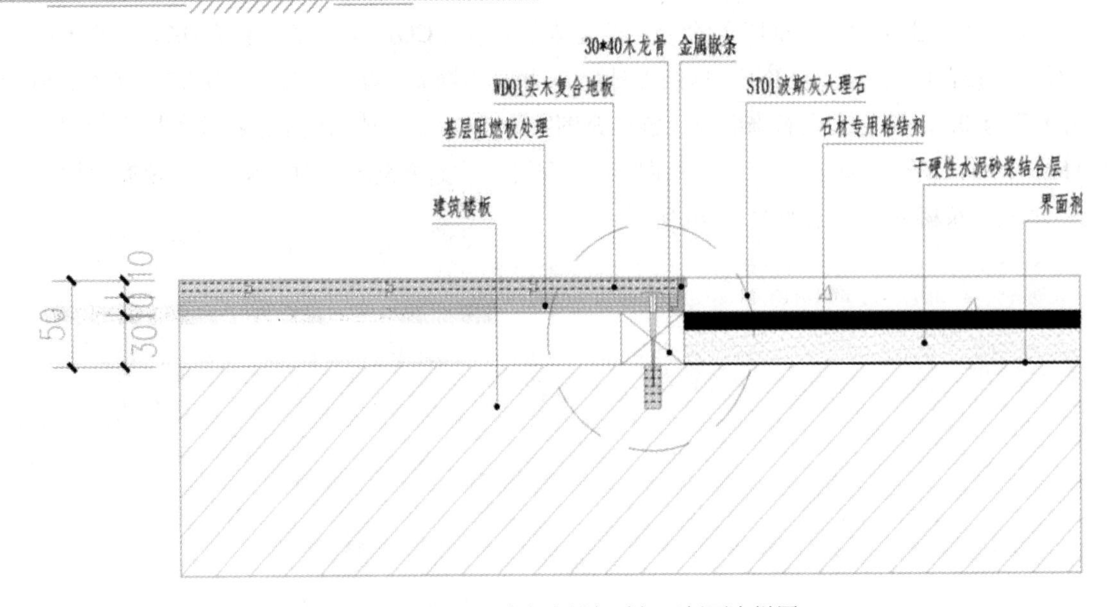

图 4-3-8　框出主卧木地板与过门石剖面大样图

(9) 复制、调整图形。使用 CO(复制)复制大样图；使用 SC(缩放)命令，选中复制出来的大样图放大 2 倍，效果如图 4-3-9 所示。

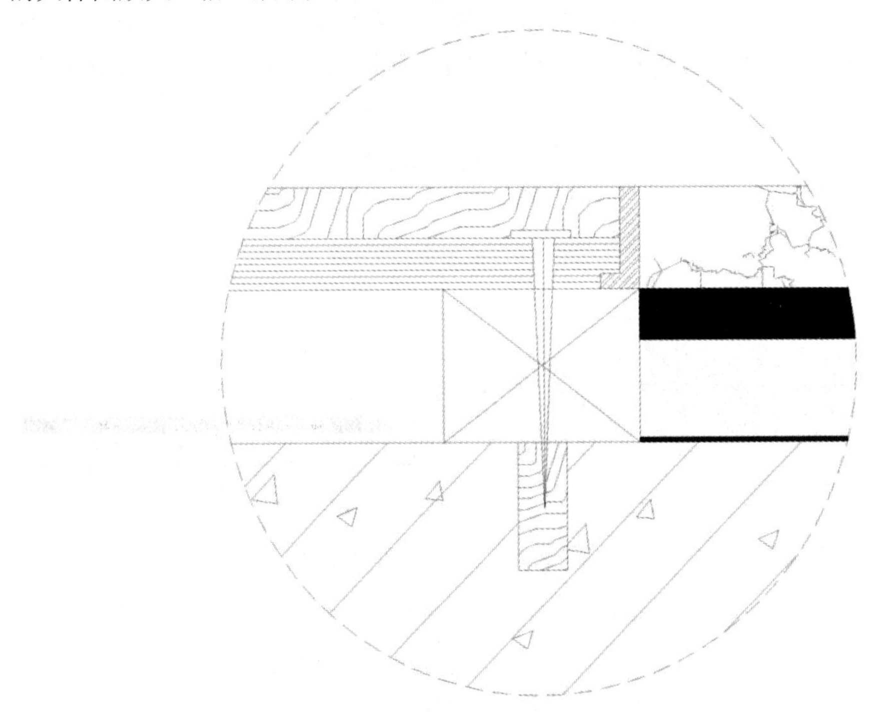

图 4-3-9　复制调整图形

(10) 材料标注。使用 LE(引线标注)、T(文字)命令，对图形进行材料标注，效果如图 4-3-10 所示。

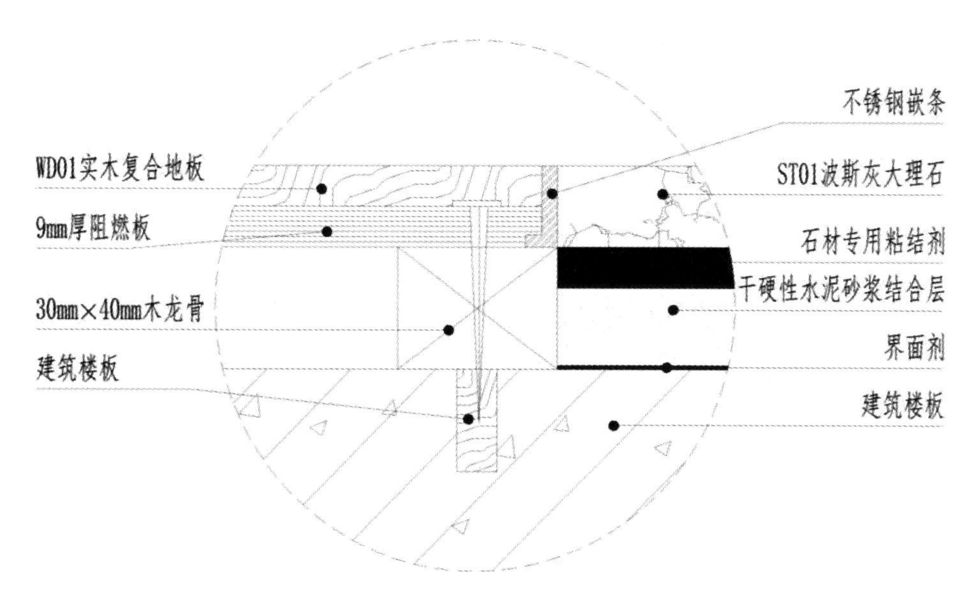

图 4-3-10　材料标注

(11) 保存文件。将设计图另存，文件命名为“地面剖面详图”，效果如图 4-3-11 所示。

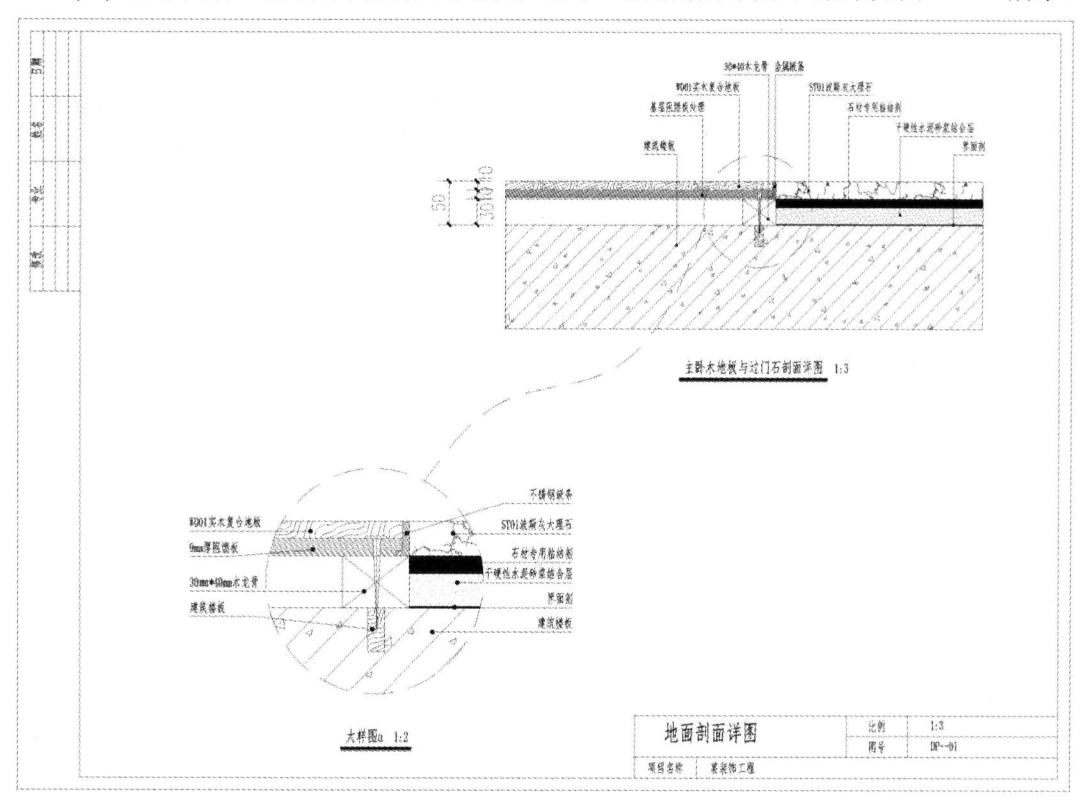

图 4-3-11　地面剖面详图

参考文献

[1] 中国建筑标准设计研究院. 国家建筑标准设计图集 06SJ803：民用建筑工程室内施工图设计深度图样. 1 版. 北京：中国计划出版社，2009.
[2] 中国室内装饰协会，室内设计职业技能等级证书(中级)考试大纲，2021.
[3] 高等职业教育(师生同赛)，全国职业院校技能大赛建筑装饰数字化施工赛项规程，2023.
[4] 中华人民共和国人力资源和社会保障部，中华人民共和国住房和城乡建设部. 国家职业标准. 职业编码：4-08-08-07. 室内装饰设计师，2023.